JN252013

利根川近現代史

附　戦国末期から近世初期にかけての利根川東遷

松浦茂樹　著

古今書院

A Modern History of TONE River

by Shigeki MATSUURA

ISBN978-4-7722-5293-5

Kokon Shoin Ltd., Tokyo, 2016

はじめに

利根川は，いわずとしれた日本を代表する河川である。流域面積は日本で最も大きく，その氾濫域には首都・東京都，さらに埼玉県・群馬県・栃木県・茨城県・千葉県があり，その影響するところは実に広く，日本の中枢地域を含んでいる。本書は，近世までの歴史を踏まえ，利根川で近代以降に行われてきた河川事業について，地域の発展と関連させながら述べていくものである。図〔利根・荒川水系の河川施設〕に見るように，近・現代の河川事業により利根川では多くの河川施設が築かれ，また今日でも工事が行われている。

国による河川整備は，もちろん国土づくりの一環であり，国土づくりに大きな役割を果たした。明治後半から始まった河川改修では，国土の近代化の基盤となり国の近代化を支えていった。また利水面でも，明治以降，水力・農業用水・都市用水さらに舟運で国土の発展に大きな役割を果たした。では実際に，どのような期待のもとに，どのように応えていったのだろうか。本書は，利根川で行われてきた治水事業・利水事業を取り上げ，河川を中心にして「国土の近代化」，つまり「近代以降の国土づくりの歴史」を明らかにし，評価していこうとするものである。

まず，利根川そして本書の理解のためプロローグとして五つのことがらについて述べていきたい。

坂東太郎

利根川の愛称として親しまれている呼称として「坂東太郎」がある。荒々しい野性味あふれる魅力的な言葉であり，続いて「筑紫二郎（筑後川)」，「四国三郎（吉野川)」と続く。ところで，近世中期の安永 4（1775）年，伊勢の国学者・谷川士清（ことすが）によって完成された『和訓栞（わくんのしおり）』には，「刀禰川（利根川)，吉野川，筑後川を三大河とす。俗に坂東太郎，四国次郎，筑紫三郎といえり」と記述されている。吉野川が「次郎」であり，筑後川は「三郎」となっている。また幕末の安政 2（1855）

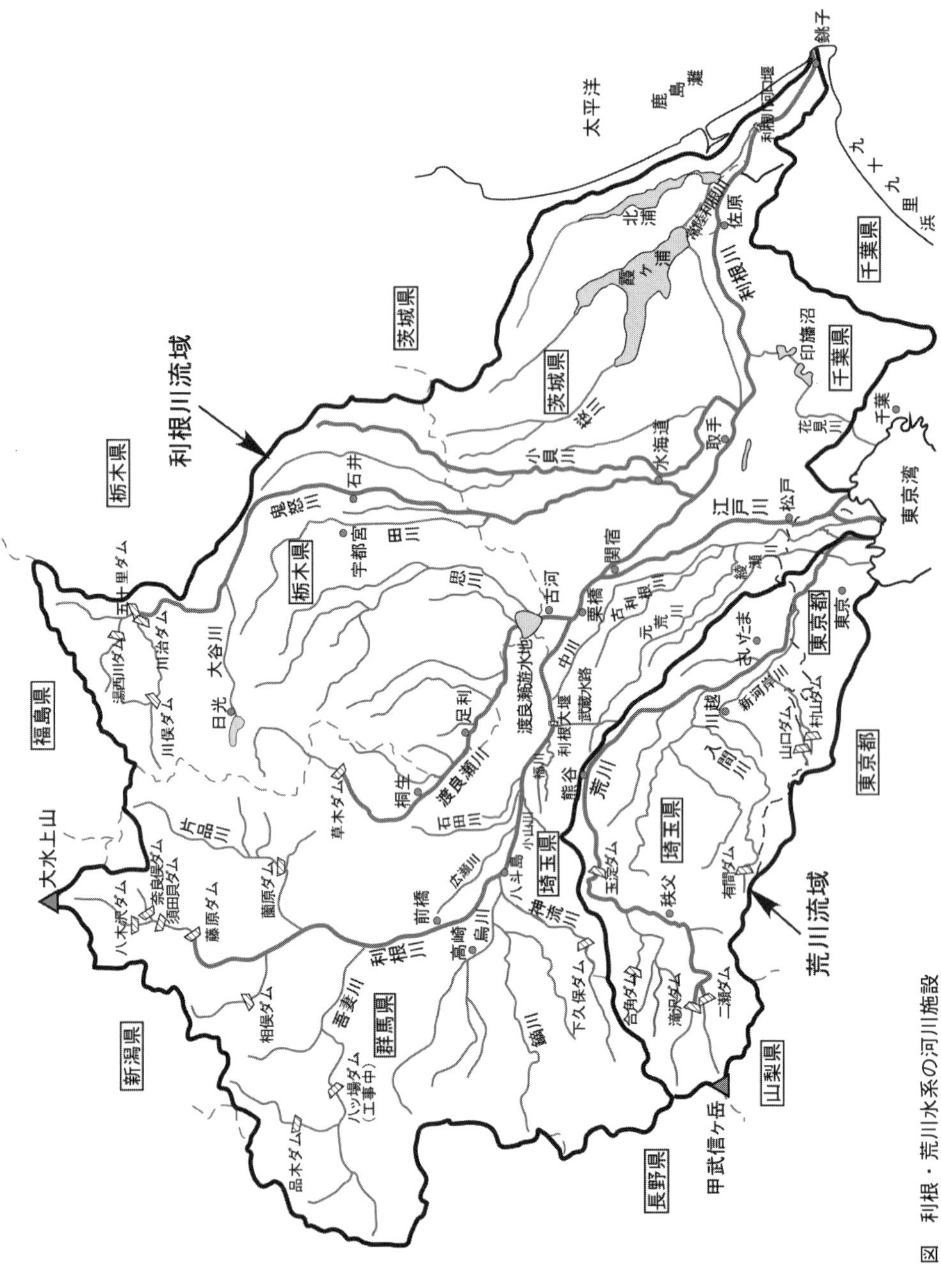

図　利根・荒川水系の河川施設

年，下総国布川の医者･赤松宗旦によって著された『利根川図志』も同様に，「四国次郎」,「筑紫三郎」となっている。近世までは,「四国次郎」,「筑紫三郎」であったのが，近代になって変っていったようである。

流域面積でみると吉野川が筑後川より大きいが，四国に比べて九州が面積は大である。筑紫とは，古語として九州一般を指している。近代に入り，本州一の大河が坂東太郎，九州一の大河が筑紫二郎，四国一の大河が四国三郎，と称せられるようになったのだろう。

また，吉田松陰は『東北旅日記』の中で，渡良瀬川下流部を「坂東二郎」と呼んでいる。「坂東太郎」の弟分として「坂東二郎」があったことは興味深い。

利根川東遷

歴史的に行われた利根川プロジェクトの中で最も大きなものは，利根川東遷である。利根川東遷とは，それまで江戸（東京）湾に流れていた利根川の流水を，銚子から太平洋へ流出させたことをいう。元々，太平洋へは鬼怒川・小貝川を合わせた常陸川が流れていたが，その河道に利根川をつないで流水を人工的に流下させたのである。常陸川は，中利根川・下利根川とも呼ばれている。上利根川は渡良瀬川合流点より上流であって，上利根川と中利根川をつないでいたのが赤堀川・権現堂川である。この両川とも人工的に整備されたもので，今日では権現堂川は廃川となり赤堀川が利根本川となっている。

利根川東遷は，戦国時代末期から行われ，近世の前期さらに後期に大きな進展をみた。利根川と常陸川は，後北条氏支配の時代から既につながっていたというのが近年の考えになりつつあるが，本格的な整備が進められたのは家康関東入国以降である。それまでの僻地であった関東を政治の中心地にする国土経営の一環として行われたのである。その目的としては埼玉平野の開発，利根川舟運路整備などがいわれているが，私は日光街道整備が直接的な目的であったと考えている。

江戸を政治の中核地とするためには，交通路の整備が重要である。徳川幕府は，江戸を中心に五街道を整備していったが，氾濫原にある街道ではその防御，あるいは堤防上を街道にする必要があったのである。これについては，附章で詳しく述べていきたい。

利根川を歴史的に検討するにあたり，天明 3（1783）年に生じた浅間山の大噴火を頭にいれておく必要がある。この大噴火により利根川流域に大量の土砂が放出され，それが流下して利根川河床は著しい上昇をみた。これにより，利根川と地域社会のかかわりは一変したといってよい。そして，近世前期につくられた秩序は，新しい秩序を求めて動いていった。利根川東遷も新たな一歩を踏み出し，文化 6（1809）年，天保 14（1843）年，赤堀川は拡幅され，明治を迎えたのである。

さらに，明治になって近代改修（明治改修）が行われ，赤堀川が利根川河道となって昭和初頭に竣功した。利根川上流部の大洪水がほとんど氾濫することなく赤堀川を通って中・下利根川に流下したのは，1935（昭和 10）年洪水が最初である。利根川東遷は赤堀川開削のみからみても，300 年以上かけて行われた大プロジェクトである。

足尾鉱毒事件

明治中頃，社会から大きな耳目を集めたのが足尾鉱毒問題である。足尾銅山からの廃鉱（廃棄された銅分を含む土砂・石）が原因となり，渡良瀬川平地部で鉱毒被害が生じた。この問題は，渡良瀬川治水と深く関係していた。住民が「鉱毒洪水合成加害」と述べていたように，洪水と一体となって被害を受けていたのである。この問題のクライマックスは，1900（明治 33）年 2 月に生じた「川俣事件」である。鉱毒被害民は「東京押出し」（大挙上京請願運動）を敢行したが，利根川を渡るとき警官隊と衝突した。このときの請願運動で，被害民たちが最初に掲げた要求項目は渡良瀬川治水であった。当時，帝国議会では 1900 年度予算の質疑が行われ，利根川改修が議論されていた。被害民は渡良瀬川治水事業の着工を求めて東京に向かったのである。

また，足尾鉱毒問題と深くかかわっていく谷中村は 1889（明治 22）年 3 村が合併して誕生したが，谷中村のある土地は低湿地帯であって排水の条件は極めて悪かった。この地の排水は，思川から渡良瀬川さらに利根川に流出される。このため，渡良瀬川改修また利根川改修と密接な関係があった。

埼玉平野北部の中条堤

利根川が現在見る姿になったのは，1930（昭和 5）年に竣功した明治改修によってである。それまで乱雑に広・狭となったり，あるところでは広大な無堤地帯を有していた河道が整然と整備されたのである。なかでも大きく変貌したのが，埼玉平野北部（現熊谷市から深谷市）にあった中条堤上流部である。中条堤上流部は，利根川出水のつど氾濫する 50km^2 にも及ぶ広大な遊水地（氾濫地）であった。ここで氾濫することで洪水のピーク量は低減され，下流の安全が保たれていた。つまり，ここでの氾濫を前提にして，利根川の下流は整備されていたのである。

この遊水地に妻沼聖天山が古くからあったが，その社殿（2012 年国宝に指定）は高く設置され，洪水氾濫に備えていた。1910（明治 43）年大洪水では，5 段ある石段の 3 段まで水に浸かったが社殿は無事だった。この大遊水地の上流部も利根川に沿った連続堤は築かれず，しばしば氾濫する地域であったが，日本資本主義の父といわれる渋沢栄一，初代富岡製糸場長・尾高淳忠の出身地であった。彼らは，洪水氾濫土砂からなる畠で藍を生産し富を蓄えていた。豊かな肥料は氾濫土砂に含まれていたのである。洪水と共生していたととらえてもよい。

だが，中条堤をはさんで上流川では湛水は厳しい水害となり，その堤防の撤去を強く求めた。一方，その下流部は自らの生命線としてその増強を主張した。中条堤は，その上流部と下流部とはげしく対立する「論所堤（ろんじょてい）」であったのである。結局は明治改修によって，利根川沿いに堤防が設置されて堤内地（堤防で守られる地域）となったのだが，ここをどうするのか，改修計画にとって重要な課題であった。

八ッ場（やんば）ダム

近年の利根川河川整備で世間の大きな注目を集めたのは，八ッ場ダム築造である。このダムプロジェクトが実施調査を経て事業着手となったのは，高度経済成長がピークに達していた 1967（昭和 42）年である。それから，約 50 年が経とうとしている。水没家屋約 340 戸で，その立ち退き・補償に時間を要したためだが，その間，社会経済は大きな変貌をみていった。

約半世紀前の計画が今日，どのような意味をもっているのか問い直してみることは当然必要とされるだろう。従来の目的をそのまま推進するにしても，変貌した社会に対して惰性で工事を進めていないことを丁寧に説明することは極めて重要なことである。本書では，八ッ場ダムプロジェクトについて，その計画の成立から考えていく。その立場は，プロジェクトは社会経済の変貌とともに成長していくべきとのことである。

本書の課題

本書の具体的な課題は以下のようである。

・利根川がどのような計画・事業に基づいて現在に至ったのか明らかにする。利根川で行われた計画・事業は，その時代の河川行政と深くかかわっている。国で進められてきた河川行政全体の動きも絡めて述べていく。その前提として，国土の近代化として何が課題となっていたのか述べていく。

・治水計画は地域社会に大きな影響を与えるが，その策定にあたり，地域間での利害調整があった。計画は，国が一方的に決めるのでなく，歴史的に河川と深くかかわってきた地域からの要望もふまえて策定されていった。このことについて詳しく述べていく。

・日本における最初の近代公害といわれる足尾鉱毒問題は，渡良瀬川改修さらに利根川改修と密接に関連する。谷中村を買収して渡良瀬川改修がどのような経緯で行われたのか，足尾鉱毒問題と関連させながら述べていく。

・中条堤の治水施設としての役割の除去は，日本の近代治水を象徴するものだったといっても過言ではない。これが治水施設としてそのまま残されていたら，日本の近代治水の性格を変えていただろう。中条堤の役割が除去された経緯を詳細に述べていく。

・日本の物資輸送にとって近世までは舟運が絶対的に重要な地位を占めていたが，明治になっても重視された。鉄道普及とともに衰退していったが，自動車交通が発達するまで舟運への期待は大きかった。この状況を述べていく。

・今日，東京の水供給に利根川は大きなウエイトをもっているが，東京市が利根川から導水するとの方針を定めたのは昭和戦前である。戦後も含め，どのような経緯で水源を確保していったのか明らかにする。

・ダム治水が本格的に登場するのは戦後であり，利水をも目的とした多目的ダムとして築造されていった。戦後の地域開発とも絡めながら，その登場の経緯，展開を述べていく。また利水に対するダムの役割についても歴史的，実証的に評価していく。

・利根川改修は地域に大きな影響を与えた。改修の成果をベースにして氾濫地域の整備が進められた。とくに広い氾濫原である埼玉平野を中心にして，どのような整備が進展していったのか述べていく。埼玉平野ではその後，都市化が進み，新たな治水対策が求められた。それとともに，農地が減少していくなかで農業用水合理化事業が進められ，農業用水は都市用水に転用されていった。この状況を述べていく。

・今日の河川政策の大きな転換点は高度成長時代であるが，その時代についてとくに一つの章で述べていく。転換点とはどういうものか，またどのように転換したのか明らかにする。

・利根川で近年，大きな問題となったのは八ッ場ダムであるが，八ッ場ダムがどのような課題のもとに登場してきたのか，治水・利水両面から明らかにする。八ッ場ダムに対する私の意見は，治水には必要ではなく，21 世紀となった今日，新たな目的（環境用水）を加味して利水専用に使用しよう，とのことである。地域の環境整備に対し，八ッ場ダムは有用な役割をもたせることができる。

なお，巻末に「用語解説」を付けているが，専門用語，とくに河川工学の用語を中心に整理している。これらの用語に親しみのない読者は是非参考にしていただきたい。

2016（平成 28）年 7 月　　著者

目　次

第１章　近代初頭の利根川の概要と近代改修の課題

利根川の流域面積は 16,840km^2，幹線流路延長 322km である。従来，利根川本川は四つの区域に分けられていた（図 1.1）。渡良瀬川合流点直下流から上流を上利根川，そこから江戸川分派点，厳密には逆（さかさ）川分派点までを赤堀川，そこから台地で形成された布佐・布川の狭窄部までを中利根川，さらにそこから下流を下利根川と呼んでいた。なお，明治改修以前には，渡良瀬川合流点直下流の栗橋で権現堂川が分派され江戸川・逆川につながっており，これを利根川の一部と考えると五つの区域となる。

上利根川は，元々，東京湾に流出していて，その流路は現在の綾瀬川筋，古利根川筋など，たびたび変遷していた。一方，中利根川・下利根川は，以前は利根川とは別河川であり，常陸川と称されていた。上利根川と常陸川は赤堀川でつな

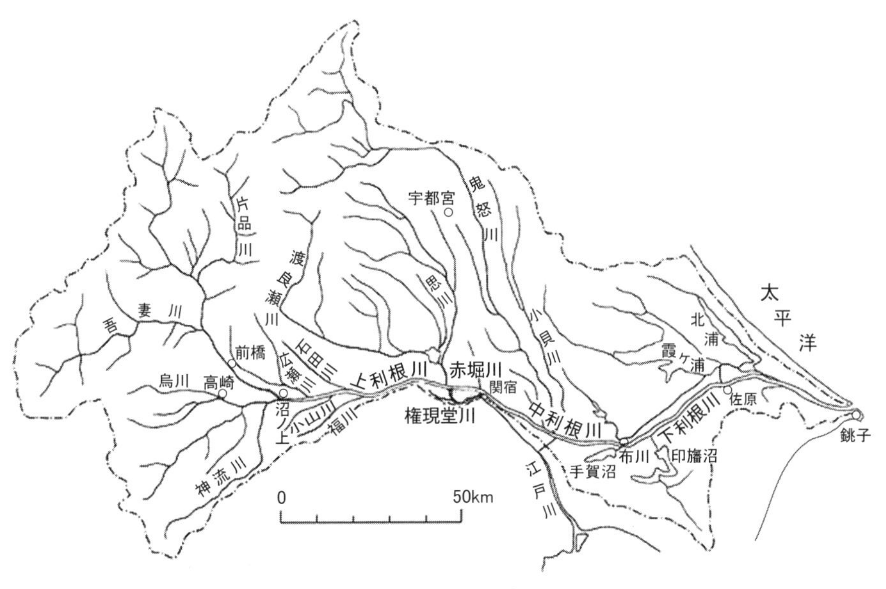

図 1.1　利根川概略図

がっているが，それは台地を人工的に開削した河道である。今日のように銚子から太平洋に注ぐ流路が主流となったのは，江戸時代初頭から近代にかけての300年以上にもわたる人間の営為によるものである。

1　平地部利根川の概況

陸地測量部作成による明治時代後半の5万分の1の地形図に基づき，改修以前

図 1.2　平野上流部（明治 40 年測量 5 万分の 1 地形図「深谷」に基づく）

の平地部における利根川の概況をみていこう。

(1) 上利根川

利根川は，群馬県沼ノ上で大支川・烏川と合流したのち広い沖積低地上を流れていく。合流直後，流路を東に変えるが，左側は群馬県邑楽郡古海，右岸は埼玉県大里郡善ヶ嶋付近まで川幅も広く，洪水ごとに濡筋を変えていく乱流河道であった。その途中，右岸で小山川，左岸で広瀬川・石田川などの支川を入れる。堤防は河道に沿った連続堤ではなく，各集落を守るように整備されていた（図 1.2）。

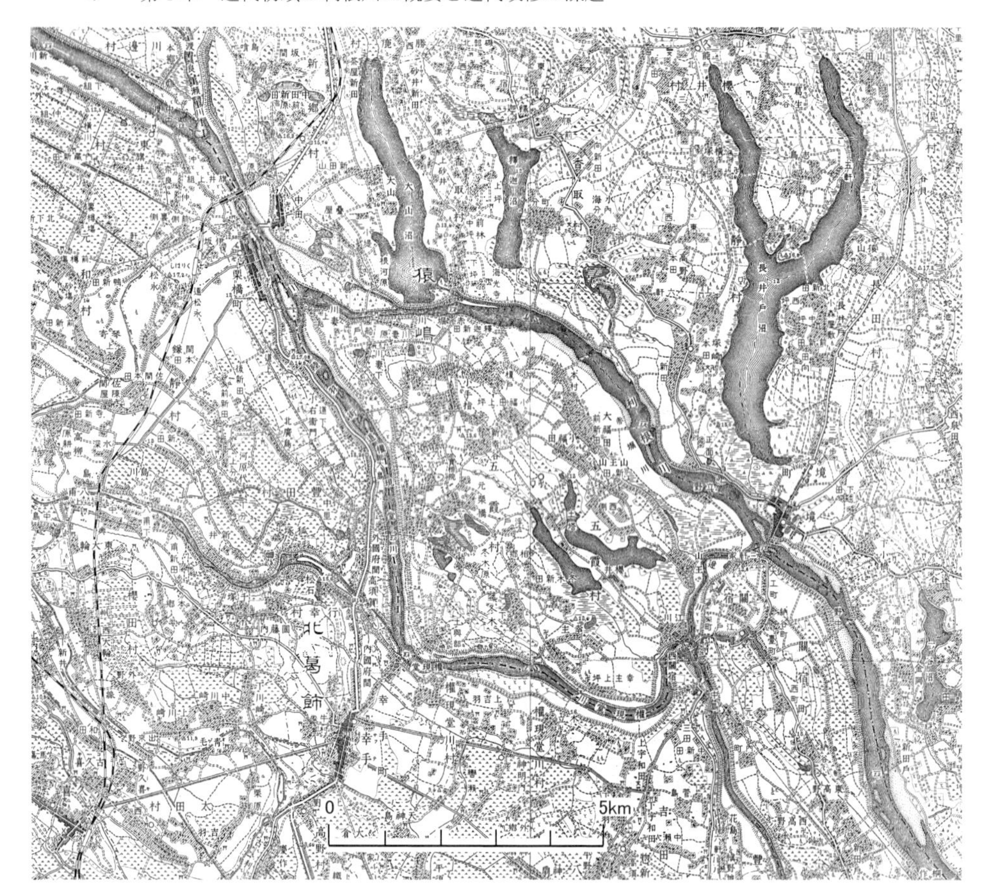

図 1.3　赤堀川・権現堂川周辺図（明治 40 年測量 5 万分の 1 地形図「水海道」「幸手」に基づく）

古海を過ぎてから，左岸では利根川河道にほぼ平行に堤防は現われ，赤岩・瀬戸井と続く。一方，右岸は広い自然堤防が拡がり，河道に沿っての堤防もみられるが，福川が合流する俵瀬と酒巻の間にはみられない。その酒巻から堤内に長さ 6.6km の中条堤が延び，また酒巻から下流部の利根川沿いには中条堤と連続して対岸堤防と平行する右岸堤が現われる。瀬戸井・酒巻の利根川河道は築堤によって狭窄部となっているが，ここより下流では河道にほぼ平行に連続堤が続いていく。

埼玉県東村（現・加須市）に至って大支川・渡良瀬川を合流する。この直後の栗橋地点までを上利根川と呼んでいる。

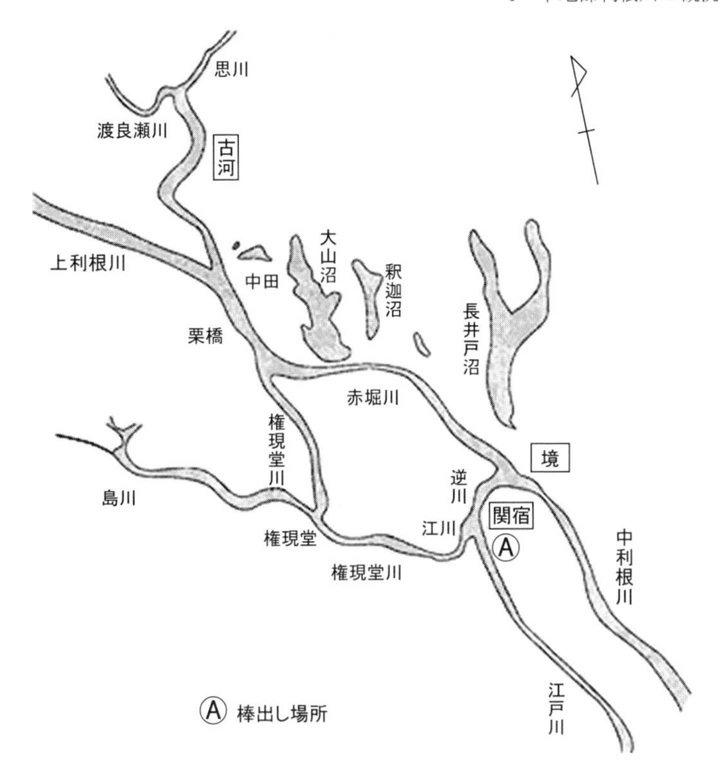

図 1. 4　栗橋～関宿周辺の近代初頭の利根川状況

(2) 赤堀川・権現堂川

渡良瀬川合流後，すぐに栗橋地点で赤堀川と権現堂川に分流する（図 1.3，図 1.4）。渡良瀬川が合流してから江戸川を分派し中利根川に流下する間，利根川は実に複雑な水理機構となっていた。ここは，戦国時代後半に端緒をもつ利根川東遷の主舞台であった。赤堀川は，江戸時代初期から何回かにわたり関東ローム層台地を開削して整備された人工河道である。一方，権現堂川をみると，権現堂地点で南から東へと 90 度近く曲流するが，この地点で島川が合流する。この合流地点には当時，逆流防止のための水門が設置されていた。また，島川から権現堂川の右岸にかけて約 10km の権現堂堤がある。

東へ向かった権現堂川は，江川に至って逆川と江戸川に分流する。逆川は千葉

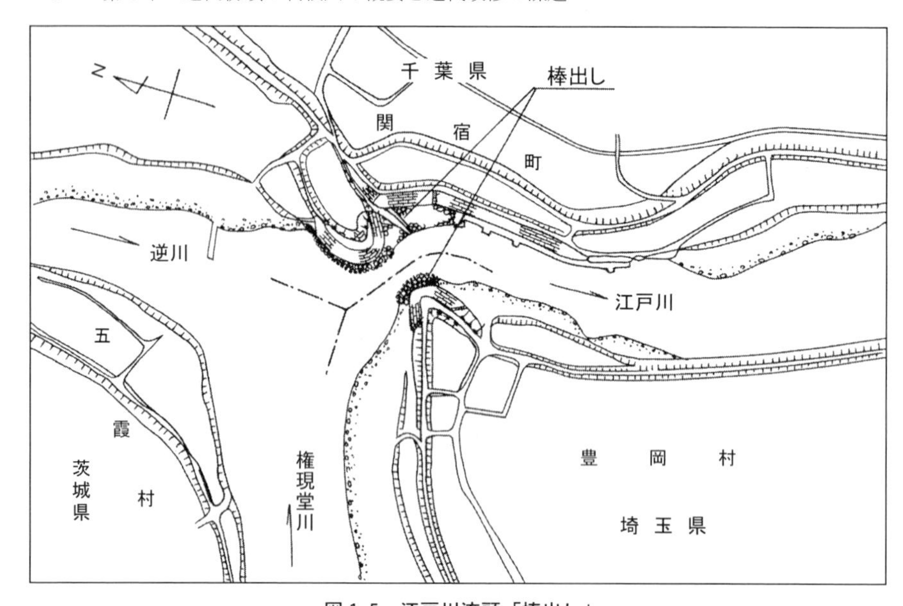

図 1.5　江戸川流頭「棒出し」
（出典：『江戸川・中川改修史』関東地方建設局江戸川工事事務所，1986）

県関宿・茨城県境地点で赤堀川と合流し，これから下流の河道は中利根川と呼ばれている。一方，江戸川はその流頭部が「棒出し」によって狭窄されていて大洪水の流下を抑えているが，その河口は東京湾である。「棒出し」（図 1.5）とは，左右岸からの突堤であるが，江戸川に呑み込まれなかった洪水は，逆川を通って赤堀川に合流し利根川下流に流れていく。人工的に整備した結果である。

(3) 中利根川

中利根川は，幅 2 ～ 3km で猿島台地と下総台地の間を流れ，途中，大支川・鬼怒川を合流する。さらに小貝川と合流した直後の千葉県布佐・茨城県布川との間が，台地によって幅約 280 mの狭窄部となっている。この狭窄部から下流は下利根川と呼ばれている。

中利根川の築堤についてみると，右岸側は関宿から鬼怒川が合流する直上流の木野崎新田まで河道にほぼ沿って築かれ，堤内地は水田を中心に耕地となっている（図 1.6)。左岸側は，猿島郡小山から木野崎新田の対岸までは河川に沿って堤

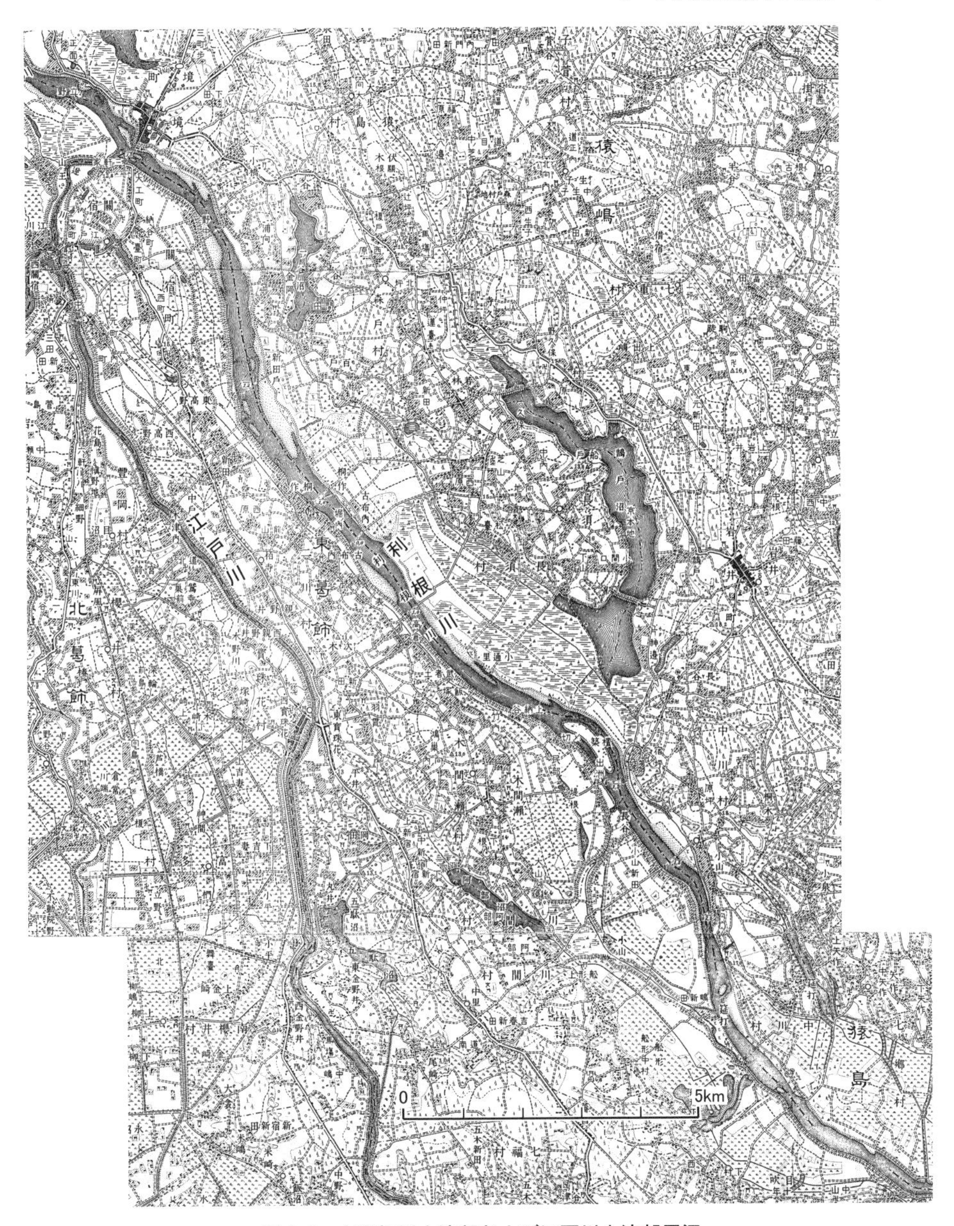

図 1. 6　中利根川上流部および江戸川上流部周辺

（明治 40 年測量 5 万分の 1 地形図「水海道」, 明治 39 年測量 5 万分の 1 地形図「粕壁」に基づく）

防がみられ，その堤内地は水田となっている。一方，その上流をみると，対岸に比べて甚だ低い堤防が見られ，堤内地には鵠戸沼から続く湿地が広く拡がっている。また小山の直上流宿坪，その対岸は木間ヶ瀬であるが，利根川流路（澪筋）には大きな中州があり，洪水疎通に支障となっていた。

利根川流路は，菅生沼からの水路が合流する木野崎新田を過ぎると東から南とほぼ90度に曲流し，その直後に鬼怒川を合流する。中利根川で最も流路幅が狭いのが木野崎新田地先で，120m程度となっている（図1.7）。

木野崎新田から取手までの中利根川は，流路に沿った堤防は築かれず，広い堤外地となっていて堤防は台地に近い所にある。堤外地には多くの沼があり，大遊水地帯となっていたことがわかる。なお鬼怒川合流直後において，1888（明治21）年から90年の工事で江戸川と結ぶ利根運河が開削された。

取手から下流の中利根川はその上流に比べてやや狭いが，やはり広い堤外地が開けている。中利根川は，小貝川と合流して東から南東に大きく向きを変え，布佐・布川の狭窄部に向かう。その合流点直後に近世の寛文期（1661～72年）に一時，利根川本流となった新利根川への流入口があるが，近代初頭では大きな堤防で分断されている（図1.8）。

一方，江戸川をみると，関宿から西宝珠花まで台地の間を流下する。その下流部は低地を流れるが，西金野井から金杉まで再び台地の間を流れる。台地上の河道は，近世初期に人工開削されたものである。

(4) 下利根川

利根川は，やがて向きを東に変え，南は下総台地と接しながら広い沖積低地上を流下していく。布佐・布川を過ぎた直後の印旛郡木下で手賀沼から流れる手賀川を入れ，すぐに将監川を分流する。将監川は，印旛郡安食地先で印旛沼とつながる長門川を合わせた直後に利根川と合流する。この後，ほぼ東に向かって大きく蛇行しながら流下していき，香取郡佐原地先で霞ヶ浦（西浦）とつながる横利根川を合流し，北利根川を通じて外浪逆浦に流れ出す。ここに至るまで利根川はかなり屈曲し，また川の両岸に沿って堤防は見られるが，堤防間の広狭は著しい（図1.8）。

外浪逆浦は霞ヶ浦（西浦）と北利根川でつながっているが，また北浦ともつながっている。この北浦の下流部から鹿島灘に向け，明治初頭に人工開削された居切堀がある。しかし河口は　漂砂によって閉塞されている。

外浪逆浦を出てから利根川は，鹿島郡若松まで大水路である南派，小水路である北派の2派に分流して流下する。若松から下流は，900～1,300m程度の川幅で一つとなり銚子から太平洋へ流れ出す。なお外浪逆浦から下流では，河道に沿った堤防はほとんどない。

2　近代利根川改修の課題

近代改修以前の利根川についてみてきたが，現状とは大きく異なっている。近代改修によって変貌したのであるが，近代改修における大きな課題として，次の7つがあげられる，

ⓘ上利根川における中条堤の役割

瀬戸井・酒巻の狭窄部と相まって中条堤上流は大遊水地帯となっていた。この遊水効果をどのように考えていくのか。

ⓘⓘ渡良瀬川下流部の河道整備

天明3（1783）年の浅間山大噴火を契機として利根川河道の著しい上昇が生じ，渡良瀬川への逆流が大きくなった。また明治20年代になると，足尾銅山からの廃鉱（廃棄された銅分を含む土砂・石）の流下により，渡良瀬川下流部では鉱毒事件が大きな社会問題となったが，鉱毒被害と渡良瀬川治水は密接不可分な関係にあった。ここでどのような河道整備を考えていくのか。

ⓘⓘⓘ赤堀川・権現堂川・逆川の整理

利根川は，渡良瀬川合流直下流で権現堂川・赤堀川に分かれ，また逆川を通じて江戸川に分流するなど複雑な水理関係にあった。この区間の河道をどのように整理していくのか。

ⓘⓥ江戸川と中利根川・下利根川への分流

利根川洪水は，最終的には江戸川を通じて東京湾，中・下利根川を通じて太平洋に流出する。両河道の負担をどのようにするのか。海までの河道の距離は，江戸川が中・下利根川の約半分で，江戸川に流すのが物理的に有利である。だが，江戸川上流部の関宿から野田に至る20kmで台地が迫り川幅が狭くなっ

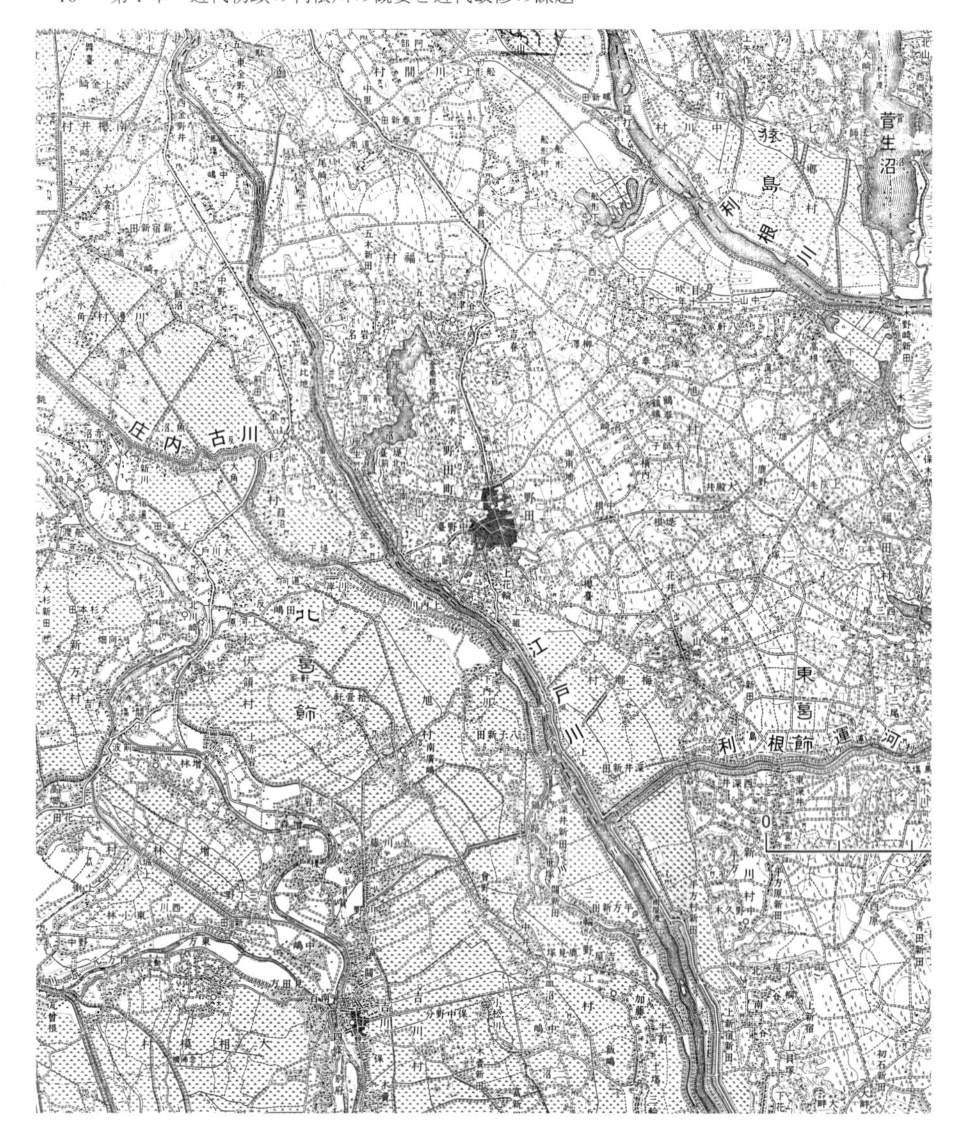
庄内古川
北葛飾
江戸川
利根川
菅生沼
東葛飾
利根運河
野田町

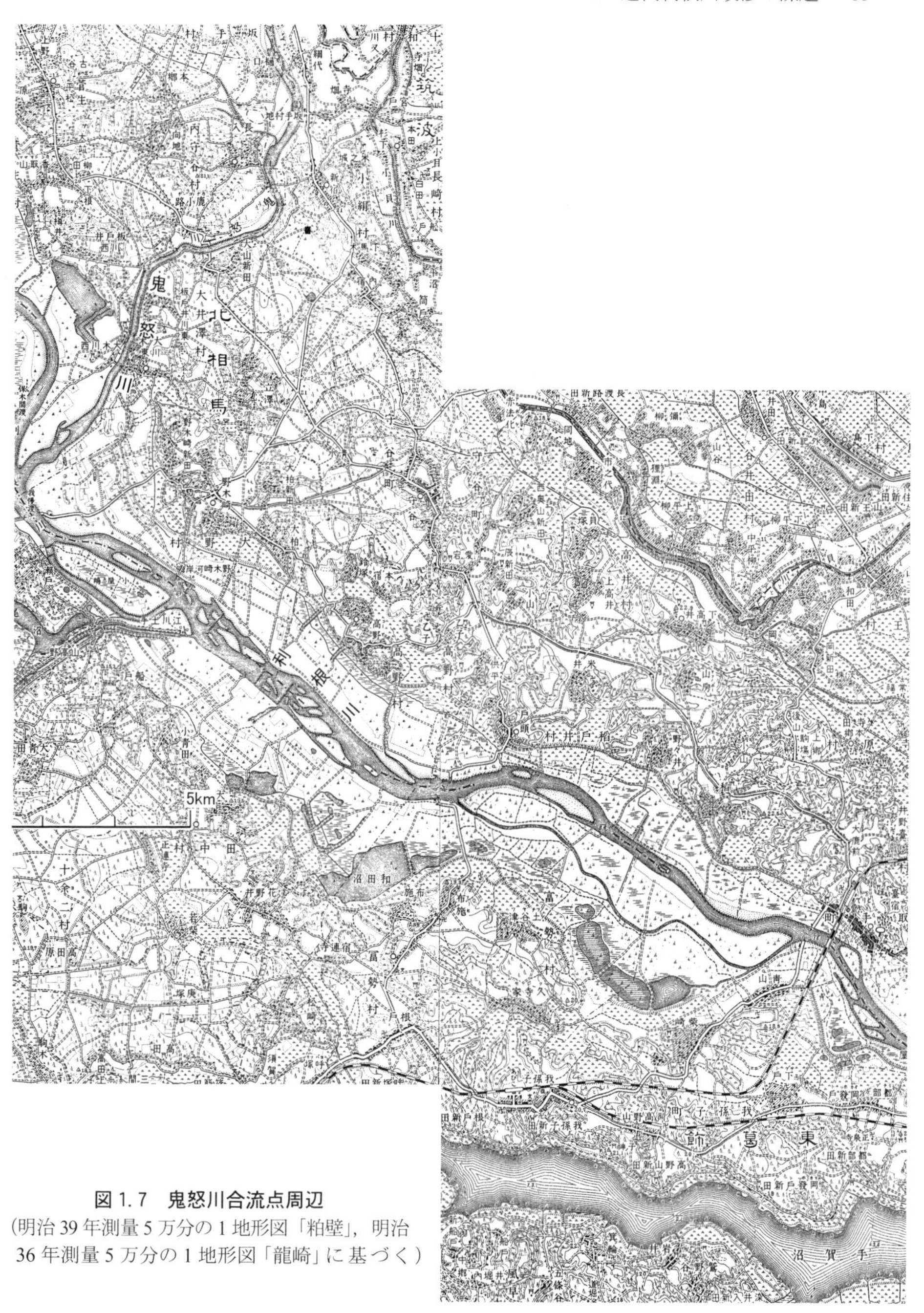

図 1.7　鬼怒川合流点周辺
（明治 39 年測量 5 万分の 1 地形図「粕壁」，明治 36 年測量 5 万分の 1 地形図「龍崎」に基づく）

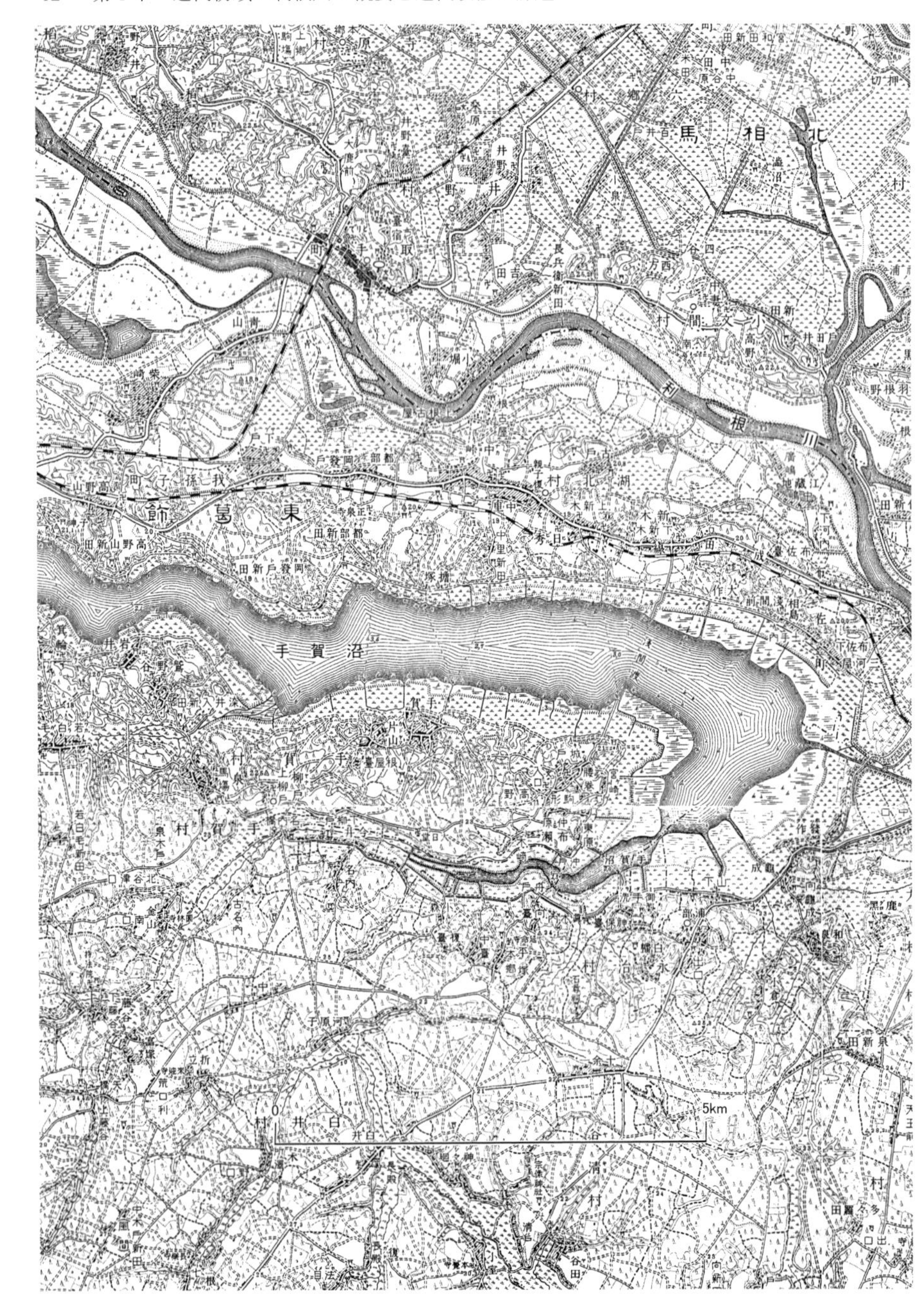
手 賀 沼
利
根
川
0
5km

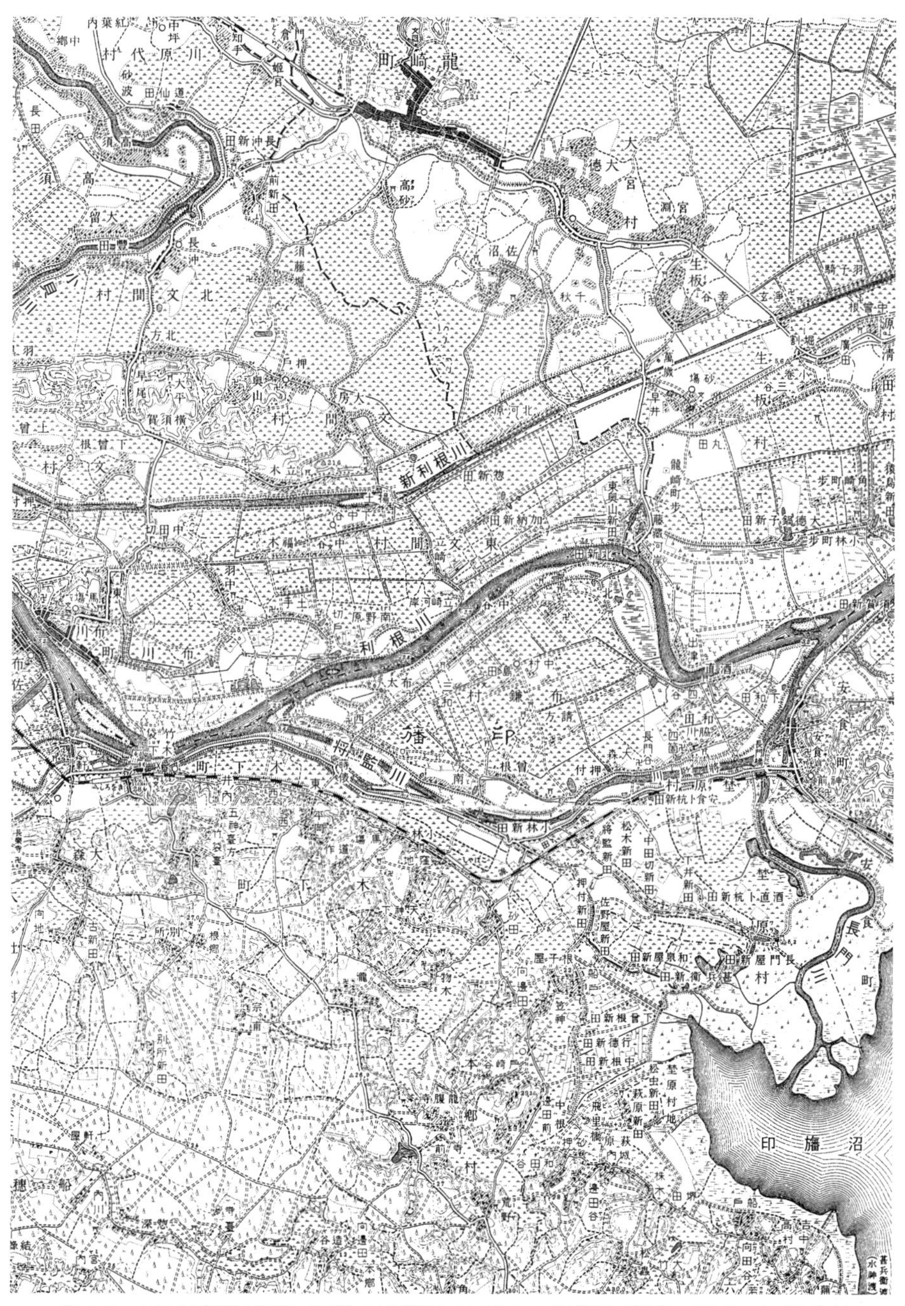

図 1.8　小貝川合流点周辺（明治 36 年測量 5 万分の 1 地形図「龍崎」「佐倉」に基づく）

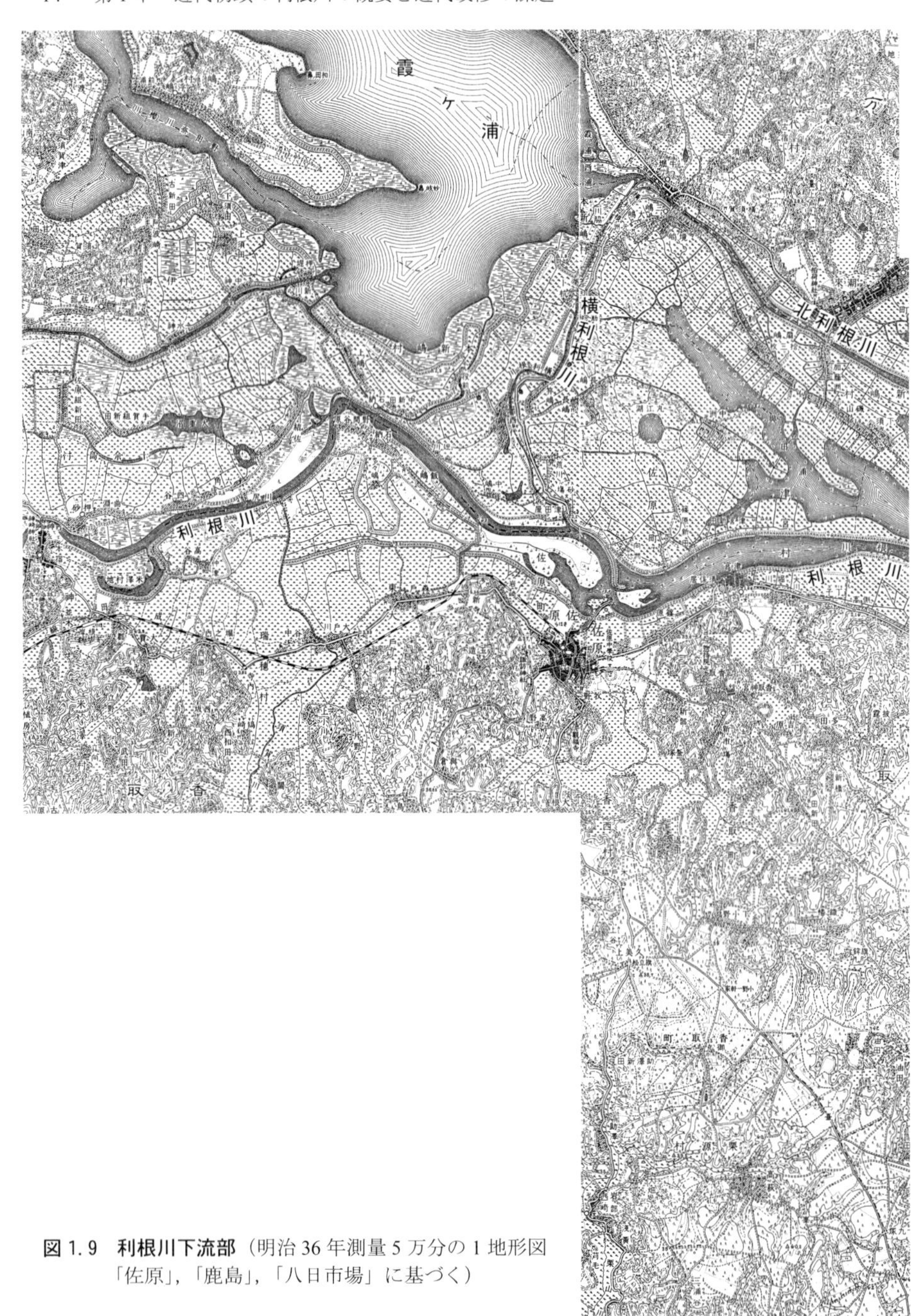

図 1.9　利根川下流部（明治 36 年測量 5 万分の 1 地形図「佐原」,「鹿島」,「八日市場」に基づく）

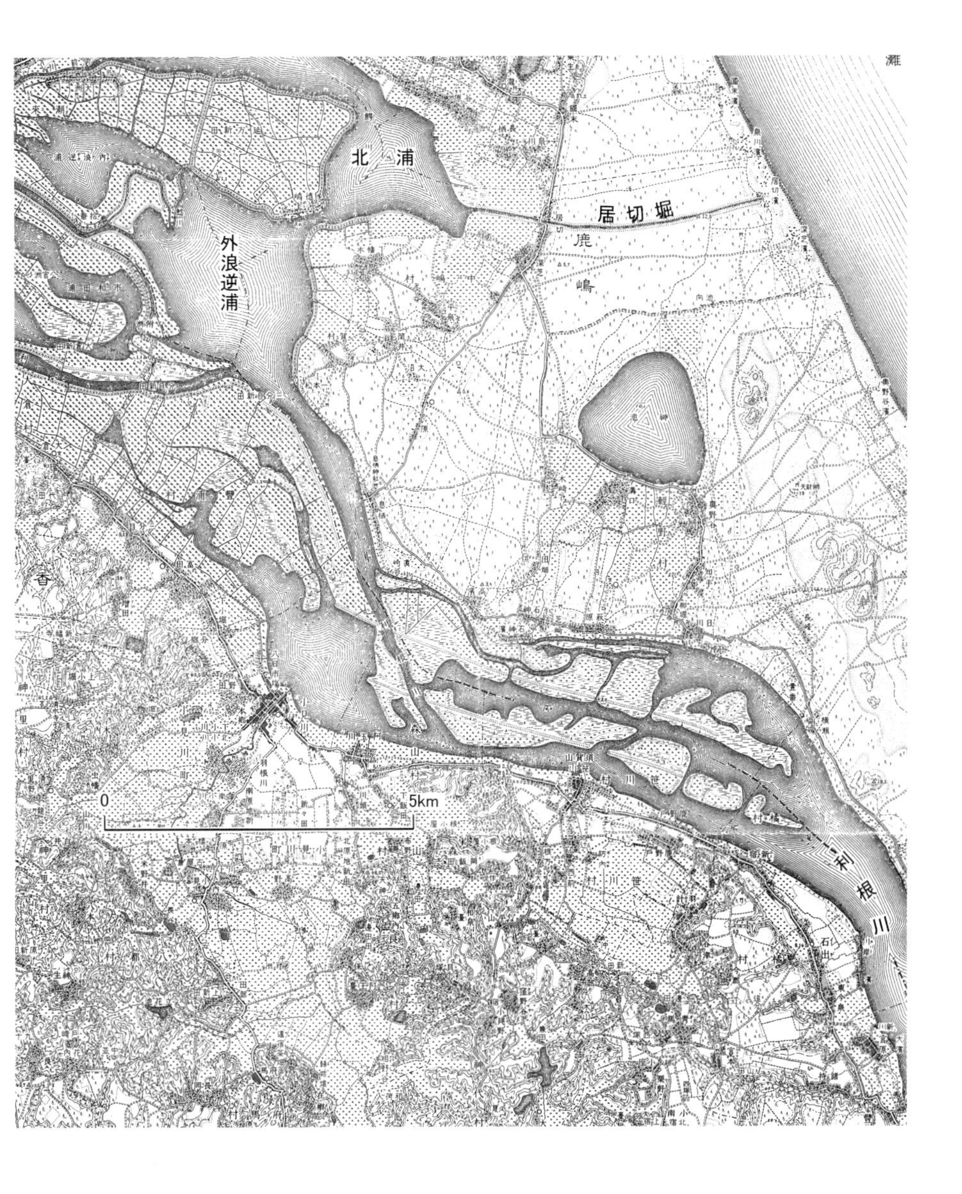
北浦
居切堀
外浪逆浦
鹿嶋
利根川
0
5km

ている。さらに，その途中にある宝珠花村（現・春日部市）では，河川際まで人家が密集していて容易に拡げることはできない。

ⓥ中利根川区間，茨城県猿島郡境町から布佐・布川の河道整備

ここには広大な堤外地が拡がっていた。これをどのように整備するのか。また布佐・布川の狭窄部の疎通能力をどのようにするのか。

ⓥⅰ中利根川で鬼怒川・小貝川の大支川が合流する。その合流処理をどのようにするのか。

ⓥⅱ下利根川の河道整備と印旛沼・霞ヶ浦とのかかわり

印旛沼は将監川・長門川，霞ヶ浦は横利根川・北利根川と通じて利根川とつながり，利根川洪水の遊水地となっていた。この遊水効果をどのように考えていくのか。

治水については，以上の7つの課題を中心にして，どのように改修計画が立てられていったのか述べていく。治水を中心にした改修事業は1900（明治33）年度から開始されるが，それに先だって行われたのが修築事業である。これから先ずみていきたい。

第2章　利根川修築事業と低水路整備

1　明治前期の「国土づくり」

維新を契機として欧米諸国に遅れて近代化を進めるとともに，250年以上にわたる幕藩体制から脱却して強力な中央集権国家の確立をめざした日本では，社会基盤の一刻も早い整備が求められた。だが民間資本の蓄積が小さかったため，新しい国土づくりは国家が主体となって進められた。近代技術を逸早く導入するため西欧諸国に留学生を送り出すとともに，鉄道，河川，港湾，道路などの分野に高額でもって外国人技術者を招聘した。

(1) 鉄道整備

明治の新時代を象徴する社会基盤整備として，早くも1872（明治5）年，新橋～横浜間，74年には神戸～大阪間が開通した。鉄道建設は工部省によって推進されたが，膨大な資金が必要である。この後，大阪～京都間の建設が続けられたに過ぎなかった。このため，あまり費用もかけずに整備され，かつ大量輸送に向く舟運を活用しようとし，河川でも整備が進められた。

西南戦争などの内乱後1870年代後半になって，鉄道は西日本では京都～大津，敦賀～長浜～大垣間の建設が進められた。1884（明治17）年には，大津・長浜間は琵琶湖舟運に頼ったが，大阪，敦賀，四日市（大垣から揖斐川舟運）の重要拠点が鉄道で連絡した。東日本でも上野・高崎間が84年に開通し，翌年，竣功した清水峠越道路と相まって長岡で信濃川舟運と連絡したのである。続いて，日本の二大センターである京阪と東京を結ぶ工事に移って行くが，89年新橋～神戸間が全線開通となった。

この開通が鉄道輸送にとって一つのエポックであり，この前後から鉄道建設は急速に展開する。明治20年代中頃には，内陸輸送は鉄道で進めていくとの基本方針が政府により決定され，鉄道敷設法が1892（明治25）年に制定されてほぼ全国的に張り巡らす33の建設予定路線が計画された。このうち緊急を要する9路線が第1期予定線とされ，12カ年で建設されることとなった。

(2) 河川整備

明治新政府が，鉄道とともに力を入れたのが河川改修であった。当初，行われたのが，港湾の整備と一体となった河口部処理および低水工事である。これについては，節を改めて述べていく。また，国直轄による本格的な治水事業は，1896（明治29）年に制定された河川法に基づいて進められたが，これについては第3章で述べてきたい。

(3) 港湾整備

近世までのわが国の港の多くは河口に位置していた。その理由は河口港が河川舟運と海運との接点に位置し，河川の流域を背後圏としていたためである。しかし，河口港は大きな宿命をもっている。上流から流出してきた土砂の堆積によって，水深が減じることである。大型西洋船に対処できる近代港湾にどのように脱皮していくのかは，江戸時代に栄えた河口港にとって実に重要な課題であった。

1878（明治11）年に九頭竜川河口の坂井港（福井），鳴瀬川河口の野蒜港（宮城）が着工された。この後，三角港（熊本），宇品港（広島）などに着工した後，89年，京浜地区の窓口として横浜港（神奈川）が着工し，ここに本格的な近代港湾の築造となったのである。さらに96年，航海奨励法と造船奨励法が成立し，海運業・造船業が活気づくとともに港湾の整備も図られていった。96年には名古屋港，函館港，97年には江戸時代に大いに繁栄した大阪で近代港湾工事が着手されたのである。

(4) 道路整備

明治初頭には，地方の開発に対し国によっても道路の整備が重視され，また地方は道路の整備を熱心に主張した。この後，道路は1等，2等，3等に区別されたが，1876（明治9）年に等級は廃止されて国・県・里道の3区分となった。

道路整備における国からの補助は，その時の国家財政に基づき個別審査により行われていた。しかし，その数や額も少なく，明治時代中頃から政府が鉄道に力

表 2.1 明治前期の直轄河川工事着手状況等

着手年	河川名
	信濃川大河津分水工事（3～8年）
1874（明治 7）年度	淀川（5月）
1875（明治 8）年度	利根川（6月）
1876（明治 9）年度	信濃川
1877（明治 10）年度	木曽川
1878（明治 11）年度	なし
1879（明治 12）年度	なし
1880（明治 13）年度	なし
1881（明治 14）年度	なし
1882（明治 15）年度	北上川，阿賀野川
1883（明治 16）年度	庄川，富士川
1884（明治 17）年度	阿武隈川，吉野川，筑後川，最上川，大井川
1885（明治 18）年度	天竜川

注：信濃川大河津分水，天竜川，大井川以外は低水工事である．
資料：『土木局第三十回統計年報』内務省土木局，1937.

を注いだのに対し，地域間を結ぶ道路の整備は大きく遅れたのである。

2 全国の河川修築事業の展開

近代河川改修としてまず行われたのが修築事業である。明治20年代初め頃まで，交通運輸の基軸として舟運が重要であった。1890（明治23）年には，利根川と江戸川を結ぶ利根運河が完成し，また同年竣功した琵琶湖疏水事業も，大津～京都間の舟運路としての役割も担い，さらに全国各地で河川・運河による舟運事業が構想されかつ実施された。

このこともあり，国直轄により河川舟運も考慮した修築事業が行われた。この事業は，河道における低水路整備（河身改修）と山地での砂防工事を中心とするもので，オランダ人招聘技師の指導のもとに行われた。彼らオランダ人技師は，近代科学技術に基づき地形・水位等を観測して基礎データを得，水理式などによって計画を策定していった。

修築事業は，表2.1，表2.2にみるように14河川で着工された。1874（明治7）年度に淀川で始まり，75年度に利根川，76年度に信濃川で開始された。その後，77年度から木曽川，82年度から北上川，阿賀野川で，さらに83年度に庄川，富士川，84年度に阿武隈川，吉野川，筑後川，最上川，大井川，85年度には天竜

表 2.2　国直轄による「河身改修」工事状況

河川名	費　目	工　期
淀川	修築費	明治第7期～21年度
	修築工修繕費	明治22～31年度
利根川	修築工	明治第8期～32年度
信濃川	修築工	明治 9～38年度
	河口修築費	明治29～36年度
木曽川	修築工	明治10～大正元年度
	修築工速成費	明治36～38年度
北上川	修築工	明治15～34年度
	修築工修繕費	明治34～35年度
阿賀野川	修築工	明治15～37年度
富士川	修築工	明治16～27年度
	修築工修繕費	明治28～31年度
	追加修築工	明治29～30年度
庄川	修築工	明治16～32年度
筑後川	修築工	明治17～31年度
最上川	修築工	明治17～36年度
吉野川	修築工	明治17～37年度
大井川	修築工	明治17～35年度
阿武隈川	修築工	明治17～35年度
天竜川	修築工	明治18～27年度
	修築工修繕費	明治28～32年度
	追加修築工	明治29～31年度

資料：『土本局第三十回統計年報』内務省土木局，1937

川で着工された。これらは全額国費で行われ，後年，低水工事と称されたものである。

低水路整備と砂防工事よりなるこれら低水工事は，舟運整備のみを目的としたものではなく，治水工事の一つとしても位置付けられていた。1884（明治17）年，内務卿・山県有朋から太政大臣宛に提出された「治水ノ義ニ付上申」では，次のように主張されている[(1)]。

「最前堤防を以て治水専一と看倣したるは，畢竟，昔日の姑息法にして，河身改修・土砂扞防の事は近世発明の法なれば，到底永久の改良治水法はこれに若くものなし。一回，河身改修・土砂扞防の業を終われば，堤防の修理もまた容易なるべし。然り，そしてこの改良の治水法を施したるは，淀川を以て権輿としその効験，殊に顕著なり。」

このように河身改修（低水路整備），土砂防止がまず初めに行われる治水であって，これが修了すれば堤防修理も容易であると主張する。すなわち，河身改修，土砂流出防止，築堤を一体的なものとしてとらえている。低水路を整備し洪水がスムーズに流れるようにした後，堤防を整備するとの方針であったのである。

さて，1887（明治20）年頃から新たな河川事業が展開された。利根川･信濃川･木曽川・筑後川等で，新たな計画の下に河川事業が着工されたのである。この背景には，85年の全国的な大水害があった。この85年は，統計が整備されている78年以降，今日に至るまでの間，国民所得に対する水害被害額の割合が最も大きい年であった。

政府は，1886（明治19）年土木監督署官制を制定し，全国を6区に分けて監督署を置いた。監督署の任務は府県土木事業の監督と国直轄河川事業の推進であった。河川工事としては，直轄による低水工事のみならず府県による防御工事も積極的に推進しょうとしたもので，次のように認識されていた[(2)]。

「直轄河川改修工事は，これを負担する所の各技師の計画によって，これを施行せんとす。然るに，河川の改修たるや単に低水工事にのみ委すべからずして，防御工事もまた併せて施せざるべからざるを以て，これを沿川地方の負担と定め，その府県に内諭して昨年府県会の議に付せしめたり。」

新たな河川事業では，このように河身改修（低水路整備），砂防は国が行い，築堤工事は府県の負担で行うものであった。例えば木曽川では，1886年に改修計画が策定され，木曽川・長良川・揖斐川の三川分離を伴う大規模な改修事業に着工した。河身改修，重要な締切堤，背割堤，河口導流堤，閘門および砂防は国直轄により，築堤は愛知県・三重県・岐阜県により進められることとなった。

利根川では，1886年に改修計画が策定され，背割堤，川幅拡張，寄洲掘削，引堤，合流点引下げ，護岸水制，砂防などの工事が国により，また部分的な河身改修，堤防修繕等が県・町村によって行われた。

3　利根川修築事業

(1) 低水路整備（河身改修）工事開始

利根川での本格的な低水工事は，1877（明治10）年1月から江戸川で開始された。それ以前の72年，オランダ技術者リンドによって江戸川4カ所，利根川6カ所，

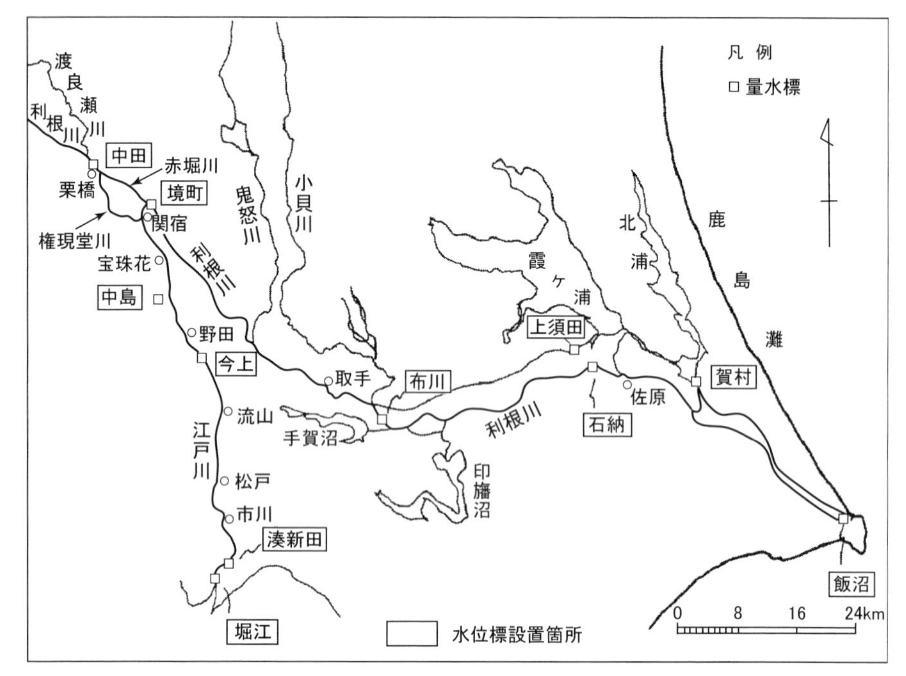

図 2.1　リンド設置の水位標位置
（出典：『論集　江戸川』論集江戸川編集委員会，2006，に一部加筆）

新利根川 1 カ所, 計 11 カ所の量水標が設置され（図 2.1）。74 年 4 月には, 土木頭・石井省一郎他から内務卿に提出された「刀根川修築ノ建議」に基づき測量開始の指示があった。75 年 6 月には松戸地先の江戸川で水制工 3 本，護岸工 1 カ所の試験的粗朶（そだ）工事が行われ，この後，本工事が開始されたのである（図 2.2）。

1876（明治 9）年度～ 86 年度に支出した額は約 57 万円であり, 利根川の中瀬（上利根川，妻沼の上流）～境（関宿の対岸）間，江戸川の松戸・宝珠花付近が重要な工事箇所であった。また，この一環として 81 年度から群馬県榛名山で砂防工事が実施され，86 年度までの 6 年間で約 1 万 2000 円の工事が行われた。その後，砂防工事は 1902（明治 35）年まで継続され，総工事費は約 2 万円であった。

（2）オランダ人お雇い技師・ムルデルによる計画

ムルデルは，1886（明治 19）年から近藤仙太郎の協力を得て，予算総額約 408

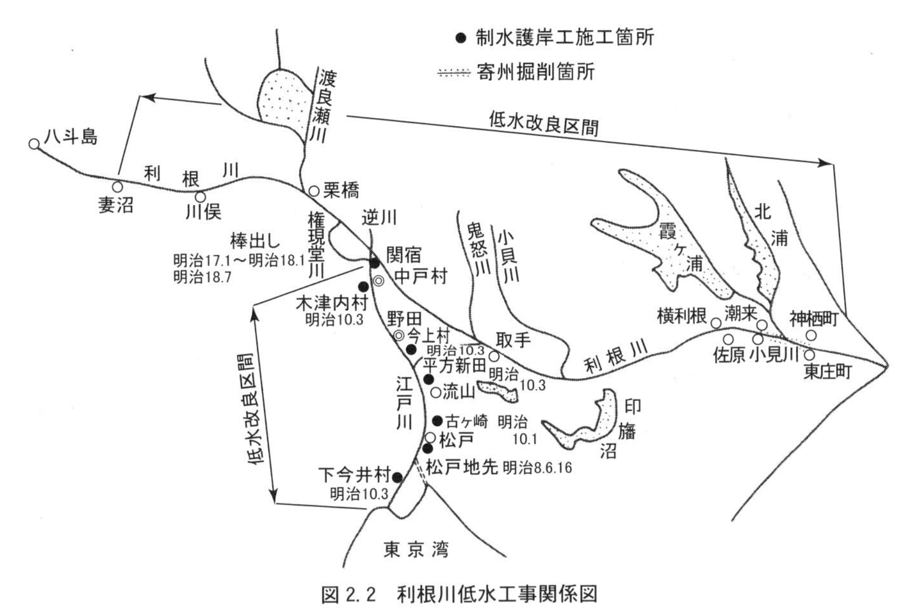

図 2.2　利根川低水工事関係図
（出典：『江戸川・中川改修史』関東地方建設局江戸川工事事務所，1986，に一部加筆）

万円からなる「利根川（自妻沼至海）改修計画書」を作成した。近代になって初めての利根川改修計画である。この計画が，87 年度から 1905 年度に至る 19 カ年継続事業として着工された。

ムルデルは，計画の目的として次の三つをあげている[(3)]。注目すべきことは，舟運を目的の最初に揚げているが，そればかりでなく洪水対策，新田開墾を目的とする多目的な計画であったことである。

（甲）通船に便す。

（乙）破堤漲溢の危険を除く。

（丙）下流低地の一部を開墾に適せしむ。

（甲）については，低水工事により水深を確保して舟運路の整備を行う。

（乙）については，堤防の改築と狭隘な河道の拡幅を行い，疎通能力を高める。対象とする洪水は，「明治 18 年 7 月中の洪水の如き」非常の洪水が生じるのは甚だ稀として，一年に数回生じる通常洪水とした。

（丙）については，洪水氾濫が下流への洪水流量を減じさせていることを指摘した上で，境町から布佐・布川の狭窄部間の中利根川で，築堤に基づく新田開墾を計画した。

次に具体的な計画をみていこう。

上利根川については，河道で狭隘な所があるとして，その拡幅を述べたに過ぎない。中条堤による遊水問題については何ら述べていない。

渡良瀬川との合流区域については，渡良瀬川の方が勾配は緩いため利根川からの逆流が甚だしく，渡良瀬川下流部は大水害を被っていると認識する。このため導流堤（背割堤）でもって両川を合流させるとともに，渡良瀬川の合流口に逆流を防ぐための「堅牢且傾斜して，低水面に達する一強堰」の設置を述べた。

赤堀川・権現堂川・逆川の整理については，計画対象流量に基づいてそれぞれの河道の拡幅を主張した。また，「棒出し」のある江戸川の流頭口も改修するが，分派状況は従来と同然と指摘した。さらに，権現堂川を廃止して赤堀川一本にし，江戸川には逆川のみで連絡させるとの方策について意見を述べ，その利点として次の四つをあげている。

ⓘ低水が一本の水路となり舟運に便である。

ⓘⓘ江戸川河口部の内外にある舟運路の支障箇所がなくなる。

ⓘⓘⓘ逆川の流水が常に一定の方向に流れ，土砂堆積による流路の閉塞が減じる。

ⓘⓥ権現堂川の水位が低い時期，この流路沿いの堤外地を耕地として利用できる。

権現堂川の締切りは呑み口ではなく下流端で行うが，この整理の可能性について水理的に検討を行った。この結果,「棒出し」のある江戸川流頭部を拡げなかったら不可能なこと，これを行うとしたら，さらに洪水・低水の観測，詳細な測量が必要と指摘した。なおこの方策についても，中・下利根川と江戸川との流量配分について，低水・洪水とも従来と同様であることを前提としている。

中利根川の河道整備については，境地先の堆積土砂の掘削，また鬼怒川合流点までの左岸については適切なる川幅の下に新堤を築き，その背後地の防御を主張した。鬼怒川については，鬼怒川の方が利根本川より勾配がきつい状況を指摘した上で，約90度で合流している状況を導流堤によって合流点を下流部に移すことを述べた。

また，広々とした堤外地が拡がっている鬼怒川合流点から布佐・布川間について，新たに堤防の設置により堤外地の一部が開墾可能となると指摘した。その前提として，布佐・布川狭窄部の拡幅の主張があった。小貝川については，渡良瀬川と同様として新堤を設置し，逆流を防ぐ「強堅なる隔流堰」の設置を述べた。

下利根川についてみよう。逆流して遊水地となっている印旛沼について，その遊水効果は下流にとって大きく，この影響で下流水位は低くなっていると認識する。このため沼周辺に堤防を設置するならば遊水量は小さくなるとして，築堤するならば，利根下流部の洪水通路を拡げることを主張した。また，霞ヶ浦とつなぐ横利根川については現状を保持することとした。

このように，大湖の遊水効果を重視する理由として次の四つを挙げた。

ⓘ土砂等の固形物が湖に沈殿し，清らかな水になる。

ⓘⓘ洪水時の遊水効果が大きく，下流の水害防御に果たす役割が著しい。

ⓘⓘⓘ洪水時に湖に滞留した水は，本川低水時に流出して舟運の便に利となる。

ⓘⓥ湖の干満がある地域では，干潮時に湖から流出し，川底を浚渫して水深を安定させ，舟運の便に利となる。

(3) 修築事業の進展

ムルデルの計画による改修事業は，1887（明治 20）年度から行われた。だが洪水防御工事は行われず，主として川俣下流の上利根川，鬼怒川合流点までの中利根川，赤堀川の低水路整備そして江戸川流頭部の制水工事が行われた。さらに，江戸川・権現堂川などの低水路整備が以前からの継続として行われた。

1899（明治 32）年度までの執行状況についてみると，約 161 万円が工事費として使用された。これにより，江戸川低水工事が 98 年度に竣工した。1900 年度からは，次章で述べるように新たな改修工事着手となったが，未使用な予算額として約 247 万円残った。このうち 44 万円は，1900 年度以降も既工事と密接に関係し打ち切ることが困難な未施工区間で使用された。

残りの 203 万円が新改修事業に振り向けられた。第 14 回帝国議会で成立した新改修事業計画の当初予算は 600 万円であったので，約 33％が修築事業からの振りかえであった。一方，新改修事業着工後，3 万円が低水工事として増額され，1900 年度から 06 年度に施工された。その工事内容は既成修築工事の補強が中心であったが，新たな水制も設置された。治水のためにも，しっかりとした低水路の確保は重要だったのである。

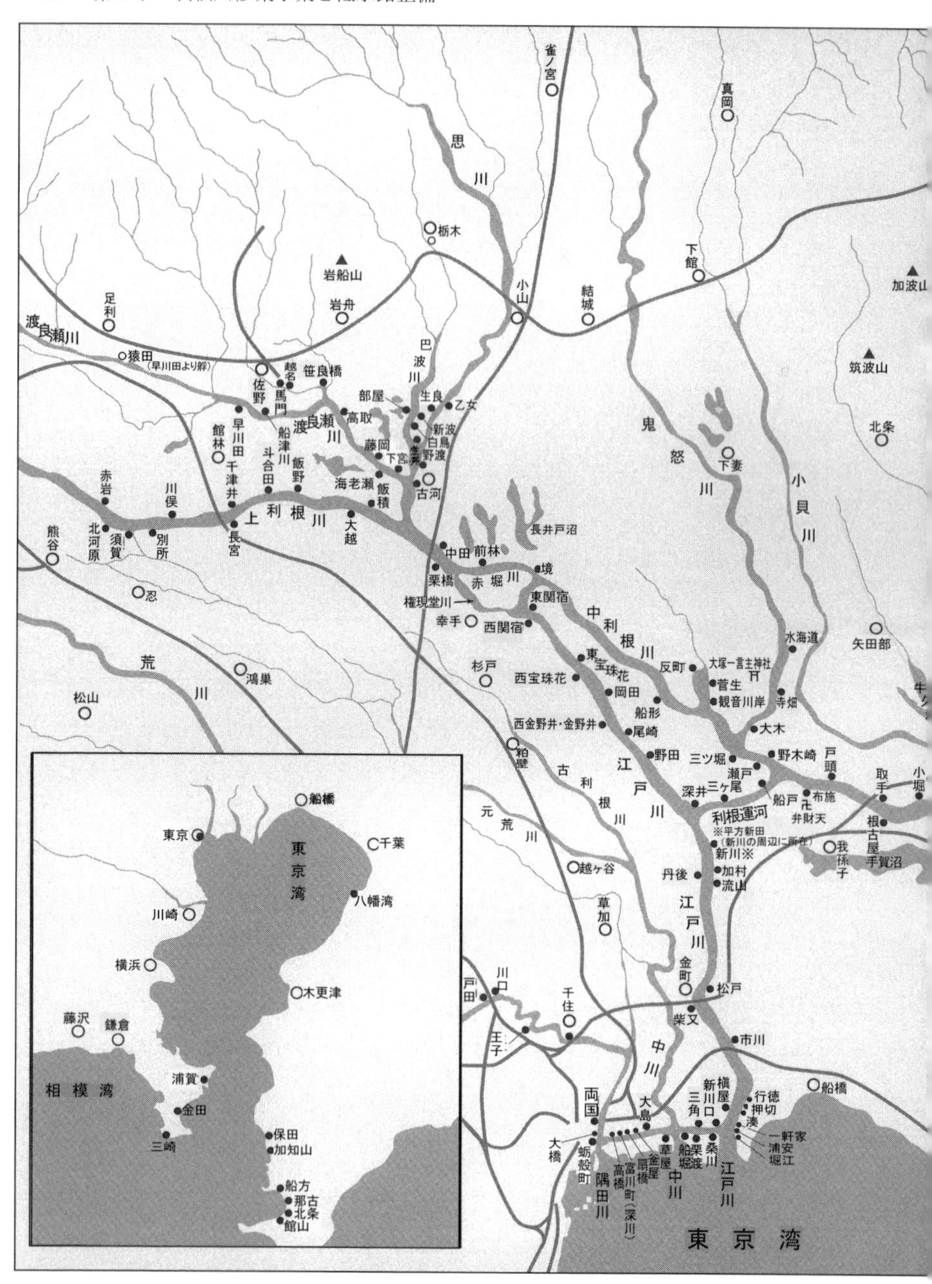

図 2.3　明治年間中頃の汽船寄航場分布図
（出典：川蒸気合同展実行委員会編：『図説　川の上の近代』，2007，
その後の「物流博物館」による修正に一部加筆）

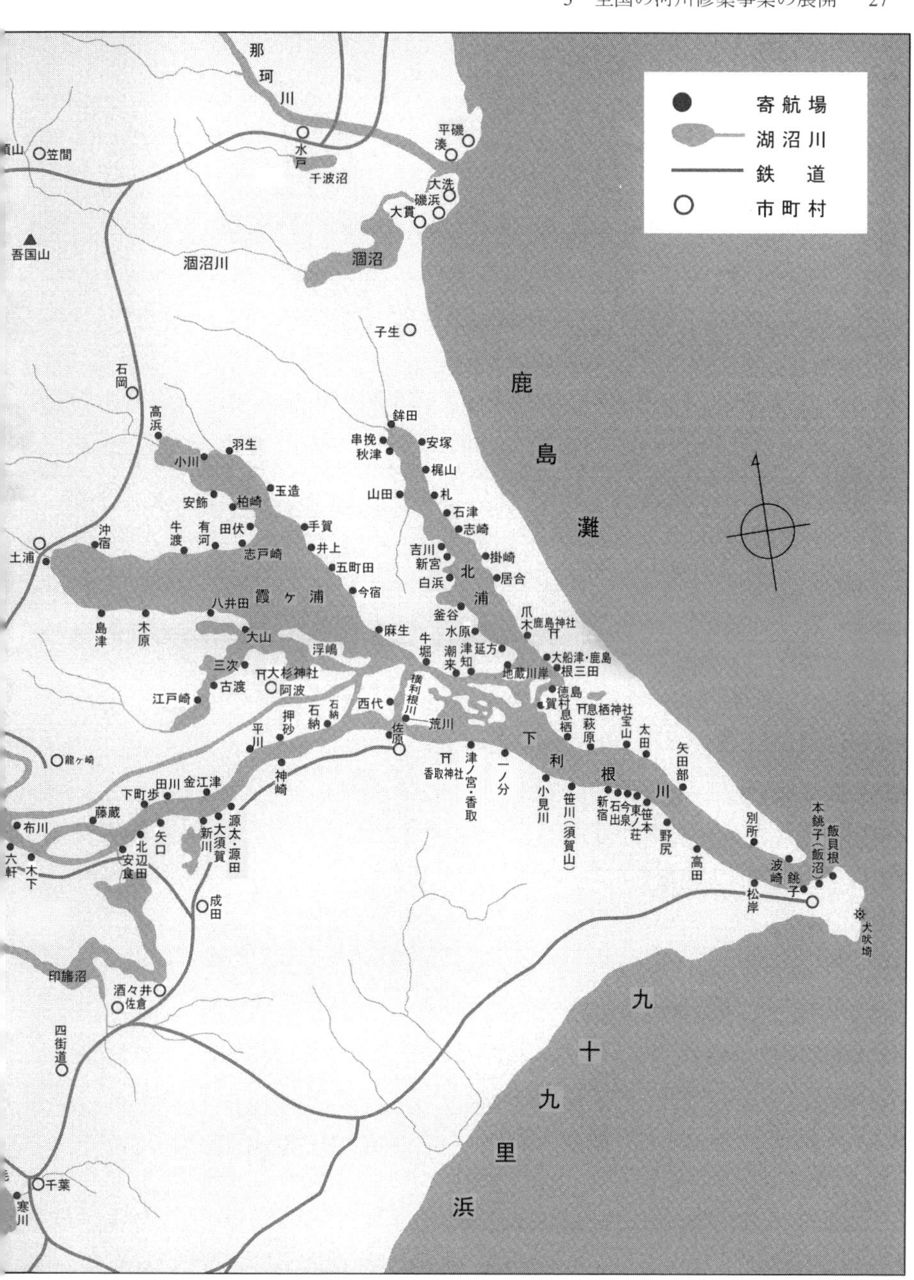
寄航場
湖沼川
鉄道
市町村
那珂川
水戸
笠間
千波沼
平磯
湊
大洗
磯浜
大貫
涸沼
涸沼川
吾国山
子生
石岡
鹿島灘
鉾田
串挽
秋津
安塚
梶山
山田
札
石津
志崎
吉川
新宮
掛崎
白浜
北浦
居合
釜谷
水原
延方
高浜
羽生
小川
玉造
安飾
柏崎
牛渡
有河
田伏
手賀
井上
志戸崎
沖宿
土浦
五町田
今宿
八井田
霞ヶ浦
島津
木原
大山
麻生
牛堀
潮来
津知
浮嶋
三次
大杉神社
古渡
阿波
江戸崎
鹿島神社
大船津・鹿島
根三田
地蔵川岸
徳島
息栖神社
息栖
萩原
宝山
太田
矢田部
横利根川
西代
石納
押砂
平川
佐原
荒川
香取神社
津ノ宮・香取
一ノ分
小見川
下利根川
笹川(須賀山)
新宿
石出
今泉
東ノ荘
笹本
野尻
高田
別所
波崎
松岸
銚子
本銚子(飯沼)
飯貝根
犬吠埼
龍ヶ崎
神崎
金江津
田川
下町歩
藤蔵
布川
矢口
北辺田
安食
大須賀
新川
源太・源田
六軒
木下
成田
印旛沼
酒々井
佐倉
四街道
千葉
寒川
九十九里浜

低水路整備に伴い蒸気船が就航することとなった。明治中頃の状況をみたのが図2.3である。東京を中心に実に広く就航していたことがわかる。中利根川と江戸川を連絡する利根運河も利用されているが，この運河は1898（明治21）年から80年にかけて民間資金のみの事業で開削された。この状況は第12章で詳述していく。

（注）

(1)『公文録　内務省6月第1　明治17年』(1884).

(2)『内務省年報報告書第十三巻』内務省，p.147.

(3) ムルデル（1987）：利根川（自妻沼至海）改修計画．利根川百年史編纂委員会：『利根川百年史』建設省関東地方建設局，pp.424–437.

第3章　1900（明治33）年利根川改修計画

1　河川法の成立と治水（洪水防御）事業の展開

(1) 河川法の成立

1890（明治23）年帝国議会が開設されると，国庫による堤防修築など治水を求める請願が全国から行われた。第1回帝国議会に寄せられた請願数は142件に達し，地租軽減および地価修正の438件に次いで多く，全請願数1,056件の1割以上であった。議員からは治水（洪水防御）工事の促進を求める建議がたびたび行われ，政府直轄による治水の要望運動が熱心に展開されたのである。とくに淀川改修運動が地元により鋭意推進され，議会内への強い働きかけもあった。淀川では，74年から始まった修築事業が88年度には竣功し，新たな改修事業が求められていたのである。

この結果，修築事業が既に完了していた淀川・筑後川で，1896（明治29）年度から政府直轄による治水事業が着工されることとなった。河川事業が新しい段階に入ったのであるが，それとともに河川管理，費用負担などを規定した制度として96年3月，66条からなる河川法が成立したのである。河川法を成立させた一般的な社会背景としては，次のことがあげられる。

- 1890（明治23）年，帝国憲法のもと帝国議会が開始されたが，地主・豪農層から多くの議員が輩出された。彼らは，耕地の安全を求め，治水事業を要求した。
- 明治10年代から20年代にかけては水害が多発し，抜本的な対策が必要となった。とくに1885（明治18）年の水害は深刻だった。
- 帝国憲法成立の後，法治国家として法律に基づいて国家を運営する機運が高まった。当時の法律の制定状況をみると，まず国や地方の行政機構や財政・軍事・教育などの国家機構の整備にかかわる法令が整えられ，続いて事業などにかかわる法律が整備されていき，明治20年代後半は，事業などにかかわる法律制定の最中であった。

- 1892（明治25）年，鉄道敷設法が成立したが，これにより内陸輸送は鉄道で進めていく方針が定められ，河川については洪水防御が一層，前面に出てきた。
- 1894～95年に行われた日清戦争の結果，清国から賠償金2億3150万両（邦貨換算約3億6407万円）を得，これによって国家の財政基盤が強化され，河川改修など諸般の事業に充てられるようになった。

さらに，対ロシア戦に備えて機械施工技術の確立があったと考えている。日清戦争後，淀川治水事業を熱心に求める地元に対し当初，政府は三国干渉による遼東半島返還があり，ロシア戦に備える軍備拡張のため財政をそちらに向けねばならないと強く拒絶していた。それを翻しての着工である。そして，同年鉄道作業局による中央線笹子トンネル，翌年には大阪市営による大阪築港事業が着工された。これらの工事のためヨーロッパに技師が派遣され，フランス，イギリス，ドイツ等から浚渫船，掘削機，機関車などの施工機械が多額の費用でもって大量に導入された。そして機械力を本格的に駆使する大規模工事が展開されたのである。

(2) 河川法による洪水防御工事

河川法が適用される河川は，主務大臣が「公共ノ利害ニ重大ノ関係アリ」（第1条）と認定した河川であって，主務大臣はその河川名を区間・時期とともに官報に告示する。さらに適用河川の支川あるいは派川が地方行政庁より認定され，「特別ノ規程ヲ設ケタル場合ヲ除クノ外」これらの支川・派川にも河川法が適用される（第4条）。これは，本川である適用河川の管理を完全に行うためには，そこに流入する支川，そこから流出していく派川を併せて管理せねばならないからである。なお，河川法の適用されない河川あるいは水流等に対し，準用河川の制度がある（第5条）。

適用された河川の管理主体は地方行政庁であり，「河川ハ地方行政庁ニ於テ其ノ管内ニ係ル部分ヲ管理スヘシ」（第6条）と定められた。ただし，第6条但書で「他府県ノ利益ヲ保全スル為必要ト認ムルトキ」は，国が管理ないし維持修繕を行うことが定められた。河川に関する工事の施行・維持の主体も原則的に地方行政庁であり，「地方行政庁ハ河川ニ関スル工事ヲ施行シ其ノ維持ヲナスノ義務アルモノトス」（第7条）と規定されている。

このように，河川工事・維持の第一次的責任は府県知事が有するのである。しかし，第8条に特例の場合として，主務大臣による直轄工事が，次のような条件の時に行われるよう定められている。

・河川工事の利害関係が一つの府県の区域にとどまらないとき。
・工事が至難なとき。
・工費が至大なとき。
・河川の全部若しくは一部について，大体にわたる一定の計画に基づいて施行する改良工事であるとき。

つまり，工事の影響が他府県まで及ぶようなもの，工事が物理的に困難で高度の技術を必要とするもの，地方財政の負担能力をこえるような多額の工事費を必要とするもの，そして，河川工事が一定の全体計画の下に施行される必要があって，一つの府県単位で工事を施工すると不均衡が生じて全体計画が達成されないおそれがあるときである。この時，「主務大臣ハ此ノ法律ニ依リテ地方行政庁ノ有スル職権ヲ直接施行スルコトヲ得」とされたのである。

ここに，国直轄による洪水防御工事（高水工事）の施行が，法律でもって正式に規定されたのである。これこそが，河川法制定の最大の眼目であったといってよい。

次に，これらの河川の管理費用の負担についてみると，管理一般については，「河川ニ関スル費用ハ府県ノ負担トス」（第24条）と，府県による負担が原則であることを規定している。その上で，第6条の但書に基づき管理ないし維持修繕を国が行う場合は，「国庫ニ於テ其ノ費用ノ全部若ハ其ノ一部ヲ負担スルコトヲ得」と，国庫による支出について定めた

改良工事については，府県内の地租額を基準にして国による補助を次のように規定した。

「河川ノ改良工事ニ要スル予算費用ニシテ其ノ府県内ノ地租額十分ノ一ヲ超過スルトキハ其ノ超過額ノ三分ノ二以内ヲ国庫ヨリ補助スルコトヲ得　但シ地租額ヲ超過スル部分ニ付テハ其ノ超過額ノ四分ノ三以内ヲ補助スルコトヲ得」（第26条）

直轄工事の場合も同様であり，府県はこの第26条の規定に基づいて負担額が定められる。府県は受益者負担として，直轄工事費の一部を負担するのである。

(3) 治水事業の進展

河川法の成立とともに淀川（10カ年継続事業，事業費約909万円），筑後川（7カ年継続事業，事業費約148万円）が着工されたが，その後，即座に国直轄による治水事業が全国的に展開されたのではない。1907（明治40）年までに着工された河川は，1900年の利根川・庄川・九頭竜川，06年の遠賀川，翌07年の信濃川・吉野川・高梁川のみであった。これ以外に，98年に定められた直接施行制度により，修築事業として進められていた木曽川・大井川で，県が施工していた築堤工事を国が代わって行った。

明治政府は，膨大な海陸軍の臨時拡張費が優先されるなど財政からの強い制約のもと，工事対象河川を厳しく絞って進めていったのである。一方，帝国議会では，新たな治水事業を求める熱心な運動が展開された。

帝国議会に1899（明治32）年12月8日付で，14名の提出者また賛成者156名からなる「治水ニ関スル建議案」が提出された。提出者・提案者は合計170名を越え，議会定数の過半数以上であった。この建議を整理すると概ね次のようになる[(1)]。

治水は国家経営上，実に緊要な課題であり，衆議院では開設以来，5回も河川改修の建議を行い，政府も重要として国庫支出の増額を行ってきた。日清戦争後の戦後経営でも，1896（明治29）年度は約240万円，97年度約563万円等，96年度から99年度の4カ年の平均額は約350万円となっていた。ところが，1900年の予算案は既定の継続費に止どめ，わずか約130万円となっている。これでは河川改修費はやがて全滅してしまう。毎年，改修費に300万円から400万円を定額として予算化する必要がある。このため河川法に基づいて順次，新たに改修工事を進めていく必要があるが，既に調査設計が終了していると聞く利根川全部，九頭竜川，庄川，神通川の改修工事費を追加予算案に組み込むこと，また高梁川，斐伊川，吉野川，阿賀野川ほか数河川の設計を急いで行い，計画ができ次第，順次実行すること。

一方，内務省も調査設計が完了していた河川改修はできるだけすみやかに着工するとの意向をもっていた。結果として，1900（明治33）年度から新たに河川改修に着工したのが利根川第一期（事業費総額約600万円），庄川（事業予算額約292万円），九頭竜川（事業費総額178万円）であった。3河川合わせての総事業費は約1,070万円である。庄川・九頭竜川は，当初は国費を使わず県費を先行的に使用した。一方，調査・設計が終了していたと認識されていた神通川であるが，庄川と同じ富山県にあることもあって国直轄による着工とはならず，01年に県営事業として着工された。

このような治水事業の進展の中で，利根川では1905年度までとしていた修築事業を打ち切り，1900年度から国直轄による改修事業が着工されたのである。計画は，助手としてムルデルに協力していた内務省技師近藤仙太郎によるものである。次に，その計画からみていこう。

2　近藤仙太郎の利根川改修計画

近藤仙太郎は，1893（明治26）年11月に改修計画策定を命じられ，群馬県沼ノ上から銚子に至る総工事費3,637万円の計画を94年5月に作成した。この時，近藤は関宿から行徳を通って東京湾に流出する江戸川筋も検討したが，この総工事費は約4,508万円だったので，中・下利根川筋を中心とした改修計画とした。その積算の詳細はわからないが，江戸川筋が900万円近くも大きかったのは，江戸川上流部の多くの人家移転を伴う台地開削費用で膨らんだのだろう。

近藤のこの計画は，当時の国家歳入総額約8,800万円に対してあまりにも過大であるとして，実行できなかった。だが，利根川では1896（明治29）年に大洪水があり，大きな水害を被った。この後，近藤に約2,000万円からなる計画策定の命令があり，近藤は93年の計画をベースに98年に約2,233万円からなる「利根川高水工事計画意見書」[(2)] を作成した。これをもとに改修事業の着工となったのである。「利根川高水工事計画意見書」に基づいて計画をみていこう。

(1) 計画対象流量

計画流量について，渡良瀬川が利根川に合流した直後の中田地点を基準地点とし，観測された1885（明治18）年，90年，94年，96年，97年の5洪水から求めた。

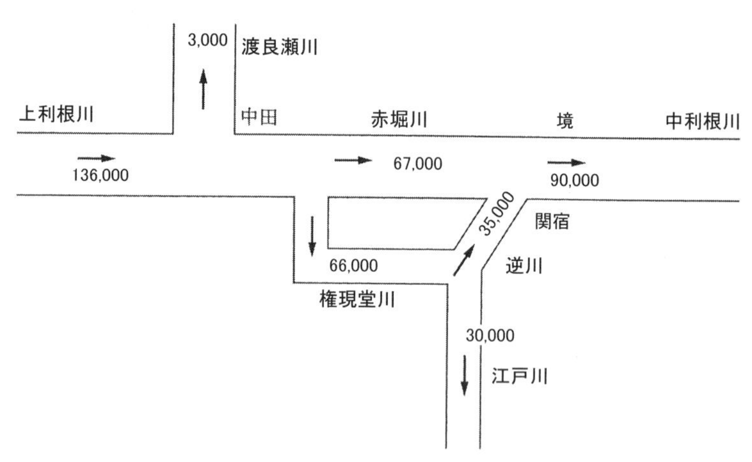

図 3.1　1885（明治18）年の利根川出水状況（単位：立方尺／秒）

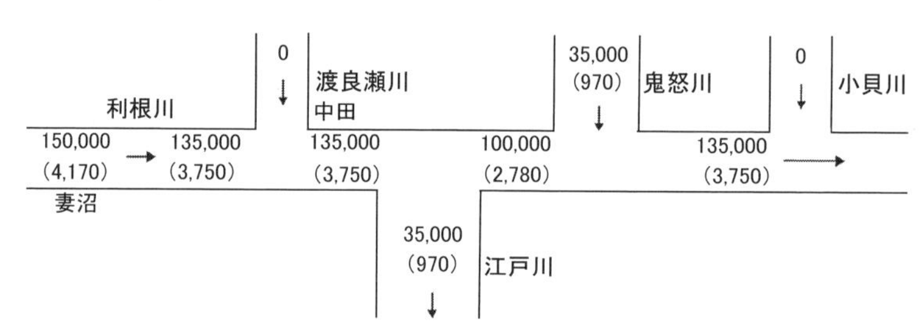

図 3.2　1900（明治33）年の利根川改修計画における流量配分
（単位：立方尺 / 秒，（ ）内は m^3/s）

その平均が毎秒12万8865立方尺で，最も小さい30年洪水を除いた4洪水の平均が毎秒13万5377立方尺であったことから，毎秒13万5000立方尺（3,750m^3/s）を中田地点の計画流量とした。さらに，18年洪水は中田地点で毎秒13万3000立方尺であって計画流量に近く，また全川にわたって観測されていたので，この洪水をベースにして流量配分が行われた（図3.1，図3.2）。

流量配分をみると，1885（明治18）年洪水では渡良瀬川に毎秒3,000立方尺（83 m^3/s）が逆流したが，計画では逆流量は0とし，江戸川へは毎秒3万5000立方尺（970m^3/s）流下させた。85年洪水に対し，毎秒5,000立方尺（140m^3/s）の増大である。残りの毎秒10万立方尺（2,780m^3/s）が中利根川に入り，鬼怒川からは85年洪水の実績通り毎秒3万5000立方尺（970m^3/s）を合流させ，合流後は毎秒13万5000立方尺（3,750m^3/s）とした。これから下流において，85年洪水では小貝川へ毎秒3,000立方尺（83m^3/s），印旛沼へ毎秒1万5000立方尺（420 m^3/s），横利根川へ毎秒8,000立方尺（220m^3/s）逆流していたが，一切，逆流は考慮せず,銚子の河口まで毎秒13万5000立方尺（3,750m^3/s）を計画流量とした(3)。

ところで上利根川をみると，興味深いことに瀬戸井・酒巻狭窄部の直上流に位置する妻沼から上流の計画流量について，「河川調査の為，実測ありしも未だ充分な経験なきに付」と断りながら，毎秒15万立方尺（4,170m^3/s）と狭窄部下流より大きくしている。妻沼から下流が毎秒13万5000立方尺（3,750 m^3/s）とされたが，中条堤上流部での遊水によって毎秒1万5000尺（417m^3/s）のピーク流量低減，つまり遊水効果をみているのである。

(2) 河道計画とその効果

近藤の計画は，このように数年に1回生じる規模の大きさが計画流量となり，これに基づいて川幅が決定されていった。だが，この川幅でもって現況の河道を狭めるのではなく，現状において狭隘な所をこの川幅に拡げようとの計画であった。

実際に工事を行おうとした箇所は以下のとおりである。

(A) 沼ノ上より鬼怒川口に至る間

ⓐ沼ノ上付近，ⓑ島村付近，ⓒ前小屋付近，(4) ⓓ酒巻付近，ⓔ村君付近，ⓕ東付近，ⓖ五霞村付近，ⓗ木間ヶ瀬付近，ⓘ小山付近，ⓙ木ノ崎付近，ⓚ鬼怒川口。

(B) 鬼怒川口より佐原に至る間

ⓜ取手付近，ⓝ布川付近，ⓞ布鎌付近，ⓟ生板付近，ⓠ安食・佐原間。

(C) 佐原より銚子に至る間

ⓡ大倉・若松間。

次に具体的な計画をみていこう。この計画により次のような効果があると主張した。

中条堤上流においては，群馬県沼ノ上で約90度でもって合流する利根川と烏川の合流状況を変えることより，水害を減じることができる。その下流では，流路が数派に分かれて乱流している島村・前小屋付近の河道を整理することにより，小山川への逆流が減じ，また氾濫量が減ることによって約2,300町歩の水害が減少する。

中条堤上流の霞堤はそのままにしておくが，酒巻・瀬戸井の狭窄部を拡げることにより逆流量を減らすことができる。

渡良瀬川が合流する直上流の東村付近は，堤外地に人家・小堤があり洪水疎通に支障が生じていた。だが，これらを取り除くことにより洪水疎通をよくし，向川辺領(4)の水害を減らすのみならず渡良瀬川への逆流も大いに減ずる。

赤堀川・権現堂川・逆川の整理については，権現堂川を締切ることにより赤堀川一本とする。赤堀川を拡げ，また逆川も改修するが，江戸川への流入量は「従来のものと異動なからしめんとす」と，従来と変化ないようにする。逆川・赤堀川は高（洪）水・低水とも一定の方向に流下することとなるので，土砂の堆積が減少する。また，この整理により渡良瀬川への逆流は大いに減少する。

「棒出し」については，直接的な言及はないが，1885（明治18）年洪水に比べて江戸川への分流は毎秒5,000立方尺（140m^3/s）増大させる計画である。85年洪水で「棒出し」は破壊され，その後，修繕が施されて98年には，その間隔は9間（16m）に狭められている。当然のことながら，何がしかの対処がなかったらこの計画流量を流下させることはできない。下流部の印旛水門などから考えると，今後の課題としていたのだろう。

中利根川については，広い原野が拡がっており，河川が狭隘なところ，屈曲が甚だしいところなどを整理することにより洪水疎通をよくし，数千町歩の耕地を得ることができる。具体的には，境から鬼怒川合流点の間で，中州に人家がある木間ヶ瀬地先また木の崎地先で毎年水害を被っている3,000町歩の耕地を安全にし，1万1000町歩を新たに開墾できる。鬼怒川は，利根川に約90度で合流している状況の修正を図る。鬼怒川合流点から布佐・布川の狭窄部までは，堤外地を狭めることなく低水路を整備する。

下利根川については，河道が数派分かれ屈曲しているところを整理し，狭隘な箇所を拡げ，乱流を整理し洪水の疎通をよくする。印旛沼・霞ヶ浦への逆流による遊水効果は考えない。それは，例えば印旛沼は毎年3寸（9.1cm）ないし5寸（15.2cm）ほど土砂が堆積し，遊水効果が減ずるからである。そのため，遊水効果を考慮しない河道を整備する。また，横利根川合流直後の利根川は川幅が60間（109m）に達しないほど狭まり，横利根川を逆流して霞ヶ浦に入っていたが，整備により逆流量は大きく減じる。

佐原から銚子間においての河道整備により，以下のような効果を期待できる。

ⓘ流路を12町半（1.36km）ほど短縮する。

ⓘⓘ霞ヶ浦・北浦沿岸で約8,000町歩の水害を除く。

ⓘⓘⓘ大倉地先で約500町歩の水害を除く。

ⓘⓥ霞ヶ浦・北浦沿岸で約1,500町歩の新開墾地が誕生する。

ⓥ 潮流の疎通がよくなり，下流の水深の維持のみならず沿岸集落の衛生上の利益が増進する。

なお，中利根川と下利根の間の布佐・布川の狭窄部だが，布川とそこから少し下流の布鎌地先の間について「平均幅250間（450 m）の放水路を堤外に確定せんとするものなり」と述べている。だが狭窄部をどうするかについては判然としない。

(3) 実施計画

近藤は，おそらく財務当局からの要請からであろう，工事期間は20年とし，総工費約2,233万円となる計画を3期に分けて整理した。第一期は，河口から横利根川が合流する直後の佐原まで（延長約42km）で事業費約600万円，第二期としては佐原から取手まで（延長約52 km）で約844万円，第三期が取手から沼ノ上まで（延長約110km）で約789万円である。第二期が延長の割に事業費が大きい。その後，約600万円からなる第一期予算が承認されて着工なったのは，1900（明治33）年度である。

近藤によるこの改修計画が，利根川における近代改修の出発点となり，その後の改修計画を大きく制約した。総工事費2,233万円の内訳をみると，浚渫・築堤等の河道整備費が約2,119万円（その内に樋管・水門費約79万円が含まれる），これらに対する諸雑費として100分の5である約106万円が計上された。樋管は5カ所，水門は4カ所考えていた。ただ近藤は，これら水門・樋管をどこに設置するのかは具体的に述べていない。印旛沼・霞ヶ浦への逆流防止については，河道整備により本川の疎通能力を増大させることによって行う，と述べているにす

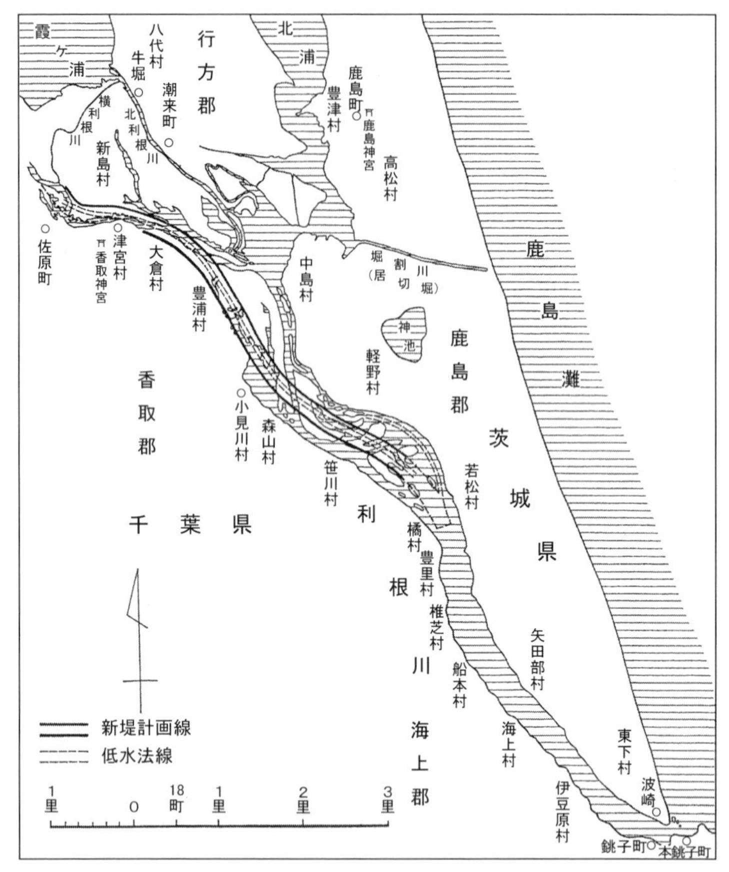

図3.3　利根川改修工事（第一期）平面図

（出典：日本科学史学会編『日本科学技術史体系16　土木技術』，1970，に一部加筆）

ぎない。

3　改修事業

(1) 第一期工事，第二期工事

改修事業はまず第一期として，1900（明治33）年度に着工とされ09年度に竣功した（図3.3）。予算は，着工後に低水工事として3万円が増額され603万円になったが，最終的な支出総額は588万円であった。なお本改修工事の一部として，

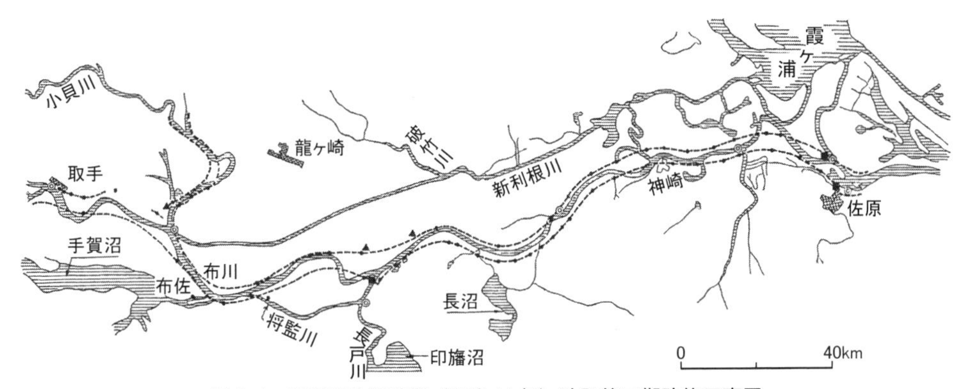

図 3.4　利根川改修計画（明治 44 年）改訂第二期改修工事図
（出典：『利根川水系農業水利誌』財団法人農業土木学会，1987，に一部加筆）

上利根川の邑楽郡川俣から下流における既成低水工事の補修が行われた。

第二期工事は，1907（明治 40）年度に着工され 1930（昭和 5）年度に竣功した。その途中，10 年大出水により計画は全面的に見直され改訂された。当初予算は 821 万円であったが，その後，数次にわたって増額され，最終的な支出額は 1,438 万円であった（図 3.4）。

ところで，第二期の事業内容は近藤の計画とかなり異なっている。布佐・布川の狭窄部では低水路岩盤の浚渫が行われた。その下流では将監川を締切って廃川とし，印旛沼とつながる長門川との合流点には印旛水門が工事費約 24 万円で築造された。また，霞ヶ浦とつながる横利根川との合流点には，横利根閘門（工事費約 72 万円）が築造され，さらに佐原町下流本川に合流する小野川の河口に小野川水門（工事費約 13 万円）が築造された。

これらの計画がいつ策定されたのか，1930（昭和 5）年 10 月の「利根川改修工事概要」(5) によると，小野川水門は 1910 年大出水後の改訂で加えられた。一方，印旛水門・横利根閘門はそれ以前に計画されていた。

この区間での 1910（明治 43）年大水害による影響についてだが，内務技監・沖野忠雄は大きな変更はなかったと述べている。つまり「計画高水流量の改訂による利根川改修費の増額」についての会計検査院の照会に関する回答 (6) の中で，印旛水門等の水門・閘門工事について何らふれず，「佐原取手間に於いて，水量を改めたるに由り生じたる手戻工事と称すべきも更らになし」と，主張するのである。ただし，佐原・取手間で浚渫費3万円，堤防費約119万円の増額，その他水制および水制改修費，附帯工事費として小貝川合流口における逆水樋管の新設を述べている。

このことから，1907（明治40）年度の第二期工事の開始にあたり，さらに詳細な検討が加えられ，印旛水門，横利根閘門等が計画されたと想定される。1896（明治29）年から開始された淀川改良工事では，大規模な水門・閘門工事が行われた。近藤が利根川改修計画を策定したのは淀川改良工事着手前の94年であるので，その後の淀川改修の経験をふまえ，印旛水門等が計画されたのだろう。

(2) 第三期工事

第三期工事は，1909（明治42）年度に着工し30（昭和5）年度に竣功した。着工直後，10年大水害に遭遇し，この区間で計画は大きく変更された。中田地点の計画対象流量毎秒20万立法尺（5,570m^3/s）とする新たな計画は，次章以下で詳細にみていこう。

ところで，第三期工事は，第二期工事が着手されてからわずか2年後に着手された。改修工事は下流から進めていくのが原則であるが，ほぼ同時期に行われたのである。これは，茨城県と埼玉県の強い要請によって決定された。この経緯について少しみていきたい。

①第三期工事の推進

取手から群馬県沼ノ上に至る利根川第三期工事は，1909（明治42）年度の着工となったが，第一期は同年12月に竣功の運びであった。一方，第二期は07年に着手したばかりであった。第三期着工の背景には，07年出水で大水害を被った茨城県さらに埼玉県の強い要望があった。

この状況を茨城県会の動きでみていくと，1907（明治40）年12月10日の県会で，知事からの諮問案に対して答申がなされた。諮問案は，第二期工事は16年度にならなかったら竣功せず，したがって取手上流の第三期も17年度になってからでないと着工できない，これでは沿岸人民の困難は大変なものであるので，08年度から16年度までは先行的に群馬・埼玉・千葉の負担で行い，それ以降は国費でもって第三期を施工するよう政府に求めるものであった。

諮問案によると，1908（明治41）年度から16年度までの第三期の茨城県負担額は57万5000円であった。因みに他県をみると，埼玉県152万3000円，群馬県119万8000円，千葉県57万4000円であった。これらは地租税額に基づいて算出されていた。だが，県会の答申は，第二期工事を3カ年短縮して13年度に竣功することを政府に請求し，この請求が受け入れられたら知事諮問を認めようとするものだった。

地元負担である県費を先行させて第三期工事を進めようとのこの方針は，実は内務省の意向であった。埼玉県内では，1907（明治40）年洪水により利根川左岸の北川辺で大氾濫，また中条堤5間の決壊等により埼玉平野で大きな水害を受けたが，07年県会で知事は国も第三期工事の必要を認めているとして，次のように述べている(7)。

「過日，内務大臣よりこの利根川第三期工事に関係の群馬，埼玉，茨城，千葉の四県知事が召集されて，此事に就いて協議を遂げました。協議の内容は，本年八月未曾有の大出水を遂げて，利根川沿岸は非常の損害，非常の惨状を極めたことに就て，内務省に於いても種々県民被害の実際の状況を視察し，且つ其有志者よりも状況を聴かれて，第三期工事の速成を必要と認められたのであります。」

埼玉県は，従来，第二期と同時の第三期の着工を求めていた。1907（明治40）年の県会で知事は，「特にこの三期工事は，我埼玉県には最も関係が深いのであって，負担額が多いだけそれだけ，県に於ける工事が広く，且つ箇所も多いのでありまする。で治水会に於いても，埼玉県が最も熱心に希望して居る」と述べ，埼玉県として是非進めたいと主張した。埼玉県会は知事提案を満場一致で可決し，さらに「江戸川改修工事速成ニ関スル件」を可決した。この中で「我江戸川の河口，関宿方面より流下する水量は年一年と激増し，益々河床の高まると同時に寄洲をなして甚だしく河身に屈曲を生し」と，江戸川が危険であることを主張した(8)。

1908（明治41）年度からまず県費でもって進めようとのこの方針は，結局は実らなかった。翌08年の埼玉県会での質疑によると，「他の関係有県の中に反対の県がありました為に，遂に実行に至らなかった」(9)とのことであった。一方，08年3月の茨城県治水調査会の議論の中で茨城県知事は，このことについて概ね次のようなことを述べ，判断の正当性を主張した(10)。

埼玉・群馬の2県から，金額は後にしてよいから賛同だけでもしてくれないかとの申し入れがあったので仕方なく賛同した。だが茨城県の治水問題としては，まず取手以下の改修工事の竣功をしなくてはならない。このためには，多少の利益を犠牲に供するも忍ばなくてはならない。

②第三期工事着工

しかし，続く1909（明治42）年1月の茨城県臨時県会で新しい県知事から再度，諮問が行われた[11]。このままでは第二期工事の竣功予定は16年度で，三期は17年度に至らなかったら着工することとならない。だが群馬・埼玉・千葉の3県と共同で先行的に負担するとして，09年度から第三期の着工を求めるものだった。

その内容は，第二期工事の竣功予定は1916（大正5）年度と変わらないが，第三期において09年度から16年度までの負担額が前議会での57万5000円から32万6000円へと大きく減じた。それまで工事全額780余万円のうち2分の1強を4県が負担していたのだが，河川法に規定のある範囲内の最大限まで国が負担することとなったからである。さらに知事は，「第三期工事の繰上げ，即ち利根川改修の竣工に近づくと同時に，此第三期工事の繰上げという言葉は第二期工事の繰上げを合せて意味しております」と，第二期工事竣功も早まると述べた。この知事の諮問案は議会より承認された。

このような経緯の下，国は1909（明治42）年度から第三期工事に着手することになったが，国の動きを帝国議会での審議の中でみてみよう。

1909年2月9日に行われた第25回帝国議会衆議院請願委員第二分科会で，内務省土木局長（犬塚勝太郎）は第三期工事に対して次のように答弁した[12]。

> 「第二期の工事又第三期工事に関係致しますような御話に承りましたが，第三期の工事を引続いで成工致しますこと必要なことは，政府に於いても認めております。第三期の工事も予算に計上して，第二期と併せて進めて利根川改修の効力を全うしたいという点に付いては，当局者に於いても段々苦心を致しまして，唯今，或方法を立てます手続中でございますからして，この利根川第三期工事も第二期工事と併せて進工致しますことは，出来得るという希望を持っております。」

第三期工事について，1907（明治40）年度より10カ年計画で進めている第二期工事と併せて行うことに希望をもたせたのである。そして，追加予算の中で

09年度から15カ年計画で着工することが決められた。ただし09年度工事費は，地元負担額のみで行うことであった。

（注）

(1)『帝国議会衆議院議事速記録16』東京大学出版会（1979），pp.86-87.

(2) 近藤仙太郎『利根川高水工事計画意見書』.

(3) なお別途，第二期改修工事は1896（明治29）年出水に基づいて，この流量にしたことが述べられている（内務省東京土木出張所〈1930〉:『利根川改修工事概要』).

(4) 古河川辺領（北川辺領）の間違いか．北川辺領（現加須市）は，利根川左岸にあり渡良瀬川との合流点付近である.

(5)『利根川改修工事概要』内務省東京土木出張所（1930).

(6) 沖野忠雄：計画高水流量の改訂による利根川改修費の増額に関し会計検査院の照介に対する回答．栗原良輔「利根川治水史15」『河川』1957年9月号，日本河川協会.

(7)『埼玉県議会史第二巻』埼玉県議会（1958），p.266.

(8)『埼玉県議会史第二巻』埼玉県議会（1958），p.268.

(9)『埼玉県議会史第二巻』埼玉県議会（1958），p.336.

なお1908年2月10日の帝国議会衆議院県議案委員会で，内務大臣原敬は内務省の提案に群馬・埼玉は同意したが，茨城・千葉は同意しなかったと述べている.

(10)『茨城県治水調査会筆記　明治四十一年三月』茨城県.

(11)『茨城県議会史第二巻』茨城県議会（1963），pp.1456-1459.

(12)『帝国議会衆議院委員会議録51』東京大学出版会（1989），p.87.

第4章　足尾鉱毒事件と渡良瀬川改修

1910（明治43）年4月から国直轄事業として新たに渡良瀬川改修事業が始まった。その計画は，藤岡台地を開削しての放水路とともに，谷中村を中心とした遊水地を築造するものだった。渡良瀬川洪水をここに貯溜し，利根川の水位が低下してから利根川に流出させようとの計画である。その着工は10年大水害以前であり，当時，首都を流れる荒川でも改修事業は開始されていなかったにもかかわらず，利根川一支川である渡良瀬川で着工したのである。その着工開始は，足尾鉱毒事件と極めて深く関係していた。ここでは，足尾鉱毒事件とも関連させながら述べていきたい。

中・下流部での鉱毒被害は，足尾銅山から出た硫化銅を含む廃鉱（廃棄された銅分を含む土砂・石）が洪水によって下流に押し出され，それが田畑に氾濫して生じるものである。堤内地に渡良瀬川洪水が氾濫しなかったら，たとえ河道に廃鉱が堆積しても堤内地の田畑は鉱毒被害にさらされることはない。このため鉱毒反対運動は，鉱山経営の停止とともに渡良瀬川改修を求めており，渡良瀬川治水を包摂するものだった。さらに渡良瀬川治水にとっても，銅山採掘に伴う荒廃した上流山地からの多量の土砂流出は重大な支障となる。鉱毒被害と渡良瀬川治水は，密接，不可分な関係にあったのである。

1　近代初頭の渡良瀬川の概況

(1) 渡良瀬川中・下流の河道状況

渡良瀬川の流域面積は1,396km^2，うち山地面積は614 km^2，平地面積は782km^{2}である。1884（明治17）年，近代的測量技術によって初めて作成された第一軍管区地方迅速測図（略して迅速図）に基づき，近代初頭の渡良瀬川中・下流の河道状況をみよう（図4.1，図4.2）。

桐生を扇頂とする渡良瀬川扇状地の扇端部分に足利が位置するが，この後，渡

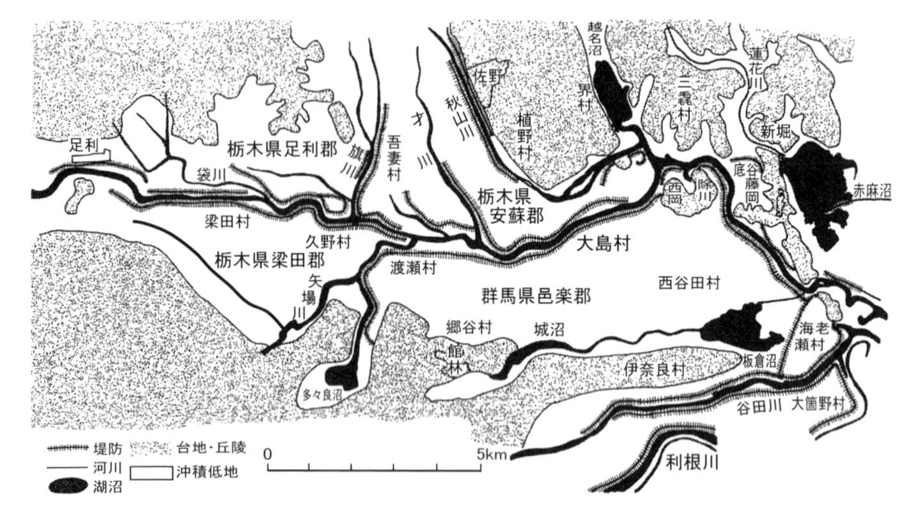

図 4.1　渡良瀬平地中流部の改修前概況図

良瀬川は東南東の方向に向かい，傍示塚で矢場川を合流し，大島を経て西岡地先で狭い台地の間を掘割り河道となって流れる。この後，藤岡台地にぶつかる底谷村地先で90°近く曲流し，南々東に台地に沿って流下する。注目すべきは，足利と西岡との間で合流している支川のほとんどすべてが霞堤となり，堤防によって締切られていないことである。それは，左岸側は袋川・旗川・秋山川であり，右岸側は矢場川である。

この区間での渡良瀬川の勾配をみると，足利市の中心部から矢場川合流点付近までが約 1/800 ～ 1/1,000，それより下流が約 1/2,700 となっていて，足利市街地より上流の扇状地区間（1/150 ～ 1/350）のようにきつくない。ここが霞堤となっていたのである。このため出水の都度，渡良瀬川本川の逆流によって遊水した区域である。迅速図でみると，とくに秋山川合流部分に大湿地帯がみられ，遊水の大きさを物語っている。

勾配が緩やかな区間で遊水させるような河川秩序となったのであるが，この状況は日本の河川では特異なことである。地形的にみると，秋山川が合流する西岡から底谷の間が関東ローム台地によって窄められ，川幅が広くない狭窄部になっている。このため，合流口の上流部に大遊水地帯が形成されたのである。

渡良瀬川は，底谷から南下し離を通り，本郷地点で藤岡台地を掘割って栃木県

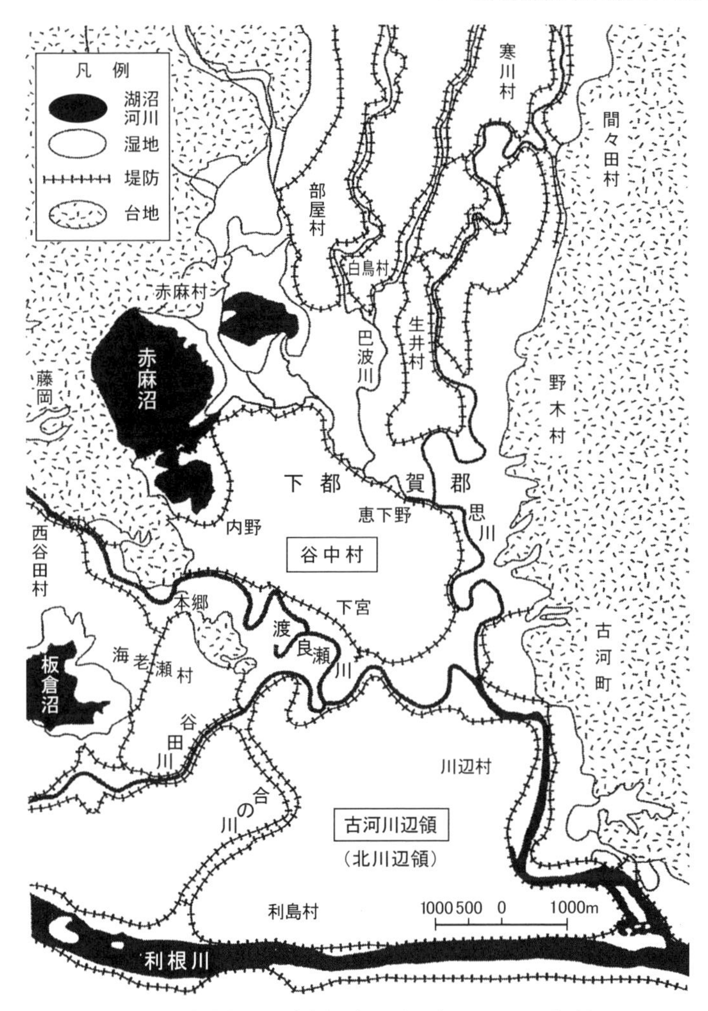

図 4.2　渡良瀬川下流部概略図（迅速図をもとに作成）

下都賀郡に流出する。この後，広い堤外地を海老瀬七曲と呼ばれる激しい曲流をなして南下し，谷中村南方の古河地先で思川を合流する。

さて，渡良瀬川の南側に大きな連続した自然堤防がみられる。傍示塚から大島，大曲，大荷場，細谷を通り，離の上流で渡良瀬川に合流している（図 4.3）。旧河道であるが，その蛇行状況から，左支川・矢場川が流れていたと想定される。さ

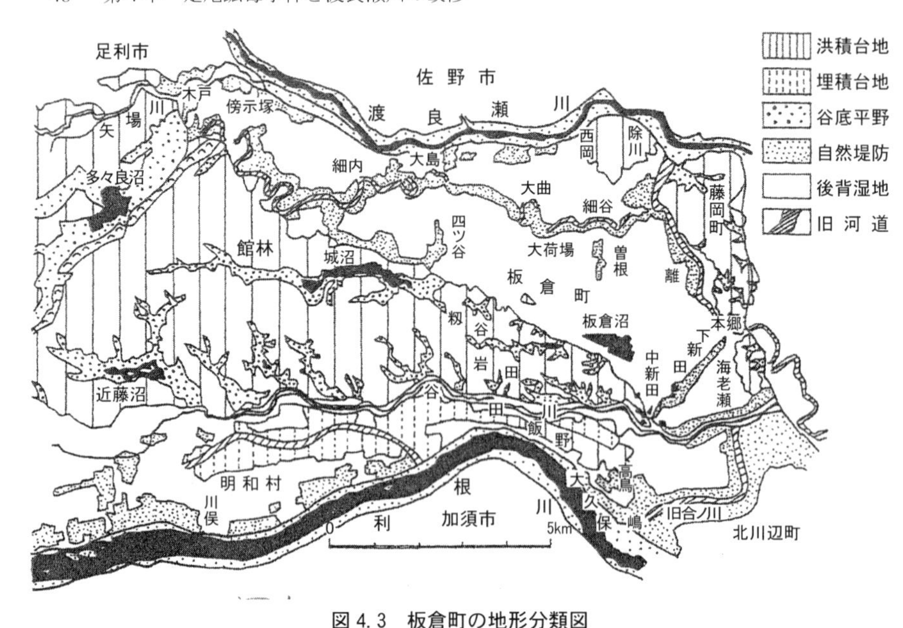

図 4.3　板倉町の地形分類図

（出典：澤口　宏，渡良瀬川下流部沖積低地における地形と水害．群馬大学地理学論文集第 12 巻，1984）

らに，その規模の大きさからいって，一時期，渡良瀬本川の河道であったことは間違いないだろう。因みに，その上流部にある現在の矢場川は，栃木県（下野国）梁田郡と群馬県（上野国）邑楽郡の県境を流れている。渡良瀬川は元々この矢場川筋が本川といわれ，その後，16 世紀後半に矢場川筋を離れ，両郡とも下野国に位置する梁田郡と足利郡の間を流れる現況となったといわれる。

(2) 近世までの河道整備

ところで傍示塚から西岡，除川，底谷，離に至る渡良瀬川河道筋であるが，興味深いことは西岡から除川・底谷まで関東ローム層台地を開削して流れていることである。沖積低地上を流れるその上流・下流と様相を異にし，掘割り河道となっている。本来の渡良瀬河道にしては不自然であり，人工的に付替されたものだろう。

『群馬県邑楽郡誌』によると，渡良瀬川の歴史的な河道整備として明記されているのは，文禄 4（1595）年，榊原康政の館林城主治世下，奉行である荒瀬彦兵衛と石川佐次右衛門の 2 名によって行われた築堤である [1]。西は傍示塚から東は海老瀬に至る延長約4里9町（17.7km）余，堤防高2間（3.6m）ないし3間（5.5m），堤敷10間（18m）ないし18間（33m），馬踏（天端幅）2間（3.6m）ないし2間3尺（4.5m）に整備された。この後，寛文年中（1661～72年），徳川綱吉が館林城主の時代，渡良瀬川堤防と堰・樋門の定式組合が定められ，官民費によって維持管理することとなった。

この河道変遷の経緯について，次のように判断している。下野国の梁田郡と足利郡の間を流れてきた渡良瀬川本川が，榊原康政の治世下に秋山川が流れていた西岡から除川・底谷の台地の間に押し込まれた。綱吉の時代には，矢場川も傍示塚地点で渡良瀬川に合流させられ台地の間を流れるようになった。

近世の渡良瀬川下流部の治水秩序をみると，右岸・館林藩領を守るという状況になっている。館林領を築堤で囲み，渡良瀬川を西岡地先から台地に押し込み，その上流部は築堤で締切らず霞堤として下野国である渡良瀬川左岸，また矢場川左岸に遊水させる秩序となっていた。館林藩には，家康関東入国のとき徳川四天王の一人・榊原康政が配封され，後にはここから綱吉が5代将軍となっている。政治的に重要な地域と位置付けられ，治水において他地域に比し，館林領である渡良瀬川下流部右岸は優位に整備されたのである。

2　足尾鉱毒問題の発生

先述したように，渡良瀬川改修は足尾鉱毒問題と密接に関連している。渡良瀬川下流部の足尾鉱毒は，上流足尾山地での銅の採掘により発生する硫化銅を含む廃鉱が下流の田畑に堆積し，その堆積土壌から作物が銅を吸収してその生長が抑えられ，被害が発生するものである。その堆積は，主に洪水氾濫によってもたらされ，渡良瀬川の洪水氾濫地域が鉱毒被害地であった。被害民たちは「鉱毒洪水合成加害」と認識していた。

(1)　鉱毒被害の顕在化

不振をかこっていた足尾銅山の経営が，古河市兵衛の手にわたったのは1876（明治9）年である。この経営が軌道にのったのは，81年新たに豊富な鉱脈（直利）が発見されてからである。これ以降，産銅量は急速に増加し，85年の産銅量は

表 4.1　支川ごとの霞堤からの氾濫状況

	4尺の増水 町	6尺の増水 町	8尺の増水 町	14尺の増水 町
袋川落合口	1.33	10.96	16.60	49.01
旗川落合口	19.18	42.96	235.47	469.23
才川落合口	19.49	63.98	227.78	617.23
秋山川落合口	293.50	460.68	835.67	1,191.67
山邊村無堤地	—	—	—	550.00
矢場川落合口	10.87	15.28	20.41	529.60
堤外地	861.63	923.58	929.88	931.40
	1,205.95	1,523.56	2,265.81	438.54

6尺の送水は年に30回以上，14尺の増水は平均1カ年に1回以上
（出典：「足尾銅山ニ関スル調査報告省ニ添付スヘキ参考書第八号」）

全国の39%を占めるに至った。そして精煉工場の新設（足尾），鎔銅所の建造（東京：本所）が行われた。また86年には蒸気動力ポンプ，90年には間藤に水力発電所が設置された。運搬施設としては90年に細尾峠で鉄索の運転開始，96年には日光駅と細尾の間で軽便馬車鉄道が開設された。また同年，東京の本所鋼銅所内に伸銅工場が建造された。

銅山経営が順調に発展していくなかで，鉱毒問題が発生した。鉱毒の影響が下流住民に現れ始めたのは1885（明治18）年から87年といわれるが，88，89年の洪水によって被害が認識されるようになった。そして翌90（明治23）年の大洪水によって，一挙に被害が顕在化したのである。

渡良瀬川の洪水氾濫は，栃木県の霞堤の地域から拡がっていた。その面積は表4.1に示すとおりである。秋山川の合流口の湛水区域がとくに大きいことがわかる。6尺（1.8m）の増水は年30回以上，14尺（4.2m）の洪水は平均1カ年1回以上と評価されていた。もちろん渡良瀬川沿いの堤防は貧弱なもので，大洪水時には堤防が破壊され，一層，広い区域に鉱毒被害を生じさせていた。一方，対岸の群馬県中・下流部では，堤防決壊があって初めて洪水は堤内に氾濫していた。

1890（明治23）年10月，秋山川の中流地域に位置する安蘇郡犬伏町（現・佐野市）から「秋山・渡良瀬川逆水防禦堤塘新設願」が栃木県知事に提出された[2]。その中で「出水の度毎にその逆水のため耕地に害を被むる実に甚しきもの」であったが，「近年，足尾銅山より来る処の『タンパン』水のため，浸水耕地の諸作物を害する事実に甚しく」と，常習湛水が鉱毒被害となったことを述べている。

犬伏町からのこの「堤塘新設願」は，鉱毒被害を防ぐため堤防・門樋を設置して霞堤を締切ることを要請するが，さらに43町余の良田を新たに得るとして，その効果を主張する。また「本案工事に要する諸費は，一切有志者の寄附金及び献力人夫を以てこれを弁じ，聊かも県庁の御補助を仰がざるなり」と，自らの費用でもって工事を行うことを付け加えている。いかに霞堤締切りの要望が強いかがわかる。だが実行されなかった。後述するが，対岸の群馬県との関係からである。

(2) 示談と治水

鉱毒被害が顕在化して以来，群馬県の待矢場両堰水利土功会[(3)]では鉱毒調査委員により，栃木県では県独自に被害調査が進められた。さらに栃木県では，1891（明治24）年から県会議員が仲裁人となり，足尾製銅所（古河）と被害民との間で示談が進められていった。

示談の中で，1892年6月24日，秋山川沿いの安蘇郡植野・界・犬伏は「堤外地四十町歩あり。段価六十円の半額を損害として金一万二千円外に，新堤築造及水路新開費金二万円，合計三万二千円にて仲裁を受けたし」と，損害補償金とともに新堤築造を主張した[(4)]。また，足利・梁田両郡からの要求をみると，堤防の増築・新築をまず第一に主張された[(5)]。これに続いて鉱毒により荒蕪地となった土地の回復，鉱毒による作物減損の賠償，水源涵養が要求された。渡良瀬川中・下流部の鉱毒被害住民にとって，霞堤締切りがいかに重要であったかがわかる。

1892（明治25）年3月から93年3月にかけ，それぞれの地域は，96年6月までは新たに取り付けた粉鉱採集器が実動試験中なので何等の苦情も唱えない等の条件の下，示談金については個別に鉱業側と契約を結んでいった（表4.2）。その内容をみると，賠償金以外に洪水氾濫対策のための水防工費の割合が大きく，例えば安蘇郡植野村・界村・犬伏町の契約では，示談金2万5368円90銭のうち55%が水防工事費にあてられている。

続いて1893（明治26）年12月から，いかなる被害があっても苦情は一切申し出ないという，いわゆる永久示談がそれぞれの地域と結ばれた。下都賀郡「部屋村の内，及び生井村の内」では，93年12月26日3,500円の示談金でもって契約が結ばれたが，堤防の拡築工事のため費用が不足し，その補助金として永久示談金を受け取ったのである[(6)]。治水さえしっかりしていれば被害が生じないとの

表 4.2　平地部における示談経緯

田畑被害（1）第1回示談				
県	郡	第1回示談「期限明治29年6月30日まで」		
		町　村	示談締結日	示談金（円）
栃木	下都賀郡安蘇	藤岡町　部里村 生井村　野木村	25.8.23	711,145
		三鴨村	25.8.23	600
		谷中村　三鴨村	25.8.23	5,500
		植野村　犬伏村 界村	25.8.23	25,369
	梁田	久野村	25.8.23	7,520
		筑波村　（足利郡） 山邊村　吾妻村 御厨村　小俣村 梁田村	26.3.6	2,884
		梁田村	26.3.6	1,349
	足利	足利町　（梁田郡） 毛野村　梁田村 富田村　御厨村 吾妻村　筑波村 坂西村　山邊村 小俣村	26.3.6	26,267
	小　計			77,949
群馬		待矢場両堰水利土功会	25.3.21	6,500
	山田	廣澤村　相生村 境野村	25.12.6	5,000
	邑楽	渡瀬村　西谷田村 大島村　海老瀬村	26,2.1	15,600
	新田	笠懸村　強戸村 藪塚本町	26.6.8	300
		鳥ノ郷村　小泉村 宝泉村　長柄村 九合村　大川村 太田町　永楽村 澤野村 中野村 生本村　三野村 　　　　赤羽村 （邑楽郡）郷谷村 高島村　多々良村	26.11.20	1,400
	山田	毛里田村　休泊村 韮川村　（新田郡） 矢場川村　強戸村	26.11.20	2,400
		待矢場両堰水利土功会 ＊	30.2.15 （37.2.15迄）	10,000
	小　計			41,200
埼玉 茨城		麦倉村　川邊村 古河町　新郷村	25.8.10	600
合　計				119,749.095

注：＊明治29.6.30以降の締結であるが，永久示談ではないのでこの表に含めた．

田畑被害（2）第2回示談「永久」				
県	郡	第2回示談「永久」		
		町　村	示談締結日	示談金（円）
栃木	下都賀	部屋村　生井村 寒川村　赤麻村 野木村	26.3.15	2,000
		部屋村　生井村	26.12.26	3,500
		野木村　間々田 生井村　（茨城） 谷中村　古河町 部屋村	27.4.28	1,300
		谷中村	27.5.14	3,800
		三鴨村 同 同	27.5.15 27.6 27.8.8	2,500 400 200
		藤岡町	27.5.24	2,000
		部屋村　生井村 寒川村　赤麻村 野木村	28.3.16	2,000
		谷中村　赤麻村 藤岡町　（茨城） 三鴨村　古河町 生井村　他	29.12.12	1,600
	梁田	梁田村	28.3.31	1,000
	足利	富田村	29.6.11	2,100
		毛野村 同 同	29.7.16 30.1.16 30.1.26	2,510 370 993
		足利町　三重村 毛野村　（梁田郡） 富田村　梁田村 吾妻村　御厨村 山前村　筑波村 菜鹿村　山邊村 小俣村	28.3.16	13,945
		久野村	30.2.9	1,500
		三重村	30.1.13	1,000
		筑波村 同	30,4.6 30.4.10	653 374
		御厨村　梁田村 筑波村　菜鹿村 山邊村	30.2.25	481 441
	小　計			43,744
群馬		海老瀬村	28.1.31	5,800
		相生町 同	30.2.11 30.2.21	3,000 400 300
		相生村	30,3.23	100 20
		小　計		9,300
埼玉		利島村　川邊村	27.12.5	1,800
茨城		古河町　新郷町	27.12.5	600
合　計				55,444.18

注：合計には毎年払う示談金は含めていない．
（出典：『渡良瀬遊水地成立史』渡良瀬遊水地成立史編纂委員会，2006を修正）

判断であった。この後，示談金額を変えて，同内容のものがそれぞれの地域で結ばれていった。

待矢場両堰水利土功会の対応をみよう[7]。1892（明治25）年3月の1回目の示談では，水門他で堆積する廃鉱を含んだ土砂の排除工費として5,000円，また新たに設置する水門内の粉鉱沈殿地およびその浚渫費1,500円を鉱山側が寄附することとなった。さらに97年2月，「渡良瀬川より待矢場両堰普通水利組合管理の水路に流入する粉鉱排除のため，該水路粉鉱沈殿場設置及びその浚渫費，その他鉱毒排除に関する工事費」として，97年から1903年にかけて毎年1, 400円，合計1万円を寄附する示談が行われた。つまり鉱毒被害は，用水路における沈殿場の設置，およびその浚渫で対処できるとしたのである。

示談から，治水によって洪水を氾濫させなかったら，あるいは氾濫土砂を排除したら鉱毒被害は生じないと認識していることがわかる。

3　鉱毒被害民の反対運動と政府の対応

(1) 鉱毒問題に対する政府の対応

鉱毒問題は，1891（明治24）年12月18日，第2回帝国議会で田中正造により取り上げられた。この時点では，先述したように被害について古河との間で示談が進められ，粉鉱採集器の設置と示談金により収まっていった。だが，96年の安政年間（1854～59年）以来という大洪水によって鉱毒問題は一挙に拡大していった。この後，被害地住民の鉱毒反対運動の組織化が進み，群馬県邑楽郡渡瀬村に請願事務所が設置され，鉱業停止を求める活発な運動が展開されたのである。

群馬県会では「鉱山の停止」建議，栃木県会では「予防・除害」建議が行われた。中央政府でも榎本武揚農商務相の鉱毒地視察，農商務省5名の「鉱毒特別調査委員」の任命が行われたが，1897（明治30）年3月，被害農民の二度にわたる「東京押出し」（大挙上京請願運動）もあり，内閣直属として同年3月24日，足尾銅山鉱毒事件調査委員会（第一次鉱毒調査会）が設置された。

鉱毒被害を防ごうとすれば三つの方法がある。足尾銅山営業を停止（廃止）して有害物を出さないか，対策を施して許容範囲内に抑えるか，あるいは田畑に洪水を氾濫させないかである。さらに，被害地を見捨て移住することも考えてよいかもしれない。

第一次鉱毒調査会では，鉱業を停止するかどうかの議論が行われたが，結局，停止は行わず，古河によって予防工事を行うことに決定した。予防工事によって銅分の流出を許容範囲内に抑えることができるとしたのである。1897年5月27日に行われた予防命令は37項目に及び，この命令書に違反する場合は直ちに鉱業停止というものだった。この工事には延人員60万人，費用104万円を要したというが，同年11月22日鉱山監督署の竣功認可を受けた。これ以降，鉱毒被害の因となっている廃鉱は，新たには発生しないというのが政府の見解となった。

だが翌年には，予防命令によってできた沈殿池が洪水により破壊し，被害農民による3回目の押出しとなった。さらに1900（明治33）年2月13日には，川俣事件として著名な第4回押出しがあった。また，翌91年12月10日田中正造の天皇直訴，さらに学生たちの被害地視察などの動きがあり，全国的な社会問題へと発展していったのである。この展開のなかで政府は92年3月，第二次鉱毒調査会を設置しその収拾を図った。なお，第一次鉱毒調査会では足尾鉱毒被害地の地租の免税が決議され，政府は現地調査に入り実行された。

このように，第1回「東京押出し」が決行された1897（明治30）年3月2日から4回目の1900年2月13日の間に，鉱毒問題は大きな動きがあった。ではこの展開の中で鉱毒被害民は，何を具体的に求めて「東京押出し」，つまり請願運動を行ったのだろうか。足尾鉱毒問題の本質を考える上で，この問題は極めて大事であろう。

(2) 鉱毒被害民による「東京押出し（大挙上京請願運動）」

足尾鉱毒反対運動にとって，鉱毒被害民の「東京押出し」はとくに重要な行動である。行動を開始した日は，第1回は1897（明治30）年3月2日，第2回は同年3月24日，第3回は98年9月26日である。そして第4回が1900年2月13日であり，このとき利根川沿いの川俣で警官隊と大規模に衝突した川俣事件が発生した。川俣事件は，鉱毒反対運動の一つのクライマックスであり，100余名が逮捕され51名が起訴された。

鉱毒被害地における請願運動の根拠地は，渡良瀬川左岸・群馬県邑楽郡渡瀬村下早川田の飛地にある雲竜寺である。ここに1896年10月，請願事務所が設立された。その事務所は,「両県鉱毒事務所」,「両毛被害集会所」,「鉱毒停止請願事務所」,「足尾銅山鉱業停止請願事務所」,「両県連合会協議会事務所」,「栃木群馬茨城埼玉四県連合足尾鉱業停止同盟事務所」などと呼称された。一方,東京にも事務所が 97 年 2 月 27 日設立され,3 月 7 日には芝口三丁目の旅館・信濃屋に移るが,その名称は「足尾鉱業停止請願同盟事務所」である。

これらの名称には,すべてではないが鉱業停止が掲げられている。1896（明治29）年の大出水直後は,鉱業停止がその運動の前面にあったことは間違いない。96 年 11 月 29 日,栃木県安蘇・足利両郡,群馬県邑楽郡の 3 郡 10 カ町村の有志が集まり精神的誓約が交わされたというが,その目的は「足尾銅山の鉱業を停止することは勿論,これに附帯の諸請願を貫徹せしめる事」となっている(8)。足尾銅山鉱業停止が中心であった。また 96 年 11 月,栃木・群馬両県 3 郡 9 カ村の鉱毒被害民が,農商務大臣宛に足尾銅山鉱業停止請願書を提出している(9)。その最後に,「仰ぎ願くは,以上の事実と理由とを審察し足尾銅山の鉱業を停止し,人民多数の権利公益を保護せられんことを」と述べた。29 年 11 月当時,鉱業停止が大きな課題であったのである。

被害民が「鉱業停止請願運動推進貫徹規約」「両県連合会則」をつくり,「停止請願及附帯ノ諸請願貫徹」のための正式な組織体を結成したのは 1896 年 12 月21 日である。この組織が中心となって東京押出しが決行された。

請願運動の具体的な動きについては,東京事務所に詰めていた栃木県足利郡（旧梁田郡）久野村在住の室田忠七の鉱毒事件日誌(10)に詳しく記述されている。これに基づき,その請願目的を中心にみてみよう。

(3) 室田忠七鉱毒事件日誌にみる「東京押出し」とその要求

①第 1 回～ 3 回目の「東京押出し」

1897（明治 30）年 3 月に「東京押出し」は 2 回決行されたが,2 回目は鉱毒調査会設置と同日に行われた。政府の動きをにらんで行われたのだろう。この 2 回とも,「鉱業停止」が請願目的であった。3 月 24 日の鉱毒調査会設置以降をみると,被害民は農商務省を中心に内務省・大蔵省等に働きかけていったが,その要求は鉱業停止を中心に置き,地租の免租・減租,被害地回復,さらに足尾山地の乱伐の禁止であった。5 月 27 日に行われた予防命令に,鉱業主・古河に対する鉱業停止,鉱業側による鉱毒被害地回復の措置がないことに強い失望を感じたことは間違いないだろう。

この後，被害民の請願要求から鉱業停止が前面に出てくることはなく，被害地復旧，免租などの被害地救済が中心となった。また，鉱山での予防対策工事視察を行おうとした。この工事の終了後，やがて河身改修・堤防増築などの河川改修が要求されるようになった。また，免租により選挙権が失われないよう特別免租を要求した。しかし普通一般の免租となり，この後，地方自治の確保が重要な要求項目となっていく。

第3回「東京押出し」が，1898（明治31）年9月26日決行された。そのきっかけは，9月初めの洪水により予防工事で行われた沈殿池破壊の報であった。その具体的要求の主なるものは，被害民救済・堤防増築・自治破壊の救済であった。鉱業停止は主張されていない。そして，次第に渡良瀬川改修の要望が前面に出ることとなる。しかし，渡良瀬川改修計画が具体化していくと，渡良瀬川左岸・右岸間の治水に対する地域対立の懸念が，被害民の鉱毒反対運動内部でも生じていく。この地域対立については，次節で詳述していく。

政府に対しての請願は続く。また，被害民の請願が帝国議会で採択されている。1898（明治31）年前半の要求は，5月22～23日に関係者に提出した「足尾銅山鉱毒御処分要求」に現れている。それは，・鉱毒を氾濫，放流させないこと，・渡良瀬川水源の樹木の禁伐，・渡良瀬川の改築，堤防増築，・沿岸に堆積した銅分の除去，・損害補償，・窮民救済などである。これらの要求に対して何ら処分が行われない時は，鉱山の鉱業停止を求めたのである。

なお興味深いことは，地方行政・警察行政を管轄する内務省が被害民の陳情に対して強硬な態度を示していることである。それは，地方庁を経由しなかったら書類を受理しない，つまり請願を認めないとの姿勢である。被害民は「内務省の非立憲的の動作に驚き退省せり」と憤っている。内務省のこの姿勢が，遂に川俣事件につながったと判断される。

②第4回目の「東京押出し」と渡良瀬川改修

やがて被害民の運動は，渡良瀬川全面改修が前面に出ていく。1899（明治32）年7月には改修工事の予算を本年度予算に組み込むよう要求したが，同年9月2日，担当部局である内務省土木局長に面会し「河身浚渫大復旧工事実行願書」を提出して陳情した。ところが，「局長は至って冷淡なる挨拶なり。一同怒って引取れり」となった。渡良瀬川改修工事に内務省は否定的だったのである。

しかしこれ以降，被害民の動きは活発化し，1899（明治32）年9月7日には「最後の方針を協議するため大集会」が開催され，第4回「東京押出し」に向けて動き出す。その最大の要求は，渡良瀬川全面改修であった。当時，渡良瀬川は第一次鉱毒調査会の議決もあり，内務省によって測量が行われ，1,200万円からなる計画案が検討されていた。その実行を求め，99年9月からでも6カ月の準備をもって，1900（明治33）年2月13日「東京押出し」を決行したのである。2,500人以上の鉱毒被害民が渡瀬村雲竜寺を出発し東京へ向かった。だが，利根川を渡ろうとした川俣で警官隊に阻止されたのである。

この当時，帝国議会では第14回通常議会が開催され，ここで1900年度予算に関連して新たな河川改修事業が議論されていた。予算編成する政府内では，当然，早い時期から検討が進められていたであろうが，その情報を被害民は把握していたことは間違いないだろう。1899（明治32）年11月22日に帝国議会が開催されて以降，議会の場では治水問題が取り上げられ，利根川は着工する運びとなった。この状況下，渡良瀬川改修に向け，被害民は大きな期待をもって「東京押出し」を決行したのである。

しかし帝国議会では，渡良瀬川改修は議論の俎上にあがっていなかった。帝国議会で承認されたのは利根川第一期，庄川，九頭竜川の3川で，合わせて1,070万円の総事業費であった。1,200万円からなる渡良瀬川改修は，当時の国家規模からみて巨額であった。この状況下，帝国議会開催中の首都・東京へ大挙して押し寄せ請願しようとの被害民の直接行動を内務省は認めず，警官隊を派遣したのである。国への直接行動を認めないという内務省の姿勢が，川俣事件を生じさせた最も大きな理由であったことは間違いない。

なお，栃木県・群馬県においてもこの時期，国に対し渡良瀬川治水を要求していた。だが，両県は渡良瀬川治水をめぐって厳しい対立をし，一体となった治水要求はなかなかできなかった。その状況を次にみていきたい。その後，具体的な渡良瀬川改修の方針が出された第二次鉱毒調査会での議論を述べていく。

4　渡良瀬川中・下流部の治水の動向

(1) 栃木県と群馬県の地域対立

渡良瀬川改修を行うのは，この当時，栃木県と群馬県である。この両県の間で改修をめぐり実に厳しい地域対立が生じていた（表4.3)。

1892（明治25）年1月，栃木県は内務大臣に才川合流部における「新堤築造之義伺」を出し陳情した[11]。この中で，以前から締切りの計画があったこと，90年の洪水によりその湛水面積は大きく悲惨な状況となったので，地元では用地と1,500人の人夫を寄付して新堤築造を企画したこと，栃木県では主任を派遣して調査し計画をつくり3,000円の予算で工事を行うことを決定したことが述べられている。だが利害に関係のある群馬県に照会したところ，流下洪水量が増大し既存の堤防が危険になるといって反対した。栃木県は，群馬県の堤防は栃木県より高大で堅牢であって，例え多少の増水があったとしても支障がないことを主張し，内務大臣により至急の締切り許可を要請したのである。

しかし内務大臣の裁可がないため，1894（明治27）年4月，再度提出した。その回答が同年5月，土木局長からあったが，新築すれば上・下流に影響し，その害は家屋・人命にも危険を及ぼし，農産物被害だけである今日に比べて著しく被害が増大すると論じ許可しなかった。才川は，秋山川・矢場川と比べ，河川規模またその位置からして他地域に影響するところは少ない。しかしこの才川であっても，群馬県は強硬に反対したのである。

この栃木県側の動きが刺激したのであろう。群馬県邑楽郡西谷田村ほか4カ村が，1894（明治27）年群馬県会に「渡良瀬川堤防修築工事請願並びに設計書」を提出し，邑楽郡渡良瀬川右岸の堤防拡築を請願した。この中で栃木県の治水の動きが脅威を与えているとし，栃木県を非難した。この請願に呼応して94年12月，群馬県会では，「栃木県界村ヨリ三鴨村地先新規築堤排除ノ建議」を行い，秋山川の霞堤を締切ろうとする栃木県を強く牽制した。

栃木県の常習氾濫地域からは，この後も霞堤締切り要求は続いていく。1895（明治28）年12月「渡良瀬川下流測量願」が秋山川沿いの安蘇郡植野村・界村・犬伏町から提出され，国による渡良瀬川下流部の測量が懇願された[12]。この中で「壱

表 4.3　渡良瀬川中流域の治水要求

（イ）明治 20 年代

年　月	機　関　等	治　水　要　求　内　容
23 年 10 月	栃木県安蘇郡犬伏町	「秋山・渡良瀬川逆水防御堤塘新設願」を栃木県に提出
25 年　1 月	栃木県	内務大臣に，才川合流部における「新堤築造之儀伺」を提出
25 年　4 月	栃木県	内務大臣に，才川合流部における「新堤築造之儀ニ付再伺」を提出（27 年 5 月内務省より不認可の通知）
27 年	群馬県邑楽郡西谷田村ほか 4 カ村	群馬県会に「渡良瀬川堤防修築工事請願書並びに設計書」を提出し，渡良瀬川右岸の堤防拡築を請願
27 年 12 月	群馬県	「栃木県界村ヨリ三鴨村地先新規築堤排除ノ建議」を行う
28 年　2 月	栃木県安蘇郡犬伏町・界村・植野村	「渡良瀬川下流測量願」を栃木県に提出し，測量を請願
29 年 10 月	群馬県邑楽郡西谷田村ほか 6 カ村	「渡良瀬川改修請願書」を群馬県に提出，渡良瀬川未流改良，つまり利根川・渡良瀬川合流部での新水路開削を主張
29 年 12 月	群馬県会	「渡良瀬川未流新川開鑿ノ建議」を内務大臣に提出
29 年 12 月	栃木県会	内務大臣に提出した「足尾銅山に関する建議」で，国庫支弁による渡良瀬川堤防の新設または拡築，および下渡部での新川改鑿を請願

（ロ）明治 30 年代

年　月	地　域	治　水　要　求　内　容
30 年	群馬県邑楽郡館林町住民ほか 1 名	内閣総理大臣に「渡良瀬川治水に付建議』を提出し，藤岡台地開削により赤麻沼に流す計画を主張
31 年　4 月	足利郡	堤防新築・増築・改造
6 月	安蘇郡	堤防新築・改築
	足利郡	堤防新築・改築
7 月	足利郡	堤防新築・改築
10 月	足利郡	渡良瀬川河身改良・河床浚渫・堤防改増築
11 月	安蘇郡	渡良瀬川沿岸の堤防拡築・無堤地の堤防新築，秋山川下流に新川開鑿し，逆流防止の水門建設（「渡良瀬川堤塘増築建議書」）
12 月	邑楽郡	松方内閣（明治 30 年内閣）時の調査に基づく渡良瀬川河身浚渫，堤防増築（「河身浚渫堤防増築ノ請願」）
32 年　6 月	足尾銅山鉱業停止請願事務所 足尾銅山鉱毒処分請願事務所	渡良瀬川両岸堤防崩落防止，明治 30 年内閣調査会の測量に基づく河身浚渫，堤防改増築
8 月	邑楽郡	明治 30 年内閣調査会の計画通り渡良瀬川河身全面の大復旧工事（「渡瀬村外三か村民の渡良瀬川復旧再請願」）
10 月	邑楽郡	明治 30 年内閣調査会の測量に基づく渡良瀬川河身改良，堤防改築（「邑楽郡会議長の内務大臣宛意見書」）
12 月	安蘇郡	植野村大字船津川地内椿堤防以下 10 カ所の堤防修築工事（「渡良瀬川堤防修築工事再請求書」）
33 年　1 月	足利郡	渡良瀬川全面改築
	安蘇郡	渡良瀬川全面改築
	邑楽郡	渡良瀬川全面改築
7 月	足利郡	明治 30 年内閣調査会で決めた河身改築，堤防増築等の工事
35 年　1 月	足利郡	渡良瀬川全面改築
5 月	足利郡	河川の改築浚渫
6 月	邑楽郡・山田郡	渡良瀬川の河底浚渫，堤防設置
7 月	邑楽郡・山田郡	渡良瀬川の河底浚渫，堤防設置
11 月	安蘇郡	渡良瀬川河身改良，堤防改築

万四千円を堤塘事業費として寄附し，以て渡良瀬川下流に新堤の築造と新川の開鑿とを県庁に出願せしに，これまた容る所と為り，県会もまた該測量に関する費用の支出を決議せられた」と，秋山川合流部の霞堤締切りと新川開削が栃木県により計画されたことを述べている。また，その事業費は自らも負担すると主張している。新川開削とは秋山川のショートカットと思われるが，これも実行されず，「今や対岸なる群馬県に於いては，この年の水害に鑑み一層宏大なる拡築工事を施し，堤防を鞏固にせしも，我地方に於いては治水の功，今に成らず」と，堤防拡築を図る群馬県の動きを指摘し，国による早急の測量を懇願したのである。両県の対立を調整できるのは，その上位機関である国であった。

(2) 利根川合流部における新川開削案

1896（明治29）年7月と9月，渡良瀬川は大きな洪水に見舞われ鉱毒被害は一挙に拡がったが，96年10月，群馬県邑楽郡から「渡良瀬川末流改良ノ儀」との請願書が提出された[(13)]。この中で「茨城県猿島郡新郷村大字立崎より同村大字大山沼字大山へ（凡一里），別紙略図黒点の通り新川開鑿し，之をして赤堀川へ放流するときは逆水を防遏し，これに伴う処の災害を除くべく」と，利根川・渡良瀬川合流部で新たな水路の開削が主張された。

邑楽郡からのこの動きをふまえてだろう。1896年12月19日，同様な場所で新たな水路の開削を主張する「渡良瀬川末流新川開鑿ノ建議」が群馬県会で行われ，県会議長から内務大臣に上申された。また栃木県会でも，同年12月12日付で行われた足尾銅山に関する建議の中で，堤防新改築とともに利根川・渡良瀬川合流部における新川開削が主張された。合流部における新川開削では，両県は利害を一致させたのである。

なお，利根川・渡良瀬川合流部での新水路開削は，このとき以前から主張されていた。これについては，第7章で述べていく。

(3) 藤岡台地開削案

ところで1897（明治30）年，まったく別個の改修計画案が地元住民から提出された。群馬県邑楽郡館林町住民と同県勢多郡住民の2名が「渡良瀬川治水ニ付建議」を内閣総理大臣に提出し，この中で藤岡台地開削による治水等を主張した[(14)]。

幕末にも館林領邑楽郡田谷村（現・館林市）住民・大出地図弥から藤岡台地開削による放水路案が提出され，測量まで行われ詳細な実測図が作成されていた。明治後半になって，再び地元住民から藤岡台地開削が提案されたのである。

1910（明治43）年度から開始された国直轄による渡良瀬川改修事業では，藤岡台地開削による放水路が築造されたが，この計画は既にその上流の群馬県側から提案されていたのである。後年，放水路開削にあたりその計画が幕末の大出地図弥の設計とまったく同じであったことに地元で驚きの声があがったことが伝えられている[15]。次に，放水路計画がどのような議論の下に成立していったのか述べていく。

5　第二次鉱毒調査会による渡良瀬川改修計画の議論

(1) 第二次鉱毒調査会の設置と調査報告書

川俣事件以降，田中正造の天皇直訴などがあったが，政府は1902（明治35）年3月，第二次鉱毒調査会を設置して対応を検討した。そして翌03年3月，内閣総理大臣に渡良瀬川改修計画を中心とする「足尾銅山ニ関スル調査報告書」が提出された。

この調査会での議論は，洪水によって下流に運搬されてきた銅について，現在，稼働中の足尾銅山からの流出は少なく，30年予防工事命令以前の操業により排出されて上流に堆積していたものとの基本認識の下に出発した。このため現操業による責任は認めず，当然，操業停止は議論の対象とはならなかった。議論の結論は，1897（明治30）年予防工事命令以前の操業により排出されていたと認識する廃鉱について，堤内地に氾濫させない治水事業を行うことだった。

ここでの議論が，谷中村廃村を伴う渡良瀬遊水地築造の重大な出発点となったのである。調査報告書は，谷中村周辺について「低水位上四尺以内の地，二千二百七十余町歩に至りては到底耕地に適せず」と，低湿地であって到底，耕地に適さないところが広大にあると述べている。鉱毒問題は，渡良瀬遊水地築造が前面にでる新たな段階となったのである。

(2) 第二次鉱毒調査会での遊水地計画の議論

①改修計画と遊水地

渡良瀬川改修に関する議論を簡潔に整理しよう。「調査報告書」は，遊水地を中心とした改修計画について，次のように結論する[16]。

新たな遊水地について，仮に水深10尺（3m）とするならば，その面積は2,800町歩から3,100町歩となる。この遊水地とあわせて河幅整理，河身屈曲の修正，護岸工事，さらに築堤工事が必要となる。この詳細な設計および工費については，今後，精密な調査をする必要がある。

さらに現状の河川状況と鉱毒被害について，鉱毒被害が生じているのは渡良瀬川の無堤地であり，ここは出水のたびに氾濫している。つまり「天然の遊水地」の役割を果たしているのであるが，ここを築堤等によって氾濫を防御したら，その後どこで破堤するのか予期できなくなり，その際は「深大なる惨害」をもたらす。このため，ここの区域を遊水地としておく必要がある。

先述したように，当時，渡良瀬川の中流部には支川の合流部を中心にたくさんの霞堤があった。その代表的なものは左岸では秋山川，旗川，袋川それぞれの合流部であり，右岸では矢場川の合流部である。渡良瀬川洪水は，この中流部で大遊水しながら流下していたのである。ここを完全に締切ることは治水計画担当者にとって危惧することであり，慎重に検討することは当然だろう。この結論に至る経緯を次にみていこう[17]。

1902（明治35）年11月25日に行われた第8回鉱毒調査委員会で，内務省第一監督署長・日下部弁二郎委員は，改修計画の基本的な考え方について，概ね次のように述べた。

渡良瀬川・利根川の流量をたびたび観測した結果に基づき，二つの計画案を検討した。第1案は，築堤を中心に新河道を開削して渡良瀬川の洪水をスムーズに利根川に流出させる。第2案は，渡良瀬川に貯水池をつくり，ここで貯水したのち利根川に流出させる。

ここに，渡良瀬川下流部における貯水池案が提示されたのである。そして第1案を行えば，1900年度から進めている利根川治水計画の変更を伴う大事業となり困難である。このため第2案を実行せざるを得ない，と現実に進めている利根川治水計画との関連で貯水池案を優先させたのである。この貯水池計画は，渡良瀬川の水害を完全に防ぐものではないけれども，大出水でなかったらだいたい防御できると主張した。

貯水池計画について，東京帝国大学工科大学教授・中山秀三郎から 1902（明治 35）年 12 月 19 日の第 10 回委員会で，より具体的な報告がなされた。それによると，02 年 8 月，9 月出水について利根川との関係の調査に基づき，放水路として 02 年出水による高取の決壊箇所から赤麻沼へ流入させ，ここから谷中村に導入させる遊水地計画であった。つまり赤麻沼と谷中村を遊水地とする計画であった。ここに，谷中村を廃村して遊水地とする渡良瀬川治水計画の方針が示されたのである。

この計画では，遊水地への導水は洪水のみを対象としている。このため流入口には洗堰を設置する。また，導水路の長さは 22 町（2,400m）で，うち切取 500 間（910m），築堤は 1,200 間（2,200m）余である。切取とは台地の開削であろう。500 間の台地開削でもって赤麻沼へ導水する計画であるが，その流入口（渡良瀬川本川側だろう）には洗堰を設置し，流入口から下流の渡良瀬川は廃川にするのではなく，平水のみを流す計画であった。

費用は遊水地関係で 160 万円，上流改修で 140 万円のあわせて 300 万円である。これ以外に土地買収費として 360 万円が必要となる。その対象面積は遊水地で 3,000 町歩，ここ以外で 2,800 町歩である。

② 1902（明治 35）年出水と遊水地

このように遊水地への放水路は，1902 年 9 月出水に基づき高取の決壊箇所から赤麻沼に流入させる計画であった。02 年出水は谷中村に大打撃を与えたが，調査会での議論にも大きな影響を与えた。この洪水では，高取・底谷間の蓮花川と渡良瀬川を遮断した堤防が渡良瀬川の洪水によって決壊し，洪水は唯木沼から新堀を通り，三合悪水圦樋を通常の洪水とは反対の方向から，つまり「裏より表」からの激流によって破壊し赤麻沼に流入した。そして，赤麻沼の堤防が決壊し谷中村を襲い，その後，思川・渡良瀬川河道に流出したのである（図 4.4）。

渡良瀬川と蓮花川の関係をみると，渡良瀬川に合流していた蓮花川では近世の宝永 7（1710）年，築堤でもって遮断された。その代わり赤麻沼との間に新堀が人工開削されてつながった。この結果，それまでの湖沼の面積は 3 分の 1 以下となって唯木沼と呼ばれ，その周辺は水田が開発されたのである。一方，渡良瀬川と赤麻沼は，蓮花川・新堀によってつながった（図 4.5）。

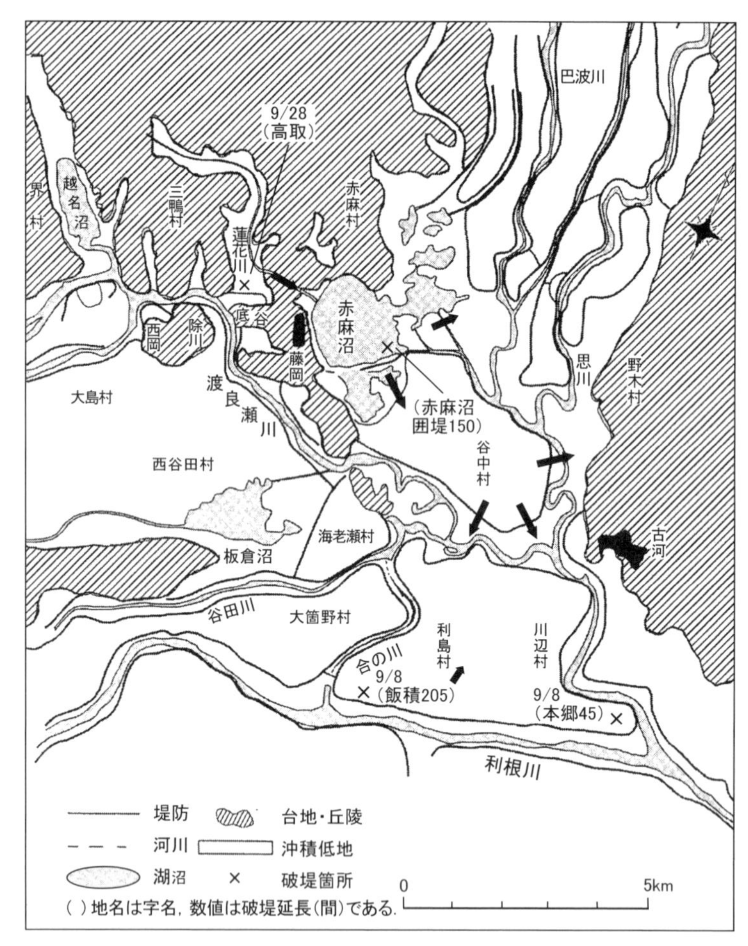

図 4.4　1902（明治 35）年 9 月 28 日洪水の主要破堤箇所，氾濫流

1910（明治 43）年から始まった国直轄による近代改修によって，渡良瀬川は藤岡台地を開削した人工水路によって渡良瀬遊水地（主に赤麻沼と谷中村の地に築造）に流入することとなった（図 4.6）。だが，渡良瀬川洪水はそれ以前もこの台地を横断し，赤麻沼さらに谷中村に流入していたのである。

ところで，谷中村の遊水地計画は国による近代改修事業に着工する以前，既に栃木県により買収が進められていた。栃木県は自らの立場で買収を行っていたのである。この状況について次に述べていきたい。

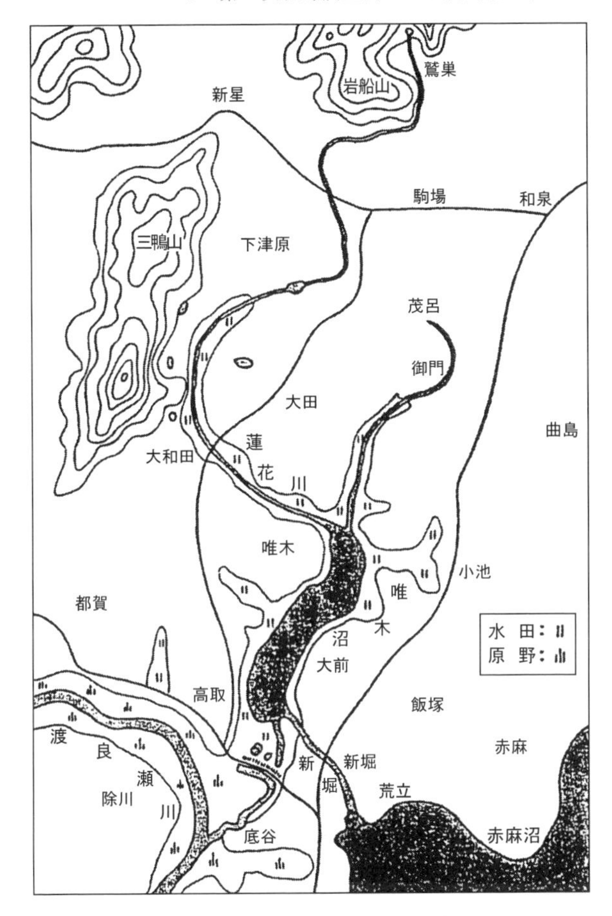

図 4.5　江戸時代後期の蓮花川周辺概況図
（出典：関塚清蔵『蓮花川』全国農村教育協会，1983．に一部加筆）

6　栃木県による谷中村廃村と遊水地化

第二次鉱毒調査会では，既に 1900（明治 33）年度から進められている利根川改修に影響を及ぼさないこと，さらに中山秀三郎が「思川・渡良瀬川を併合して貯水池を作る計画なり」と述べていたように，思川を含めて渡良瀬川治水を計画するものだった。当時，思川治水は栃木県にとって重要な政策課題であった。そ

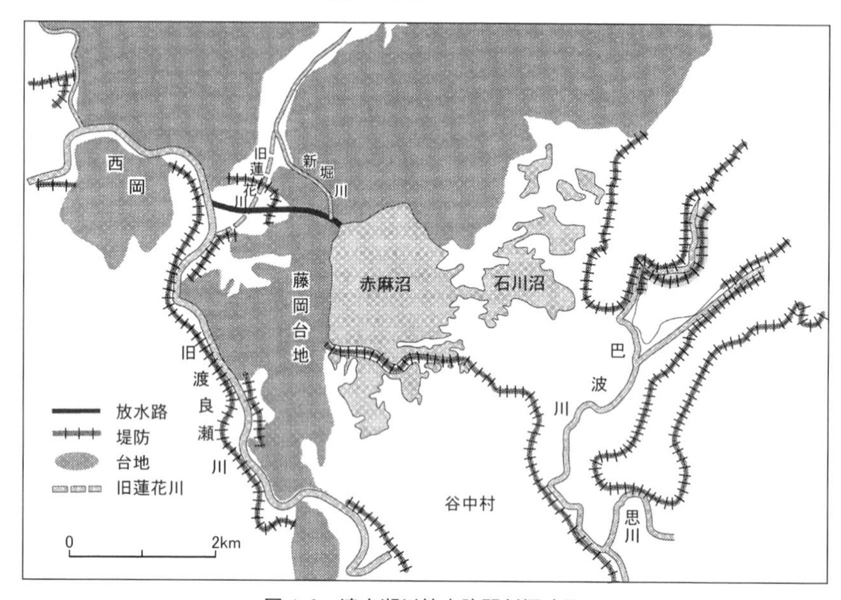

図 4. 6　渡良瀬川放水路開削概略図
（1907 年測図の 5 万分の 1 地形図に基づき作成）

して，思川の最下流部に位置していたのが谷中村であった。谷中村の歴史的な水害・治水からみていこう。

(1) 谷中村の治水と地域対立

渡良瀬川とその支川・思川合流部の最下流で内野・恵下野・下官の 3 村が合併して谷中村が誕生したのは，1889（明治 22）年 4 月である。谷中村は，藤岡台地と接する一部を除いて堤防で囲まれ輪中 (18) となっている。84 年に測量された迅速図によると，北は赤麻沼が拡がり堤防で分けられている（図 4.7）。西方は渡良瀬川左岸で，その堤防のかなりが古河と藤岡を結ぶ県道を兼ねている。渡良瀬川は，広い堤外地を海老瀬七曲と呼ばれる激しい曲流をなして流下し，谷中村輪中の南方（北川辺領の下柏戸地先）で思川と合流する。その間で，右支川・谷田川が合流している。谷田川は合流点直上流で元利根川派川・合の川を合わせているが，合の川は天保 12（1841）年締切られ，それ以降，通常時に利根川の水が流れることはなくなった。

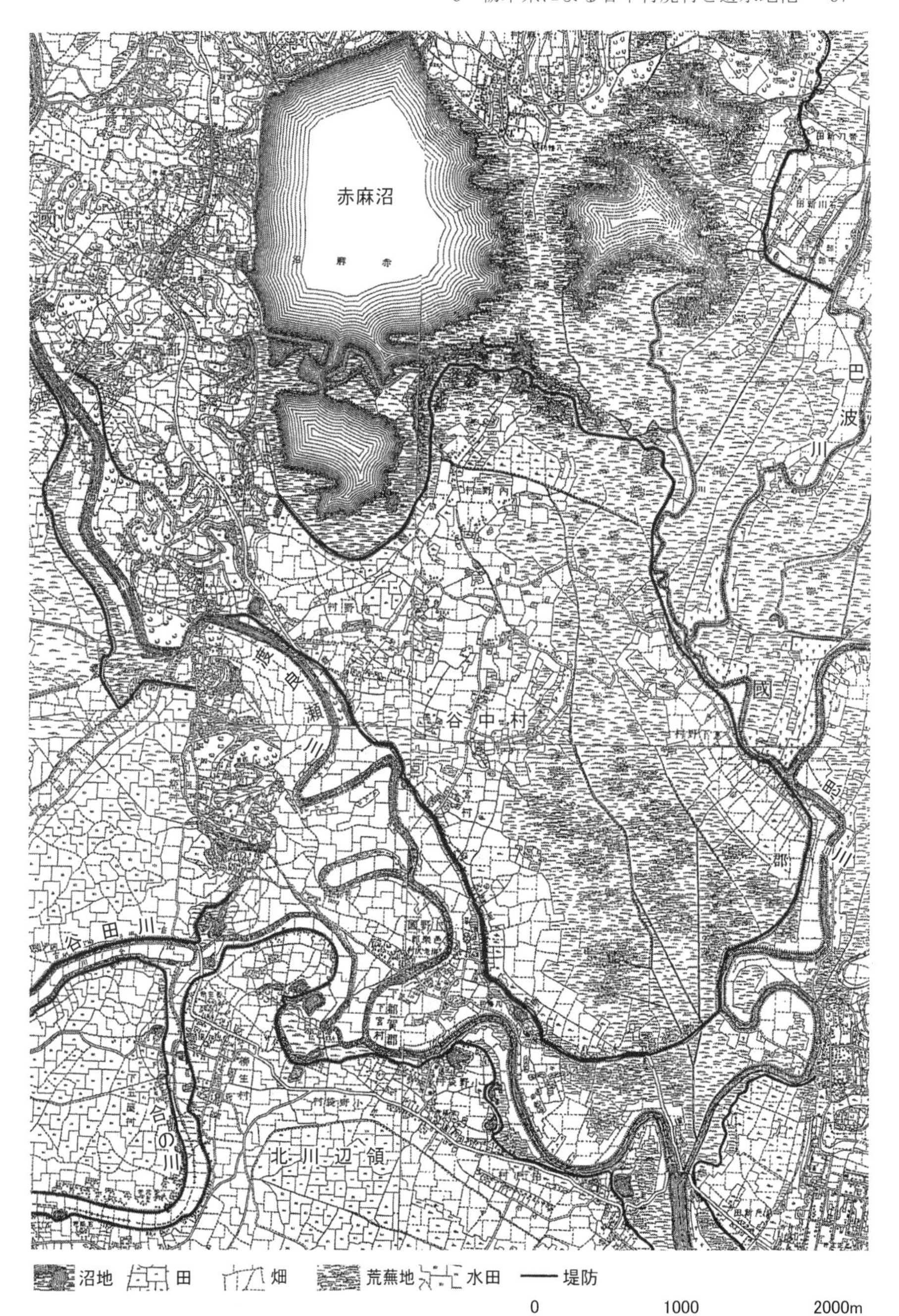

図 4.7　第一軍区地方迅速図にみる谷中村土地利用状況図

谷中輪中の東方は思川とその支川・巴波川の右岸堤であり，谷中村の排水は思川に行われる。思川・巴波川とも大きな蛇行を繰り返して流下しているが，思川は谷中村恵下野地先で巴波川を合流させる。その合流地点付近から上流の巴波川下流部にかけては，左岸堤は澪筋近くになく広い堤外地が拡がり，赤麻沼と連なっている。

思川合流してからの渡良瀬川は，両岸にほぼ澪筋に沿って堤防が築かれる。左岸は古河となり，6.8km 流下して鷲ノ宮地先で利根川と合流する。

なお，渡良瀬遊水地との関係で注目すべきことは，赤麻沼も含めて谷中村の北方・東方の遊水地域である。現在の渡良瀬遊水地の一部は，元々沼あるいは湿地からなる遊水地域だったのである。ここには利根川・渡良瀬川出水のため吐けなくなった思川洪水，さらに利根川・渡良瀬川からの逆流も流れ込んできた。そして堤防決壊により谷中村にしばしば水害を与えていた。

谷中村の堤防は，対岸の堤防に比べ，高さは別にして法（のり）勾配が急な貧弱なものだった。例えば当時，思川対岸の堤防の表裏の法（のり）勾配は2割，渡良瀬川対岸の群馬県は2割以上であったが，谷中村堤防は1割以内と急な状況であった。近代以前はどのような状況であったのか。谷中村内の集落，下宮の成立は室町時代の文明年間（1469～86年）と伝えられているが，その自然条件からして築堤は必要不可欠だろう。しかし低平地であるので，堤防の強弱は他地域と厳しい競合関係とならざるを得ない。一方的に高くまた強くすれば，対岸あるいは上下流に大きな影響を及ぼすのである。

記録に残っているところによると[19]，寛永4（1627）年，谷中の村々と思川流域の白鳥・部屋・赤麻などの13の村との間で論争があった。これ以降，谷中が堤防増強する際には上流の村々に知らせることとなった。貞享元（1684）年，万治2（1659）年に論争があったが，谷中の堤防強化は結局行われなかった。その後の元禄9（1696）年の紛争では，正保4（1647）年から50年間，堤防の修復が行われなかったので，3尺（0.9m）ほどの土盛りが認められた。元禄12（1699）年には，堤防の腹付け部分に竹木を植えたことをめぐって紛争が生じた。裁断の結果，竹木は抜かれることとなった。

このように，谷中村の周囲堤はいわゆる論所堤（ろんじょてい）であり，その強化は他地域から厳しく抑えられていたのである。ここでは築堤をめぐる厳しい上・下流対立の歴

表 4.4　谷中村民地の土地利用状況

堤内地		堤外地		合計
	町反畝歩		町反畝歩	町反畝歩
田	177.2209	田	−	177.221
畑	277.2225	畑	92.3828	369.605
宅　地	27.6107	宅　地	6.5112	34.122
山　林	8.0429	山　林	4.0319	12.075
原　野	341.2524	原　野	85.2520	426.504
池　沼	12.2505	池　沼	24.2520	36.503
計	844.62091	計	212.9009	1,057.522

出典：栃木県知事　白仁　武「谷中村民有地ヲ買収シテ瀦水池ヲ設ケル稟請」（明治 37 年 10 月 15 日）.『救現』No.7，田中正造大学出版部，1998.

史を抱えていた。

(2) 谷中村の土地利用

明治 20 年代から 30 年代頃の谷中村の土地利用状況についてみると[(20)]，谷中村の総面積は約 1,284 町 4 反であって，このうち民地は 1,058 町である。民地のうち 8 割が堤内地にあるが，2 割が堤外地となっている（表 4.4）。田・畑の耕地は全民地の 52%を占める一方，原野・池沼あわせて 463 町で 44%を占めている。なかでも原野の占める面積が 38%を占めて大きい。この状況を堤内地のみでみても，田畑あわせて 54%に対し原野は同様 40%占めている。

原野は，迅速図でみると荒蕪地でほとんど葦原と思われる。堤内地とは洪水から築堤によって防禦される区域であり，苦労してつくった堤内地はできる限り耕地に整備していくというのが一般的である。その堤内地に，谷中村では迅速図作成のため総量された明治 10 年代，実に多くの荒蕪地を抱えこんでいたのである（図 4.8）。この状況は実に特異なことである。谷中村問題を考える場合，鉱毒被害が生じる以前のこの状況の理解が出発点であるが，なぜこのような土地利用状況となったのだろうか。

私は，耕地としてかなり整備されていたのが，ある時を境にして排水の条件が悪くなり，またたびたび堤防が決壊して湿地化し荒蕪地になったと考えている。ある時とは，天明 3（1783）年の浅間山大噴火である。これに伴う大量の火山灰の降下によって，利根川河床は著しく上昇した。利根川河床が上昇するとどうなるか。合流する渡良瀬川，思川の排水条件が悪くなるとともに，利根川から逆流

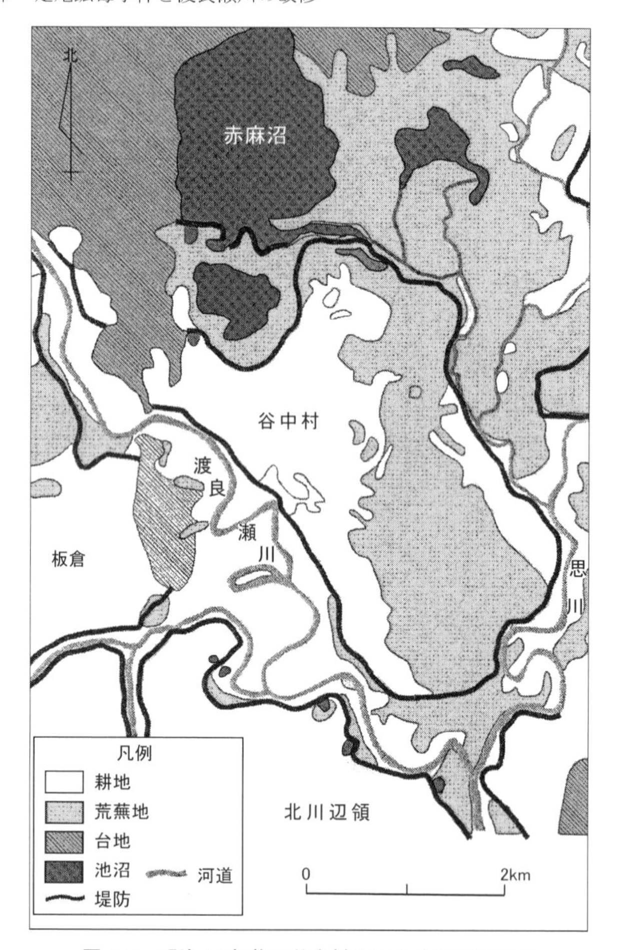

図 4.8　明治 10 年代の谷中村周辺土地利用概況図

が多くなってくる。これを契機にして谷中村堤内の湿地化が進んだのだろう。

因みに，谷中村の中の一つの村落・恵下野における記録であるが[(21)]，宝暦 13（1763）年から慶応 3（1867）年の約 100 年間に 40 回の出水があった。このうち 20 回が堤切（堤防決壊）と記録されている。しかし，明和 3（1766）年を除いて残りの 19 回は，文政 5（1822）年以降となっている。文政 5（1822）年以降では，10 年のうち 4 年強の割合で破堤しているのである。近世後半，破堤の脅威が著しく高まっていたことがよく理解される。

(3) 明治期の水害と治水要求

明治になっても水害は一層，激しくなる。1872（明治5）年から89年の18年間にかけて堤防決壊が11カ所生じた。ここでは，一度，破壊が生じたら地窪の地のため氾濫水はなかなか抜けない。このため，堤防上または堤腹に住まわせるよう特別の許可をすべきとの建議が1892（明治25）年12月，県会で行われた。

当然のことながら地域からの治水の要望は強く，1869年には利根川・渡良瀬川の合流部で新水路の開削が主張された[(22)]。90年には，谷中村から1万人を役夫として出し県によって堤防工事が行われたが，この年頃から「方円の器に応ずるをや，水を堪え得る堤防を添築すると同時に，堤内水堪は排水器を利用せば，その害を免がれるは見易き利なり」の認識の下，堤防増築と堤内の排水を行う排水器の設置を谷中村は求めていった[(23)]。排水器工事は，谷中村土地所有者646人の借金により1894（明治27）年に着工したが，初めに据え付けた国産排水器がうまくいかず，ドイツ製に切り替えて99年4月，やっとのことで竣工した。

ここで谷中村の明治20年代から30年代中頃にかけての水害についてみると，1892（明治25）年から，94年，96年，97年，98年，1902年，03年，04年と立て続けに破堤の記録がある。それ以前と比較して，明らかに破堤の頻度は多い。そして，これによる湛水は鉱毒を含んでいたのであり，その被害は甚大かつ悲惨であった。これを背景に，谷中村からの治水事業の要望は，涙ぐましい努力でもって進められた。

1894（明治27）年10月，地域住民から知事宛に堤防拡築を求める嘆願書が提出された。ここで，工事費約5万円でもって堤防法面（のり）の勾配を緩く2割とする増築工事を要望した[(24)]。その背景には，「接続隣県の堤塘，漸く堅牢を加えた」ため谷中村はより不利になったとの認識がある。しかし，住民の望む増築工事は行われなかった。

1897（明治30）年10月，村議会で村債発行の認可申請が議決された。谷中村長から内務・大蔵両大臣に宛てた「谷中村々債条例認可稟請」によると，10万円の村債のうち排水器の償却費に3万5000円，残りの6万5000円を堤防添築及用悪水路改修費に充てようとした。谷中村の発展は「排水機を完整して水湛を排水し，原野を開拓して耕地となし，堤塘を完備にして水害を防止する他，良策な

表4.5　谷中村治水堤防費，救援金

(a) 谷中村の治水堤防費

金額	年度
8千4百3拾4円7拾6銭9厘	23年度
8百4拾5円5拾8銭5厘	24年度
7百拾3円7拾8銭7厘	25年度
1万6千3百5拾5円5拾　銭7厘	26年度
5千8百7拾3円8拾4銭5厘	27年度
5百　拾8円7拾2銭4厘	28年度
8千4百4拾8円9拾7銭4厘	29年度
3万3千3百6拾8円4拾6銭8厘	30年度
2万4千6百8拾7円6拾8銭1厘	31年度
5万9千9百6拾4円2拾　銭4厘	32年度
2千6百4拾4円9拾9銭7厘	33年度
4百3拾7円5拾9銭　厘	34年度
4百5拾　円6拾5銭3厘	35年度
3万4千　百8拾9円5拾1銭1厘	36年度
2万6千2百2拾8円2拾8銭8厘	37年度
計　2拾2万5千百5拾8円5拾8銭3厘	

出典：「谷中村民有地ヲ買収シテ瀦水池を設ケル稟書」『救現 N0.7』，田中正造大学出版部，1988.

(b) 谷中村罹災救援金支出

金額	年度
2千6百3拾4円5拾5銭5厘	20年度
3千7百3拾5円7拾　銭2厘	30年度
3千3百6拾8円4拾5銭8厘	31年度
○	32年度
○	33年度
○	34年度
3千3百2拾8円7拾　銭4厘	35年度
5百4拾3円3拾8銭4厘	36年度
2千4百4拾1円8拾3銭5厘	37年度
計　1万6千百5拾2円6拾3銭8厘	

き」状況との認識であり[(25)]，起債により資金を得，自らのかなりの負担でもって堤防増強と排水器の設置を行おうとしたのである。

(4) 堤防拡築計画の挫折と遊水地化

1898（明治31）年4月，栃木県の計画を基にして7万7000円からなる堤防工事寄附願が谷中村長より県知事に提出された。しかし，98年11月，10万円の起債が認可されたにもかかわらず，着工とはならなかった。その一つの理由は，日本勧業銀行が5万円しか債権を引き受けようとしなかったからである。

しかし，栃木県は谷中村を放置していたのではない。水害後の罹災救助金を支出するとともに，治水堤防費としてかなりの額を復旧につぎ込んでいた。年に1万円を超えていたのが1893（明治26）年度，97年度，98年度，99年度，1903年度，04年度となっている（表4.5）。

とくに1899（明治32）年度は6万円近くを投入し，渡良瀬川堤防は以前と比べ高く整備された。それでも堤防の安全は保たれなかったのである。谷中村からは，県に向けてその後も堤防拡築工事が陳情されていった。

この要望を受け，栃木県によってさらに検討を加えられた谷中村周囲堤の全面的改築案が，1900（明治 33）年 2 月の臨時県会で知事より諮問された。総額 13 万 8000 円よりなる 3 カ年計画で，谷中村からは村債による 5 万円の寄付と 1 万円に相当する工事人夫を負担するもので，6,220 間（1 万 1300m）の堤防整備と 120 間（220m）の粗朶（そだ）による護岸を行うものだった。しかし，この計画は県会により否決された。それは思川下流部との関係であった。

思川下流部では，後述するように栃木県により放水路計画が進められ，1900（明治 33）年度から 3 カ年計画，工事費約 16 万 1000 円で着工することとなっていた。この完成によって洪水の状況が変化する。この結果をみて，谷中村周囲堤の本格的な工事をすべきとの県会の判断のためだった。

しかし，思川放水路計画は下流の野木，古河町，茨城県から猛烈な反対にあい，内務省の認めるところとならず着工とはならなかった。思川下流部の治水策としての栃木県の放水路計画は，上下流，とくに下流部の茨城県との地域対立によって挫折をみたのである。その詳細は次節でみていくが，この地域対立は栃木県のみでは対処できないものだった。この経緯の中から，次に栃木県が提示した思川下流部の計画が，谷中村買収による遊水地計画だったのである。

1902（明治 35）年 9 月出水で谷中村の堤防が破堤し，大水害となったのち 03 年 1 月に行われた臨時県会で，災害復旧工事費予算要求が中心の「明治 35 年度歳入歳出追加予算」が提案された(26)。その中に，谷中村を遊水地とする「臨時部土木費治水堤防費修築費思川流域ノ部」が含まれていた。つまり「思川流域ノ部」で，谷中村遊水地計画が「思川流域費に於いて，谷中村堤内を貯水地と為し，各関係河川の氾濫区域を設けるは治水上，最もその策を得たるものにして，将来県負担の利害消長に関すること実に鮮少ならず」と，説明されたのである。栃木県は，谷中村の遊水地化を放水路計画が挫折した後の思川下流部の治水計画として位置付けたのである。この谷中村土地買収について，既に国庫補助の内定を得ていた。

しかし，臨時県会では否決された。政府の第二次鉱毒調査会の審議が終わりに近づいており，この結論が出てから処理するのが適当だとして，約 38 万 3000 円を予算案から削除したのである。

だが，翌 1904（明治 37）年 12 月 10 日の第 8 回通常県会の最終日に谷中村買収を含む土木費が可決され，県により谷中村買収が決定された。この時，政府の第二次鉱毒調査会の報告書は既に帝国議会に提示されており，ここで渡良瀬下流部における遊水地設置が主張されていた。ここでの議論も，栃木県の決定に大きな影響を与えたことは当然だろう。

7　思川改修計画の挫折

(1) 思川下流部の概況

思川下流部は，勾配がゆるやかな低平地である。近代改修事業により大きく変化する以前の思川をみると，谷中村恵下野地先で支川・巴波川を合流し，再び大きく大蛇行して古河の船渡地先で渡良瀬川に合流する。その上流の思川をみると，乙女河岸地先から激しい大蛇行を繰り返しながら流下する。堤防は河川沿いに発達するが，右岸・左岸とも輪中堤となっている（図4.9）。

思川は，左岸・乙女河岸，右岸・網戸河岸の地点が堤防によって著しく狭められている。洪水はここで窄められ，その疎通能力を大きく落とすが，その上流の間中・網戸の間は霞堤となっている。この区間で洪水は氾濫し，与良川・巴波川に分散して流下していく。一方，巴波川は与良川を白鳥地先で合流するが，ここは赤麻沼にもつながっている大堤外地である。流域面積1,160km^{2}の思川大洪水の一気の流下は，このように妨げられる治水秩序となっていたのである。しかし，霞堤区域からの洪水流出により，部屋村の新波，穂積村の間中・生良・榆木・上生井・白鳥，寒川村の鏡・中里・寒川・迫間田・網戸の11の集落を中心に被害が生じていた。

この治水秩序は，思川を合流する前の渡良瀬川が七曲と称される大蛇行となっている状況と合わせ，渡良瀬川・思川の洪水の流下を抑える，あるいは遅らせる効果をもつ。それは，下流・古河城下町の防御を目的としたものと考えられる。

(2) 栃木県による改修計画の推進と挫折

①放水路計画

明治になってから，この秩序の変更に向けて動き出す。1885（明治18）年頃から思川改修計画が地元から強く要望され，栃木県は88年10月から89年5月にかけて，県技手・田辺初太郎を派遣して穂積村石ノ上から渡良瀬川合流点まで

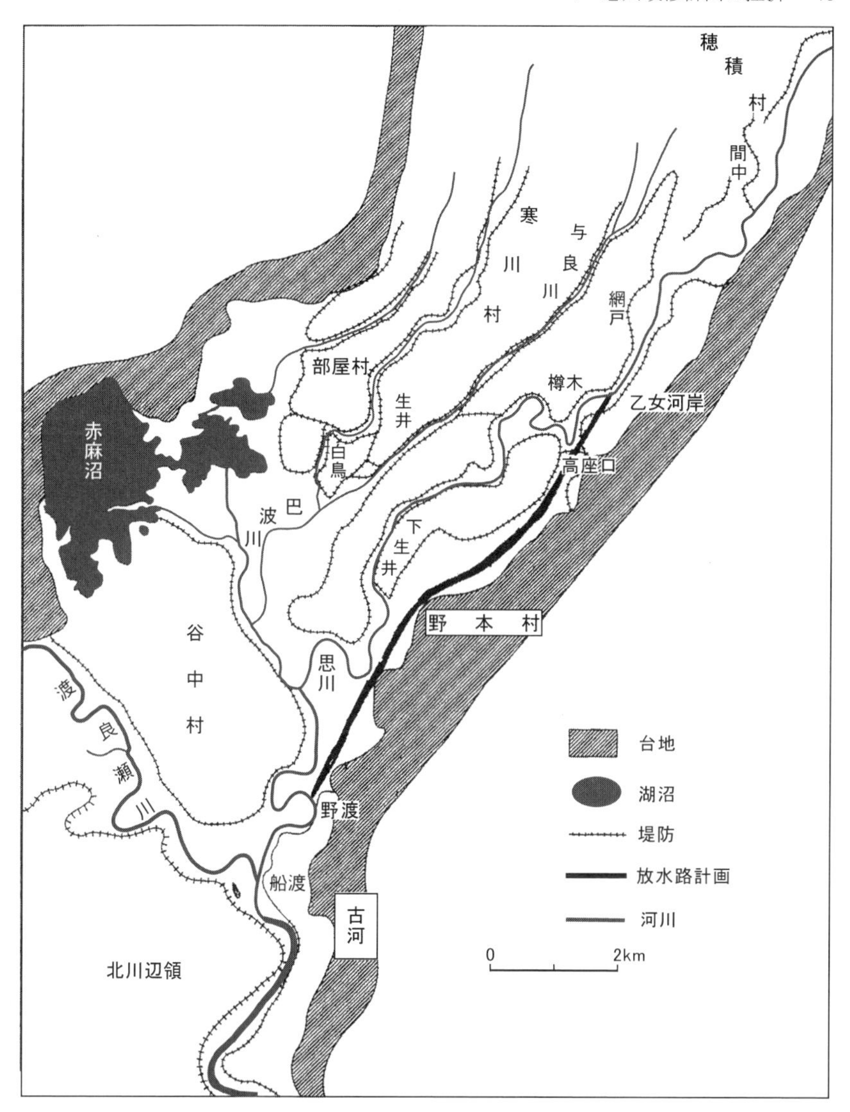

図 4.9　1907（明治 40）年頃の思川下流部築堤状況と放水路計画

測量させ，詳細な「下野国南部治水実測図」を作成させた。その費用は地元の有志から 1 千有余円を募って行われたが，この実測図を基にしてだろう概算 40 万円からなる南部治水改良計画が県により策定された [27]。

それによると，上流部の霞堤は締切り，大屈曲している高座口の上流に位置する狭窄部直上流の間々田村乙女地内から野木村地先にかけて直線の新川を開削し，さらに築堤によって河道整備を行うものである。この完成により渡良瀬・思・巴波川ほかのこれまでの堤防5万1486間（94km）が1万5200間（28km）となり，3万6286間（66km）が不要となると評価している。思川水系の下流部について，新たに整備する一つの河道にまとめようというもので，これまでの河川秩序を一変する規模の大きい計画と評価できる。

思川改修計画が県会で審議されて動き出すのは，1899（明治32）年になってである。その計画とは，新川開削による河道整備は巨額なので，乙女から野渡に至る4,300間（7.8km）の洪水だけを流下させる放水路を整備しようというものである。放水路により狭窄部を解消し，下流への洪水の疎通をスムーズにさせようというものだが，この計画は99年12月に県会に提出され可決された。そして翌年3月4日の第4回臨時県会，さらに県参事会で，1900年度〜02年度の事業費16万1431円の3カ年継続事業として決定された。このうち7万円は，利益を受ける地域からの労働力提供（寄付人夫）である。

この栃木県の動きに対し，下流部は即座に反応した。同じ栃木県内でも放水路区域にあたる下都賀郡友沼は，144名からなる「思川放水路非開鑿派慰労会」を1900（明治33）年5月には結成していたが，茨城県古河町は01年2月27日，町会で放水路開鑿抗議の決議を行った。そして同年3月，茨城県知事宛に「思川放水路開鑿反対請願書」を提出した[(28)]。ここには，今日の事業決定以前に栃木県は内務省に許可の働きかけを行っていたが，これに茨城県が必死になって反対してきたこと，それにもかかわらず栃木県が事業を推進し，内務省土木監督署も実施調査を修了したことが述べられている。

しかし，水害の原因は利根川の河床が高いために生じているのであり，利根川からの逆流が止まらない限り放水路は効果がないと論じた。そして，放水路築造により利根川からの逆流と思川の順流との衝突場所が下流に移り，「己れの受けつつある惨害を当町以下に転嫁致し候に外ならず候」と，古河に多大な影響を及ぼすことを主張した。

この下流部からの強硬な反対にあい，栃木県の思川放水路計画は内務省の許可を得られず頓挫したのである。この計画が竣功したのち行おうとした谷中村周囲堤の築造も着工できなかった。そして,谷中村を中心とした遊水地事業へと向かったのである。

②狭窄部の拡幅

ところで，思川の改修計画はこの遊水地計画が県会から承認を得た後，1905（明治38）年頃から再び動き出した。思川狭窄部をめぐり二つの計画が地元で構想され推進されていった。一つが狭窄部の乙女河岸・網戸河岸の堤防を切り下げ,そこから氾濫する洪水を新たに設置する遊水地に貯溜しようという計画である。谷中村を遊水地とする計画の樹立からヒントを得たのかもしれない。

この遊水地計画は，構想としては出たが，現実に有効な力とはならなかった。広い地域を巻き込んで再び厳しい地域対立をもたらしたのは，もう一つの計画であった。それは，狭窄部を切り開こうというものである。地元の強い意向を踏まえ,栃木県は「三九年度臨時土木費中治水堤防費」として切開工事を行うため5,000円の予算を県会に上程した。下流の状況から延長150間（270m）にわたり10間（18m）ほどの拡幅工事を計画したのであるが，事業費を1万円とする動議が出され，これが可決された。

しかし，下流部の同じ栃木県内の下都賀郡野木村，さらに茨城県古河などが猛烈に反発した。とくに直下流部に位置する野木村の反対は激しく，放水路反対事務所を設置し，野木村を中心にして反対運動を展開していった。

このような強い反対運動の結果,内務大臣は,栃木県のこの事業を許可しなかった。左岸・乙女河岸，右岸・網戸河岸という渡良瀬川との合流地点よりかなり上流の思川における10間ほどの拡幅に対しても，このように幅広い地域から反対運動が生じ実現しなかったのである。思川も含めた渡良瀬川下流部は，治水・水害に対して極めて敏感な地域であったことがわかる。

8　渡良瀬川改修事業

(1) 国直轄による改修事業の着工

1903（明治36）年3月,内閣総理大事に提出された第二次鉱毒調査会による「足尾銅山ニ関スル調査報告書」は，同年6月帝国議会に提出され，国民の知るところとなった。それに先立ち内務省は同年5月，この報告書に対する意見書を内閣総理大臣に提出した。その中で渡良瀬川改修について概ね次のように述べている[29]。

全国的な治水の観点からみると渡良瀬川改修着手はまだその順位に達しないが，鉱毒問題のために改修が必要となった。現在，内務省が進めている河川改修計画とは別途に財源が確保され，河川改修の順位を「攪乱すること」のない場合には，渡良瀬川改修は急いで行うべきものである。また，利根川との合流関係を変更すれば，現在，施工中の利根川改修計画に大きな影響を与え，工事費が著しく増大する。このため遊水地設置の計画が最も適当である。

大蔵・農商務両大臣からも意見書が提出された。これらを踏まえ，1903（明治36）年5月，改修事業は巨額の支出を要するのでさらに詳細な実施調査を行い，費用を査定し財源を調査して財政の許す範囲内で実行することが閣議決定されたのである。この後，内務省直轄により渡良瀬川改修事業が着工されたのは，1910（明治43）年度である。09年12月に召集された第26帝国議会で承認され，実施に移されたのであるが，その事業費は750万円であった。しかし国による改修事業着工以前に，谷中村は栃木県により土地収用法も適用されて全面買収となっていた。そして，買収に応じない堤内地の残留民16戸に対し，1907（明治40）年強制執行が行われたのである。その執行状況については，明治政府の暴虐性を現わすものとして小説，テレビドラマなどにたびたび取り上げられている。

さて，先述したように谷中村治水を含め栃木県による思川改修計画は，下流への洪水が増大するとして茨城県古河町などの強い反対にあって実行できず，挫折に終わっていた。渡良瀬川・思川下流部の新たな河川秩序をつくるには両県を越えた存在，つまり国の調整によって初めて可能であった。栃木県はとくに思川について，国直轄による一刻も早い事業着工を強く期待していたと思われる。

国直轄による改修を早期に実現するにはどうしたらよいのか。河川法に基づく直轄事業は1896（明治29）年度に開始され，全国各地域で国による直轄事業が求められていた。その事業を進めるのにあたり，大きな支障となっていたのが用地買収である。基本的に用地買収が終わってから，工事は進められる。このため，直轄事業に採択してもらうためには，着工のネックとなる用地買収を自らの手で1日も早く解決して国に引き渡すこと，栃木県の判断にはこのような思惑があったと想定される。

1910（明治43）年8月，全国的な大水害があり，これを契機に第一次治水長期計画が樹立された。そして，翌年度から全国の大河川で治水事業が進められた。これについては第5章で述べていくが，利根川の一支川である渡良瀬川改修はそれに先立って着工されたのである。

足尾鉱毒問題が，渡良瀬川遊水地築造を伴う渡良瀬川改修に大きく影響したことは間違いない。内務省は，渡良瀬川改修が鉱毒事件さらにその延長としての谷中村問題に関連があったことを指摘している(30)。

(2) 改修事業に対する帝国議会での議論

ここで，国直轄による渡良瀬川改修事業着工が承認された第26帝国議会での議論をみてみよう(31)。1910(明治43)年3月7日の衆議院予算委員第二分科会(内務省所管）で質疑が行われたが，改修計画が確定したこと，さらに予算についても目途がたったと政府は主張した。予算についてみると，18年度以降，国の予算をあてがうことができるが，それまでは県の負担金でもって事業を進める，との方針は県会で既に決議を得，了承されていると述べている。なお各県の費用分担は，栃木県130万3000円，茨城県30万6000円，群馬県38万8000円，埼玉県26万9000円の合計234万6000円であった。これは事業費750万円の約31%であった。

さらに質疑が行われたが，政府委員からの主な答弁内容を整理すると，次のとおりであった。

地方議会の議員で渡良瀬川改修に独自に意見をもつ人がいるが，1回あるいは2回，県知事そして内務省から派遣した技師と一緒に現地を回り，改修計画を了承した。新たに遊水地に編入するところは堤外地が多く，谷中村のように全村買収するところは他には生じない。全村買収とした谷中村については，まだ買収に応じない残留戸数は12戸あるが，その他は新開墾地あるいは藤岡等の方へ移住した。

つまり改修計画の策定，それの地方議会への説明と分担金を含めた了承が整ったので，いよいよ事業着手となったと理解してよいのだろう。ただし，1907（明治40）年強制収用した後も12戸が残留していることを認めている。

(3) 改修計画と費用負担

足利の岩井地点から下流が改修区域である。旧谷中村を中心にして遊水地築造となったが，遊水地への導水路は，1902（明治35）年9月洪水が走った藤岡台地上をショートカットする新水路（放水路）計画となった。また，第二次鉱毒調査会でも主張された新水路入口の洗堰，さらに谷中村側の樋門等は築造されず，新水路の下流にあたる渡良瀬川は廃川となった。洪水・平水（通常時の流水）とも自然流下で遊水地に流入する新川の築造となったのである。

さらに中流部で渡良瀬川に合流し，その合流口が霞堤となっていた秋山川，旗川，矢場川などの支川はすべて霞堤が閉じられ，対岸とほぼ平行の連続堤で整備された。第二次鉱毒調査会で述べられた(小)遊水地は計画されなかった。その分，洪水のピーク流量は増大するが，渡良瀬遊水地の強化によって対応したと推定される。霞堤締切の前提として，遊水地の築造があったことは論をまたない。この改修事業の結果，3,200町歩が堤外地から堤内地へと移行した。

渡良瀬川改修事業費の事業費負担について，これまで歴史的な激しい地域対立があったため各県会で熱心に議論された。群馬県では1909（明治42）年9月10日にすっきりと可決されたが，他県に比べて費用負担が断然多い栃木県では，「藤岡町の北方三鴨村の鷹取河岸より赤麻沼へ切落し，群馬県の大難を栃木県に移されてしまった。おまけに栃木県の地域内の工事であるという口実の下に，群馬県はこの計画で特別の利益を受けるに拘わらず，僅かに三十八万八千円，本県はこれが為に被害を受けるに拘わらず，百三十万三千円の過当の割当をなされたのである」など，これまでの群馬県との対立もふまえ議員から激しく反対意見が述べられた[32]。だが一度，未決となった後09年9月27日，可決された。

また，茨城県会では1909（明治42）年9月23日，臨時県会に諮問されたが賛否は見送られた。次の県会は11月1日からの通常県会であったが，開会と同時に再び諮問され審議の結果，11月30日に可決された。なお，当初，可決しなかった茨城県会に対し群馬県邑楽郡は邑楽治水会大会の決議をもって早期可決を陳情した。当地域の安定そして発展にとって，渡良瀬川改修は基本的な課題であったのである。この治水会の指導者は，鉱毒反対運動を引っ張っていったリーダーたちであった。

9　足尾鉱毒への技術的対応の評価

足尾鉱毒問題の解決策として政府が行ったのは，技術的対応であった。つまり，沈殿池等の設置により山地からの廃鉱（廃棄された銅分を含む土石）の流出を抑える。また，それ以前に産出されていた廃鉱については，改修事業によって堤内地への氾濫を防止することだった。改修計画は，予防工事以降の足尾銅山からの流出は極めて少ないことを前提に策定されたものだったが，果たしてこの前提が妥当だったかどうか，政府の対応について評価していく。

(1) 上流山地での予防工事の評価

谷中村に壊滅的な被害を与えた1907（明治35）年の渡良瀬川洪水であるが，とくに9月後半の洪水は通称「足尾台風」と呼ばれる猛台風によってもたらされた。栃木県下で224名の犠牲者を出したが，このとき足尾山地で多くの山地崩壊が生じ，廃鉱を含まない大量の土砂が洪水となって流下した。この土砂が渡良瀬川中下流部で鉱毒被害地の田畑に氾濫・堆積し，それまで銅分で汚染されていた大地を覆った。その後，新しい堆積土砂の上で栽培は行われ，農産物の収穫はかなり回復していったのである。

洪水直後，氾濫地域の町村・住民は，上流山地の予防工事はまったく役に立たないとして銅山の鉱業停止を要求していったが，それと大きく相違する状況となったのである。これ以降，被害民の鉱毒反対運動は下火となった。

この後，1907（明治40）年，10年等，渡良瀬川は大出水に見舞われ氾濫した。しかし鉱毒被害は，以前のように顕在化しなかった。このことを客観的に，どのように理解したらよいのだろうか。その理由として，1897（明治30）年さらにそれ以降，銅山側によって行われた予防工事が，実質的に相応の効果があったとしなかったら，このことについて説明はできないだろうと判断している。

予防工事は，沈殿池・濾過池を3カ所で設置し（図4.10），銅分に対して生石灰を投入して凝固させ，沈殿池・濾過池で除去しょうとするものである。この設置に対して施設総面積の指定，内部は石垣またはレンガ造りとしセメントで覆うこと，さらに汚泥の堆積場所の確保など技術基準が細かく規定された。

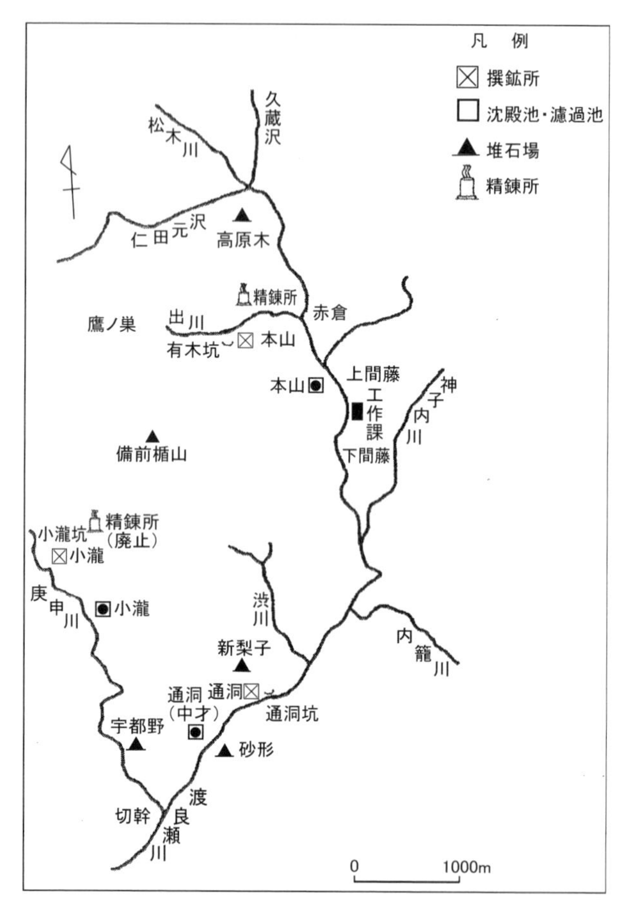

図 4. 10　第 3 回予防命令による施設略図
（出典：『渡良瀬遊水地成立史　通史編』，2006）

この予防工事が，廃鉱の流出防止に効果があったと評価せざるを得ない。そうであるならば，鉱毒源となる廃鉱を発生させた足尾銅山に対し，技術手段で銅分を除去しようとした政府の方策は間違っていなかったことになる。第二次鉱毒調査会で，予防工事竣功以降，廃鉱は新たに生じないことを前提として議論されたが，この前提が妥当だったこととなる。

(2) 遊水地の評価

遊水地築造の直接的な目的とはいえないが，その効用として，鉱毒の源である銅分を含む土砂（廃鉱）の堆積，つまり土砂溜めとしての認識もあったことは否定できない。ただし，その廃鉱は1897（明治30）年の第一次鉱毒調査会の命令に基づき鉱業主・古河によって予防工事が行われた以前の操業で排出され，河道などに堆積していたものとみなしていた。遊水地に堆積する銅分は限られていると判断していた。因みに，予防工事以前，渡良瀬川合流地点から下流部の利根川また江戸川では洪水氾濫はありながら，鉱毒被害は生じていなかった。

遊水地を設置せず，河道のみでの計画としたらどうなっていたのだろうか。渡良瀬川下流部ではその地形条件から，利根川の水位が高いときは洪水はスムーズに流下できない。遊水地出口から利根川との合流点までは約4kmであるが，遊水地は渡良瀬川洪水を貯溜し，利根川逆流との合流を避けるものである。利根川からの逆流と渡良瀬川洪水が合流すると，その水位は長時間高くなり，それに耐える巨大で堅固な堤防が必要である。莫大な費用がかかるとともに，洪水管理上弱点となる。私は，現場で責任者として河川管理を行ってきた経験をもつ。その経験から，渡良瀬川下流部に大遊水地があることは洪水管理にとって多大な安心感をもたらせる。

平地部で利根川に合流する大支川としては鬼怒川と小貝川があるが，今日，鬼怒川の合流点付近にも渡良瀬川同様，遊水地（調整地）がある。また鬼怒川は近世初期，台地を開削して利根川に合流させていて，台地より上流では利根川逆流の影響は少ない。一方，小貝川は利根川逆流区間は長く，そして遊水地なしに合流している。しかし，ここが洪水管理において弱点となり，たびたび決壊している。小貝川と利根川の合流問題は第6章で詳しく述べていくが，近年では1986（昭和61）年決壊をみ，3,300haが水没する大水害をもたらしている。渡良瀬川が，下流部に遊水地を設置せず利根川に合流させたら，小貝川同様にたびたび決壊が生じた可能性は否定できないだろう。

なお，だからといって土地収用法に基づく強制買収を正当化するものではない。立退く人々に対して納得できる補償が行われたどうかが，もう一つの重要な課題である。周知のように，買収に最後まで抵抗した残留民16戸に対し家屋の強制破壊が行われ，その後も残留民は小屋をつくり住み続けた。

ところで，谷中村を廃村にして遊水地を築造したのは，足尾鉱毒対策，それも鉱毒溜めとして行われたというのが通説である。私のように，水害常習地帯・谷中村が歴史的に抱えていた治水問題，発展のため何とか治水整備を進めようする涙ぐましい努力をベースにして論じられたものは寡聞にして知らない。なぜ，このようになったのだろうか。谷中村民は，周辺との軋轢など自らの地域の歴史的な治水問題を忘れ去っていったのだろうか。私は，治水問題が鉱毒問題に転換していった背景には，田中正造の精力的な活動があったと判断している。

田中が谷中村に居住するようになったのは1904(明治37)年7月30日であるが，同年8月13日付の書簡で，「谷中村民は『百人中九十九人』までが鉱毒の害を忘れ，解決すべきは『水害』の問題だと思っているように見受けられた」との意味のことを述べている[(33)]。当時，村民は，遊水地築造は治水問題であることを認識していた。だが，田中の活動により，資本家・古河経営の銅山事業の犠牲になって谷中村は遊水地化されるとの主張が，その後，受け入れられていったのである。

なお，第一次鉱毒調査会での鉱業停止をめぐる激しい議論，谷中村の人々の生活と土地買収，足尾山地での亜硫酸ガスによる被害，北海道への移住等について興味のある読者は，拙著『足尾鉱毒事件と渡良瀬川』（新公論社）を合わせて読んでいただきたい。

（注）

(1)『群馬県邑楽郡誌』群馬県邑楽郡教育会（1917），pp.17-18.

(2)『佐野市史 資料編3』佐野市（1976），pp.773-774.

(3) 足利市上流で取水され，右岸側の群馬県を灌漑している待・矢場両堰の当時の水利管理団体．両堰については第17章で詳しく述べる．

(4)「足尾銅山ニ関スル調査報告書ニ添付スヘキ参考書号外ノ第三」『足尾銅山鉱毒事件ノ沿革ニ関スル第三回報告書』調停の契約（1902）.

(5)「足尾銅山ニ関スル調査報告書ニ添付スヘキ参考書号外ノ第三」『足尾銅山鉱毒事件ノ沿革ニ関スル第三回報告書』第三十六ノ一，前出.

(6)『足尾銅山鉱毒事件ノ沿革ニ関スル第三回報告書』第45号，前出.

(7)『待矢場両堰土地改良区史』待矢場両堰土地改良区（1996），pp.121-138.

(8) 詳細については，松浦茂樹（2007）：足尾鉱毒事件と渡良瀬遊水地の成立（V）－東京押出しと足尾鉱毒事件－．国際地域学研究（東洋大学国際地域学部），第10号を参照のこと.

(9) 布川 了「雲竜寺と鉱毒事件」『田中正造と足尾鉱毒事件研究 9』論争社, 1990.

(10)「室田忠七鉱毒事件日誌」.『近代足利市史 別巻資料編 鉱毒』足利市 (1976), pp.245-326.

(11)「足尾銅山鉱毒事件ノ沿革ニ関スル第四回報告書 第百二十一号ノ一 (足尾銅山ニ関スル調査報告書ニ添付スヘキ参考書号外ノ第三)」.『渡良瀬遊水地成立史史料編』渡良瀬遊水地成立史編纂委員会 (2006), p.480.

(12)『佐野市史 資料編 3』佐野市 (1976), pp.775-777.

(13)「明治二九年十月 渡良瀬川改修請願書 (群馬県邑楽郡ヨリ)」小山市須田昇家文書.

(14)「明治三十年 渡良瀬川治水ニ付建議」『渡良瀬遊水地成立史史料編』pp.83-84, 前出.

(15)『群馬県邑楽郡誌』群馬県邑楽郡教育委員会 (1917).

(16)「足尾銅山ニ関スル調査報告書, 明治三十五年 機密記録 (内閣ヘ報告ニ関スルモノ)」『渡良瀬遊水地成立史資料編』pp.604-631, 前出.

(17)「第二次鉱毒調査会議事録, 明治三十五年 機密記録 委員会記事」鉱毒調査委員会 (1903).

(18) 地理学では,「輪中」は, 木曽三川下流部地域の固有の名称として使用されている場合が多いが, ここでは「江戸時代, 水災を防ぐため一個もしくは数個の村落が堤防で囲まれ, 水共同体を形成したもの」(『広辞苑』) との意義で, 一般の用語として使用する.

(19)『藤岡町史資料編谷中村』藤岡町 (2001), pp.47-54.

(20)「明治 28 年下都賀郡統計書」, および栃木県知事白仁武「谷中村民有地ヲ買収シテ瀦水池ヲ設置スル稟請」(明治 37 年 10 月 15 日)」にみる土地利用状況.

(21)「年未詳 宝暦年間より歴代変換控 (水害の調)」『藤岡町史資料編谷中村』, pp.61-63, 前出.

(22)「明治二年八月渡良瀬川瀬替嘆願書」.『藤岡町史資料編谷中村』, pp.197-198, 前出.

(23)「明治三十年十二月 谷中村々債条例並びに起債理由書」.『渡良瀬遊水地成立史史料編』, pp.265-269, 前出.

(24)「明治二七年十月 谷中村堤防拡築嘆願書」.『藤岡町史資料編谷中村』, pp.218-221, 前出.

(25)「明治三十年十二月 村債条例制定の義に付き添書」.『渡良瀬遊水地成立史史料編』, p.265, 前出.

(26)『栃木県議会史第 2 巻』栃木県議会 (1985), pp.394-395.
『栃木県史資料編 近現代二』栃木県 (1977), p.187.

(27)「年不詳　下都賀郡南部治水改良概算調」小山市須田昇家文書.

(28)『古河市史資料　近現代編』古河市（1984），pp.245-247.

(29)「足尾銅山に関する鉱毒調査会報告に対する意見書」.『渡良瀬遊水地成立史史料』，pp.634-638，前出.

(30)『渡良瀬川改修工事之要』内務省.

(31)『帝国議会衆議院委員会議録 55』東京大学出版会（1989），pp.323-324.

(32)「明治四十二年　渡良瀬川改修費用負担ノ件諮問」.『栃木県議会史　第二巻』栃木県議会（1985），pp.1150-1154.

(33) 小松　裕（2001）:『田中正造の近代』現代企画室，p.482.

第5章　1910（明治43）年大出水による利根川改修計画見直し

1　日露戦争後の「国土づくり」

1907（明治40）年前後,「国土づくり」に対して政府の施策に大きな進展があった。鉄道建設は，1890年代以降順調な推移をみせ，1900年前後には旭川から熊本までの列島縦貫線をつくりあげた。そして，日清・日露戦争時の軍事輸送で重要な役割を担い，軍部から一層注目されたことも背景となって，日露戦争後の06年に鉄道国有法が成立し，全国の幹線は国有化されていった。07年頃にはほとんどの県で鉄道が整備されたが，さらに国により全国ネットワークが進められた。鉄道はこの後，輸送力の著しい増大を図る広軌鉄道改築問題へと移っていく。

港湾についてみると,1906（明治39）年4月,港湾調査会が内務省内に設置され,港湾整備に対する体系的な政府の方針が策定された。翌年10月，「重要港湾」として14港が定められるなど，ここにはじめて港湾に対して国の統一的方針が決まったのである。

河川についてみると，次節で詳しく述べていくが，1910（明治43）年関東平野をはじめとして全国的な大水害が生じ，政治および経済に深刻な影響を及ぼした。この後，政府内に臨時治水調査会が設置され，ここで第一次治水計画が策定されて帝国議会で承認された。

日露戦争後，河川，鉄道，港湾に対し新たな枠組みがつくられ，「国土づくり」は新しい段階を迎えたのである。治水・鉄道については全国的な整備が国によって進められ，港湾に関しては重要港湾14港が定められて国営あるいは国庫補助の下，修築事業が進められていくこととなった。ここに，国の主導に基づき全国をにらんだ「国土づくり」が展開されていったのである。

2　第一次治水長期計画の策定

1910（明治43）年8月，関東・甲信越・東北地方の太平洋岸を中心に1府15県で大水害に襲われた。とくに大きな被害を出した河川は，北上川，阿武隈川，利根川，荒川，信濃川，富士川である（図5.1）。利根川の氾濫水は，荒川洪水と一体となって東京下町を襲った。この8月水害を中心に10年の水害損失額は約1億1190万円と，当時の国民所得の約3.6%に相当するものであった。この額は，明治年間において1896（明治29）年の約1億3800円に次いで大きなものであるが，96年損失額には三陸津波の被害も含まれている。豪雨災害のみでいったら，明治年間で最大のものであったと評してよい。

この大水害は，政治・経済に深刻な影響を及ばした。政府にとって水害対策と治水事業は，朝鮮半島問題，税制整理を中心とする財政政策・公債政策とならんで重要な課題となったといわれるほどであった[(1)]。この水害後，米・日用品の価格が高騰した。米価の変動をみると，1910年1月，東京においては1石当たり11円15銭であったが，水害後は15円64銭にはね上がったという（東京日々新聞）。

この水害後の1910（明治43）年10月15日，勅令に基づき臨時治水調査会が内閣に設置された。ここでの議論をもとに第一次治水計画が策定され，65河川が直轄施行河川とされた。このうち第一期施行河川が20河川，第二期が45河川とされた。当時，工事を行っていたのが利根川（渡良瀬川を含む），庄川，九頭竜川，遠賀川，信濃川，高梁川，吉野川，淀川下流の8河川であったが，11年度から2河川（荒川下流，北上川）が追加された。

第一期施行河川は，1911（明治44）年度から18年で竣功させる計画として継続費制度がとられ，18年間の投資額は約1億7700万円とされた。また，法律に基づく治水費資金特別会計が設立された。ここに，大河川を対象に計画的に改修を進めていく体制が整い，水田を中心とする耕地の保全と都市の安定と発展を求め，社会の基盤を築くものとして治水（洪水防御）事業は進められたのである。これ以前に着工されたものも含め，明治時代に始まった洪水防御を目的とする河川改修事業は，「明治改修」と称されるようになった。

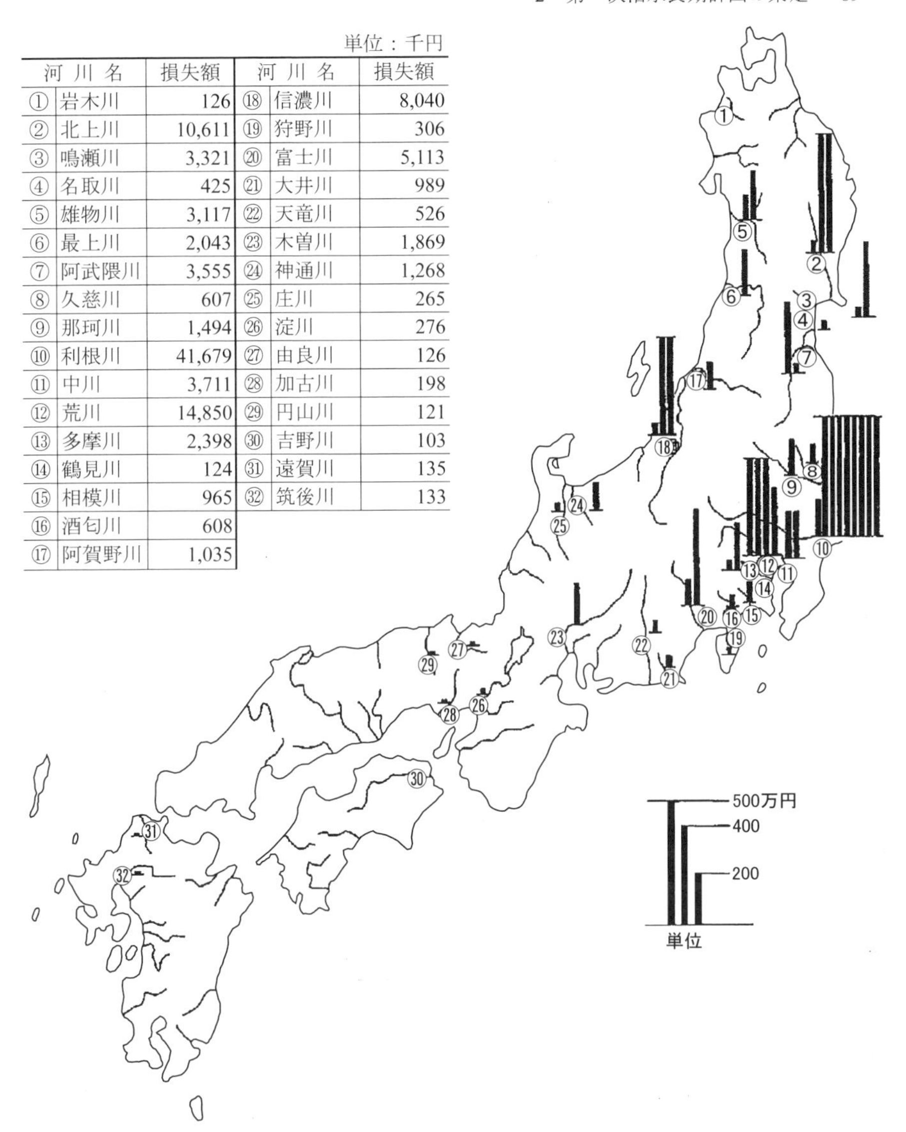

単位：千円

河川名	損失額	河川名	損失額
① 岩木川	126	⑱ 信濃川	8,040
② 北上川	10,611	⑲ 狩野川	306
③ 鳴瀬川	3,321	⑳ 富士川	5,113
④ 名取川	425	㉑ 大井川	989
⑤ 雄物川	3,117	㉒ 天竜川	526
⑥ 最上川	2,043	㉓ 木曽川	1,869
⑦ 阿武隈川	3,555	㉔ 神通川	1,268
⑧ 久慈川	607	㉕ 庄川	265
⑨ 那珂川	1,494	㉖ 淀川	276
⑩ 利根川	41,679	㉗ 由良川	126
⑪ 中川	3,711	㉘ 加古川	198
⑫ 荒川	14,850	㉙ 円山川	121
⑬ 多摩川	2,398	㉚ 吉野川	103
⑭ 鶴見川	124	㉛ 遠賀川	135
⑮ 相模川	965	㉜ 筑後川	133
⑯ 酒匂川	608		
⑰ 阿賀野川	1,035		

図 5. 1　1910（明治 43）年出水による水害損失額

内務省土木局「第 2 回治水事業ニ関スル統計書」1917 により作成.

（出典：武井　篤『我国における治水の技術と制度に関する研究』, 1961）

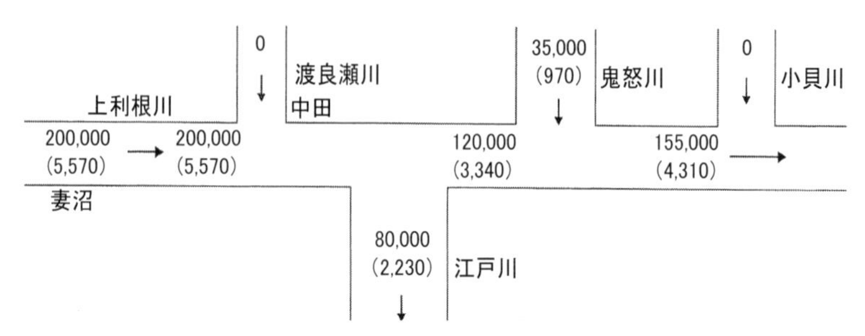

図5.2　1910（明治43）年度改訂の利根川改修計画における流量配分
（単位：立法尺／秒，（　）内はm^3/s）

3　利根川改修計画の改訂

利根川では，改修計画は全面的な見直しが行われ，新たに江戸川・中川を追加し，工期は4カ年繰り上げて1919年度までに竣功する計画が調査会で策定された。当時，第一期工事は竣功し，第二期は07年度，第三期は09年度に着手されていた。

(1) 計画対象流量の改訂（図5.2）

計画流量は，上利根川で毎秒20万立方尺（5,570m^3/s）と，以前の毎秒13万5千立方尺（3,750m^3/s）に比べて毎秒6万5千立方尺（1,810m^3/s）増大した。これに伴い中条堤上流部での大遊水地は消去された。渡良瀬川合流量は以前と同様0立方尺であり，合流後も計画流量は毎秒20万立方尺（5,570m^3/s）であって，このうち毎秒8万立方尺（2,230m^3/s）を江戸川に分流する計画とした。以前の分流量は毎秒3万5千立方尺（970m^3/s）だったので，毎秒4万5千立方尺（1,260m^3/s）の増大である。

この結果，中利根川には毎秒2万立方尺（560m^3/s）増大して毎秒12万立方尺（3,340m^3/s）が流入することとなる。一方，鬼怒川合流量は以前と同じ毎秒3万5千立方尺（970m^3/s）であり，鬼怒川合流下流部では合わせて毎秒15万5千立方尺（4,310m^3/s）と以前と比べ2万立方尺（560m^3/s）増えた計画流量となった。上利根川の増大量の7割を江戸川に分流し，既に工事が竣功していた下利根川の増加量を抑えたのである。その結果，江戸川への分流率は26%から40%へと増大した。

さらに非常洪水として上利根川で毎秒25万立方尺（6,960m^3/s）を対象とし，利根川上流から本川河口，および分流する江戸川河口まで堤防余裕高でもって対処しようとした。堤防高いっぱいまで流したら非常洪水に対処できるとしたのである。改訂計画の決定経緯について，計画を主導した内務技監沖野忠雄の会計検査院への回答文書に基づき詳細にみてみよう[(2)]。

沖野は，「（明治）四十三年の際は，堤塘の破壊箇所多くして洪水流量の実測に便ならざりしを以ってその最大流量を知る能わずと雖も，当時，此所彼所に観測したる水位を鑑みるときは20万を遥かに超越して25万立方尺にも達したるならんかと推察せらる」と，1910年出水は毎秒25万立方尺（6,960m^3/s）の規模であったと回答する。そして，計画の対象とした毎秒20万立方尺（5,570m^3/s）は，「利根川に於いて5年乃至10年毎に到来する洪水に際し流下する所の最大流量にして，即ち年々幾回か襲来する洪水中の大なるものに対する流量なり」と，5年ないし10年に1回生じる洪水と述べている。

当時の国家財政にあって規模の大きな計画の樹立は困難であったため，近年生じた大出水より小さな流量を対象とせざるを得なかったというのである。この経緯について沖野は次のように述べている。

「利根川の洪水流量は，当初，妻沼以下海口に至り13万5千立方尺と定めたけれども，その後，洪水流量実測の度数及箇所数も追々増加するに従い，これを20万立方尺に改める必要を感じ，渡良瀬川の改修計画には既にこれを採用し，また利根川に対しては先ず第三期改修工の計画にこれを採用して調査を進行しつつありしに，明治43年の大洪水に際会し利根全川に渉りて治水計画再調の必要を生じたるを以て，断然20立方尺を以て全川の計画を樹つるに決せり」。

つまり，1910（明治43）年大出水以前に中田地点で毎秒20万立方尺（5,570m^3/s）に改める必要を感じ，渡良瀬川の改修計画では既にこれを採用した。さらに取手より上流の第三期工事でもこれに基づき調査を進めていたとき10年出水に遭遇し，中田地点毎秒20万立方尺を決めたというのである。後年，富永正義は毎秒20万立方尺の計画流量について，07年8月洪水を基準に定めたと述べている[(3)]。厳しい国家財政のなか，10年出水を計画の対象とすることができなかったのである。

(2) 改修計画の見直し

この改訂を受け，工事が終了していた第一期区間では計画高水位と川幅はそのままとして，余裕高として1尺（0.3 m）の堤防かさ上げと浚渫で対応した。また，佐原町で小野川に水門が設置されることとなった。一方，第二期区間では計画高水位が高められたため，それに対応した築堤計画に変更された。さらに，小貝川は当初，利根川合流点に逆水門を設置する計画であったが，これを変更し，合流点から上流常磐線鉄道橋までの約7.9kmの間を改修することとなった。そして下流半分は国直轄，上流半分は茨城県が施工することとなった。このことについては，さらに第6章で述べていく。

大きく変更したのは第三期区間である（図5.3）。ここでは1910（明治43）年出水当時，工事は準備段階であり，まだ本格的な工事は行われていず，変更された計画で工事着手となった。川幅は取手から鬼怒川合流点上流の三堀までは810mとしたが，両岸には台地際まで広大な堤外地が拡がることとなった。その上流は，上利根川の赤岩まで，545mを川幅の標準として整備された。それより広い川幅のところは，基本的に堤外地として残された。

具体的には，中利根川では木野崎地点は川幅123mの狭窄部であったが拡げられた。また当初，締切る計画であった菅生沼落口を開け放しにした。鬼怒川合流点は，1,760m下流に引き下げられた。

渡良瀬川合流点から江戸川合流点までは，1900（明治33）年計画と同様に河道は赤堀川一つであった。また，江戸川への洪水量増大のため「棒出し」は除去され，分派地点の高水敷に床固め，低水路に水門と閘門の設置となった。この区間は利根川東遷の主舞台でもあったが，ここの河川処理については第7章で歴史的経緯から詳細に述べていく。

さらに上利根川では，酒巻・瀬戸井の狭窄部が拡幅され，福川合流点が逆水樋門の設置とともに締切られることとなり，中条堤の上流部にあった大遊水地帯が堤内地へと解放された。ここに至るまで，地元では深刻な地域対立があり県政を揺るがす政治問題となっていた。これについては第8章で詳細に述べていく。

先述したように，上利根川の毎秒20万立方尺（5,570m^3/s）の計画流量は1910（明治43）年出水の実績流量よりも小さかった。この対策の一つとして，中条堤上流部河道において，規定の河幅300間（545m）の両側におのおの100間（182m）

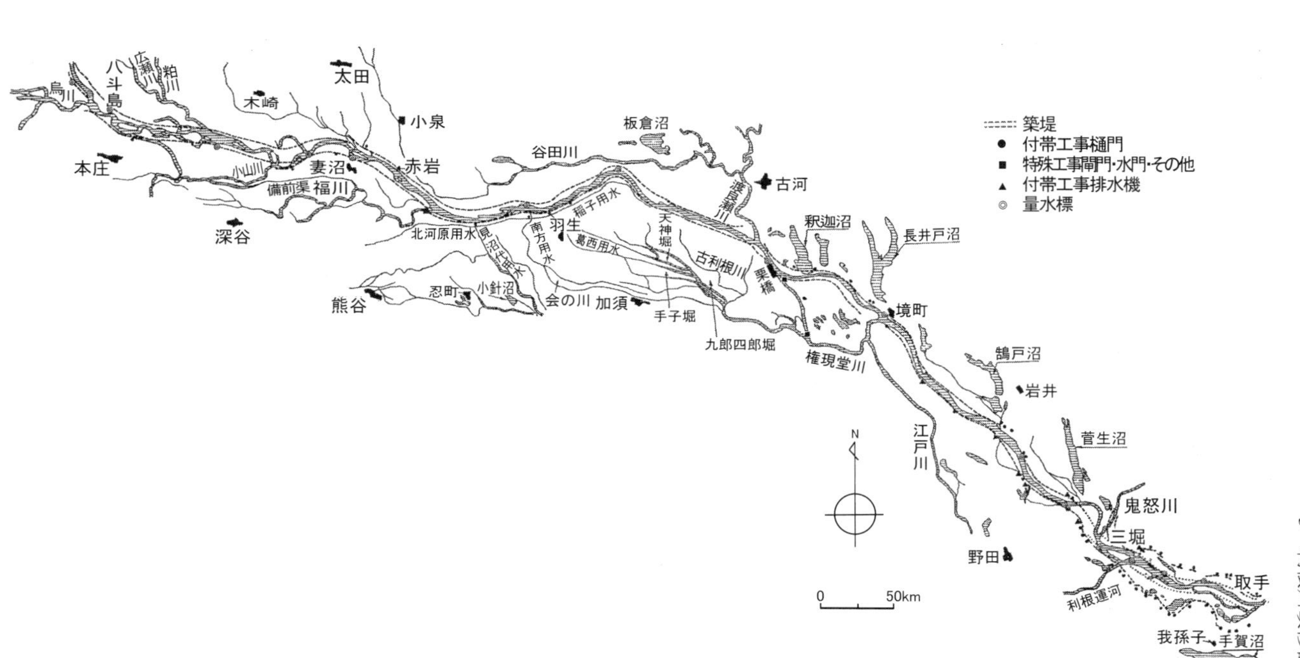

図 5.3　利根川改修計画（1911 年度改訂）第三期改修工事図
（出典：『利根川水系農業水利誌』社団法人農業土木学会，1987，に一部加筆）

の堤外遊水敷を設置し，両岸で計900町歩の遊水地域が確保された。内務技監・沖野忠雄は会計検査院への回答の中で次のように述べている(4)。

「江戸川分派口より上流に於ける利根川は，その高水量20万立方尺を中央の河幅300間に由りて，これを快通すべき計画なり。故に300間以外の河幅は，総て水量20万以上に達する洪水に応ずる為に設けたる所謂計画の余裕なり。此の余裕は,河勢の急なる程,拡きを良とする。本項の問題たる芝根村下流約7里間は,勾配の甚だ急なる部分にして之を下流と同一視して300間に縮小するのは甚だ危険なり。故に両岸に100間ずつの余地を置き，河幅を500間となしたり。最も余地200間は従来の通り農作を許可し，この際何等保障させる見込みなりしも，地主より彼是の苦情もあり，また河敷は総て官有地となす予ての方針を貫く為，更に買収に決したる次第なり」。

このように,計画流量を超える洪水に対し河幅を広く確保し,計画的に対処しょうとしたのである。さらに，その後，中条堤の上流部で合流している右支川の小山川，左支川の広瀬川，早川，石田川は，当初は逆水門設置による締め切り計画であったがこれを変更し，合流点の堤防を霞堤として開けたままとした。つまり,この区間では支川の合流部分から利根川の流水を氾濫させる計画となったのである。

工期は4カ年繰り上げ，1919年度までに竣功する計画が調査会で策定された。だが実際に工事が竣功したのは30年度であった。

4　改訂計画にみる江戸川・中利根川の分流問題

1909（明治42）年に着工した10年大出水以前の第三期計画は，近藤仙太郎が策定した中田地点毎秒13万5千立方尺（3,750m^3/s）のものだった。だが政府は，10年大水害以前，既に計画の見直しを行っていた。09年2月の帝国議会請願委員会で茨城県選出の根本 正は，「第三期は未だ本当に計画が立ておりませぬ，名ばかりである」と，計画は策定中であることを述べている(5)。また第4章で述べたように，大水害直前の10年4月に着工した渡良瀬川改修事業は，中田地点を毎秒20万立方尺（5,570m^3/s）として計画されていた。

内務省では，この毎秒20万立方尺（5,570m^3/s）を下流にどのように流すよう検討されていったのだろうか。1910（明治43）年11月14日に開かれた臨時治水調査会特別委員会で，利根川は1,300万円の追加工事となっているが，江戸川への分水はどうなっているかとの湯本義憲の質問に対し，沖野忠雄は次のように答えている[(6)]。

「利根川は，今年の如き水害は従来認めなかったのであります。長い間に，今年ほど甚しかつたことはないのでありますから，今年の水量は必ず従来改修計画の目的としておった水量より殖（増）へておるに相違ない。その殖へたものの処分をしなければならぬということになりますので，（工事期間の）短縮が困難なのであります。又工費もその方の見込を立てたのであります。将来，水量が殖へることになると，江戸川へ分れる水量もそれに準じて殖へて来るのでありますが，従来は江戸川には工事は施さぬで，ただ分れ口の所を完全にするというだけの計画に止どまつておるのであります。

しかしながら，本年の如き水に応ずるということになると，幾分江戸川の方も直さなければならぬ。ひとり引入口のみならず，全川を通じて相当の工事をしなければならぬ。川を浚へることも，堤防を修築することも必要でありましょう。尤もそれは，今年の水に対する調べが完了して後，決まることでありますが。とにかく利根川の工事の中にはその工事も含んでおると御承知を願ひます。その工事も合せて，五十二年に完了するつもりです」。

このように，計画は1910（明治43）年洪水を調べ終ってから最終的に決定されるが，江戸川の分担量が増大すること，さらに江戸川改修工事も進めねばならないことを述べている。本格的な検討は10年大洪水後，行われたことがわかる。語のさらに11年2月3日に行われた第27回帝国議会衆議院予算委員会第2分科会でも，沖野は江戸川の分担が増大することを述べている[(7)]。

結果的には，中田地点でそれまでの毎秒13万5千立方尺（3,750m^3/s）が毎秒20万立方尺（5,570m^3/s）となり，増大した毎秒6万5千立方尺（1,810m^3/s）のうち毎秒4万5千立方尺（1,260m^3/s）が江戸川で，毎秒2万立方尺（540m^3/s）が中・下利根川で負担することとなった。さらに非常洪水として位置付けた毎秒25万立方尺（6,960m^3/s）に対しては増大した毎秒11万5千立方尺（3,210m^3/s）のうち毎秒6万5千立方尺（1,810m^3/s）が江戸川，残りの毎秒5万立方尺（1,400m^3/s）が中利根川で負担した。

では，なぜこのように決定したのだろうか。既に第一期は完成し，第二期は工事中である。仮に増大した流量をすべて江戸川に流下させたら，第一期・二期の手戻りは生じない。会計検査院への回答の中で沖野は，「(一期・二期）該計画の遂行を容易ならしめたるものは，実に江戸川の改修にありとす」と述べている。さらに，会計検査院の回答の中で次のように述べている。

「江戸川は,利根の派流にして,その低水工事は既に施行済なれども,高水に向っては何等新規の施設なく従来の状況に放任しあり。今や利根本流及その大支流の一たる渡良瀬川に於いても改修工を実行するに於いては，江戸川を現状の如き薄弱なる防禦に留め置くことを許さず，少なくもその堤防に利根と同程度の防禦力を与へ，かつ高水快流のため相当浚渫を施工する程度の計画を実行するには誠に当然の事に属す。

これ四十三年の治水計画に於いて，本川の改修を追加したる所以なり。然るに爾来調査の結果，本川の改修工を前記の程度に止め，従来の水量4万乃至5万立方尺を疏通するもさらに一歩を進め，これを8万立方尺に増加するも，その工費に於ては約5割を増すのみにしてその疏通流量は倍加するなり」。

江戸川に対し，以前に比べてかなり大きな流量を計画の対象とすることを述べている。ここで述べられている「従来の水量」毎秒4万（1,110m^3/s）ないし5万立方尺（1,400m^3/s）とは,「棒出し」を撤去して流入口を自由にしたときの江戸川洪水量だろう。江戸川下流河道の改修は，それほど手を加えなかった状況の場合と考えてよいだろう。手を加えて改修して毎秒8万立方尺（2,230m^3/s）にしようというのが，1910（明治43）年水害後の計画であったと想定される。では，毎秒8万立方尺は江戸川にどのような意味のものだったのだろうか。

5　江戸川改修事業

1911（明治44）年度から国直轄により，流路延長約55kmの江戸川改修事業が始まった。この事業の主たるものは,「棒出し」を取り払い,流頭部での水門・閘門・床固めの設置である。さらに，行徳より下流の河口部付近で蛇行する区間において，東京湾に至る延長3kmの放水路の掘削，および河道の整備であった。川幅は，関宿流頭部から川間村（現・野田市）字東金野井までは140間（245m)，ここか

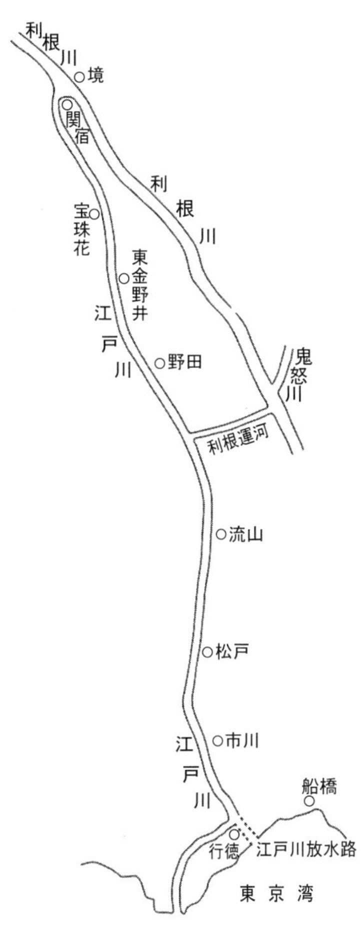

図 5.4　江戸川概況図

ら野田町までは130間（230m），野田町から河口の間は220間（400m）とした（図5.4）。

野田町から下流に比べて，その上流の川幅がかなり狭いことがわかる。それは流頭部から野田間では台地が河道に迫り，それが制約となったのである。とくに東金野井から野田町の台地は高かったが，河道は次のような考えの下に計画された(8)。

「全く現川に沿い，或は左岸に，或は右岸に河幅を拡張することとし，堤防は多く旧堤を利用して之を増築し，又川床を掘鑿して所要の河積を與ふるものとす。そして本川の低水路は，利根沿岸より東京に通ずる航路として，船舶の往来頻繁，かつ航路良好の状態にあるを以て，可成在来の低水路に触れるを避けたり。堤外高水敷の掘鑿も，また低水位以上零米九に止めることとし，低水の散流を避くるに留意したり」。

詳細についてはよくわからないところがあるが，旧来の堤防を利用し，重要な航路となっている低水路はそのままにして従来の河道をベースに，堤防増築，浚渫・高水敷の掘削を行うもので，大々的な台地開削は行われなかったと判断される。因みに竣工高として築堤延長100.8km，築堤土量1,637万m^3，浚渫土量1,737万m^3があげられている。

台地開削を大々的に行わなかったのは，それによる土木工事費の増大が勿論あるが，それとともに移転家屋の増大が大きかったためだろう。なかでも西宝珠花の住家密集地区の拡幅は制約となっただろう。後年，1947（昭和22）年のキャサリーン台風後の計画改訂で江戸川計画流量が増大されたが，西宝珠花の密集地が河川用地となり，この結果，250戸が移転対象となって大きな社会問題となった。

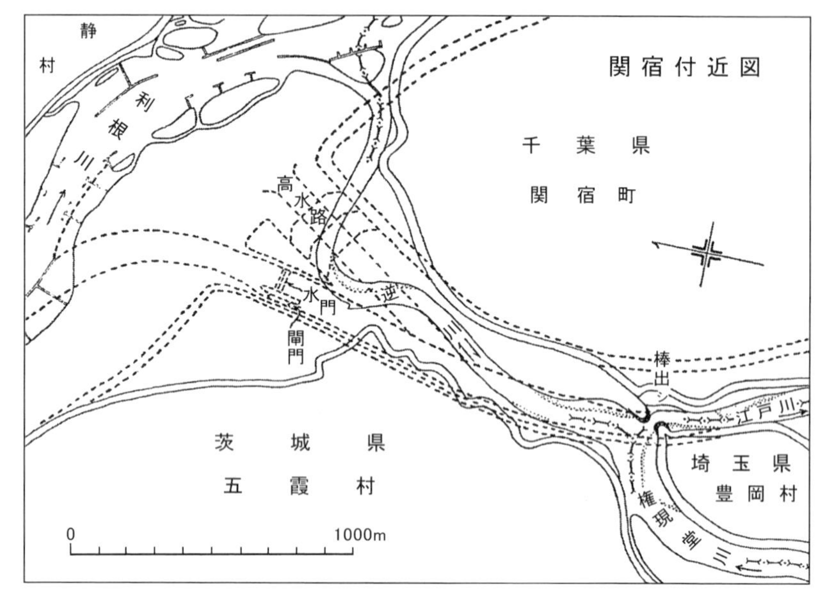

図5.5　江戸川流頭部計画図
（出典：『江戸川水利統制』内務省東京土木出張所，1935）

このことは，第14章で述べていく。

この状況から，建設コスト・移転家屋を勘案して大々的な台地開削は行わない方針の下で可能となる江戸川計画流量を先に定め，残りを中・下利根川に負担させようとしたと判断される。沖野技監が，江戸川への分流量毎秒8万立方尺を差し引いた下利根川計画流量毎秒15万5千立方尺（4,310m^3/s）をいかに流すのか，大変悩んでいたことが知られている[(9)]。

なお，流頭部は拡幅されることとなり，そこに低水路には水門，高水敷には床固めが築造された（図5.5）。当初，川幅一面に水門を計画していたが，工費の面から制約され，水門は一部のみとなったのである。

（注）

(1)　武井　篤：『わが国における治水の技術と制度に関する研究』（1961），pp.7–38.
(2)　沖野忠雄：「計画高水流量の改訂による利根川改修費の増額に関し会計検査院の照介に対する回答」，栗原良輔：「利根川治水史15」，『河川』昭和32年9月号（1957），日本河川協会.

(3) 富永正義：「真田先生と利根川改修工事」,『河川』昭和35年6月号（1960），日本河川協会.

(4) 沖野忠雄：「計画高水流量の改訂による利根川改修費の増額に関し会計検査院の照介に対する回答」前出.

(5)『帝国議会衆議院委員会議録51』東京大学出版会（1989），p.87.

(6)『臨時治水調査会第一号議案　特別委員会議事速記録第五号』，pp.7–8.

(7) 沖野忠雄：「計画高水流量の改訂による利根川改修費の増額に関し会計検査院の照介に対する回答」前出.

(8)『利根川改修工事概要』内務省東京土木出張所（1930），p.14.

(9) 真田秀吉：「利根川第三期改修の思い出」,『懐古追想録第一輯』旧交会（1955），pp.31–32.

第6章　利根川・小貝川の合流処理

1　布佐・布川の狭窄部と洪水疎通

中利根・下利根の境界にあるのが布佐・布川の狭窄部である。ここを境にして改修以前の近代初頭，土地利用が大きく異なっていた。下利根川では外浪逆浦，與田浦などの湖面がかなり残り，また外浪逆浦を出てから若松まで数派に分かれ，水面がかなり拡がっているが，利根川に沿って堤防がほぼ築かれ，堤内地は水田が占めるところが大きい（第1章図1.8，1.9参照）。

一方，その上流部の中利根川は台地に挟まれていて広い谷とみてよく，鬼怒川合流点直上流の菅生沼直下から広い堤外地となり荒蕪地が拡がっている。その上流についても，左岸側は河道に沿って堤防はあるが対岸に比べて小さく，鵠戸沼下流の猿嶋郡長須村には荒蕪地が拡がっている（第1章図1.6，1.7参照）。中利根川治岸は，上利根川・下利根川に比べて開発度が極めて低い。それは，利根本川のみならず鬼怒川・小貝川の洪水がこの中利根川に流入する一方，布佐・布川の狭窄部によって洪水疎通が抑えられ，長時間湛水したことに起因する。

(1) 近世初頭の付替

布佐・布川の狭窄部は，台地を削って人為的に形成されたとの説もあるが，常陸川の元々の流路だろう。寛永7（1630）年，この直上流部の戸田井，羽根野の台地が開削され，小貝川が付替えられて布佐・布川の狭窄部を流れることとなったといわれる。また，この1年前の寛永6年，小絹村と大井沢村大木の間の台地が開削され，鬼怒川は小貝川を分離して布佐・布川の狭窄部の上流で常陸川に合流することとなったといわれている（図6.1）。

だが，寛永6（1629）年あるいは寛永7年の開削年は明確ではなく，鬼怒川の台地開削は，元和年間（1615～25年），また寛文年間（1661～73年）の説がある。人力による約6kmの台地部開削である，かなりの年月をかけて現状になっ

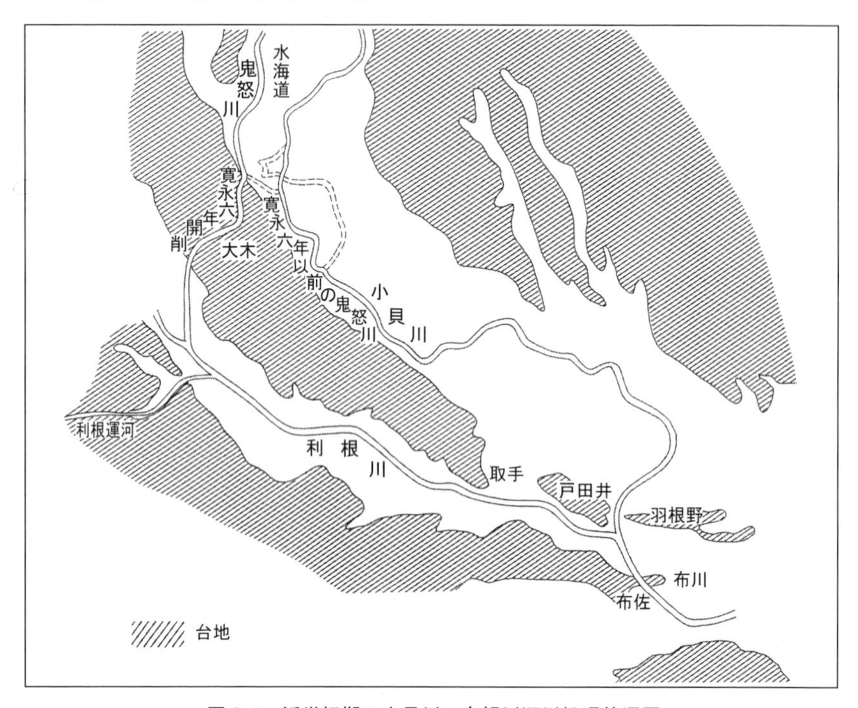

図6.1　近世初期の小貝川・鬼怒川河川処理状況図
（出典：松浦茂樹・石崎正和・矢倉弘史『湖辺の風土と人間』そしえて，1992，に一部加筆）

たことは間違いない。寛永年間（1624～43年）に一応の整備が終了し，それ以降も拡幅工事が行われていったと考えている。

これにより，常陸川のみではなく鬼怒川・小貝川の洪水も布佐・布川の狭窄部上流に押し込められることになった。布佐・布川の狭窄部の重要性が増したのであるが，これ以降，鬼怒川・小貝川そして下利根川沿岸の開発が進められていったのである。

(2) 狭窄部，布佐・布川の河道処理

歴史的に洪水溜めとされたこの中利根川，とくに鬼怒川合流点付近から布佐・布川の狭窄部までが広く堤外地が拡がっているが，近代になって地域から狭窄部の改修が要望されていく。1910（明治43）年の大水害後，布佐・布川の狭窄部直上流で合流する小貝川を利根川にどのように合流させるのか，地元茨城県では

大きな問題となった。明治改修の出発点となった近藤仙太郎の計画「利根川高水工事計画意見書」ではよくわからないが，11年1月27日の第27回帝国議会衆議院請願委員会で，茨城県選出の代議士が，近藤は43年水害後に地元で狭窄部を拡げると述べた，として次のように主張した[(1)]。

「是は，その地方の人民の希望通りに広げるということはどうか知らんが，幾分か是は広げなければなるまいということは，内務大臣が茨城県を御巡回の時に，近藤技師が御明言されたように聴いております」。

これに対し政府委員として出席した技監・沖野忠雄は，近藤技師が明言することはあり得ぬと述べた後，元々の計画は拡幅するものでなかったが拡幅が可能かどうか調査しているとして，次のように答弁した[(2)]。

「元の計画は，広げずに工事を遂行することになっておるので，それを広げる方の考を有って調べるのでありますから，調べの結果が広げる方が宜いということになれば，広げるということに御承知を下すって宜いのでございます」。

この答弁を受けて他の代議士が，人家が密集しているので買収して拡げるのは困難であり，また水深が十分あるので拡幅しないとのこれまでの方針を変えるものだとして，次のように主張した。

「今政府委員の御説明によると，両岸に山が迫っておるけれども，水深があるが故に，広めずとも宜いことになっておった。こういうような御説明で，併し私の承知するところによれば，この両岸の川幅を広げたいという所は，両岸ともに山ではない。事実，当時この第二期工事の改築に出られておる内務省の係官の，常にかの地方に於いて公言せられるところによれば，左右ともに人家であるので，人家を潰して土地を買い上げて広げるということが大分，困難である。如何にも水深はあるから，これで宜かろうという位の不完全の説明を，当時かの工事に関係しておる内務省の当局者は言われておる。山ではないのであって，左右とも人家であって，その水涯（害）土地を買ひ上げるのに，経費も掛れば困難であるが故に，先ずこれが水が深いから宜いであるまいかというようなことは明言しておるにも拘らず，ただ今の御説明とは大層相違を致しておる」。

結局は，明治改修においてこの布佐・布川の狭窄部は「切取拡策及び低水路岸盤の浚渫」を行ったと報告されている[(3)]。人家の買収が大々的に行われたことはなく，浚渫が中心であってわずかな拡幅が行われたのだろう（図6.2）。

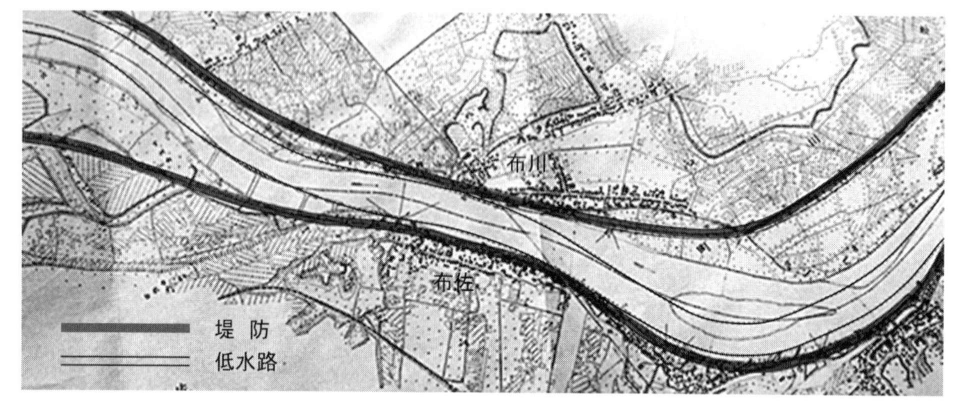

図 6.2　布佐・布川の狭窄部の改修計画
（出典：「改修計画図面」に一部加筆）

2　小貝川合流計画

この狭窄部を基本的にそのままにした上で，つまり利根川洪水のピークが長時間続くことを前提とした上で，この直上流で合流する小貝川をどのように処理するのかが重要な課題となった。

合流付近の小貝川左岸が破堤すると，霞ヶ浦まで濁流は氾濫して大水害となった。破堤の原因としては，利根川からの逆流が大きな要因であり，合流部2里（7.9km）などは，藩府時代から「利根付小貝川」と称されていたが，ここでたびたび決壊・氾濫していた（表 6.1）。1896（明治 29）年，1907（明治 40）年，10年洪水でもこの逆流区間で破堤したが，08年に設置された茨城県治水調査会では準用河川とすることが主張されていた。

帝国議会での議論をみよう。1907年水害後の08年2月10日の衆議院「治水事業費繰延復活ニ関スル建議案委員会」で，茨城県選出の根本 正が「茨城県の稲敷郡の如きは，四千百八十九軒というものが流されてしまった。そうして二百有余の人民が住むに家も無いというような大事件が起っておるのであります」というように，「利根付小貝川」の決壊で大水害が生じたことが主張された[(4)]。

だが，大きく問題となったのは1910（明治 43）年水害後の第27帝国議会であった。この帝国議会に稲敷・北相馬郡を中心に多くの請願が行われ，衆議院では「利

表 6.1　近世後半以降の小貝川破堤

	破　堤　年　月		破堤地（I）	破堤地（II）
1	寛保 2 年 7 月	1742	文村押付新田	
2	宝暦 12 年	1762	文村上曽根	
3	安永 4 年	1775	〃　〃	
4	天明 6 年 7 月	1786	北文間村豊田	文村押付
5	文化 9 年	1812	北文間村長沖	
6	文政 7 年	1824	〃　〃	
7	弘化 3 年 6 月 24 日	1846	北文間村豊田	北文間村豊田
8	安政 5 年 9 月 10 日	1858	文村羽根野	〃　〃
9	明治 29 年 9 月 11 日	1896	川原代村花丸	
10	明治 40 年 8 月 21 日	1907	北文間村豊田	川原代村
11	明治 43 年 8 月 11 日	1910	〃　〃	
12	昭和 10 年 9 月 26 日	1935	高須村高須橋下	
13	昭和 13 年 6 月 13 日	1938	馴柴村立羽	
14	昭和 16 年 7 月 22 日	1941	川原代村常盤線	
15	昭和 25 年 8 月 7 日	1950	高須村大留	
16	昭和 56 年 8 月 24 日	1981	川原代町道仙田	
17	昭和 61 年 8 月 4 日	1986	石下町本豊田	
	5 日	〃	明野町赤浜	

下利根川小貝川水防組合調査資料より.
（出典：伊藤安男：『治水思想の風土』古今書院，1977，に一部追加）

根付小貝川改修工事ニ関スル建議案委員会」が開催されるほどであった。帝国議会でのこの質疑の前に，茨城県会でも議論されていたので，まずそちらからみよう。

(1) 茨城県会での議論

茨城県会は，1910（明治 43）年 11 月に知事宛の「利根川改修工事ニ対スル意見書」を採択したが，「第二期改修工事の堤防全川に渉り拡築を要望する所以なり」として，江戸川筋の棒出問題より先に布佐・布川の狭窄部，それと一体の小貝川下流部を取り上げた (5)。当時，利根川治水に対し，この課題が茨城県にとっていかに重要であるかわかるが，次のように狭窄部の切り拡げを主張した。

「一朝洪水に際会せば，その狭窄部のために放下を妨げられ水勢漲溢して小貝川に逆流し，ために本流と激突裂衝し，遂にその水圧に耐えずして堤防を破り，明治二十九年以降数回の大惨状を来すに至る。実にこの狭窄部なるものは，下利根川治水策の一大根本にして，この問題が解決するにあらざれば，如何に他方面の工事が完全に竣工を告ぐとするも，到底六郡に及ぼす大水害を除去する能わざるを以て，上下川幅に準じ取拡げを切望する所以なり」。

また県会は，同日付け「利根川付小貝川ヲ利根川改修工事へ編入ノ意見書」を採択した。この中で「利根川改修工事が如何に完全なる竣工を告ぐるとするも，利根付小貝川にして現在のままなりとせば，本県最大区域の水害は到底これを免る能わざるは勿論，利根川治水上百年の大計を誤り一大欠点を残すもの」として，国直轄で進められている利根川改修工事の中への編入を要望した[(6)]。

この質疑の中で，合流点に閘門（逆水門であろう）を設置することについての意見が県当局に求められた。当初，国は小貝川への利根川洪水の逆流を防ぐため，逆水門の築造を計画していたが，それへの妥当性が質問されたのである。さらに「利根付小貝川」を準用河川に編入するかどうか，またこの区域の改修を政府事業とすることができないか等の質問がなされた。

これに対し県当局から，次のような答弁が行われた。つまり閘門（逆水門）をつくるのがよいか，堤防を増築するのがよいか，県にとって重大問題であり，大臣・次官・局長等の現地視察を請う等，できるだけのことを行った。現在，内務省では詮議中だが，どちらかしか出来ないとしたら，利根川と同等の堤防築造が利益があると内務省に上申している。また準用河川ではなく河川法を適用し，できるだけ政府に事業をやってもらいたい。

(2) 政府への請願と計画決定

第27回帝国議会に対し，稲敷・北相馬郡を中心に多くの諸願書が提出された。それらを内容的に整理すると次のようになる[(7)]。東京湾への新放水路築造が最も多いのは興味深い。

- 布佐・布川間狭窄部の繰上げ浚渫（1件）
- 同狭窄部の拡張と工事速成（14件と7件）
- 利根小貝合流点から東京湾への新放水路築造（36件）
- 利根付小貝川の直轄工事編入（7件）

政府は，当初，逆水門設置を計画していた。1911（明治44）年2月10日の「利根付小貝川改修工事ニ関スル建議案委員会」[(8)]で，その技術的理由について，内務省技師・近藤虎五郎が小貝川の利根川への流出が先にあり，その後利根川の水位が上昇するので，逆水門で利根川の逆流を防げば大丈夫と答えた。これに対

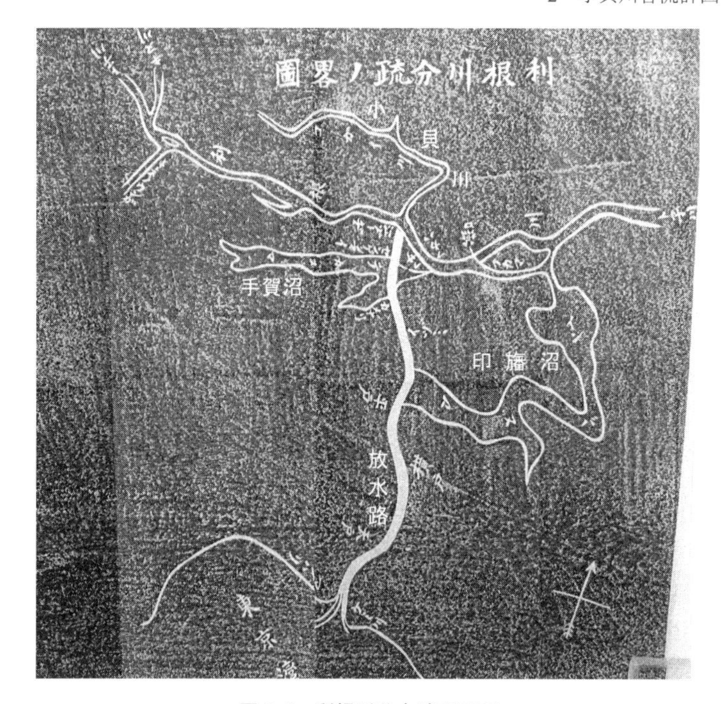

図 6.3　利根川分水計画図面
（出典：湯本家文書 No.4687 内の図面「利根川分疏ノ畧図」埼玉県文書館蔵，に一部加筆）

し議員から，小貝川・利根川の出水関係等から逆水門では解決しないとの意見が次々と出された。

結局，内務省は当初の計画を変更して逆水門の築造は行わず，合流点から上流常磐線鉄道橋以下約 7.9km を利根川本川と同等の規模で改修を行った。ただし，国直轄で工事をしたのは下流半分で，上流半分は茨城県が施行した。

(3) 東京湾への放水路構想

請願の中で最も多数であったのは東京湾への新放水路築造であるが，布佐・布川の狭窄部上流から東京湾へ抜く計画である。これに関して，稲敷郡住民・板橋精一からの陳情書がある。1910（明治 43）年大水害後に設立された臨時治水調査会で委員に選出された千坂高雅宛のものだが，この中で板橋は，放水路（分疏）工事を「利根川ノ根本的治水策ノ確立」と認識し，計画図面（図 6.3）とともに具体的に次のように主張した[9]。

「利根河身の改修と共に，下利根川筋小貝川注口付近の対岸より新川を開鑿し，分疏工事を施すこと良案なれ。これ幕府時代の諸治水家の等しく唱道する処にして，わが地方また最善治水策なるを信ず。要するに，新川は東葛飾郡布佐町字江蔵地よりこれを仝町の字浅間前に導き，手賀沼の一部に貫通し，発作，亀成，和泉，多々羅田，戸神，船尾，神崎の地を経て，印旛沼の西岸平戸橋より検見川に開通して東京湾に放流せしめるに在リ」。

小貝川合流点の直上流で東京湾に抜く放水路は，1938（昭和13）年に策定された増補計画で立案され，現在でも引き継がれている。1908（明治41）年に行われた茨城県治水調査会でも加茂常堅が，手賀沼から分水し印旛郡の西南隅を経て検見川に達する水路開削を主張しているが，計画図面までは作成していない。板橋の計画は，その具体的計画の最初のものと位置づけることができる。

（注）

(1)『帝国議会衆議院委員会議録63』東京大学出版会（1989），p.368.

(2) 同上

(3)『利根川改修工事概要』内務省東京土木出張所（1930），p.24.

(4)『帝国議会衆議院委員会議録48』東京大学出版会（1989），p.105.

(5)『茨城県議会史第二巻』茨城県議会（1963），pp.1529-1530.

(6)『茨城県議会史第二巻』前出，p.1530.

(7) 佐藤明俊：「利根川治水をめぐる政治状況」，桜井良樹編：『地域政治と近代日本』日本経済評論社（1998），p.28.

(8)『帝国議会衆議院委員会議録67』東京大学出版会（1989），p.156.

(9) 板橋精一：「利根川分流工事ニ付請願」，『湯本家文書』4687（1910）.

第7章　利根川中流部の河道整備
－江戸川流頭部「棒出し」を中心に－

近代改修以前，渡良瀬川が合流してから江戸川を分派し中利根川に流下する間，利根川は複雑な水理機構となっていた。いわゆる利根川東遷と呼ばれる河道整備の結果であるが，図7.1は，近代改修が行われる以前の近世中期頃（天明3〈1783〉年以前）の河道概況を示している。利根川は新川通りと浅間川に分かれ，新川通りの本郷地点で大支川・渡良瀬川を合流させたのち浅間川を合わせ，その下流の川妻で赤堀川と権現堂川に分かれる。さらに権現堂川は，江川で江戸川と逆川に

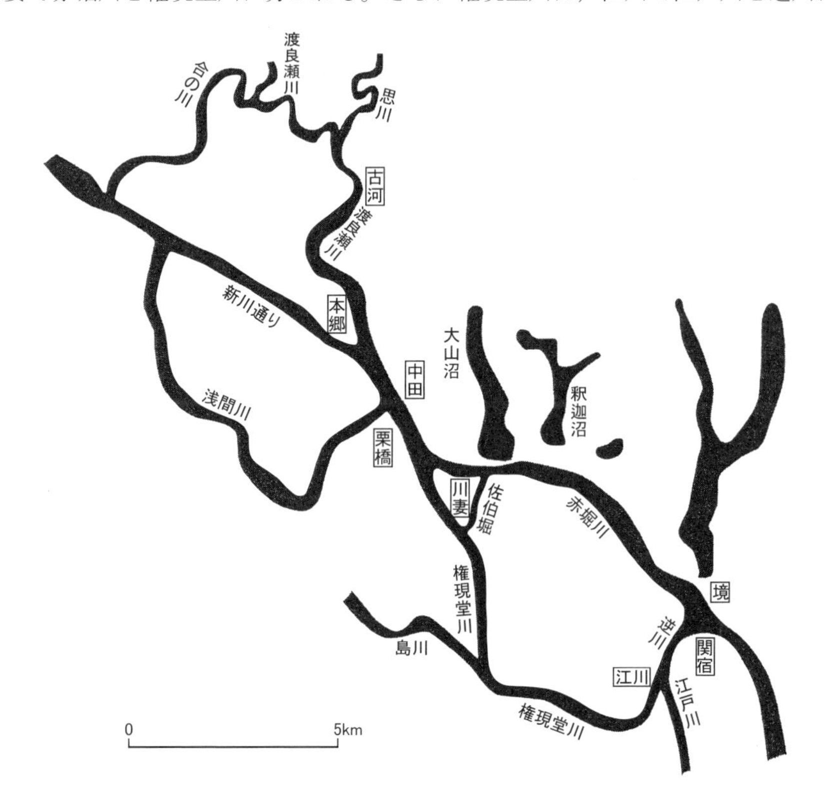

図7.1　近世中期の栗橋・関宿周辺河道概況図

分かれる。逆川は赤堀川につながり，さらに中利根川に連絡する。

その後，天明3（1783）年，浅間山噴火により大量の火山灰が利根川流域に降下した。これを契機に利根川河道は一変した。降灰が洪水によって河道に集中することにより，それまでの掘込み河道から土砂の堆積の激しい天井川へと変貌していったのである。

河道の天井川化は，堤内地の排水にとって大きな障害をもたらす。また，それまでの堤防が相対的に低くなり，洪水防御にとって大きな脅威となる。さらに土砂の移動により寄州が至るところで生じて澪筋が不安定となり，舟運機能に重大な支障を生じさす。この自然条件をもとに，利根川と地域社会のかかわりは一変したといってよい。利根川東遷事業は，新たな一歩を踏み出したのである。ここでは，天明3（1783）年の浅間山噴火により利根川河床が変貌したのちの近世後半の河道整備からみていきたい。

1　近世後期の河道整備

(1) 天明3（1783）年から文化年間（1804～17年）にかけての動向

①権現堂堤の強化，「杭出し」の設置と赤堀川拡幅

武蔵国（埼玉県）大桑，川口から高須賀の島川右岸，そして島川が合流する権現堂川の右岸に沿って上宇和田に至る約10kmに及ぶ長大な権現堂堤がある（図7.2)。その築造は戦国時代後半にさかのぼるが，幸手領などその下流地域にとって利根川等の氾濫水の流下を抑える実に重要な堤防だった。一方，その上流部の羽生領，向川辺領，島中川辺領にとって，湛水が長期化する厄介者だった。

権現堂堤は天明6（1786）年の大出水で決壊し，埼玉平野に大水害が生じるとともに氾濫水は江戸下町を襲った。下町にとって，その湛水深は近世以降，最も大きなものだった。また享和2（1802）年の出水によっても決壊したが,その翌年,幕府の費用（御入用）によって強化が行われた。その後も権現堂堤は強化されて手厚い囲堤となり，地元は府内（江戸）までも守る「御府内御要害御囲堤」あるいは単に「御府内囲堤」と呼ぶようになり，その重要性を主張した。

権現堂堤の強化と一体的に行われたのが，文化6（1809）年の赤堀川の拡幅である。権現堂川河床の上昇また権現堂堤の強化により，権現堂川から島川への逆

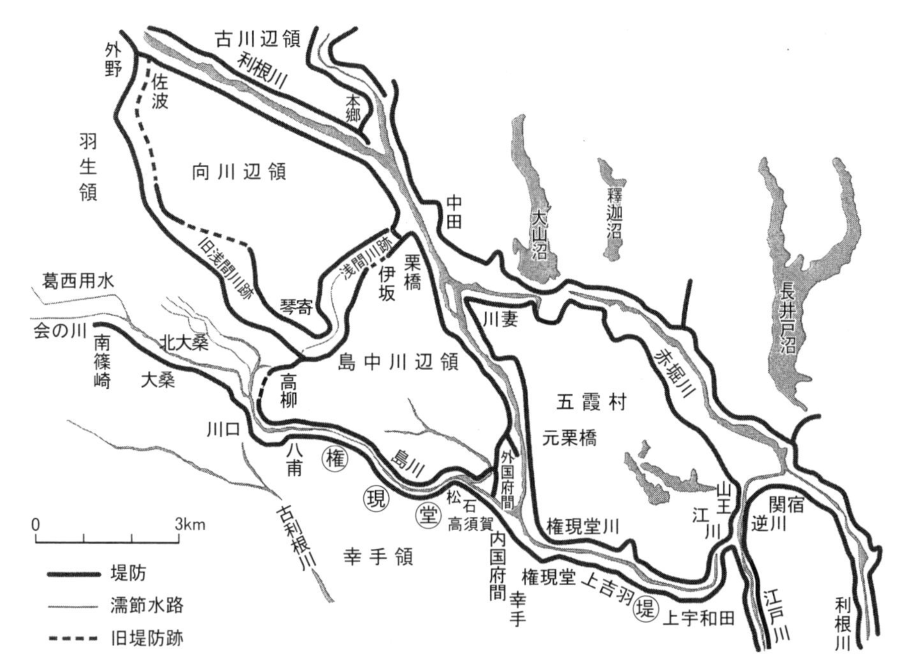

図 7. 2　権現堂堤周辺概況（明治年間の地形図をもとに作成）

流による湛水被害が，島川上流の羽生領・向川辺領・島中川辺領で増大した。その対策として，権現堂川に比べて勾配がきつく土砂が流れやすい赤堀川を拡幅し，権現堂川への流下量を少なくしょうとしたのである。併せて権現堂川流頭部（呑口（のみくち））の「杭出し」が強化され，流下量を抑えようとした。「杭出し」は寛政 4（1792）年に設置された後，赤堀川拡幅が行われた文化 6（1809）年に強化されたのである（図 7.3）。

羽生領からの赤堀川拡幅要求は，宝暦年間（1751 〜 63 年）にも熱心に行われていた。だが，宝暦 9（1759）年権現堂川合流点からかなり上流の羽生領北大桑地内の島川に，逆流を防ぐ樋門が設置されたにすぎなかった。この樋門について，天明 3（1783）年以降，羽生領はその下流への移設を強く要求した。だが下流に移設すると，島川の水位があがり権現堂堤が危険になるとして堤内地（幸手領ほか）が反対し，実現はしなかった。また，島川の排水のため権現堂堤に圦樋（堤防の中を通る木でつくる小さな水路）の設置を要求したが，幸手領などの下流部

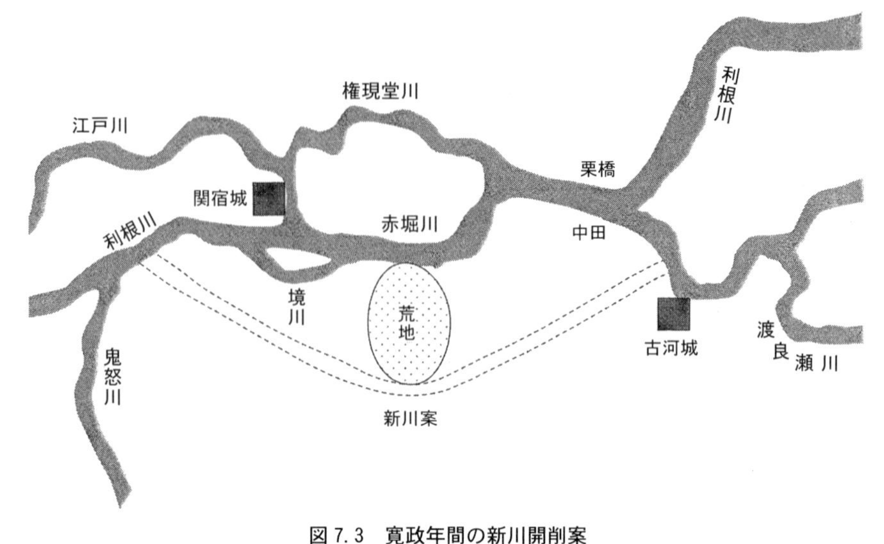

図 7. 3　寛政年間の新川開削案
「新川分水堀替願御窺図」（板倉町萩野家蔵）からトレース.

の反対にあい実現しなかった。

一方，渡良瀬川下流部の上野国（現・群馬県）邑楽郡，下野国（現・栃木県）下都賀郡にとっても，合流後の利根川疎通は自らの地域の死活問題であった。「杭出し」は，渡良瀬川洪水のスムーズな流下に支障が生じ，さらに利根川洪水の逆流が増大して湛水被害が拡大する。権現堂川流頭部に「杭出し」が設置された4年後の寛政8（1796）年，上野国邑楽郡から幕府に新河道計画案が願い出された。古河城直下流から鬼怒川合流上流部に至る新川の開削であるが（図7.3），着工されることにはならなかった。

②江戸川流頭部での「棒出し」の設置

文化6（1809）年の開削で赤堀川は約40間（57m）となった。上利根川の洪水が関宿から下流の利根川，つまり常陸川筋に本格的に流下するようになったのはこれ以降である。それ以前としては元禄11（1678）年の27間（49m）が知られている。

また，天明3（1783）年以降，江戸川流頭部の関宿関所前で「棒出し」が，設置・強化されていった。「棒出し」とは堤防から河道内に出された突堤であるが，江戸川への洪水（土砂）の流入を防ぐためである（写真7.1）。だが江戸川では河床

写真 7.1　関宿棒出し
（出典：内務省東京土木出張所『江戸川水利統制』, 1935, に一部加筆）

上昇が生じたことから，埼玉平野東部を流れる庄内古川の江戸川合流地点が寛政初（1789）年, 寛政 12（1800）年, 天保 10（1839）年, 弘化 2（1845）, 弘化 4（1847）年と矢継ぎ早に下流に移設された。庄内古川の洪水を江戸川にスムーズに合流させるためであるが，このことについては第 10 章で詳述する。

(2) 天保年間（1830 ～ 43 年）の新たな動向

幕府は，天保年間になると新たな方針（水行直し）を確立した。権現堂堤上流部の開発・整備を目指すもので，やがて権現堂川の廃止が提案されていった。

① 河道整理と赤堀川拡幅

天保 3（1832）年幕府は，権現堂堤下流部の幸手領村々が権現堂堤を勝手に掘崩し，家をつくったり畑にしたり苗木を植え竹木をはびこらせたりして，その維持・管理に手を抜いたと厳しく叱責した。幸手領村々は，その非を全面的に認めた。そして権現堂堤上流部の悪水排除のため，以前，強く拒否していた島川の逆水樋門の下流八甫地点への移転，権現堂堤川口地点に新たに圦樋を設置し羽生領の悪水の古利根川（葛西用水）への流出を受け入れた。また，向川辺領・島中川

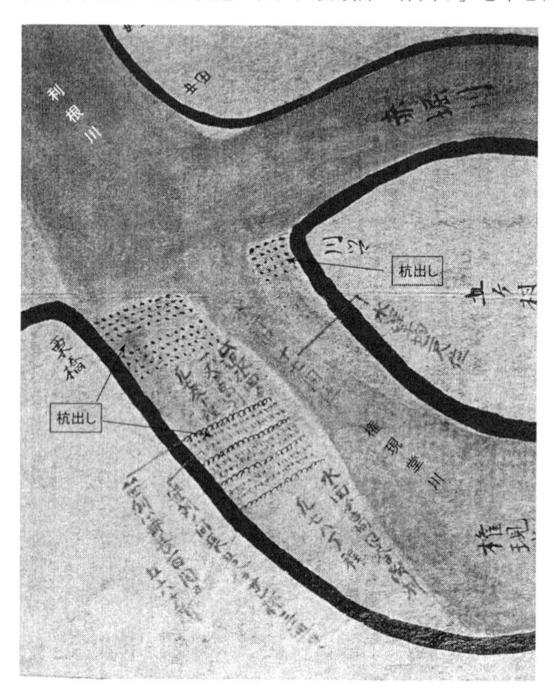

図 7.4　権現堂川流頭部の「杭出し」

（出典：鷹見泉石関係資料「中利根川流域諸川堤塘図」古河歴史博物館蔵，に一部加筆）

辺領の悪水排除のため権現堂堤への圦樋の埋設を承諾した。

一方，天保 9（1838）年，浅間川の流入・流出口が武蔵国農民による自普請によって締切られ，翌年，権現堂川流頭部にあった「杭出し」（図 7.4）がさらに強化された。右岸側の安全と開発を求めてだが，この動向に，対岸の渡良瀬川下流部（上野国，下野国）から強い不満の声があがった。

渡良瀬川下流部では古河藩を中心にその対策に幕府に働きかけていった。この働きが功を奏し，天保 12（1841）年，合の川（間の川）が締切られ，渡良瀬川・利根川合流部に位置する本郷で逆流を防ぐため水刎が設置された。だが，この水刎に対抗して右岸側により権現堂川流頭部の「杭出し」は増大され，「千本杭」といわれるようになった。これがまた，対岸を刺激したが，天保 13（1842）年，翌 14 年，赤堀川拡幅とともに「千本杭」の撤去が行われたのである。あわせて本郷地点の水刎も撤去された。

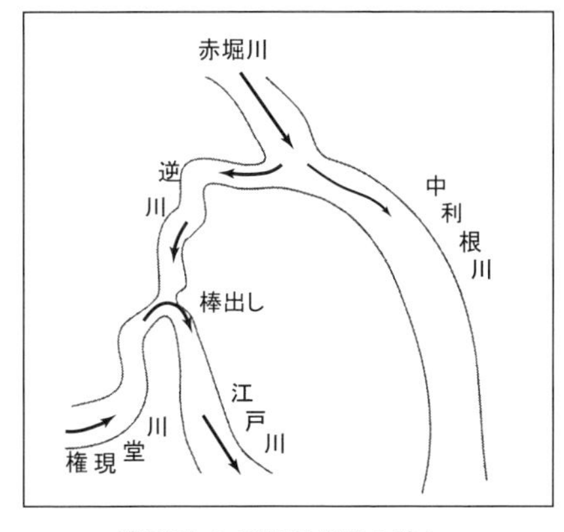

「棒出し」周辺通常時の流れ

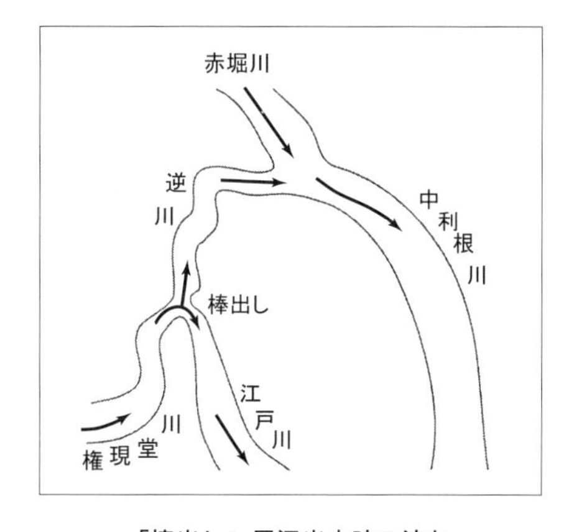

「棒出し」周辺出水時の流れ

図 7. 5　「棒出し」周辺の流向

一方，この「水行直し」と合わせ，天保年間（1830 ～ 43 年）には，庄内領，二郷半領，幸手領の自普請により江戸川流頭部の「棒出し」の強化が行われた。

②　赤堀川・権現堂川・逆川・中利根川の水理状況

幕末における上利根川・渡良瀬川の水流についてみよう[(1)]。平水（通常時）の場合，赤堀川に 7 割，権現堂川へ 3 割，洪水の際には赤堀川，権現堂川へ 5 割ずつの分派であった。赤堀川の流れは，その後，どのように流れていくのだろうか（図 7.5)。

平水（通常時）の場合，逆川に 7 割，中•下利根川には 3 割となっていた。結局，中・下利根川には，上利根川の平水は 2 割程度しか流れなかったのである。つまり，この当時，通常時，赤堀川から逆川を通り江戸川に流れていくのが主流となった。一方，出水時には，赤堀川洪水は中・下利根川を流下していった。また権現堂川洪水は，一部分は江戸川を流下するが，残りは逆川から中・下利根川へ流下していった。

③　天保年間の地方役人の権現堂川締切り構想

浅間川の流入・流出口が締切られる前年の天保 8（1837）年，幕府の吟味方下役人・大竹伊兵衛が，権現堂川を締切って赤堀川一本に河道を整備することを主張した[(2)]。権現堂川は，明治の近代修修によって締切られることになるが，管見するところ権現堂川締切りを体系的に主張した最初の提案と考えられる。

大竹は，水害復旧もままならず，排水不良のため困難を極めている向川辺領・島中川辺領の開発・整備の立場から論じている。この2領が排水不良なのは，この地域の排水に大きく影響している権現堂川の河床が連年高くなっているからと認識する。このため重要な御囲堤の整備が大変で，また復旧が困難であるとして，権現堂堤の安全の面からも締切りを主張するのである。

大竹は，栗橋宿から川妻村地先へ築堤して権現堂川を締切り赤堀川のみに流しても，文化6（1809）年に切り拡げてあり，それ以降，流れはスムーズに流れているので何ら支障はないと認識する。同様に，赤堀川と江戸川を連絡する逆川にも支障は生じないとする。締切りの利益については次のように捉える。

赤堀川一本に整備したら，権現堂川通りの堤防は利根川第一線の堤防ではなくなり，年々の「川除御普請」の費用は大きく減じる。また，島川に築造された権現堂川からの逆水防止樋門，伏越などは不必要となってくる。そのうえ島川への逆水等により，しばしば水に浸っていた日光街道の高須賀・外国府間村の往来にも支障がなくなる。また向川辺領，島中川辺領の排水がよくなり湛水害がなくなる。さらに権現堂川の延長3里（12km）という広大な河川敷を新たに開発ができ，江戸川通りの出水の危険もなくなり洪水で荒らされた土地の整備もできる。

一方，江戸川への通水は，赤堀川から逆川経由で流し込むので舟運に何ら差し支えない。もし水不足となって支障が生じるというならば，関宿関所前の「棒出し」により川幅28間（51m）に狭めてある箇所を10間も切拡げ，川幅40間ほどにしたならば江戸川の水量は増える。ここの流入量は，いかようにもコントロールできる。

栗橋宿から上流の渡良瀬川下流部に対しては，権現堂川締切りの影響が少しはでるかもしれない。だが中田宿字五料地点は，先年の拡幅工事で手が加えられずそのままの状況で残っているところであり，幅10間，長200間も切り拡げたならば上流部の水の流れはよくなる。しかし，この切り拡げまでは自分としては言及しないと主張したのである。

2　近代初頭

明治新政府は，政権樹立後の1871（明治4）年，赤堀川流頭部の切り拡げ工事

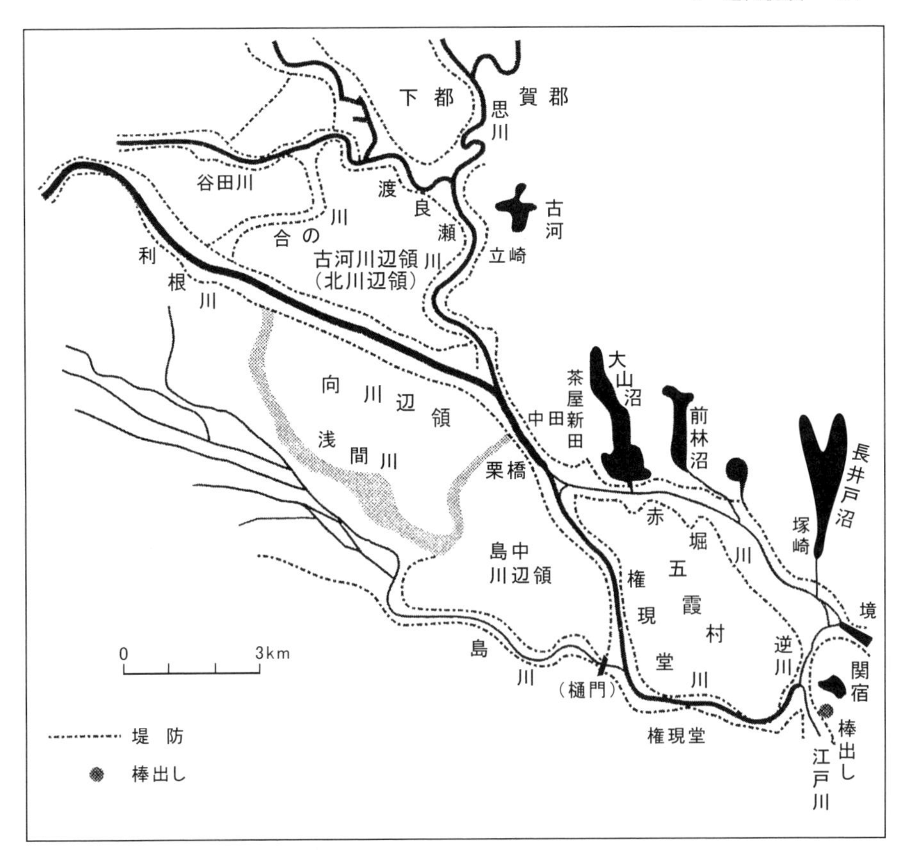

図 7.6　明治初期の利根川・渡良瀬川の合流，赤堀川・権現堂川の分流概況図

を行った（図 7.6)。工事予算のうち約 2/3 は地元負担であったが，負担した地域は羽生領・向川辺領・島中川辺領・幸手領・庄内領の埼玉平野，および館林領・古河藩などである。この負担状況から，赤堀川・権現堂川分流部の直上流地域の治水のためであることがわかる。排水のため，疎通能力を高めたのである。

それに先立つ 1869（明治 2）年，下野国下都賀郡谷中では思川と渡良瀬川について，それぞれ新たな水路を掘り割って下流で利根川に合流させる計画が樹てられていた。思川は栃木県友沼村逆川から茨城県新堀村大山沼に至る水路開削，渡良瀬川は立崎から茶屋新田へ掘削し，大山沼から前林沼（釈迦沼）を経て塚崎村から赤堀川へ合流させるものだった [(3)]。

また1875（明治8）年，権現堂川右岸の島川が合流する区域で約1,300mの堤防が築かれ，その合流口には樋門が設置された。この堤防はその後，御幸堤と呼ばれた。その目的は権現堂川からの逆流による島川筋の氾濫防止であり，これ以降，日光街道は御幸堤の上を通ることとなった。つまり日光街道の安全も含まれていたのである。先述したように，島川への逆流防止は宝暦年間（1751～63年）以降，幾度も羽生領から強い要求があったが，ついに権現堂川合流口に樋門が設置されて締切られたのである。工事のかなりは民費として地元負担となり，島中・幸手・羽生領の埼玉平野137カ村で負担した。

3「棒出し」と栃木県・埼玉県

(1) 明治時代の「棒出し」

江戸川流頭部の棒出しは，1783（天明3）年には既にその前身はあったが，近世後期，寛政年間（1789～1800年）に下野国下都賀郡との間で18間（33m）より狭めないことが定められたという[4]。しかし，天保8（1837）年には28間であり，明治初年には約30間（55m）にまで拡がっていたといわれる[5]。その後，1875（明治8）年石張に改築したのち84年1月から一年もかけて丸石積に強化され10間（18m）余りも狭められた。この落成式には，大相撲を行って盛大に祝った。

だが，竣工直後の1885（明治18）年7月の洪水で破壊されたのち同年，角石積に改築された。この後，86年に角石による修繕が行われたが，98年，河床の深さが計画低水位以下30尺（9.09m）から15尺（4.54m）に埋立てられるとともに9間（16m）強に狭められ，護岸はコンクリートで覆われたのである（図7.7）。この状況が大きく変わったのは，1910（明治43）年大洪水後の新たな利根川改修計画に基づく改修事業によってである。その改修計画は第5章で述べてきたところであるが，この「棒出し」をめぐって厳しい地域対立があった。これについて次に述べていく。

(2) 利根川橋梁設置

明治10年代終わりになって，利根川鉄道橋をめぐり大きな対立が生じた。日本鉄道会社により1885（明治18）年，大宮・宇都宮間が利根川橋梁を除いて開

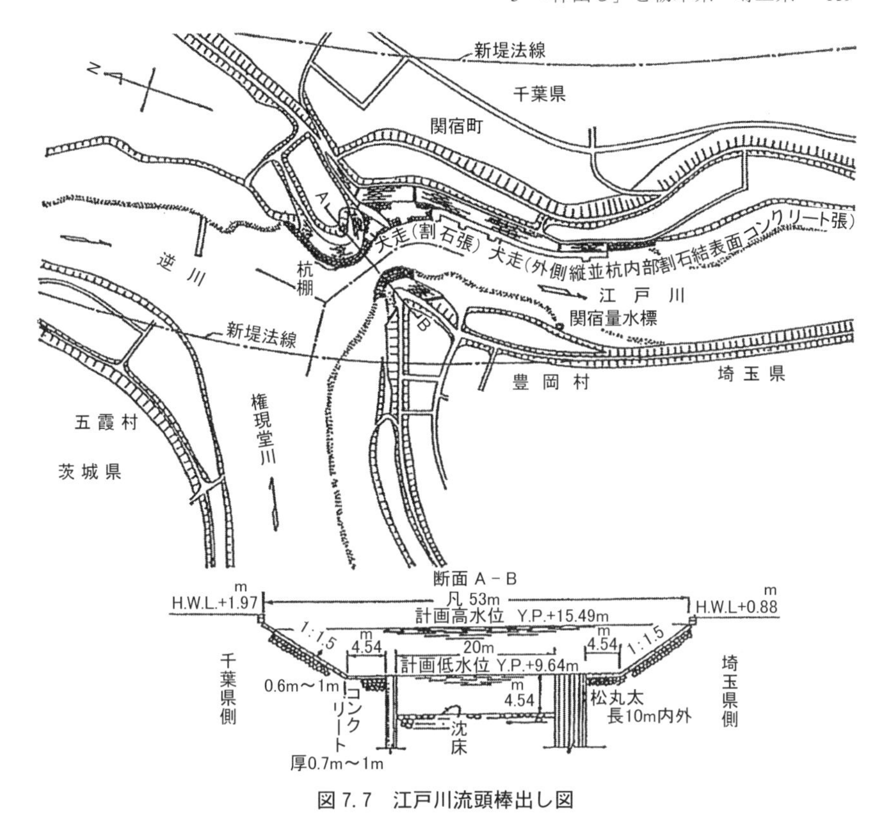

図 7.7　江戸川流頭棒出し図

棒出しの間隔は 11 間となっている.

（出典 :『利根川百年誌』建設省関東地方建設局，1987）

通したが，この橋梁は渡良瀬川と利根川合流点からそう遠くないところに計画された。だが，この利根川橋梁設置が洪水疎通に支障が生じるとし，栃木県下の思川・渡良瀬川下流部では，85 年 12 月下野南部治水会を結成して，その撤去を強く求めたのである。

ここでの議論の中で，利根川との合流部を締切り，新たに古河町の下立崎村から御所沼・大山沼・長井戸沼・筵内村・小山村を経て中利根川へ，もしくは下立崎村から境町に至る渡良瀬川の新河道案が検討された [6]。また，江戸川流頭部の「棒出し」に対し，その築造に関係郡村が反対しその間隔を 18 間より狭くしないことが以前，約束されていたが，現在は 10 間余りに狭められていると指摘した。

治水会は，まず橋梁の改造を要求し，それでも水害から免れなかったら新川開削の着工を求める方針を可決した。この地元の意向を受け，翌年1月，栃木県会は，「請利根川水理改良之建議」を行い，橋梁設置に強い反対姿勢を示した。この建議では，栃木県（下野）は，群馬県（上野）・埼玉県（武蔵）に比べて水害が多いが，それは近年，政府が埼玉・群馬両県の堤防を修繕していることも起因していると認識し，大略次のように主張した(7)。

天保年間に江戸川の水勢を減殺させようとして，幕府は佐輪村から幡井村に達する海鼠堤を利根川右岸に築き，また渡良瀬川が合流した直下流の権現堂川流頭部に千本杭を設置したため，逆流・氾濫が上野・下野国で生じた。この千本杭は，これによって影響を受ける75カ村からの訴えにより撤去されたが，しかし洪水疎通は不十分で，栃木県下都賀郡南部は「昔日ノ如ク」一たび利根川が出水したら堤防決壊は免れない。さらに，これに日本鉄道会社が計画している鉄道橋が完成したら，洪水疎通に一層の障害になるだろうとして鉄道橋の設置に強く反対する。

この鉄道橋梁は，オランダ人御雇い技師ムルデルの意見に従い，中央低水路の橋梁間を100尺（30m）から200尺（60m）に変更して1886（明治19）年7月完成した。

(3) 栃木県の主張

さらに栃木県は，治水策について築堤によるのではなく根本的な処理が必要として二つの方針を主張した。一つは，江戸川流頭部関宿の洪水疎通の改良である。「棒出し」による江戸川流頭部の縮小，それに伴う洪水流下能力の低下が渡良瀬川下流部の湛水害の原因として，「棒出し」撤去が念頭にあると判断してよい。もう一つの方針が，利根川と分離した渡良瀬川の新たな河道の設置である。下野南部治水会の議論に基づき，赤堀川北側の古河・中田間に新たに水路を開削し，渡良瀬川の洪水を流そうという計画である。

しかし，この二つの方策は，前者は江戸川下流部・東京との関係で難しく，後者は工事が難しいと認識した。このため是非とも内務大臣の現地視察と事業の着手を要望し，この事業が完了した後，はじめて通常の堤防で渡良瀬川下流部は治水が行えると主張したのである。この建議では，利根川の本流を権現堂川筋と認識している。

古河・中田間での新たな水路の開削については第4章でも述べたが，その後，1896（明治29）年に栃木県会と群馬県会から「渡良瀬川末流新川開鑿ノ建議」として内務大臣に要求された。両県会は，建議でもって渡良瀬川下流部の洪水疎通のため茨城県古河町の直下流から大山沼に至る渡良瀬川新河道の開削を要望したのである。

一方，「棒出し」の撤去であるが，この後，「棒出し」問題が栃木県会の建議に出てくるのは1898（明治31）年2月に可決された「利根川河身改良ニ付建議」である。「棒出し」は石堤と表現されているが，それが渡良瀬川下流部に大きな害となっている理由について，「江戸川口関宿の石堤間を縮小せしに在りと確信せり」と主張した[(8)]。

(4) 埼玉県の論議

「棒出し」問題は，埼玉県でも強い関心をもっていた。1901（明治34）年の埼玉県通常県会で，県会議員大作新右衛門は渡良瀬川下流部からの撤去要求に対して次のように述べ，江戸川の安全の面から棒出し撤去に反対した。「棒出し」があるから江戸川堤防は低くなっているというのである。「棒出し」は埼玉県も強い利害関係をもっていたことがわかる[(9)]。

「江戸川の堤防が，権現堂川若くは利根川の如き堤塘になっておれば，彼の関宿の棒出しはどうでも宜しい。然るに江戸川の堤防と権現堂川の堤防の如きと比較して見ると，非常な差がある。どうしても四，五尺以上の差がある。それで何ぜそうして置くかというと，彼の棒出しの爲に水が支えられておるから，此位の堤塘で宜かろう位の考えから，他の河川の堤塘より低くなつておる」。

なお当然のことながら，その地理的状況からして「棒出し」は，茨城県も重大な利害関係をもつ。茨城県との関連は第6節で述べていく。

4　田中正造と「棒出し」

(1) 田中正造の主張

足尾鉱毒問題に活躍した田中正造は，渡良瀬川治水にも強い関心をもっていた。

田中は，渡良瀬川下流部の治水のため「棒出し」の撤去を要求した。「谷中残留民居住立チ退キノ説諭ニ対スル回答書」（1913年6月20日田中正造談　島田宗三著）の中で，1898（明治31）年関宿での棒出し強化とともに，利根川と渡良瀬川の合流口120間(218m)を拡げ，また1902(明治35)年にはさらに70間(127m)を拡げたと主張し，次のことを述べている(10)。

「三十一年に至り，自然の利根川流路たる其江戸川の河口は千葉県関宿地先に於いて石堤を以て狭窄し，かつ石とセメントにて河底二十七尺を埋め，其他利根川各所に流水妨害工事を造りて洪水を湛え，かつ渡良瀬川の落合たる川辺村本郷の逆流口百二十間を拡げて上流に水害を造ると共に，下流東京府下の鎮撫に努め以て一時の急を逃れんとしたり。

……中略……明治三十五年に至り川辺村の逆流口は更に七十間を拡げ，かつ三十七年また日露戦争にして世人の海外に意を注ぎつつあるに乗じ，社会の目を盗み中利根川の銚子河口は境町地先に於いて大流水妨害工事を造れり」。

また，田中が1908（明治41）年12月に発刊した「渡良瀬川本流妨害問題」の中で次のように述べている(11)。

「明治二十三年	めぬま	拾八万弐千五百八拾立法尺	利根川水量
同年	中田	拾参万六千立法尺	全上
明治三十年	めぬま	拾参万五千立法尺	利根川水量
同年	中田	拾万弐千八百拾五立法	同上

一めぬま破提有無に依り，中田の水量と差引残り渡良瀬川に逆流する割合なり。

一関宿水道横断工事は，明治三十年同三十一年にあり。その以前遙か明治十八年渡良瀬川に逆流の水量は，一秒時に付三千立方尺の逆流せしものとなりと。されば三十年三十一年以後の逆流は，幾百十の多きに至りしきか知るべし。

一埼玉県北埼玉郡川辺村利根川北岸渡良瀬川逆流口百弐拾間を切り広げたるも，明治三十一年と覚え。

一明治二十九年の渡良瀬川水量は五万立方，思川水量は四万立方と覚え」。

1890（明治23）年，97年出水について妻沼と中田の洪水量を比較し，85年出水時の逆流量毎秒3千立方尺（83m^3/s）に比べて明らかに大きくなっていると主張する。90年，97年の逆流量は中条堤上流での氾濫量がわからないので具体的には述べていないが，その差は90年で毎秒4万6580立方尺（1,290m^3/s），97年で毎秒3万2185立方尺（890 m^3/s）となっている。そして97年，98年に行われた関宿水道横断工事，つまり「棒出し強化」によって，逆流はさらに大きく生じるようになったと認識するのである。

(2) 渡良瀬川合流口付近の切り拡げ

①田中主張の根拠

田中正造は，1898（明治31）年，利根川と渡良瀬川の合流口120間（218m）を拡げ，また1902年にはさらに70間（127m）を拡げたと主張した。これが事実とすれば，利根川の渡良瀬川への逆流は間違いなく増大する。ある地域を徹底的に不利にする，このような河川処理が，戦国時代ならまだしも，地域にしっかりした秩序が形成された近世後半以降に日本の他の地域で行われたことは寡聞にして知らない。事実とすれば驚くべきことであるが，これを支持あるいは示唆する資料はどこにも見当たらない。このような行為があれば思川下流部，また古河町が真向うから反対するのは必然である。田中のこの談は，治水を巡る地域対立を研究している私にとって到底信じられる話ではない。

ここでは，田中がなぜこのような認識に至ったのか整理しよう。田中は，加茂堂堅への1909（明治42）年9月12日付の手紙で，稲村廣吉の調査として次のように述べている(12)。

「川辺百十二間引去り，年間は三十一年に相違なし。昨日，川辺役場に参りて聞合て念入候。七十間引下げは三十六年に候事判明せり」。

「本郷は二十九年には此処破堤なし。三十年の破堤，旧来の合流点に突出しあり。突出しより八十五間と記憶せりという」（右）。

このように，田中は，自分の主張している合（逆）流口の切り拡げ工事を実際に見たのではなく，逆流量が増大していることから切り拡げ工事が行われたと推定し，川辺村役場に稲村が行って確認したというのである。また1898（明治31）年に112間（203m）「引去り」，1903（明治36）年に70間（127m）「引下げ」たことが判明したというのである。

②利根川河床の上昇

田中の主張のように，この期間に逆流量が増大していったことは間違いないだろう。それは，利根川河床が上昇したからである。このことについて近藤仙太郎は1898（明治31）年の「利根川高水工事計画意見書」の中で，渡良瀬川が合流する区域の利根川河道状況について，堤外地が高くなったこと等によって85年に比べてほぼ同じ流量に対して水位は3尺（0.9m）ほど高くなっていることを次のように主張する。渡良瀬川への逆流は，それほどしやすくなったのである[13]。

「廿三年洪水以来，沿岸の堤防は殆んど総て其高三尺以上増したりも，水量に於いては本川中咽喉の要所たる中田町地先に於いての水量は十三四万立方尺の間にありて，十八年の水位に比して二十三年・廿七年・廿九年の水位は殆んど三尺の差ありと雖も,其流量に於いて其差甚だ些少なり。之れ蓋し十八九年以来（一）堤外地の高まりしと，（二）堤外地に盛んに桑樹を植えるを以て流水の疎通を妨くると，（三）堤外地に存在する所の掻上ケ堤の次第に高大なりしと，（四）従来,非常洪水に際せば或は超越し或は洪潰せし堤防も，近来に至り高かつ大となりしため洪水の氾濫区域を減じ，従て本川の水位を高めしに起因せずんばあらざりなり」。

また，茨城県治水調査会が1908（明治41）年現地調査を行ったが，上利根川での河床上昇について「上流埼玉県では現在,1ヶ年に平均2寸づつ高まっている。大越あたりでは明治37年以前の50年間に6尺4寸高まっている。これは安政元年に打った杭に基づいて調査したものだ」と報告している[14]。

逆流しやすくなったのは，さらに1896（明治29）年に竣工した利根川橋梁の影響もあるかもしれない。

③復旧工事と河道整備

田中が北埼玉郡川辺村（北川辺領）で確認したという1898（明治31）年，1903年について，合流口付近の川辺村で工事が行われたことは間違いない。それは災害復旧工事としてである。川辺村は98年9月，02年9月に破堤があり，その復旧工事が埼玉県により行われた。川辺村で確認したという1898年の「百十二間引下げ」，また1903年の「七十間引下げ」は合流口を拡げたというのではなく，復旧工事として川辺村堤防に対し112間，70間の修復工事が行われたことを示しているのだろう。

復旧工事は，現形復旧が基本である。治水において極めて敏感なこの地域で，栃木県・茨城県・群馬県の意向を無視し，埼玉県により切り拡げ工事が行われたとは到底考えられない。仮に埼玉県が北川辺領(古河川辺領)の防備のために行ったとしたら，川辺村は絶対に口外しないだろう。その後の水害をみても，北川辺領が安全になったとは考えられない。

このことについて，政府は 1908（明治 41）年 3 月 26 日総理大臣西園寺公望名で「利根川流域ノ被害ニ関スル質問ニ対スル答弁書」を提出しているが，この中で「渡良瀬川口東端の堤防は，其破損後，旧来の位置に復築し能わざりしを以て，多少引堤したるもこれが為, 逆流量を増加したる形跡を認めず」と述べている [15]。07 年洪水についてだが，破損した後，その復旧工事によって多少引堤し，旧状と変化したことは認めている。しかしそれによる逆流量の増大はないと主張している。

5　東京港築港と江戸川流頭部「棒出し」問題

「棒出し」強化，とくに 1898（明治 31）年の改築について田中正造の主張は，96 年の大出水は東京府下まで浸水したのであるが，これにより鉱毒問題が首都・東京に飛び火するのを恐れた政府が江戸川への洪水流入を制限しようとしたとのことである。しかし，明治政府による本格的な「棒出し」は，明治 10 年代中頃から既に始まっている。この時，まだ足尾鉱毒問題は顕在化していない。この棒出し強化について私は，東京港築港の課題から江戸川を通じて土砂を東京湾に流入するのを恐れたからだと考えている。これについて具体的にみていこう。

(1) 東京築港の課題

東京港築港問題は，1880（明治 13）年，東京府に市区取調委員局が設置されて以来検討され, 翌 81 年から東京港築港調査が行われた。東京市区の整備は,「貿易市場の目的を以て規模を立つるに如かず」と，貿易を第一義に置いているため，港湾の位置と密接に関係しているとの認識であった [16]。東京府は，品川港・隅田川の測量，横浜港まで含めた船の出入りの状況，移出入物，運賃，隅田川の出水，品川沖の風の調査を行った。この調査項目でもわかるように，東京港の重要な課題は，自然条件としては隅田川出水，品川沖の風の動向，社会条件としては

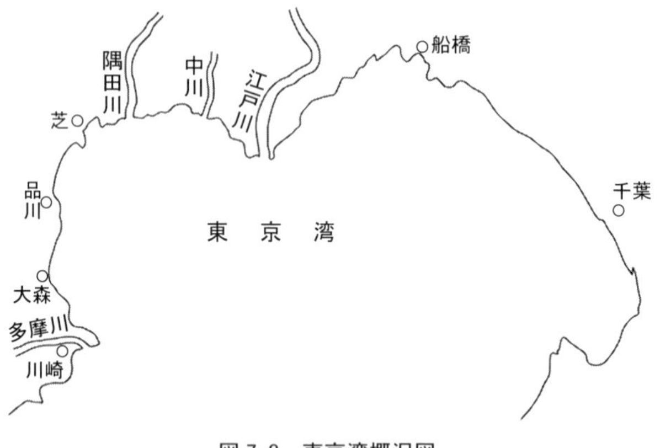

図 7.8　東京湾概況図

横浜港との関連であった（図 7.8）。

この調査をもとにして東京府では，佃島以南，築地・芝・高輪沖での海港策を樹てた。しかし，府内に設置された市区取調委員局で隅田川下流につくるべし，との意見が出されたため，内務省お雇い技師ムルデルに諮問した。ムルデルとは，第 2 章でみたように，1886（明治 19）年近代になって初めての利根川改修計画である「利根川（自妻沼至海）改修計画書」を作成したオランダ人技師である。

(2) ムルデルによる築港計画と土砂問題

①堆積土砂の由来

東京府より港湾計画を諮問されたムルデルは，1881（明治 14）年，川策・海港策の二つについて答申した[17]。彼は隅田川の処理をも含めて両策を計画し，どちらを選択するのかは東京府に預けた（図 7.9）。ムルデルの報告をみると，隅田川は，下流部の石川島によって二派に分かれ東京港に流出する。その深さは，両国橋より永代橋までは低水以下 12 尺（3.6m），それより下流では東派は低水以下 2 尺（0.6m）ないし 3 尺（0.9m），西派は 4 尺（1.2m）から 5 尺（1.5m）である。永代橋より下流では土砂が堆積するためこのように浅く，これが舟運にとって大きな問題であることを指摘した。なお永代橋下流での川幅は，その上流より広くなっている。

この堆積土砂の由来についてムルデルは，「隅田川の水は，実に中川・江戸川

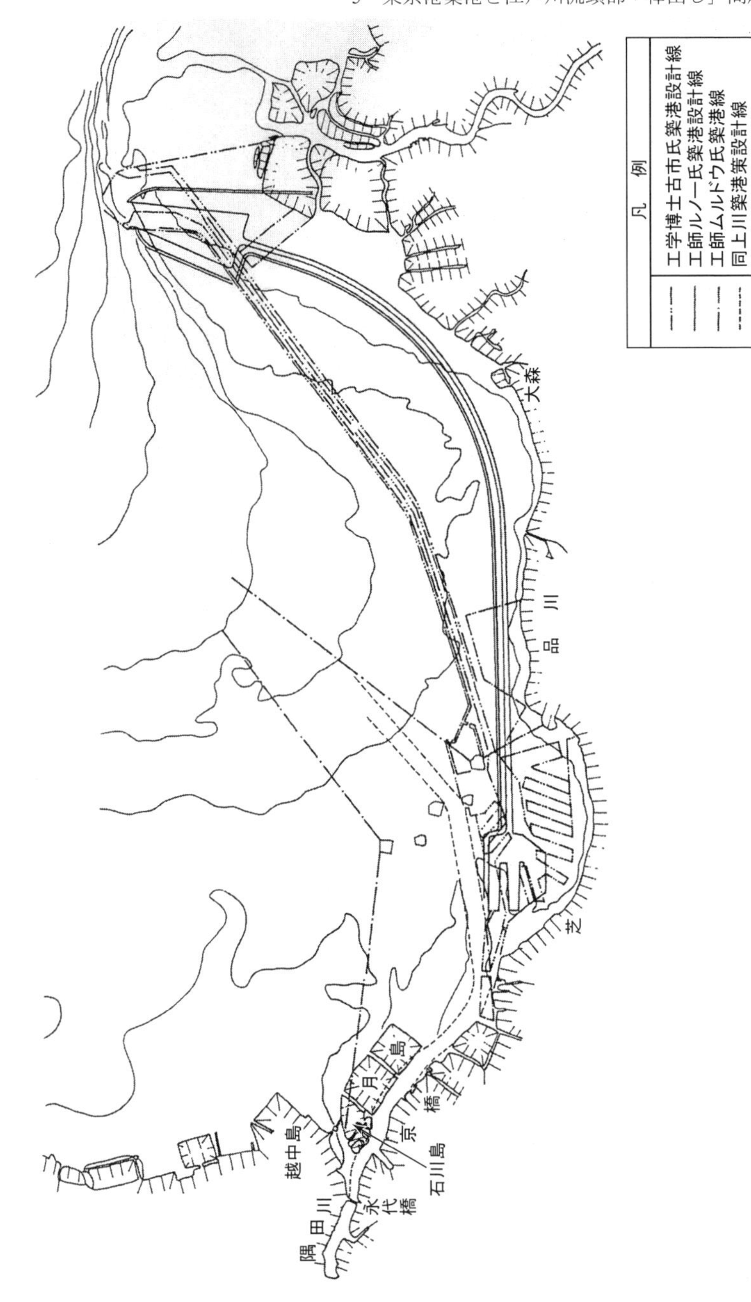

図7.9　東京港築港各種計画設計平面図

の水より清浄なりと雖も，諸川の水の如く砂域は泥分を含む」と考え，隅田川からの流出土砂であることを匂わせる。この認識の下で，ムルデルは永代橋付近より下流に堆積する土砂の由来を二つあげる。一つは隅田川からの土砂であって，この地点で川幅が広がり，流速が落ちることによっての堆積である。他の一つは，海からの漂砂である。河口が二派に分かれているため，二派から入ってきた海の潮流が永代橋付近でぶつかり，この付近に堆積するとの考えである。海からの漂砂，それは利根川・江戸川・中川からの流出土砂を想定していたことは間違いない。

②ムルデルの港湾計画とその挫折

ムルデルの川策とは，東派を締め切り隅田川河口部を西派一本にして，ここを港湾として利用するものである。海港策とは，西派を締め切って隅田川を東派のみに流し，芝浦・品川に港湾をつくるものであった。さらに，西派を締め切り，その澪に若干の手入れをして，ここを港として使用しようとの案については，隅田川・中川・江戸川が近くにあるのですぐに浅くなってしまうと指摘し退けた。ムルデルは，江戸川からの流出土砂を東京港築港と強く結びつけていたのである。

その後，東京府によって，1883（明治16）年から10カ年計画で隅田川澪浚工事を行うことが議決された。その目的は，隅田川河口から東京湾にかけての舟運路を確保するためである。

一方，東京府に諮問されたムルデルの港湾計画が取り上げられ，港湾問題が大きく動いたのは1885（明治18）年である。この年，東京府知事芳川顕生が品川築港，すなわちムルデルの海港策を取り上げたのである。これを契機としてムルデルの海港策が検討されたが，その計画をさらにみると，西派を締め切って隅田川を東派に追いやり，締め切った西派から西に千町余の池をつくり，漏斗状の口でもって海と連絡する計画である。池は低水下23尺（7.0m）まで掘削し，その水深の維持は24時間で2回ある干潮に起因する潮流に任せる。つまり潮流によって，漏斗状の口から入ろうとする土砂を除去する考えである。

この池の中に隅田川を入れると，土砂等の沈殿によって浅くなり港湾としての機能がなくなる。このため隅田川は東派に整備するのである。この計画に対し，隅田川の西派を締め切って東派一本にすると，海への出口の地理的関係により，その河口が土砂によって埋まらないのかとの疑問が出された。

この技術的疑問も踏まえて，1885（明治18）年品川沖築港工事修正案が，芳川知事が会長となった内務省の市区改正品海築港審査会から出された。その案は，東派を締め切って西派一本にし，その周辺に船着場を整備しようとの計画である。ムルデルの「川策」の発展した計画といってよい。この計画は，隅田川からの流出土砂が江戸川・中川等と比べて少ないことを前提としていた。

市区改正審査会のこの修正案が，内務大臣に復せられた。しかし，築港に対してその利害の反する横浜港との関連等で実現するには至らなかった。

(3) 東京市区改正委員会による築港計画と土砂問題

①東京市区改正委員会での調査

1888（明治21）年，内務省に東京市区改正委員会が設置され，ここで築港問題が審査されて技術的調査を行うことになった。調査内容は，内務省技師・沖野忠雄の方針に基づくものである[(18)]。沖野は，「品川湾の測量，潮の干満，江戸川・荒川・綾瀬川等の水源，ならびに其土砂の流量，大川の深浅杯を緻密に調査するに在り」の考えをもっていた。これに加えて隅田川の地質も調べることになった。

この沖野の意見で注目すべきことは，荒川・綾瀬川のみならず，江戸川の土砂の問題も大きく浮かび上がっていることである。そして調査報告書では，品川沖に堆積した土砂の由来について，「隅田川・六郷川其他大小の河渠より流出せる土砂と，潮流の瀉し来れる海砂の多年海底に沈渣堆積せしに由り」と述べている。つまり，品川沖に直接流出している隅田川等の土砂と，潮流によって運搬された土砂とを並列的に指摘しているのである。

この後も基礎調査が引き続いて行われた。しかし，1889（明治22）年は横浜港の築港が着手された年でもあって，東京港築港問題も一応収まった。東京築港問題が再び大きく取り上げられるのは，東京市区改正委員会に調査委員を設けた95年からである。99年，当時の松田市長は古市公威・中山秀三郎に計画を嘱託した。

②フランス人技師ルノーの意見

1900（明治33）年，古市公威・中山秀三郎より築港計画の報告書が提出された。それに先立ち古市は，1889（明治22）年に欧州を巡回した時，フランスで仏軍省海工監海督官ルノーに東京港築港の意見を求めた。古市・中山の計画は，この時のルノーの意見を基にしてつくられたものである。

ルノーの築港計画は海港案であり，十分水深のある川崎の突出点（羽田沖）に前港を設け，ここより10km半の運河を開削して繋泊所（本港）を芝浦・品川近くに設置しようとの計画である[19]。繋泊所の位置は，「鉄道の便，並びに市内の運河及び隅田川の利あるを撰み」て定められた。繋泊所は，運河で前港とつなぎ海と連絡するのであるが，これは次の考えからである。

「品川湾は，海岸より十「キロメートル」余の間に泥砂の充満するを見る。即ち此湾に注ぐ所の諸川，殊に新利根川の流送する泥砂なり。此泥砂は，東よりに回りつつ徐々に沖の方に進み出ずるものなり」。

このように，土砂の堆積を避けるため10km沖合に前港を設けるのである。そして遠浅になっている品川沖の土砂は，この湾に注ぐ諸川，とくに新利根川より流出する泥砂ととらえている。この新利根川とは，この文章そして付属図面から判断して江戸川のことである。つまりルノーは，堆積土砂を江戸川から由来するものと考えている。またルノーは，ムルデルの深海策に対して自らの意見が優れていることを以下のように主張する。

ムルデルの計画では，港門が「新利根川の近きに在ることを以て考えるに」，閉塞することは間違いのないことである。このため港門を維持するためには，「不断浚渫の方法に依頼せざる可らず」。この量は決して少なくなく，工事費は巨額に達するだろう。ムルデルが言及している潮の干満の差によって，堆積を防ぐことは不可能である。なぜなら「海潮干満の差大ならざれば，退潮に港門より流出する水量もまた小なり。故に潮力を仮りて港門の浅洲を浚い，大船の入りに差間なき深を保つ能わず」。

これに対し自らの案は，前港の突堤の頭部を海底の斜面が急となる点に置くので港門に土砂が堆積することはなく，水深は維持される。なぜなら「海岸に沿って進む所の泥砂は深淵に陥り，港門に浅洲を生ぜずして潮流と共に門外を通過し去るべし。又港門外の深さ大なるがために，波浪の砂を捲くこと少なし。又南風に因て生ずる怒濤は，門外を通過して港門を侵さざるべし」。

このように，ルノーは土砂堆積よりみた港門の維持の点でムルデルの深海策より優れていることを強調するのである。東京築港計画において，土砂問題が実に大きな課題であったことがわかろう。とくにここで重要なことは，問題となっている土砂を海からの漂砂であると考え，江戸川河口からの流出土砂を大きく扱っていることである。

③古市・中山の東京港築港計画とその挫折

次に古市・中山の東京港築港計画をみると[20]，ルノー案と同様に前港・本港（繋船所），両港をつなぐ運河をつくるのが柱である。本港の位置は芝浦沖である。基本的な設計はルノーと同様であり，ルノーの計画をもとにして社会条件を勘案し，より具体化したものと評価することができる。

古市・中山の計画は，1900（明治33）年東京市会で継続12カ年事業として可決され，公式の東京港計画となり，国庫補助を求めて内務大臣に二度ほど請願された。だが，内務大臣から何の指令もなく，実行へ移すことができなかった。この後，東京港修築工事の名のもとに着手されたのは，かなり先の1931（昭和6）年で，41年開港となった。それまでは隅田川岸が江戸時代に引き続いて水上輸送の東京の窓口であった。このため隅田川の改良は，1887（明治20）年前後の浚渫工事の終了以降もたびたび行われた。

（4）隅田川河口改良第一期工事

1906（明治39）年から隅田川河口改良第一期工事が，03年の東京市の議に基づいて行われた。この工事を計画した東京市の小川織三技師は，水深を浅くする土砂の由来について，隅田川からの放出土砂はそんなに多くはない，しかし中川および江戸川より流下された土砂が，潮流によって東より西に流れ，品川沖に堆積して隅田川の河口閉塞も生ぜさすと認識していた[21]。この結果，隅田川からの土砂もこの地に堆積して浅くなる。小川は，隅田川河口の土砂堆積は隅田川からの土砂のみならず，江戸川，中川より放出された土砂も深く影響していると考えていたのである。

（5）「棒出し」と東京築港・舟運

ここで「棒出し」の推移を東京港築港・舟運問題との関連で整理しょう。

1884（明治17）年1月から一年にわたる「棒出し」の強化では丸石積み工事が行われ，落成式には大相撲を行ってこれを祝った。これと時期を同じくした83年から，東京府は10カ年計画で隅田川河口を中心に浚渫工事を行った。この当時，土砂問題は，隅田川からとともに，ムルデルの意見のように江戸川からの流出も意識されていた。

1885年，東京市区改正委員会より出された品川沖築港工事修正案は，隅田川からの流出土砂を江戸川・中川と比べて少ないことを前提の条件として計画された。つまり江戸川からの流出土砂が十分意識されていたのであり，品川沖築港にとって棒出し強化による江戸川への土砂流入の防止は望むところであった。あるいは，その前提であった。

1881（明治14）年，東京港湾計画を諮問したムルデルは，86年の利根川改修計画で江戸川・下利根川の分派状況を固定，つまり現状のままとしている。ムルデルは，東京港計画について隅田川からの流出土砂とともに，利根川水系の土砂を大きく問題としていた。港湾の位置よりして，銚子での放出より中川・江戸川からの土砂が大きな課題であったことは当然だろう。「棒出し」の補強が行われた84年の状況を固定したものと考えることは，ムルデルにとって当を得たことであろう。

1896（明治29）年，「棒出し」の大修繕が行われ，98年，「棒出し」の間隔は幅9間（16m）強に狭まったが，この直前より東京築港問題は大きく動いていた。95年，東京市区改正委員会に調査委員が設けられ，ここを中心にして築港問題が検討された。99年には市会で築港が建議されて，古市・中山に計画が嘱託されたのである。古市・中山は，東京港築港に対し江戸川からの流出土砂を大きく問題としていたが，これは89年，古市が渡仏した時に意見を求めたルノーの考えであった。ルノーは自らの計画がムルデルより優れているのは，江戸川から流出してくる堆積土砂への対応からと主張しているほどである。なお，沖野忠雄も明治20年代初期ではあるが，東京港築港にとって江戸川からの流出土砂を問題としていた。

このように，当時の日本の土木計画に強い影響を及ぼす実力者が，江戸川からの流出土砂を問題にしているのである。明治10年代には東京港への流出土砂は，江戸川から放出されたものが漂砂となって流れてきたものであり，それはまた東京の舟運と密接に絡んでいるとの認識は，技術者たちの間でかなり一般化していたと考えて十分妥当であろう。

以上のことにより，江戸川における1884（明治17）年から1年間かけての「棒出し」の強化，それに続く98年の呑口（流頭部）の極端な狭窄工事は，東京港湾計画，舟運問題とのかかわりで行われたと判断する。

なお「棒出し」を強化すれば利根川洪水は中・下利根に流下していくが，中利根川では浚渫工事が行われ疎通能力の増大を図っていた。例えば「利根川筋関宿より以下銚子港まで河身改修のため，来る十七年六月までに成功の目的を以て該川路測量施行に付いては，その方法順序すべて土木局より指示すべし」[22]と，測量が始まったことが述べられ，1887（明治20）年からムルデルの改修工事が行われた。しかし，「棒出し」強化は茨城県を強く刺激していった。これについては，次節で述べていきたい。

一方，港湾と土砂の問題は明治30年代終わりになって急激に変化した。沖野忠雄の指導により，欧米からの施工機械の導入によって進められた大阪湾築港工事の経験から，堆積土砂の浚渫に自信をもったのである。浚渫機械により水深が維持できるとなれば，江戸川への洪水流入は東京築港にとって最早，脅威ではなくなる。

6 茨城県と「棒出し」問題

(1) 1897（明治30）年茨城県会での質疑

江戸川流頭部の「棒出し」について，渡良瀬川下流部左岸，そして中利根川・下利根川の左岸に位置する茨城県も，当然のことながら非常な関心をもっていた。「棒出し」は1898（明治31）年に9間（16m）ほどの間隔に挟められたが，97年の茨城県会ではこれについて質疑が行われていた。県会議員から，内務省が今，「棒出し」工事に着手しているが，交渉すべきではないかとの質問がなされた[23]。これに対し県側は，内務省の利根川工事には平素から注意しており，茨城県に不利な工事はそのまま見過ごすことはしないとして，次のように述べた[24]。

「内務省が利根川筋にやります工事が何れ程までも利害の関係を持つか持たぬかは，平素注意を致しております。内務省が兼ねて計画を致しまして未だ発表をせぬ工事の如きも，或るものは此辺に行われるということも，手を廻して聞いております。併し，それらのことは未発表のことでありますから，当会に於いて公然御話は出来ませぬ。（中略）関宿の方も監督署に照会を致しまして，こういうことをやると確定をした以上は，それに対する意見を出しますが，こういう仕事をやるそうなということで交渉もいえまいと思います。それ故に，前会にも申します通り内務省のやります仕事に付きましては，等閑には決して附しませぬ」。

このように，下流茨城県が強い関心をもちながらも「棒出し」強化ができたのは，1887（明治20）年からの低水工事を中心とした改修事業により，中・下利根川の河道整備が進んだからだと判断している。河道の整備によって，それまで以上の洪水を受け入れることができるようになったと考えたのであろう。

(2) 1907（明治40）年8月洪水と茨城県の主張

第3章でみてきたように，1910（明治43）年8月大出水後，計画対象流量は大きく改計された。渡良瀬川が合流した直後の中田地点で毎秒13万5千立方尺（3,750m^3/s）であったものが，毎秒20万立方尺（5,570m^3/s）となった。だが，この流量改訂は10年8月出水以前に方針が決められていた。10年8月大出水以前の同年4月から渡良瀬川改修事業が着工されたが，この計画で既に上利根川の計画流量は毎秒20立方尺とされていたのである。この計画は，07年8月洪水を基準に定められたとされている。このため07年8月出水から，流量改訂の経緯を整理しよう。

① 1907（明治40）年8月洪水

1907（明治40）年8月洪水では，中条堤上流部で氾濫し，中条堤も5間（9m）破堤したが，酒巻・瀬戸井下流部では北埼玉郡川辺村（現・加須市）で延長308間（560m）と大きな破堤をみた。渡良瀬川でも，邑楽郡海老瀬村（現・板倉町）で80間（145m）破堤した。中利根川筋では，小貝川が利根川に合流する直上流の北相馬郡北文間村（現・竜ヶ崎市）豊田地先で決壊した。

利根川と渡良瀬川の合流地点にあたる北埼玉郡川辺村の決壊が，利根川・渡良瀬川改修計画に大きな影響を与えたことは間違いない。この決壊・水害状況をみると[(25)]，利根川の洪水が渡良瀬川に逆流し，8月25日正午頃，川辺地先で利根川続きの渡良瀬川堤防が決壊し，川辺村は濁流に洗われた。これによる氾濫水位は，渡良瀬川洪水位より数尺高く，氾濫水は北川辺領の堤内から渡良瀬川に出て，左岸の古河側の堤防に対し直角に衝突し，古河の須釜さらに立崎の堤防を決壊させた。この後，堤内に浸入し西片町・船渡・江戸町・伊賀袋・鴻巣・悪戸新田等を浸して，浸水家屋326戸，罹災者1,357人の大水害となったのである。氾濫水はさらに香取，静の2カ村を流れて境町を襲った。

②茨城県の治水要求

この水害後，地元から境町長・古河町長・長須村長の連名で茨城知事宛に「堤防増築ニ関スル陳情書」，内務大臣宛に「利根川ノ根本的治水ニ関スル請願書」が提出された。また，1907（明治40）年9月に猿島郡二十五箇町村水災被害民総代から内務大臣宛に「利根川ノ根本的治水ニ関スル請願書」が提出された。この請願書に基づき茨城県会では，07年12月7日付をもって内務大臣宛の「利根川治水ニ関スル意見書」[26]が採択された。この意見書を詳細にみてみよう。

関宿の「棒出し」（石堤）に関する政府の方針について，江戸時代と同じく中・下利根に洪水量を増やそうとする姑息な方策をとっていると非難した。そして，次のように棒出し（石堤）を全部取っ払って利根川洪水の大部分を通過させるとともに，さらに洪水疎通の支障となる区間の拡幅を要求したのである。

「関宿の石堤を全部取払いて，利根川洪水の大部分が通過し得可きだけに拡張し，更に赤堀川及栗橋・中田間鉄橋架設点等を拡張して全く疏水の障害なからしめ，かつ水源の涵養及河身浚渫改修の速成を期し，そして江戸川方面の影響に就ては，更に分水工事を施して水面の低下を謀るに在り」。

この中で水源涵養について述べているが，その内容は水源濫伐に基づく土砂流出を防ぐことである。また江戸川における分水工事とは，「利根川ノ根本的治水ニ関スル請願書」によると，千葉県流山付近から船橋の方面に新川を開削し，ここに洪水を流そうというものであった[27]。この方針は，流山周辺から下流の江戸川河床が高く，周辺の住民からも治水の要望が行われていたことに起因する。「棒出し」を撤去して江戸川の洪水量が増大すると下流部が危険となるので，台地を開削して東京湾に流出させる放水路をつくろうというものであった。一方，現河道には閘門を設置し，洪水と遮断しようとした。これによって首都東京は安全になるとしたのである。

茨城県の主張は「棒出し」撤去であり，江戸川への洪水量の増大は茨城県の強い要求であったのである。さらに茨城県は治水調査会を設置して検討を進めていった。

(3) 江戸川改修についての茨城県治水調査会での議論[28]

茨城県では，1908（明治41）年3月30日に治水調査会が開会され，以降11月まで利根川治水について4回の議論が行われた。委員とし参画した加茂堂堅は，古河町にある雀神社の宮司で，思川も含めた渡良瀬川下流部の水害防御に強い関心をもっていた。加茂が茨城県の治水の方向を引っ張っていったが，彼の主張を中心に調査会の議論を詳細に整理していこう。

① 4回にわたる調査会の議論

1908年3月30日の調査会において加茂は，根本的に利根川の水を治めるには少なくとも一本の水路を整備しなくてはならないとして，次の4案を示した。

ⅰ古利根川を復活させる。すなわち，川俣から葛西用水を掘抜いて庄内古川に導き江戸川に注ぐ。

ⅱ関宿の石堤（「棒出し」）を取り除いて江戸川を千葉県の方に分水する。

ⅲ中利根川から手賀沼に水路を掘り，さらに手賀沼から印旛沼西南の平戸橋に掘抜き，そこから千葉県の検見川に掘る。因みに，印旛沼から検見川に至る印旛沼放水路は千葉県が設計に着手したが，日露戦争で中止となっていた。

ⅳ水海道付近で鬼怒川から小貝川に水路を掘り，川原代か長沖の辺から佐沼に掘って，そこから新利根川を掘り通して霞ヶ浦に導き，浪逆浦から鰐川に至って居切りを掘り割って鹿島の海に注がしむ。鬼怒川・小貝川の洪水を別ルートで流そうとするものだが，この案は1869（明治2）年に計画されていた。

加茂は主張する。この4案のうち効力からいうと，分水点が下流に下るほど小さくなる。江戸川への分水について，江戸川流域への影響が除ければ問題ない。自分たちの見るところでは，流山の下に鰭ヶ崎という所がある。ここから船橋の大神宮に新水路を掘り割ったらよい。

続く6月の会議で加茂は次の2案が最も適当として提案した。

第1　関宿の石堤（棒出し）を全部取り払って，利根川洪水の大部分を通過させ得るだけ拡張し，さらに赤堀川および栗橋・中田間の鉄橋架設地点等を拡張して，疏水の障害を全くなからしめ，且つ水源の涵養，及び河身浚渫改修の速成を期し，そして江戸川方面の影響については更に分水工事を施すこと。

第2　手賀沼付近より分水し，印旛沼の西南隅を経て千葉県の検見川に達する水路を開鑿すること。

このように，江戸川と印旛沼経由での分流の2案を主張したのであるが，続く10月の会議で，江戸川分流について江戸川流域の人々の主張を紹介する。すなわち，1907（明治40）年春，江戸川流域の人々666人が連署して貴参両院に請願した。それによると，石堤（「棒出し」）を築造して以来，江戸川では河床が数尺上がり，水量は減じたけれども河床が上昇した上に氾濫するから，水面はかえって高くなり堤防は危険になった。このため，平常でも収穫ができないから川浚いをしてくれ，浚渫すれば江戸川へ引込む水も多くなって本流にも利益があり，権現堂堤の水圧も弱くなるから是非実行してくれという。

その後の11月会議では，加茂は「棒出し」の取り払いを主張した。すなわち，当時の利根川第三期計画について，その結果は茨城県に大分の水がくることになるのだから，茨城県では格別望みたくない。猿島郡から申せば，江戸川へさえ十分流せば，下利根川の方はいかになっても構わぬ。具体的には，「棒出し」を取り払って上流からの洪水の大部分が通過できる程度に拡張し，かつ水源涵養に努めて土砂の流出を防ぐ。江戸川では，かなり大規模な浚渫，改修工事を施工し，かつ相当の地点より東側に東京湾に抜ける分水工事を施し，これにより支障なきよう流下を図る。この「棒出し」は，東京の水害防備となっていると誤解されている。

また加茂は，中田地点毎秒13万5千立方尺（3,750m^3/s）のこれまでの計画流量について，中条堤での氾濫等をまったく考慮せず，ただ河道に流下してきた洪水量から求めたとして，根本的治水でないと主張した。そして1896（明治29）年洪水量は，上利根川で毎秒62万立方尺（1万7000m^3/s）と指摘した。毎秒13万5千立方尺（3,750m^3/s）では，他の河川，例えば吉野川，信濃川と比べても利根川の計画対象流量は少ない。この点について，内務省近藤仙太郎技師に面会して尋ねたところ，計画流量毎秒13万5千立方尺（3,750m^3/s）について河道外への氾濫量はまったくカウントせずに定めたことを認めた上で，「如何にも経済が許さんので事実，やりたいことも左様はいかんので仕方ない」と述べたことを指摘している。

②調査会の結論

この後，茨城県治水調査会は，1908年11月21日，加茂の主張に基づき，関宿の「棒出し」を取り払って大部分の洪水を江戸川に流下させる次の方針を「利根川治水に対する根本的の最良策として企望する所」として，茨城県知事に提出した[29]。加茂の主張を全面的に取り入れたものである。

「関宿の石堤を取払いて上流洪水の大部分が通過し得可き程度に拡張し，かつ水源の涵養に努めて土砂の流出を防き，江戸川方面の影響に就ては可成大規模の浚渫改修を行い，かつ相当の地点より東側に分水工事を施し，以て故障無き放下を謀り，石堤以上の本流に就ては逆川，赤堀川及栗橋・中田間鉄橋架設点等の狭隘部を拡張し，かつ著しく泥沙の沈澱せる箇所を浚渫する等の部分工事を施し，現在施行中なる浚渫改修工事に就ては，第一期及第二期の工事竣成に止めて可及的その速成を期するに在り」。

③ 1910（明治43）年大洪水後の茨城県会の主張

その後，1910（明治43）年8月大出水でも茨城県は大水害を受けたが，茨城県会は同年11月，知事宛に「利根川改修工事ニ対スル意見書」[30]を提出した。この中で，関宿「棒出し」を取り拡げ江戸川の改修を行うか，新たに適当な位置に新河川を開削して海へ放流するか，あるいは中・下利根川に完全なる河道を整備するか，三つの案の中から一つを採択するよう主張したのである。

このような茨城県の主張のなかで国が決定した方針は，第5章で述べてきたが，「棒出し」を撤去し河道を整理して江戸川に流す一方，残りは中・下利根川に流下させることだった。台地を大きく開削してまで江戸川への流下量を増大させるものではなかった。

7 「棒出し」撤去の評価

渡良瀬川下流部の利害から加茂堂堅，田中正造たちは「棒出し」撤去を要求した。「棒出し」撤 去をすれば，江戸川への洪水量が増大し，渡良瀬川の洪水もスムーズに流れるとの主張である。では，「棒出し」撤去は利根川上流部あるいは渡良瀬川に具体的にどれほどの影響を与えたのだろうか。

「棒出し」と両川の合流点まで距離は10km以上ある。1898（明治31）年12月，下都賀郡南部水害町村人民代表から，栃木県知事・内務大臣宛に「利根川改修建議」[31]が出されたが，「棒出し」拡幅とともに，赤堀川の河幅狭隘場所の拡幅，赤堀川河底の沈床撤去，鉄橋前後の寄州の浚渫，権現堂川の沈床工事の停止が要求されている。渡良瀬川合流部から江戸川分流部の間の利根川河道が，実に複雑な水理状況であったことがわかる。また当時，上流からの流出土砂により河床上昇が続いている。

さらに，権現堂川の川幅は茨城県治水調査会の現地調査により，次のように報告されている。

「利根川数十里の間で一番狭い所は五霞村の川島という所で69間しかない」。

「権現堂川の五霞村川中妻地先は，川一杯に沈床工事を三ヶ所も施してあるから船が通れず，止むなく逆川から赤堀川に廻って通っている」。

このように，当時，権現堂川で最も狭いところは69間（125m）であった。一方，利根川については，1907（明治40）年2月27日の衆議院請願第二分科会で，井上精一郎議員は「赤堀川というものは，上利根川から少しく屈曲して東に流れます。この入口は七,八十間もあろうかと思います。それから七,八百間も下流に下りまして其河幅は僅か四十七間しかないのであります」と，最狭部での川幅は47間（85m）であることを述べている。

これらの川幅は，1910年大水害後の改訂での赤堀川計画幅300間（545m）と比べて狭く，かつ河道には沈床などの障害物がある。障害物が撤去された後の河道では，江戸川流頭部での水位変動が渡良瀬川まで影響することは間違いないだろう。ではそれ以前の河道状況ではどうか。「棒出し」を撤去してマイナスになることはないが，果たしてどれだけのプラス効果があるのか，その答えはなかなか難しい。結論的にいえば，河道を整備せずに「棒出し」のみを撤去しても，渡良瀬川の流出にさほど効果はないと判断している。

一方，河道を整備したのち「棒出し」撤去したときの疎通能力はどうだろうか。第5章で述べたのだが，内務省は毎秒4万（1,110m^3/s）ないし5万立方尺（1,400 m^3/s）と考えていた。これが妥当だとしたら，上利根川の洪水全体に対して「棒出し」撤去のみの効果はそれほど大きな割合ではない。

（注）

(1) 原　淳二：「中利根川の改修－赤堀川の拡幅と通船問題」，『町史研究　下総さかい第5号』境町史編さん委員会，1999を参照.

(2)「権現堂川通川除御普請并両川辺領悪水落方之義申上候書付」，『幸手市史　近世資料編Ⅱ』(1998), pp.527-530.

(3)「明治二年八月　渡良瀬川瀬替嘆願書」,『藤岡町史資料編谷中村』藤岡町 (2001), pp.197-198.

(4) 近世後期に18間より認めない取り決めがなされたと根岸門蔵『利根川治水考』や『下野南部治水会日誌』にも述べられているが, その証文は残っていない.『茨城県治水調査会意見書』(1908)によると, この証文は下都賀郡生井村大橋氏宅に保管してあったのが火災によって焼失したという. 下都賀郡が有利である証文であるので, 下都賀郡には本物以外に複数書き写されて残っているのが当然と考えられるが, そうなっていないのが不思議である.「棒出し」の強化が問題となったのは明治10年代以降であり, 18間より狭くつくり直しされた. 18間より狭くしないとの約束があったというのは, あるいは下都賀郡の強弁であったかもしれない. 治水に対する下都賀郡の執念としたたかさが, よくうかがえる.

(5) 利根川百年史編集委員会『利根川百年史』建設省関東地方建設局 (1987), pp.579-581.

(6)「明治十年　下野南部治水会日誌」,『藤岡町史資料編谷中村』前出, pp.199-209.

(7)『栃木県議会史』(第1巻), 栃木県議会 (1983), pp.739-741.

(8)『栃木県議会史』(第2巻), 栃木県議会 (1985), p.238.

(9)「明治三四年十一月　埼玉県通常県会における「関宿棒出し」に関する質疑」,『渡良瀬遊水地成立史資料編』渡良瀬遊水地成立史編纂委員会 (2006), p.32.

(10) 由井正臣・小松　裕編 :『亡国への抗論　田中正造未発表書簡集』岩波書店 (2000), pp.171-218.

(11) 田中正造 :『渡良瀬川本流妨害問題』, pp.7-8.

(12)『田中正造と古河町民』古河歴史博物館 (2002), p.34.

(13) 近藤仙太郎 :『利根川高水工事計画意見書』.

(14)『茨城県治水調査会筆記』明治四十一年十一月, 茨城県.

(15)「明治41年3月利根川流域の被害に対する政府答弁書」国立国会図書館.

(16)『東京市史稿港湾篇』(第3巻), 東京市役所 (1926), p.928.

(17)『東京市史稿港湾篇』(第4巻), 東京市役所 (1926), pp.25-43.

(18)『東京市史稿港湾篇』(第4巻), 前出, p.329.

(19)『東京市史稿港湾篇』(第4巻), 前出, pp.475-486.

(20)『東京市史稿港湾篇』(第4巻), 前出, pp.706-730.

(21)『東京市史稿港湾篇』(第5巻), 東京市役所 (1927), pp.114-115.

(22)『利根川改修沿革考 (明治年間)』内務省東京土木出張所 (1938).

(23)『茨城県議会史』(第二巻), 茨城県議会 (1963), p.1010.
(24)『茨城県議会史』(第二巻), 前出, pp.1010-1011.
(25)『古河市史資料　近現代編』古河市 (1984), pp.1002-1004.
(26)『茨城県通常県会速記録第十二号』, pp.315-319.
(27)『茨城県通常県会速記録第二号』, pp.252-257.
(28)『茨城県治水調査会筆記』, 明治四十一年三月, 六月, 十月, 十一月, 茨城県.
(29)『茨城県治水調査会意見書』(1908).
(30)『茨城県議会史第二巻』前出, pp.1529-1530.
(31)『渡良瀬遊水地成立史史料編』前出, pp.30-31.

第8章　利根川上流部・中条堤をめぐる河川処理

1　中条堤上流部の大遊水地

明治時代の地形図でみると，上利根川は瀬戸井・酒巻の堤防による人為の狭窄部を境にして二つに分けられる。その下流部では川に沿って両岸に連続して堤防がみられ，利根川は澪筋も一本となって堤防が平行して築かれ水田地帯が拡がっていた。一方，その上流部は基本的に形状を異にする。利根川は何流にも分かれ，乱流しているかの状況で蛇行を繰り返し広い自然堤防上には畑が拡がっている。左岸側には瀬戸井から上流に向け妻沼の対岸の古海まで川に沿った堤防があるが，右岸側は酒巻〜俵瀬間で利根川に合流する福川の右岸堤である中条堤につながり，俵瀬〜葛和田間2kmには堤防がない（図8.1）。この瀬戸井・酒巻の狭窄部と一体となって形成された中条堤左岸上流部の氾濫域は，面積約50km^{2}にも及ぼうとする利根川にとっての大遊水地帯であった。

さらに詳しくみると，中条堤は福川合流部の利根川右岸に位置する酒巻から，利根川右岸堤に連続してほぼ直角に，北河原，上中条，四方寺，今井と堤内地に連続して延びる。長さ3,619間（6,580m）であるが，利根川堤防に連続して北河原村地内の北河原堤，上中条村の上中条堤，四方寺村地内の四方寺堤と区分され，四方寺堤は荒川の扇状地上の自然堤防に連続する。自然を巧みに利用して築かれていることがわかる。

その水理機構は図8.2に示す。小洪水の時は中条堤直上流部の無堤地帯から福川に逆流し，中洪水の場合さらに江原堤上流の無堤地帯から，大洪水の時は善ヶ島堤，江原堤を決壊あるいは乗り超えて流入してくる。さらに，ここには南方から荒川の洪水が襲ってくる。荒川によって形成された熊谷扇状地扇頂から取水する奈良堰用水路があるが，これは古い時代の荒川流路である。荒川出水のとき，この旧流路に沿って洪水が流れ，中条堤上流部が襲われるのである。

一方，排水は福川を通じて利根川に流下するが，大洪水のときには中条堤を

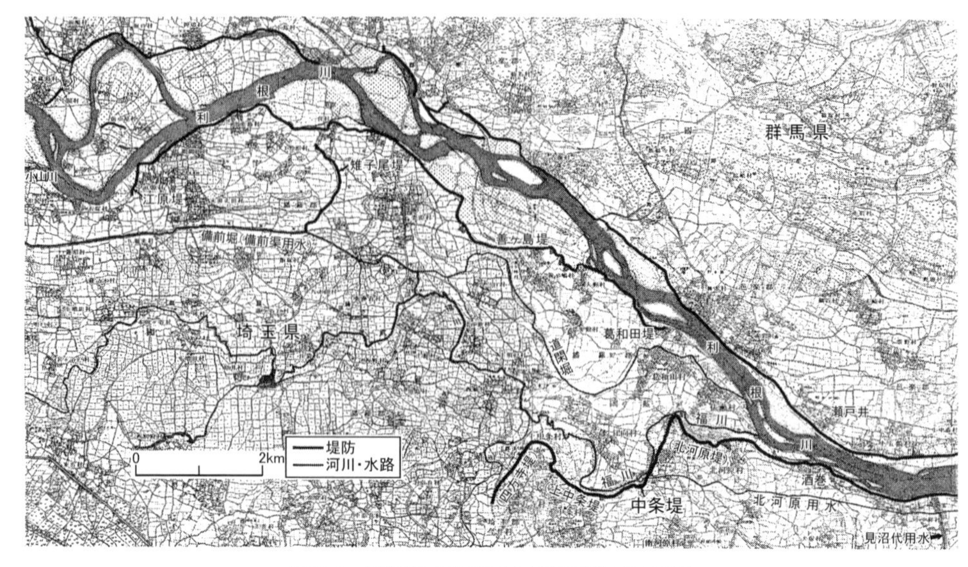

図 8.1　明治期の中条堤上流周辺地域の状況

明治 17 年測量迅速図をもとに作成（作成：松尾　宏）.

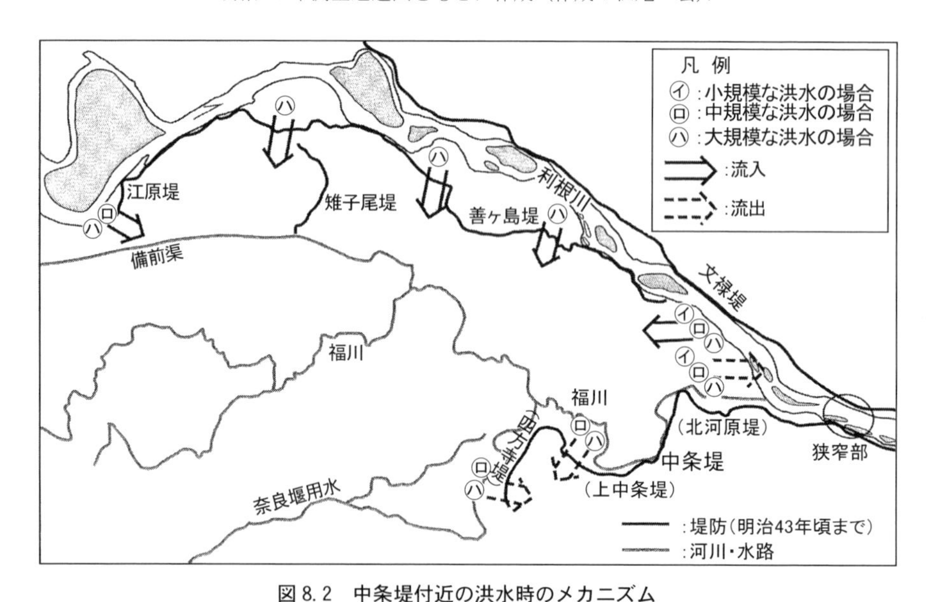

図 8.2　中条堤付近の洪水時のメカニズム

（出典：『利根川百年史』建設省関東地方建設局，1987，
をもとに松尾　宏が一部加筆・訂正）

乗り越えて北埼玉郡に氾濫していった。中条堤からの氾濫は，文化元（1804）年から1868（明治元）年の65年間に16回とたびたび生じていた。その氾濫域は，埼玉平野東部さらに東京東部低地にまで広く及んでいた。

中条堤こそが，埼玉平野防御の第一線であった。また利根川治水にとって実に重要な施設であり，出水のたびに氾濫することにより下流へのピーク流量を減少させる遊水地であった。ここの遊水効果をどうするのか，近代改修にとってきわめて大事な課題であった。最終的には遊水効果を期待しない改修計画となったが，その経緯について歴史的に詳しくみていきたい[1]。

2　中条堤をめぐる地域対立

中条堤をめぐり上流の村々（上郷）と，下流の村々（下流）の間で堤防の高さ・強さについて厳しい対立が生じた。堤の高さ・強さが，上郷・下郷の人々の生命・財産にとってもろに影響する重要な堤防であり，まさに「論所堤」であった。

(1) 近世までの地域対立

中条堤の築造年代ははっきりしないが，古代末期には，既にその前身的なものが自然堤防を巧みに利用してつくられていたと思われる。記録として明文化されたものは，鎌倉時代中期の建長4（1252）年，中条堤の一部である「水越」の地名が文書に記されている[2]。水越とは，他の所より低く築かれ，上流部に湛水した洪水が一定水位以上となったら，ここから下流に溢れ出る区域である。

慶安期（1648～52年）に作成された『武蔵田園簿』によると，幡羅郡[3] 53カ村中，江原・男沼・出来島・台・弁財・葛和田・日向の7村が水損場とされている。このうち弁財・葛和田・日向の3村が，中条堤の直上流に位置している。当時でも，中条堤の影響を強く受けていたのであろう（図8.3）。

最も古い地域対立としては，貞享4（1687）年の「三奉行裏判絵図」の裏書きで知ることができる[4]。それによると，上郷の西野・田島・上奈良・中奈良・奈良新田の5カ村が，従来行ってきた「忍領利根川堤通川除普請」（中条堤とその下流部の利根川堤防の維持管理）のための人足・竹木等を出さなかった。このことに対し，その他の忍領38カ村が幕府に訴えたのである。裁許では，5カ村

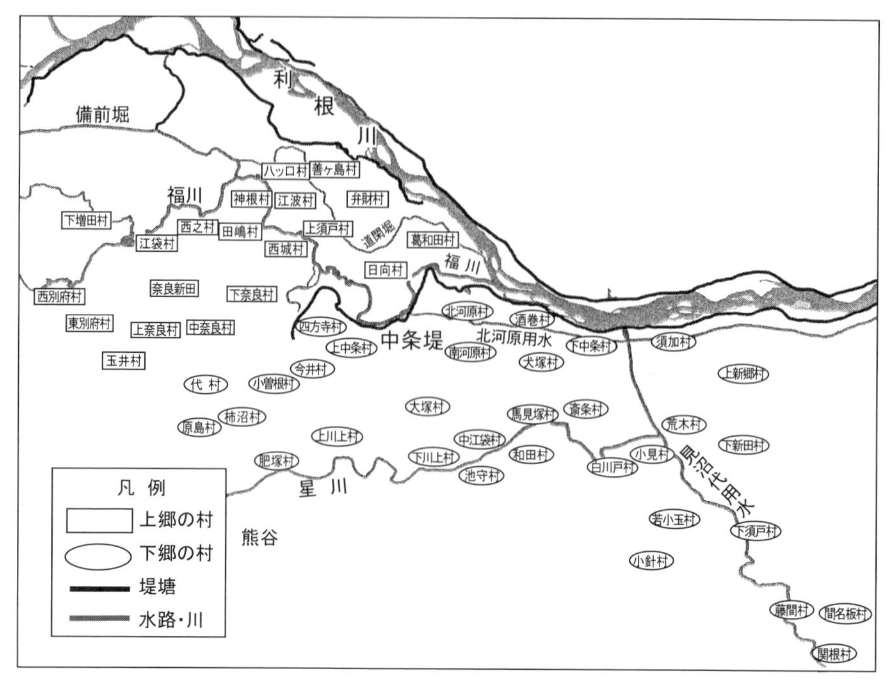

図 8. 3　中条堤を境にした上郷・下郷（作成：松尾　宏）

は命令に反したとして名主が投獄され，これまでと同様に人足・竹木を出して普請を行えとした。上郷の 5 カ村にとって実に厳しい裁許であり，不条理の内容であろう。自分の村に湛水被害を与える堤防の修理を，自らが行わなければならないのである。

後の 1878 (明治 11) 年に上郷が提出した「中条堤刈除上申書」には，貞享 4 (1687) 年の上中条堤の大きさについて高さ 6 尺 (1.8m)，敷幅 1 丈 (3m)，馬踏 1 尺 (0.3m) であり，現在はその 5，6 倍になっていると，増強に努めた下郷を非難している [5]。どこまで正しいかは別にして，江戸時代を通じてかなり増強されていったのだろう。

中条堤に大きな変更が加えられたのは，江戸中期の享保年間（1716 ～ 35 年）である。このとき，四方寺村で築堤が行われ，治水秩序に大きな変更が加えられた。その後，天明 2（1782）年から翌年にかけて，上郷と下郷の間で中条堤の修復をめぐって激しい対立が生じた。中条堤が修復によって強化されるとして，上

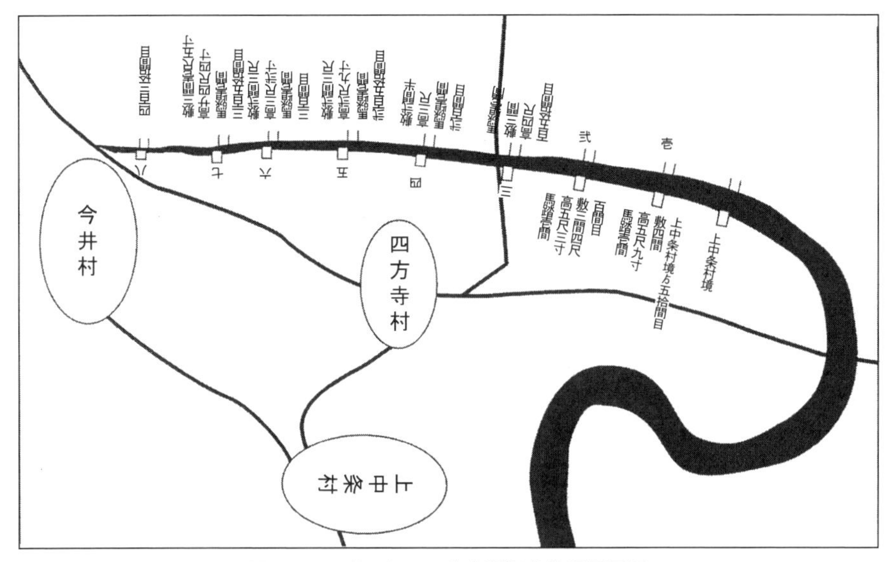

図 8.4 天明 4 年 四方寺堤御定杭設置図面
（出典：利根川歴史研究会『四方寺堤関係史料集』, 2005, 一部修正）

郷 14 カ村が下郷の四方寺村を幕府奉行に訴えたのである。この対立は調停が図られ，天明 3（1783）年「差上申済口証文之事」が幕府に提出されて内済（示談）となった。

この文書によると[(6)]，四方寺堤は享保 14（1729）年に築造された。この地域は旧来，「水越」の場所となっていて堤防高が低く，ここから下流に洪水が流出することによって上流堤外地での氾濫水位は低かった。しかし，水越の場所であったこの区域に新堤（四方寺堤）を築いて以来，元文元（1736）年，寛保 2（1742）年の大出水で堤外村々では大水害となった。これ以上少しでも高くしたら，堤外の村々は甚大な害を被ることとなり，「上置き」（堤防のかさ上げ）・「腹付け」（堤防の拡幅）などの中条堤強化は絶対にすべきでないと主張した。そして現形を明確にするため，四方寺堤に御定杭の設置を要求したのである。

御定杭は，天明 3（1783）年，四方寺堤に 50 間（91m）ごとに打たれた。このとき 146 間（265m）は，下郷の主張のようにそれまでの堤防が低くなったとして高くされた。また定杭の場所を表す絵図面が作成された（図 8.4）。

四方寺堤が築かれるまでは，中条堤上流部での湛水はそれほどではなかったと考えてよいだろう。この区域から，洪水は下流の埼玉平野に流下していたのである。つまりある程度の利根川の出水のたびに，埼玉平野には洪水が溢れていた。第10章でみていくが，埼玉平野では出水に備えて控堤が整備され，自らの地域を守ろうとしていたのである。

この後，享和2（1802）年7月の洪水で上中条堤が決壊した。このとき下郷から増築の願いが出されたことから争論となったが，翌年，旧来の大きさ（有形）での復旧となった。さらに，今後は有形以外の普請は願い出ないこと，普請の時は堤外14カ村の代表として日向・下奈良両村の立会の上で行うことが内済として取り決められ，証文「為取替証文之事」(7) が取り替わされた。

しかし，これ以降も下郷から上中条堤強化が図られ，文政7（1824）年，文政12（1829）年，弘化2（1845）年，安政6（1859）年，文久3（1863）年に争論が生じたことが知られている。なお文政12（1829）年には，享和3（1803）年の契約を確認する文書が交わされた。

一方，中条堤直上流では，人々はしばしば襲ってくる洪水に対し盛土して住居を高くし，さらに湛水に備えて水害予備船を準備していた。この状況で明治を迎えたのである。

(2) 近代における地域対立

明治になっても中条堤，とくに上中条堤をめぐり，上流の幡羅郡･大里郡の村々（上郷）と，北埼玉･南埼玉･北葛飾郡の下流の村々（下郷）の間で，堤防の高さ･強さに関して厳しい対立が続いた。下郷が中条堤強化を図るのに対し，上郷が強く抵抗するのである。やがて上郷は，中条堤について利根川本川の堤防ではない支堤で「封建の遺物」「野蛮世界の遺物」であるとし，その撤去と利根川に沿っての築堤を主張していった。

これに対し下郷は，中条堤を利根川本川の堤防として利根川大囲堤と呼び，埼玉県のみならず東京にとっても重要な堤防と主張し，その強化を要求した。

1890（明治23）年，第1回帝国議会に建議案「治水ニ関スル建議案」が提出された。その運動を中心となって推進したのは湯本義憲であるが，彼は中条堤下流の埼玉郡小針村（現行田市）出身である。建議案参考書の中で，中条堤が決壊すると東京までも水害となるが，中条堤上流の遊水での被害は数村に過ぎず，国家経済の観点から中条堤を堅牢にすべきことを次のように主張した。

「第二に上中条村より今井村に至る堤防の如きは，烏川，その他諸川合流の衝に当る咽喉の地に属す。けだし，埼玉県数郡の安危はこの一条の堤防に繋る。また甚だしきに至っては，延いて東京府下にまでもその害毒を波及すべし。然るに藩政の旧習を襲い，該堤防は頗る脆弱となり，今日は，殆んど堤防なきと一般の観を呈するに至れり。

今その地勢を按ずるに，その対岸葛和田村外数村には堤防存在せざる以て，この上中条今井間の堤防を堅牢にすれば，勢いその対岸の水位を増高せざるべからず。然れども，この堤防を堅牢にせざるより生ずる損害は実に数郡の広きに渉り，国家経済に大なる影響を及ぼすべし。これに反し，この堤防を修築する為に生ずる損害は，僅々数村に止るのみならず，その害たる単に浸水の度を増すに止り，甚しく田畝を荒蕪ならしむに至らざることは，地勢に徴して明なり。故にこれらの堤防は国家経済の上より観察し，適当の施工をなさざるべからざる要所に属す」。

この後も厳しい対立が続き，埼玉県知事が現地に来ることだけでも中条堤が強化されるのではないかと，上郷では大騒ぎとなっていた。なお，国の方針を1900（明治33）年度から事業が開始された利根川改修計画でみると，次のように酒巻周辺では狭窄部は拡幅するが，福川合流部の霞堤はそのままとするものだった[(8)]。拡幅で対処できると判断していることがわかる。

「妻沼より栗橋に至る九里間に於いて，酒巻付近及び村君付近は河幅甚だしく峡隘にして，之が為め高水に際し支川なる福川に逆流し，秦，長井，奈良，上中条，北河原，南河原等の諸村に汎濫し，上中条村地先に於ける論所堤を超流し，忍町に害を及ぼすこと稀なりとせず。而してその被害反別殆ど五千町歩に及ぶがゆえに，適当の川幅と為し高水の流通をして善良ならしめんとするものなり」。

当時の中条堤の状況であるが，現地を1908（明治41）年に訪れた茨城県治水調査会の視察委員は中条堤について，「一面の笹薮と為して僅に浸入の水量を減殺」する状況と報告した[(9)]。そして近年総越した水量は，1896（明治29）年7月22日，98年9月7日，1900年8月23日はそれぞれ3尺（91cm），07年8月16日は6，7寸（18～21cm）と報告している。

3　1910（明治43）年大出水とその善後策

(1) 上郷・下郷の対立

1910（明治43）年8月洪水で上利根川は大出水となり，中条堤は4カ所計205間（372m）で決壊し，濁流は埼玉平野を席巻して荒川の氾濫水とも合わさり東京府下を襲った（図8.5）。この出水後，中条堤の復旧をめぐり，上郷・下郷との間で県政を大混乱に陥れるほどの激しい騒動が生じたのである。

破堤後，速やかに濁流を止める必要があったため，本来は地元負担の堤防であったが，とりあえず埼玉県によって8月19日から9月29日にかけ応急復旧が行われた。しかし，本工事の方法について大きな問題となり，方針が決められなかった。これまでにない大水害となった下流側（下郷）の北埼玉・南埼玉・北葛飾の諸郡は，中条堤を旧形以上に「上置き」・「腹付け」して強化し，将来の洪水に備えるべきであると主張し，積年の願望を果たそうとした。これに対して上流側（上郷）は，当然のことながら，そのようにすれば今後の出水ごとに今年以上の水害を被ることになると反対したのである。両郷の間に深刻な紛争が起こった。

上郷では，9月28日，妻沼・長井・明戸ほか数カ村の有志が集まる郡民有志大会を開いて5名の陳情委員を決め，埼玉県知事に面会した。それに先立つ23日，内務大臣が県知事たちと現地調査を行ったとき，下郷から中条堤を利根本堤に編入して欲しいとの請願があった。これに対応しての上郷の動きだろう。また10月7日には，大里郡15カ村の上郷の村長が内務大臣へ従来通りの旧形での復旧を陳情した。

内務省は，この件については一切知事に任せてあるので，あえてその可否に関与しないと明言した。また知事は，この問題は周辺村落の利害だけでなく東京の治水にも大いに関係があることなので，未だ可否を決めていないと述べた。その後，10月10日になると上郷は宮本嘉楽（前代議士，元長井村村長）らが中心となって，上郷村民大会を開いた。大会には600名を超える人々が集まり，次のような決議を行った。

一，北埼玉郡上中条堤の増築に付ては，我々堤外人は古来の例規慣習を固守し，極力抗議する事。

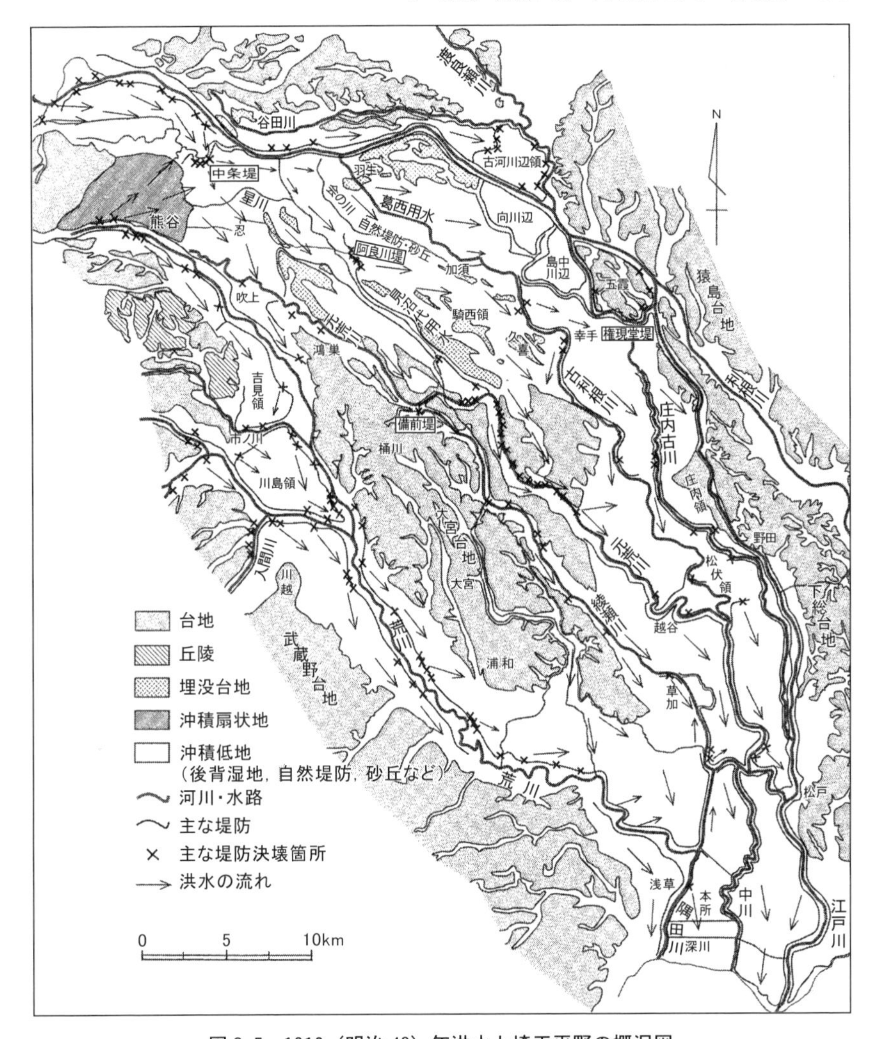

図 8.5　1910（明治 43）年洪水と埼玉平野の概況図

「堀口原図」および 5 万分の 1 地形図をもとに作成（作成：松尾　宏）.

一，大里郡は利根川改修工事完了まで，郡内治水に関する総ての工事は旧形を維持することを期す。

一，前二項の目的を達する為め，本郡は共同一致の歩調を以て処決するものとす。

この決議を以て上郷は，中条堤増築反対の運動を展開した。ただし旧形を絶対に維持するとしたのは，利根川改修工事の竣功までである。その意味で条件闘争であり，利根川沿いの堤防整備が最終目的であった。

これに対し下郷は，10月11日に北埼玉・南埼玉・北葛飾郡の有力者および各議員からなる水越堤防協議会を開き，単なる復旧ではなく改修増築を求める運動を進めることを決めた。

(2) 国による臨時治水調査会での審議

東日本各地で生じたこの大水害に対し，国も積極的に対応した。1910（明治43）年10月10日，内務大臣を会長として45名からなる臨時治水調査会が政府に設置された。このうち民間からただ一人，北埼玉郡出身の湯本義憲が選出され，10月15日から12月21日にかけて新たな治水長期計画をめぐり審議された。

その結果，第5章でみたように，利根川改修計画を見直し，工費1,320万円（新たに江戸川・中川が含まれている）を追加し，工期は4カ年繰り上げて1919年度までに竣功する計画が調査会で策定された。その計画で，福川合流点上流でも烏川合流点まで利根川に沿って堤防が設置されることとなった。中条堤上流部でのこれまでの遊水地の役割は，消去することとなったのである。この計画が国の方針として帝国議会の可決を得たのは，翌11年2月であった。

(3) 埼玉県臨時議会での混乱

臨時治水調査会での審議の最終段階の1910（明治43）年12月20日，埼玉県では水害復旧工事費追加予算審議のため臨時県会が開かれ，中条堤復旧問題が大激論された[(10)]。嶋田知事は「旧形状の復旧工事を行うが，その理由は，第三期改修工事が繰り上がって19年度に竣功すると臨時治水調査会で『決まったかの如くに承知』しているからである。この改修事業が完成したら最終解決となる。だから復旧に留める」と主張した。

旧形に復旧するという知事のこの方針に対し，翌々日の23日，下郷を地盤とする田島春之助がかみついた。臨時治水調査会の決議の設計内容について「或人」から聞いているとまず述べた。「或人」とは，姻せき関係にある湯本義憲と考えて間違いないが，田島は利根川に沿って築堤されるのを既に知っていたのである。

だが田島は，主張する。首尾よく改修事業が進捗してもまだ 9 年も年月があり，これまで 2, 3 年置きに水害を被っていることから，9 年の間には 3, 4 回は惨めな目に会う，さらに従来の事例でみても用地買収などで政府の思うように進まず予定工期で竣功するのは困難だ，そうなると何十回も下流は水害に遭う。

田島は，町村土木費補助を増大させ，復旧以上の修築工事を行う修正案を提出した。だが，県は知事の発案権を侵害する修正となっていて県の提案以外の決議をしているとし，田島の修正要求を県会の権限外のことと応じた。しかし，翌 12 月 24 日の臨時県議会では，県の方針に不満をもつ県議から知事不信任の緊急動議が出され，賛成多数で可決された。県は直ちに知事不信任案決議は県会の権限に属していないとして取り消した。一方，県会は，田島の修正案を多数でもって可決した。だが県は修正を認めず，原案執行を内務・大蔵両者に申請し，1911 年 2 月にこれが許可されたのである。復旧町村土木補助のほとんどは，国からの補助金でまかなわれていた。

1910（明治 43）年 12 月末の臨時県会終了後，知事原案を支持する上郷と，県会修正案を支持する下郷との間で実力行使も伴う厳しい騒動が生じた。上郷では，翌年 1 月 7 日に大里郡民大会が開かれて不信任反対運動が行われ，原案執行を要求した

下郷は，東京とも連携を図り，1911 年 1 月 18 日には県議の案内の下，東京各新聞記者たちによる中条堤視察を行わせた。この視察に対して上郷は警鐘を打ち鳴らし，屈強の男，数千人の招集を行い対抗した。一方，下郷は県により原案執行の命令が出たら，その時は各村から 4 名の人夫を出して腹付工事を強行し，上流からの抵抗は武装して阻止するとの主張が行われた。1 月 19 日と 20 日の両日には，下郷の北埼玉郡各町村はそれぞれ村民大会を開き，増築が成されないときは中条堤を枕にして死する覚悟と述べ，県会修正案の執行を求めていった。まさに一触即発の状況であった。

(4) 仲裁による調停と実力行動 (11)

1911（明治 44）年 1 月末，仲裁人として県出身の貴族院議員，県選出の衆議院議員がなり，関係町村長らを集め調停に努めたが不調に終わった。内務省は原案執行を支持した。原案でも 11 万円という多額の補助費であり，それ以上費や

す必要はないとの判断である。だが下郷は納得せず，内務大臣への堤防増強の陳情をたびたび行った。

しかし2月中頃になると，中条堤修復工事の放置に対する県民の不安が高まり，早朝の工事着手が望まれるようになった。そして埼玉県知事の依頼により，県会議長小林捨三，浦和商業銀行頭取大島寛尓が仲裁人となり，2月22日から3月9日にわたって調停が行われた。一方，中央では2月20日に治水費特別会計法が帝国議会で可決，その前の2月15日には11年度予算案が成立し，新たな改修事業が新年度から着工の運びとなっていた。中条堤について早急な決着が望まれたのだろう。

堤防幅，修築区域をどのようにするのかが調停の最重要な課題であった。上郷，下郷の委員からそれぞれ主張を聞いた後，2月25日に最初の仲裁案が両郷委員に提示され，両郷に譲歩が求められた。その案は次のとおりである。

一，上中条村地内堤防の修築は享和三年取替契約を承認して自今，下郷に於ては本契約に対し異議を唱ひさる事。

一，自今，上中条村地内全堤防の減り下り修築工事の程度は，馬踏三尺以下，法り二割五分以内にして，上郷に於ては異議なく之を承認する事。

この案に対し下郷から，享和三年取替契約の承認は納得できない，堤防について，馬踏（堤防頂上の幅，天端幅）を大きく，法（のり）（勾配）を緩やかにするようにと要求した。もちろん上郷は認めず，さらに小さくするよう主張した。これ以降の話し合いでも上郷・下郷とも強硬な態度を変えず，結局，調停は不調に終わった。3月9日に決裂となったが，直後の3月13日，修正案を認めようとしない県知事に対し，下郷の24カ町村長が辞表を提出した。また，下郷は実力行動でもって自らの主張を通そうと図り，遂に県庁へ大挙して押し寄せるとの行動を実行した。

3月17日夜，下郷の各村で警鐘が乱打され，これを合図に雨の中，各戸から1人ないし2人が集合して一村で隊をつくって浦和に向かい，翌朝10時には3千人を超える人々が県庁前に集まったのである。この後，代表者63人が内務部長と面談したが，知事は上郷と下郷が妥協できるよう公平な決定を行うよう日夜寝食忘れて検討しているとの答えに対し，「腹付け」を行えと絶叫した。だが，昼夜苦心して下郷が納得できる方策を検討しているとの県当局の説明に引き揚げた。

(5) 覚書の調印

一方，新しい年度になると，予算執行を行われなければならない。1911（明治44）年4月4日，嶋田知事は妥協を求め，小林・大島両仲裁人から仲裁案を提出させた。協議は5日午後7時から翌朝3時まで行い，ついに成立し覚書が調印された。その内容は次のものである[12]。

「上下両郷委員会は公益と安寧とに顧み，享和三年の契約及文政十二年の追加契約に準拠し技術者の公平なるを確信し，修築工事の設計方法及び程度を県当局に一任したり。その結果，県当局の設計は上下両郷に於て協定したると同一の効力を有す。但県当局の設計出来の上は，これを仲介者に示したるうえ実行する事」。

結局，具体的な設計は享和3（1803）年と文政12（1829）年の「契約に準拠」し，埼玉県に一任して県技術者が行うこととなった。その最終的な設計は定かでないが，下郷の最上流部にある中条村は，その竣功後の1912年1月，担当した埼玉県技手に感謝の意を表すため金時計を贈呈している。下郷にとって，不満のない修復工事であったと判断される。下流部の執念が勝ったとみてもよい。

逆にいったら，増強にあれほど抵抗していた上郷が，最終的には自らの主張に執着しなかったのである。それは，1910（明治43）年大出水を契機に全面的に見直された利根川改修計画を評価したのだろう。

この計画による利根川改修が完成すれば，中条堤は利根川治水の第一線の堤防ではなくなる。覚書を取り替わす直前，上郷有力者は知事に招かれ，意見交換を行っている。利根川改修の早期実現に向けて妥協するよう説得を受けたことは想像に難くない。中条堤修復について，それまでの極めて強硬な態度を軟化させたのである。

4　新たな改修計画の策定

新たな改修計画は，中条堤上流部にとっては待ちに待った内容であった。酒巻・瀬戸井の狭窄部の拡幅とあいまって本川右岸に連続堤が築かれることとなったが，自らの地域では，ほとんど堤内地の用地買収は行われない（図8.6）。だが実際の工事は，下流から行わなくてはならない。下流部の北埼玉郡での工事が完了してから初めて，酒巻より上流部で着工できる。北埼玉郡では，かなりの用地買

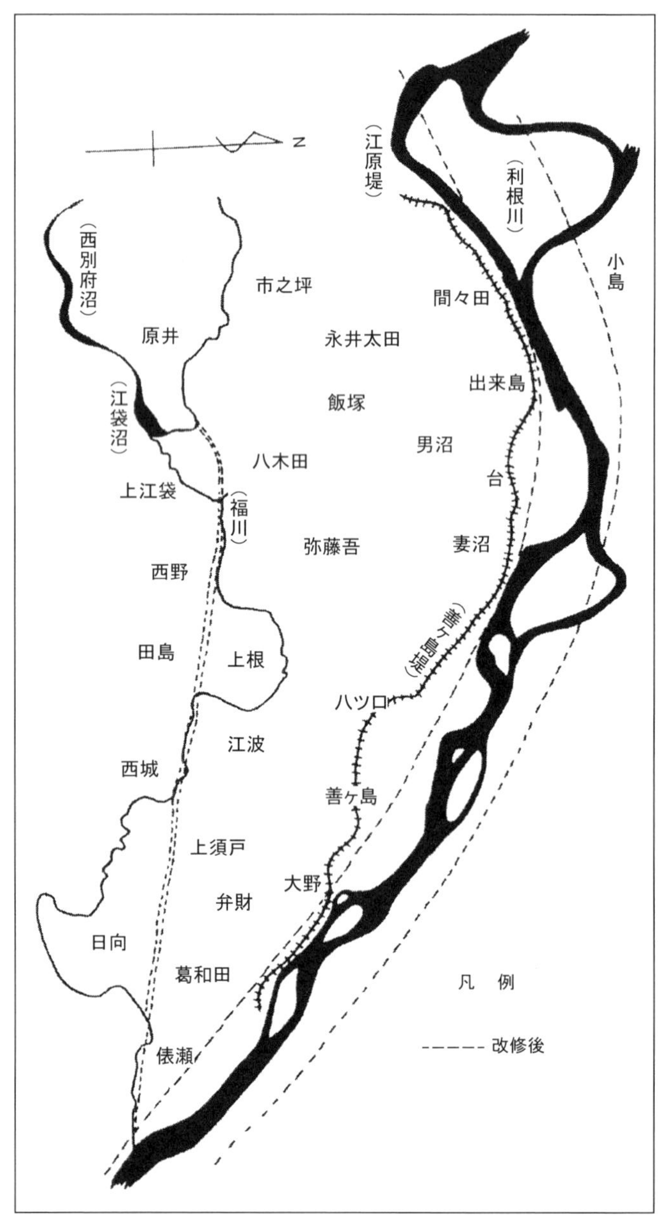

図 8. 6　旧幡羅郡における改修計画概略図
（出典：『妻沼町誌』妻沼町，1977）

収が伴う。今さら北埼玉郡を刺激することは避けるべきと判断したのだろう。

ところで，政府内務省は中条堤上流の大遊水地放棄というこの方針をいつごろ決定したのだろうか。中条堤上流部の大遊水地帯を消去するためには，下流部の洪水疎通の増大を図る必要がある。このため，中田地点の計画対象洪水を毎秒13万5千立法尺（3,340m^3/s）から毎秒20万立方尺（5,570m^3/s）に増大したのであるが，第7章で述べたように，この流量は1910（明治43）年4月に着工された渡良瀬川改修事業で採用されていた。つまり10年8月大出水以前に，既定計画であった1900年計画の見直しは進められていたのである。

渡良瀬川改修計画では，利根川の洪水が渡良瀬川に逆流し，利根川洪水のピーク流量を自然に低減させる効果をもつとしている。その上で中田地点を毎秒20万立方尺（5,570m^3/s）に増加させるとは，利根川上流からの洪水の増大を考慮していたことに他ならない。利根川上流からの洪水増大とは，中条堤上流部遊水地除去ではないかと考えられる。つまり，どこまで具体化されていたかは別にして，このとき遊水地除去が基本方針ないし検討課題となっていたことは間違いないだろう。

1910（明治43）年8月大出水以前からも，さらに大出水以降も，上郷からは利根川に沿った大囲堤の築造と中条堤撤去，下郷からは中条堤強化を求める陳情が内務省に盛んに行われていた。また出水後の大騒動の最中，埼玉県は内務省と連絡をとっていた。内務省がいつ中条堤上流部の遊水地帯の放棄を最終的に決定したのか明らかではないが，大騒乱をみて中条堤を利根川治水の第一線に強化することは不可能だったのである。

新計画では，酒巻・瀬戸井の狭窄部が拡幅され，福川合流点が逆水樋門の設置とともに締切られることとなり，中条堤の上流部にあった大遊水地帯が堤内地へと解放されたのである。

日本の近代治水について「洪水を河道内にすべて押し込め，できるだけ早く海に流すこと」と広くいわれている。横堤によって整備された荒川の大遊水地，また渡良瀬遊水地の築造などをみると，決してそのような単純化はできないが，中条堤をみる限り，その言は当を得ている。

首都・東京にまで洪水が氾濫する利根川は，日本を代表する河川である。その治水計画で中条堤の治水施設としての役割の除去は，日本の近代治水を象徴するものだったといっても過言ではない。これが，治水施設としてそのまま残されていたら，日本の近代治水の性格を変えていただろう。

(注)

(1) 詳細については，松浦茂樹・松尾　宏:『水と闘う地域と人々』武蔵文化研究会（2014）を参照のこと．

(2)『新編埼玉県史　資料編5』埼玉県（1979），p.76.

(3) 武蔵国の郡名．現在の熊谷市と深谷市に含まれる範囲．1896（明治29）年に大里郡と合併し大里郡となった．

(4)『妻沼町誌』妻沼町（1977），pp. 195-196.

(5) 坂田純一：『利根川中流部治水に関する考察』東京大学卒業論文（1978）.

(6)『妻沼町誌』前出，pp.201-203.

(7)『妻沼町誌』前出，pp.197-198.

(8) 近藤仙太郎：「利根川高水工事計画意見書」

(9)『茨城県治水調査会意見書』茨城県（1908）.

(10)『明治四十三年埼玉県臨時県会議事録』埼玉県議会.

(11)『熊谷市日向　船田家文書』『埼玉新報』による.

(12)『熊谷市日向　船田家文書』による.

第9章　1938（昭和13）年の利根川増補計画

1　明治の「国土づくり」の完成

1930（昭和5）年，予定より7年遅れて利根川改修竣功式が行われた。1900（明治33）年の着手から31年の歳月を要し，総工費約6,340万円，延2,714万人が従事し，その土工量は掘削・浚渫が1億2076万 m^3，築堤が6,767万 m^3 で，パナマ運河工事の掘削・浚渫土量約1億8000万 m^3 に匹敵するものだった。同様に，増補工事が加えられた淀川は1931年度，大河津分水堰の一部が陥没し補修工事が追加された信濃川は1931年の竣功であった。淀川の竣功を祝って「治国在治水」，つまり「国を治めるには水を治めるに在り」と高々と謳われた[(1)]。また，信濃川改修で現地を指導した青山 士は，次の言葉を記念碑に刻んでいる。

「萬象ニ天意ヲ覚ル者ハ幸ナリ。人間ノ為メ，国ノ為メ」

港湾事業は，既に大正時代に横浜港，神戸港，大阪港，名古屋港，新潟港などが竣功していたが，昭和に入り関門海峡港などを竣功させた。一方，鉄道についてみると，1913（大正2）年，北陸線の泊・直江津間の開通により列島主要部の幹線網を完成させ，24年には羽越本線が全通して日本海岸縦貫線が完成となった。その後，残りの幹線は昭和になって山陰本線が33（昭和8）年，高知と高松を結ぶ土讃線が35年に開通した。

「明治の国土づくり」は，昭和初期に完成したのである。これ以降，治水については広島の太田川，岡山の旭川，和歌山の紀の川というように，地方都市を流れる中河川の改修が国直轄で始まった。また，国からの補助により小規模な河川でも改修が行われるようになった。その後、1934（昭和9）年，10年と日本は大水害に見舞われたが，利根川でも大洪水に襲われ，新たな計画が策定された。次に，その策定の経緯をみていきたい。

2　1935（昭和10）年，1938（昭和13）年大洪水と流量改訂

(1) 洪水と水害

明治改修の竣功から間もない1935（昭和10）年9月，利根川は大出水となった。本川で破堤することはなかったが，本川の高水位上昇のため中利根川に合流している小貝川で破堤し，氾濫水は利根川左岸の耕地を流れて霞ヶ浦まで大湛水となった。ここに新たな改修計画が検討されることとなったのである。

1935年9月洪水は，利根川山地流域の豪雨によりもたらされたもので，本川上流域と烏川の洪水がほぼピーク時に合流して大出水となった。本川平野部では全川にわたって計画水位を上回り，1910（明治43）年洪水と比べると，基準点栗橋[(2)]で1.35m，佐原で1.47mを上回るなど当時の既往最高水位を記録した。築堤箇所では，計画高水位以上の堤防余裕高と必死の水防活動により破堤・越水を免れた。上利根川の大洪水が上利根川で破堤することなく中利根川に流入した有史以来，初めての洪水であった。

だが，下流部では利根川本川の洪水時間が長かったため，その逆流により洪水流下が抑えられた小貝川で，合流点上流の左岸が決壊した。氾濫水は霞ヶ浦まで流れて家屋約4,700戸，耕地約1万haが浸水した。

一方，中条堤の上流部，つまり福川合流点上流では，締め切られていなかった早川，石田川ほかの支川合流部から利根川洪水は堤内に氾濫した。湛水面積は早川沿岸で約400ha，石田川沿岸で約540haにのぼった。しかし，明治改修計画通りの氾濫といってよい。

その後，改修計画が検討されている最中の1938（昭和13）年，2回の洪水に襲われた。まず6～7月，霞ヶ浦，小貝川，印旛沼，渡良瀬川下流部，鬼怒川下流部などの低地部河川で大洪水が生じ湛水面積は約2万2230haに達した。霞ヶ浦の水位は，約1カ月も通常時の水位（平水位）に帰らなかった。また中川流域では，流域の半分以上の約5万4000haで浸水した。この豪雨は山地部では少なく低地部に集中していて，利根川本川は中規模な洪水であった。

続いて2カ月後の同年8月末から9月初めにかけ，渡良瀬川，鬼怒川，神流川などの流域で豪雨が生じ，渡良瀬川，鬼怒川では大きな被害を出した。利根川本

表 9.1　1935（昭和 10）年 9 月，38 年 9 月実績洪水流量

河　川	観測所	観測年月日	水　位 (m)	実測流量 (m^3/s)	水位・流量曲線から得た値 (m^3/s)
利根川	上福島	1935 年 9 月 26 日	7.10	5,836	5,010
烏　川	岩　鼻	1935 年 9 月 26 日	4.35	4,494	4,910
神流川	渡　瀬	1938 年 9 月　1 日	4.00	2,528	2,680
利根川	川　俣	1935 年 9 月 26 日	6.09	——	8,820
	栗　橋	1935 年 9 月 26 日	7.99	9,433	8,800
	芽　吹	1935 年 9 月 26 日	8.11	6,883	6,220
	布　川	1935 年 9 月 26 日	9.45	6,354	6,420
江戸川	関　宿	1935 年 9 月 26 日	8.24	2,678	2,405
渡良瀬川	福　富	1938 年 9 月　1 日	7.43	2,892	3,030

（出典：小坂　忠『近代利根川治水に関する計画的研究』，1995）

川の水位をみると，渡良瀬川合流点より上流では，計画高水位程度の水位であったが，その下流部では，渡良瀬川・鬼怒川からの洪水により水位は高まり，栗橋地点において 60cm など各地で計画水位を上回った。これらの出水を対象にして再検討が行われ，1938（昭和 13）年度に策定されて翌 39 年度から工事が開始されたのが利根川増補計画である。

(2) 観測流量

1935（昭和 10）年，38 年の既往洪水をもとに計画流量は決められていった。利根川本川のベースとなったのは，35 年洪水であった。浮子を投下して流速の実測が行われたが，観測結果は果たしてピーク流量をとらえていたのかどうか，またその性格上，観測データには補正が必要であり当然誤差が生じるが，その数値は妥当なものかどうかなどの問題がある。このため，他の方法で検証を行いながら決められていった。他の方法とは，各地点の水位・流量曲線，降雨量に基づく合理式での換算，比流量による方法である。

実測流量と水位・流量曲線から得た値は，表 9.1 のように評価された。これに基づき，烏川との合流点（八斗島地点）の利根川本川ではピーク流量約 10,000m^3/s と判断された。両川のピークがちょうど重なったとして，このように算出されたのである。一方，下流の渡良瀬川合流前の川俣では水位・流量曲線から約 9,000m^3/s と算出されていた。烏川合流点から川俣までの間で約 1,000m^3/s のピーク流量の低減がみられたのであるが，これは福川合流点上流の 900 町歩

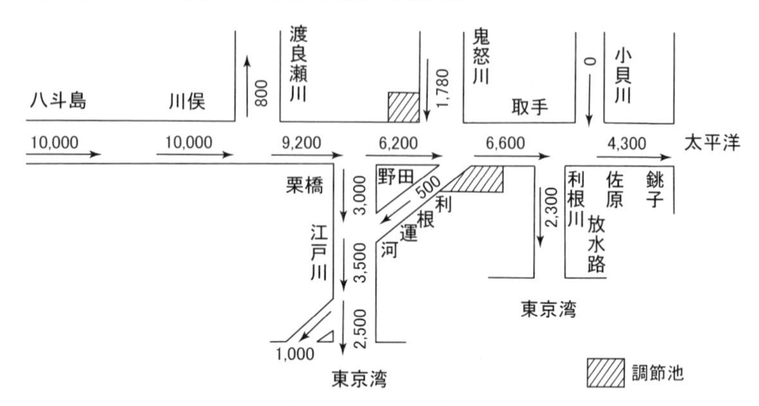

図 9. 1　1938（昭和 13）年度改訂の利根川増補計画における流量配分（単位：m^3/s）

（900ha）に及ぶ堤外遊水敷と，早川・石田川等沿岸への逆流による遊水に起因したものと考えられた。さらに，渡良瀬川にも逆流が生じたと認識され，その逆流量 570m^3/s と報告された。

（3）計画対象流量の決定

計画は，内務省に「利根川治水専門委員会」を設置して決められたが，決定した計画対象流量は図 9.1 に示す。

烏川合流直後の八斗島地点（流域面積 5,114km^2）での計画流量は，実績に基づき 10,000m^3/s とされた。これが計画の出発点となった。それまでの明治改修での計画流量 5,570m^3/s に比べ，約 1.8 倍となったのである。渡良瀬川合流点前の川俣でも，八斗島地点と同様に 10,000m^3/s とされた。

渡良瀬川を合流した直後の栗橋では 800m^3/s を渡良瀬遊水地へ逆流させ，9,200 m^3/s とされた。その後江戸川に 3,000m^3/s，関宿から下流部に 6,200m^3/s 流出させるものだった。つまり，栗橋地点において明治改修計画より増大した 4,430m^3/s について，800m^3/s を渡良瀬川に逆流させ，江戸川には 770m^3/s 増大させる。また，関宿から中利根川には 2,860m^3/s 増大させるものだった。

関宿から下流部の中利根川では，小貝川の合流量は明治改修と同様に 0m^3/s とされたが，鬼怒川からの合流量は 1,780m^3/s とされた。この結果，中利根川最下流部の布佐・布川地点では 7,980m^3/s となる。一方，布佐・布川下流の下利根川では，内水排除等の問題により明治改修と同様4,300m^3/sとされ，その差は3,680m^3/sであった。これをどのように処理していったのか。

鬼怒川では，関宿・取手間にある大堤外地を調節池として整備し，明治改修より少ない900m^3/sを利根川洪水ピーク時合流量とした。調節池によって880m^3/s減少させる計画である。また，500m^3/sを利根運河を利用して江戸川に流下させ，さらに布佐・布川狭窄部の上流に位置する千葉県東葛飾郡湖北村から東京湾に抜く放水路で2,300m^3/s流下させたのである。

3 事業計画

計画の出発点となる烏川合流直後の八斗島地点の計画対象流量は実績をベースにして決められたが，下流部における流量配分は経済性，用地確保などの実現性を含めて決められた。工事概要も含めて，どのような検討のもとに設定されたのかみていこう。

(1) 八斗島地点から渡良瀬川合流点上流まで

石田川・早川・小山川・広瀬川などの支川の合流口は，それまでの霞堤は締め切られ本川と同じほどの高さまで堤防かさ上げが行われることとなった。地域の動向を踏まえ，氾濫は許容できないとの判断となったのである。これにより，逆流によるピーク流量低減は除外された。当然，それだけピーク流量は増大する。さらに，福川合流点上流での河道貯留効果は，安全のため無視した方がよいとの判断で考慮されなかった。この結果，渡良瀬川合流点までの計画流量は，水位・流量曲線より求めた川俣流量9,000m^3/sではなく，八斗島地点と同様10,000m^3/sとなったのである。

増補工事では，堤防かさ上げと高水敷の掘削が主であったが，川俣から江戸川分流点までの川幅は，それまでの545mから650mに拡幅され，不足部分では引堤工事が行われることとなった。

(2) 渡良瀬遊水地の調節池化

渡良瀬遊水地への800m^3/sの逆流は，遊水地内での越流堤設置による調節池で対応可能としたが，その妥当性についていろいろ議論された。内務省東京土木出張所での打ち合わせでは，反対意見もあったが，原案どおり500m^3/s遊水地に逆流させることとなった。だが，続いて内務本省に設置された「利根川治水専門委員会」の議論では，本川洪水の調節には問題があると否定され，従来どおり逆流そして渡良瀬川からの合流量は0m^3/sとした。これにより栗橋地点は10,000m^3/sとされた。

しかし，別の観点から渡良瀬遊水地が注目された。東京市では第3水道拡張事業計画のため水源調査が行われていたが，その一つとして遊水地を貯水池として利用する案が登場したのである。「利根川治水専門委員会」での検討終了後，東京市から内務省へ委託されて調査が進められ，「利根川治水利水総合計画」としてまとめられた。

その方針は，遊水地に新たに囲繞堤を設置し貯水池とするとともに，そこに越流堤を設置して調節池として洪水調節をも行おうとするものであった。渡良瀬川・思川も新たに改修し，この調節池に利根川からの逆水1,000m^3/sを入れようとする案であった。だが，東京市は水道水源を奥利根川に求めたこともあり決定とならなかった。

ところが，1938（昭和13）年8～9月洪水で渡良瀬川は大出水となり，この洪水をもとに本川では2,500m^3/sを3,200m^3/s, 思川では1,670m^3/sを3,700m^3/sにと，計画流量は大幅増大された。しかし，渡良瀬遊水地を調節池化することによりピーク流量が効率的に調節され，利根川本川への合流量は0m^3/sとされた。渡良瀬川改修計画から，遊水地の調節池化が決定されたのである。これを受け，利根川洪水の逆流調節も水理的に検討され，800m^3/sの調節が可能とされて増補計画となったのである。35年出水では渡良瀬川洪水はそれほど大きくなく，35年洪水を対象にすると渡良瀬遊水地には余裕があったのである。

洪水調節池工事は，囲繞堤の新設，囲繞堤の一部に越流堤と排水門を設置し，合わせて遊水地内の河道の整備を行うものだった。

(3) 江戸川

基本的に河道の拡幅は行わず，既存堤防のかさ上げで進める方針で決定された。江戸川では，利根運河合流点の上下流で疎通能力に違いがあった。その上流部は台地により河幅は狭く疎通能力は小さかった。ここでは，1935（昭和10）年出水の際の実績分派量2,700m^3/sをベースに3,000m^3/sを計画対象流量とした。明治改修より770m^3/sの増加であった。一方，利根運河合流点より下流では，河道に余裕があるとして利根運河から500m^3/s導水し，3,500m^3/sとなった。このうち1,000m^3/sを放水路に分派させるものだった。

事業として，川幅はだいたい現状のままとし，堤防のかさ上げ，高水敷の一部掘削で河積の確保を図った。狭窄部となっている宝珠花上流では，一部引堤が計画された。また，下流部の放水路は浚渫が計画された。利根運河では，堤防のかさ上げ，一部引堤，利根川分派地点での洗堰の設置が計画された。

(4) 鬼怒川合流量

鬼怒川で最初の改修計画が樹立されたのは，1923（大正12）年である[3]。15年に大きな水害を受け，この後，調査が進められて計画が作成されたが，すでに利根川改修計画で最下流部の利根川への合流量は2,000m^3/s，利根川洪水ピーク時の合流量は970m^3/sとされて事業は進められていた。これが強い制約となり，上流山地部でのダム貯水池と合流部付近の調節池での洪水調節が導入されたのである。

計画では，利根川合流量は2,500m^3/s（ピーク時合流量1,600m^3/s）とされたが，合流点付近に菅生遊水地（550ha），その下流対岸に田中遊水地（1,100ha）を洪水調節池として築造し，ここに貯溜してピーク時合流量を以前と同様に970m^3/sとするものだった（第14章図14.3参照）。洪水調節池化は渡良瀬遊水地と同様に囲繞堤，越流堤，排水門より整備するものだった。

だが，開始されたダム（鬼怒川堰堤）工事の途中で調査時点では見つからなかった大断層がダム地点で現れ，1933（昭和8）年中止となった。早々に改修計画は見直され，ダム計画を撤回するとともに旧河道の利用による遊水効果などが勘案されて利根川合流量は2,680m^3/s（ピーク時合流量1,780m^3/s）となったのである。ピーク時洪水量は180m^3/s増大したが，調節池化された菅生遊水地と田中遊水地で810m^3/s洪水調節し，以前と同様に970m^3/sを合流量とした。

さらに，1938（昭和13）年9月洪水後，大きな変更をみた。下流板戸井地点で2,750m^3/sの出水となり，これまでの計画流量2,680m^3/sを上回ったのである。

ここに計画見直しが行われ，鬼怒川堰堤（五十里ダム）がロックフィルダムとして復活し，利根川ピーク時合流量は1,400m^3/sとされ，このうち500m^3/sが菅生，田中調節池で調節されて900m^3/sが合流量とされた。菅生，田中調節池は500m^3/sを調節する計画となったのである[(4)]。

五十里ダムは，1942（昭和17）年着手されたが，戦争のため中断となった。

(5) 東京湾への新放水路計画

東京湾へ2,300m^3/s流下させる放水路が計画された。手賀沼を横断し，印旛沼西端を通って台地を開削し船橋市から東京湾へ流出する約27kmの放水路である（第12章図12.6参照）。その河口部では千葉臨海工業地帯造成工事が計画されていたが，その中を横切る計画である。放水路の最大水深は7～9mで，河口での浚渫も合わせ，その掘削土量は7,400万m^{3}と想定されていた。

この放水路は，印旛沼・手賀沼沿岸の3,000haの干拓，臨海工業地帯1,200haの造成埋立工事の土砂確保，東京湾と利根下流・霞ヶ浦・北浦方面との間の舟運機能も期待されていた。1935（昭和10）年12月，千葉県印旛郡・香取郡・東葛飾郡の有力者によって「千葉県治水協会」が創設され，放水路新設が決議された。また茨城県でも国会議員,町村長等によって36年1月「利根期成大会」が開催され，印旛放水路の開削が決議された。利根川下流部地域での放水路新設の期待は大きかったのである。

なお千葉臨海部と利根川とを結ぶ舟運機能の期待については，さらに第12章で述べていきたい。

(6) 下利根川

布佐・布川の狭窄部下流の下利根川の計画流量は明治改修と同じとされた。ここの区間では，本川の水位が上昇すると内水排除が困難となり激甚な被害となるとして，既往の計画高水位を上限としたのである。また地盤が軟弱なため，堤防を高くすれば沈下して堤防の維持が困難なことも考慮された。川幅は原則として拡幅せず，堤防は拡築補強し河床が上昇しているところは浚渫とした。また霞ヶ浦の高水位対策として，利根川と連絡する既存水路の拡大とともに，利根川水位が低いとき放水させるため利根川堤防に水門を設置することとした。

(7) 小貝川付替計画

小貝川下流部でも新たな計画が策定された。1935（昭和 10）年洪水では，利根川からの逆流と小貝川洪水がぶつかる地点で破堤となった。このため新河道を台地の東側に開削し，狭窄部を迂回してその下流で利根川に合流させる計画であった（第 14 章図 14.6 参照）。狭窄部下流で合流させることにより，逆流水位の低下とその継続時間を短くすることを図ったのである。小貝川下流部では明治時代に 3 回，さらに 1941 年 7 月出水でも決壊をみている。

4　計画の評価

(1) 富永正義による計画対象流量の評価

増補計画を中心となって策定したのは，内務技師富永正義である。彼は利根川計画対象流量について，以下のような評価を行っている[(5)]。

「洪水を規模によって分類すると次の 5 種類となる。

ⓘ毎年生じる程度の洪水

ⓘⓘ数年ごとに生じる程度の洪水

ⓘⓘⓘ十数年ごとに生じる程度の洪水

ⓘⓥ数十年ごとに生じる洪水

ⓥ百年ないし数百年ごとに生じる洪水

1900（明治 33）年度から始まった事業は，2 ～ 3 年に 1 回生じる洪水が対象であった。10 年洪水は，雨量から検討するに烏川合流点では 8,500 ～ 9,000m^3/s と推定される。だが 5,570m^3/s を対象とした。この流量は 10 年に 1 回程度生じる洪水であった。一方，今回の増補計画では数十年ごとに生じる洪水が計画の対象となった。」

このように，今回の計画流量が数十年に 1 回生じる程度の大きさであると評価する。そうであるなら，100 年の期間を考えたら当然，これ以上の洪水の発生は生じ得ることとなる。事実，戦後の 1947（昭和 22）年，増補計画を越える洪水が発生し，新たな計画が踏み出された。それについては，第 14 章で述べていく。

(2) 増補計画の特徴

増補計画とは，従来の計画を大きくして補うとの意味である。従来の計画とは明治改修であるが，この事業によって平野部ではしっかりとした堤防が築かれ，堤防によって堤内地と堤外地は明瞭に区分されるようになった。この状況で流下能力を増大させるため大規模な引堤を行うと新たな用地が必要となり，地域から強い反発を受けるのは目に見えている。明治改修の強い制約のもと，新たな計画が策定されたのである。その計画として，洪水の一部を平地部河道内に計画的に貯溜してピーク流量を低減するとともに，東京湾に抜く放水路が登場したのである。この一環として，渡良瀬遊水地を洪水調節池に整備し，利根川本川の洪水調節にも利用する計画とした。

また鬼怒川では，利根川合流部での調整池の設置とともに，山間部に洪水調節ダムが登場した。日本で最初のダム洪水調節計画である。この背景には，海外とくにアメリカ合衆国からの刺激があった。改修計画は内務省土木試験所長物部長穂の指導のもとに策定されていったが，物部は日本の洪水はピークが非常に鋭いシャープな波形であるので，ダムによる洪水調節は有効だと，その効果を指摘した[(6)]。合わせて，灌漑・発電の利用も論じ，多目的ダム築造を主張したのである。また菅生，田中の平地部調節池は物部の発案であり，外国にも先例にない新しい試みと評価されている。

また鬼怒川では，計画対象流量を定めるのに降雨量から流出モデルを用いて流量を求めていった。利根川改修では既往洪水を重要な参考資料として決められていったが，鬼怒川ではこれと異なる手法で求められたのである。因みに，山地部ダムによる治水計画が日本で本格的に導入されるのは戦後である。また流出モデルを用い，降雨から流量を求める手法が全面的に取り入れられるようになったのは高度経済成長期である。

ところで，上利根川の福川合流点上流部の支川では，明治改修でも堤内地に氾濫させる計画であった。しかし，増補計画では計画的な堤内氾濫はなくなった。河道内（堤外地）に洪水すべてを押し込もうとの方針が，ここに完結したのである。

(注)

(1) 武岡充忠：『淀川治水誌』(1931)，pp.15–16.

「治国在治水」とほぼ同じ意味の「水（河）を治めるものは国を治める」は，実に有名なフレーズであり，中国から伝えられたといわれている．だが，中国の専門家あるいは中国からの留学生に聞いたところ，ほとんど知らなかった．「治国在治水」は，あるいは淀川竣功を祝うにあたり日本で生まれたフレーズかもしれない．少なくとも，この言葉が日本で有名になるのはこれ以降だと考えている．

(2) それまでの基準点であった中田の対岸に位置する．中田は明治改修による河道拡幅で消滅した．

(3) 詳細については，拙稿「鬼怒川近代改修計画から「2015 年台風 18 号水害」を考える」，『季刊河川レビュー』（2015），No.166 を参照のこと．

(4) 小坂　忠：『近代利根川治水に関する計画論的評価に関する研究』（1995），p.145 によるが，なぜこのような計画となったのかはっきりしないところがある．

(5) 富永正義：『河川』岩波書店（1942）．

(6) 物部長穂：「わが国における河川流量の調節ならびに貯水事業について」，西川　喬：『治水長期計画の歴史』水利科学研究所（1969），pp.65–69.

（参考文献）

利根川百年史編集委員会：『利根川百年史』建設省関東地方整備局（1987）．

小坂　忠：『近代利根川治水に関する計画論的評価に関する研究』（1995）．

第10章　戦前の埼玉平野の治水整備

埼玉平野は，大河川である利根川，その派川江戸川，荒川（2,940km^2）に囲まれている。また埼玉平野内には，平地河川である中川（811km^2，うち埼玉県752km^2），綾瀬川（176km^2，うち埼玉県136km^2）が流れている。

これらの河川を通じて埼玉県内の排水は行われるが，海無し県のため直接，海に流出されることはなく，他都県を流下したのち放出される。なかでも古利根川（182 km^2）・元荒川（209 km^2）などの埼玉平野東部低地部の洪水は，中川に落ちる。中川を通じて東京都内を流下したのち東京湾に流出される（図10.1）。

中川は埼玉平野の洪水処理にとって実に重要な役割をもっており，その整備は埼玉県にとって死活問題といってよく，長年の課題であった。この中川が1910（明治43）年大水害後，利根川改修計画の一環として国直轄事業として改修されることとなったのである。これと合わせ，埼玉県でもその支川である古利根川・元荒川などの整備が進められた。ここでは，近世の治水秩序をふまえ戦前の埼玉平野の治水整備について述べていく。

1　近世の河道整備と治水秩序

(1) 埼玉平野の開発と河道整備

埼玉平野は近世になって本格的な開発が進められたが，近世での開発のピークは2回あった。第一次が元和（1615～23年）から正保（1644～47年）にかけての近世前期であり，第二次が近世中期の享保年間（1716～35年）である。前期を指導したのが，代々関東郡代を継いだ伊奈氏で，その特徴は用水源として溜井（ため池）を整備したことである。その代表的な溜井として，見沼，高沼，黒沼などがある。

溜井を中心とした整備は，延宝年間（1673～80年）頃になると限界に達し，新たな開発が求められてきた。用水源を新たに利根川に求めて見沼代用水路を

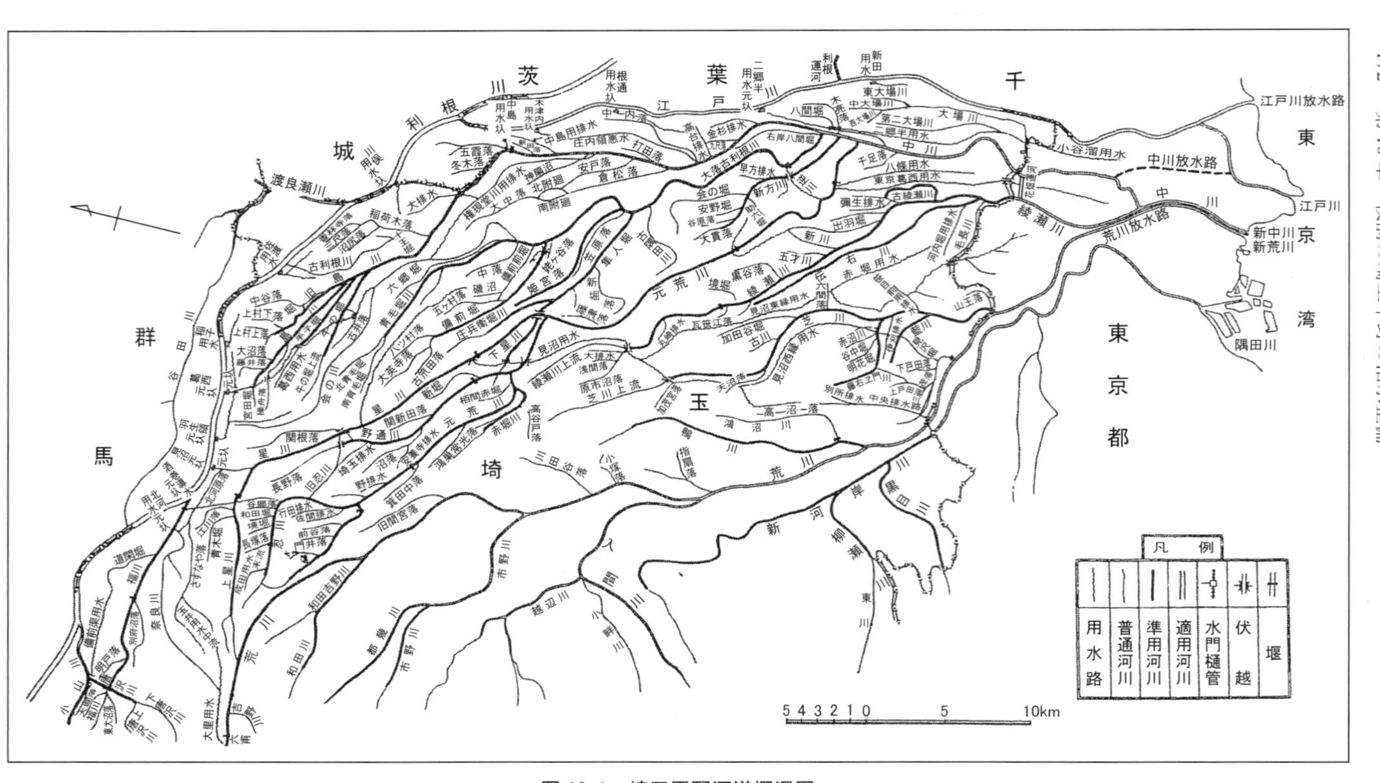

図10.1　埼玉平野河道概況図

（注）1955年頃の概況図であり，中川放水路（新中川）は工事中で，芝川放水路（新芝川），綾瀬川放水路，三郷放水路は築造されていない．
（出典：『埼玉県中川水系事務所資料』を修正，加筆）

開削し，また排水路を整備し溜井を開墾して水田化したのが第二次の開発である。その指導を行ったのが井澤弥惣兵衛為永であり，見沼溜井など埼玉平野の多くの溜井が水田となった。また,埼玉平野の排水を受けもつ中川･綾瀬川が整備された。

当時,古利根川の下流である中川は,亀有で堰止められ溜井（亀有溜井）となっていた（図 10.2)。古利根川は，猿ヶ又で直角近く曲流し江戸川に洪水を流下させていた。井澤は，亀有溜井を撤去し排水河川として整備し，その河道に古利根川を流下させた。その代替として，江戸川に流入していた古利根川河道下流部を上下流で締め切って小合溜井としたのである。今日の東京都内での排水河川・中川の誕生であり，当時，中川は古利根川下流部の東京都内河道を指していた。また綾瀬川でも，蛇行区間を直線化し排水路として整備された。

井澤によって整備された河道を基本にして近代を迎えたのである。当然ながら,当時の技術水準の制約の下に整備されていた。

(2) 埼玉平野の控堤と水共同体

一方，埼玉平野は大河川である利根川・荒川の氾濫原であり，大出水のときにはたびたび氾濫していた。その氾濫に備えたのが控堤である。控堤とは，河川に沿い平行に築かれた堤防ではなく，平野の中にみられる堤防である。有名なのが中条堤であり備前堤であり，また権現堂堤である（図 10.3)。

近代改修が行われる以前の利根川・荒川沿いの堤防は，今日の堤防に比べたら極めて貧弱で，利根川・荒川の大出水のたびに埼玉平野は洪水に洗われていた。また，熊谷上流の荒川扇状地にある 6 個の用水路の取り入れ口は閉じられることなく，ここから洪水は常に氾濫していた。このため埼玉平野では，氾濫することを前提としてその対応が図られ，控堤が重要な役割を果たしていた。自然堤防を巧みに利用し，それに控堤を組み合わせて各ブロックごとに防御する洪水防禦システムをつくっていたのである。

例えば，中条堤からその直下流で氾濫した利根川洪水，また熊谷から吹上にかけて荒川左岸から溢れた洪水は忍領に入り,石田堤で遮られて星川,元荒川に沿って流下する。元荒川筋に流下した洪水は備前堤でくい止められるが，ここを決壊した洪水は岩槻領を氾濫させる。一方，星川筋の氾濫水は対しては，阿良川堤によって騎西領は守られる。

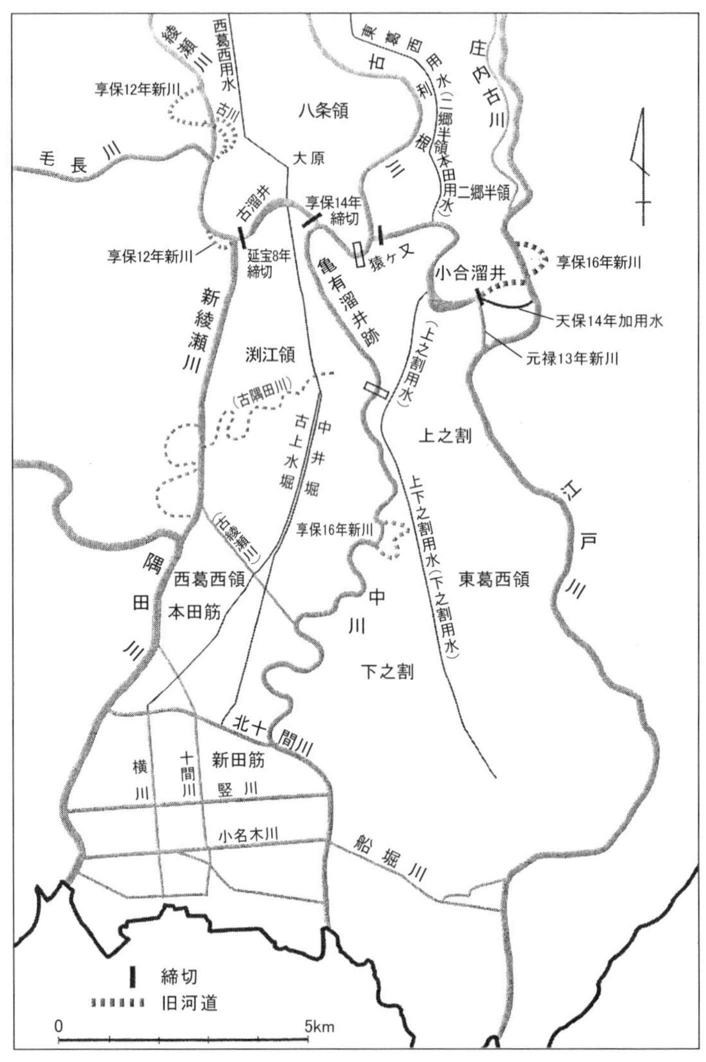

図 10. 2　東京都東部沖積低地における 1730（享保 15）年以降の近世河道概況
（出典：橋本直子『耕地開発と景観の自然学』古今書院，2010，に一部加筆）

また権現堂堤を決壊した洪水は，幸手領・庄内領に氾濫し，庄内古川を南下して右岸松伏堤によりくい止められるが，そこが決壊すると，松伏領に入り古利根川に流れ込む。古利根川に流下した洪水，さらに対岸の二郷半領を襲った洪水は

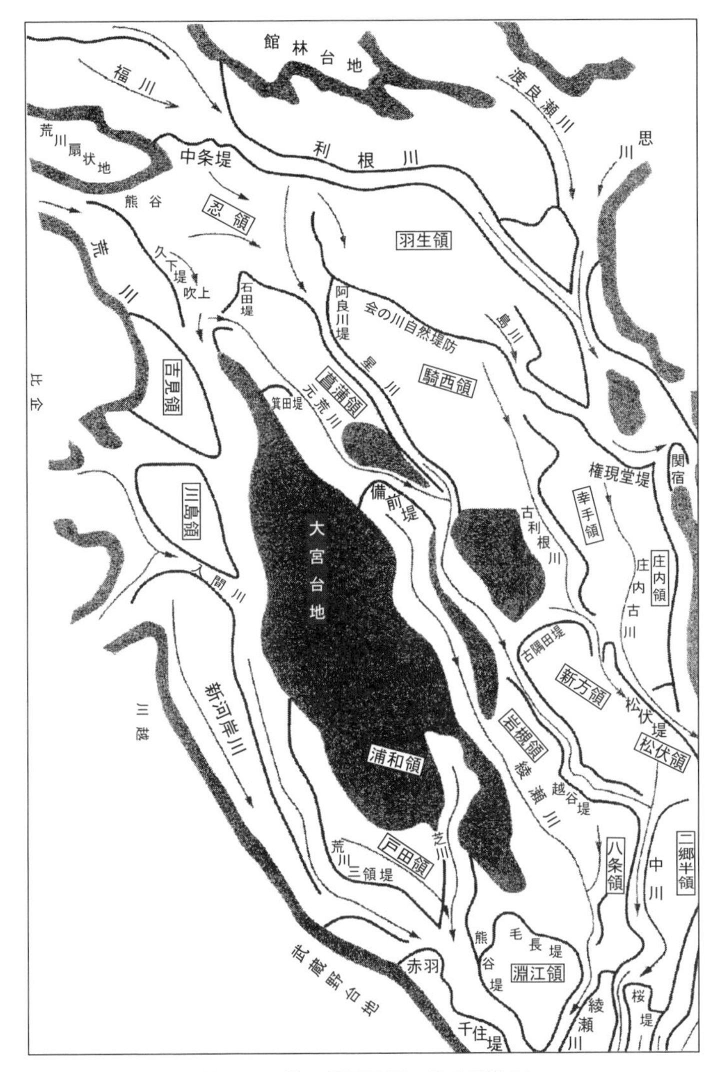

図 10.3　埼玉平野控堤・治水概略図
（出典：『中川水系領域誌』埼玉県治水協会，1960，に一部修正）

桜堤でくい止めるが，ここを突破したら東京低地部が襲われることとなる。また，毛長堤が決壊したら淵江領が洗われ，東京下町に流れ込んでいく。東京下町から考えてみたら，利根川・荒川の氾濫に対し，本堤ともあわせ5段ないし4段の堤による防御となっている。

このような堤内氾濫に対したびたび浸水する区域では，被害を避けるため民家は宅地を盛土し，また避難のための水塚をつくり舟を準備しているところもあった。しかし，堤内地にあるこの控堤は，その上流・下流でまったく利害が反する。その堤防によって守られる下流の地域（下郷）は，堤防の一層の強化を願うが，そうなると上流での湛水は大となり被害は深刻となっていく。控堤より上流地域（上郷）がそれに反対するのは当然で，さらに堤防の切り下げなどを要求していった。この堤防をめぐって上郷，下郷との間で激しい軋轢（あつれき）が生じるのが常であった。控堤は論所堤だったのである。ここでは，排水樋門一つ設置するのに大論争が生じたのである。第8章で，このような上郷・下郷の厳しい地域対立として中条堤の論争をみてきたところである。

ところで，控堤等により区域分けされた地域の人々は洪水防御に対して共通の利害をもつ。さらに農業用水利用も共同で行われることが多く，共同体的な意識を濃密にもってまとまり「領」と呼ばれていた。ここは結束力が強く，他の領あるいは幕藩庁に対して自らの利害を一致して主張していた。これらの共同体は，用排水の利害の下に団結した「水共同体」ととらえてよいものであった。

2　近代化と治水課題

埼玉平野には農地が広く拡がる。1899（明治32）年，農地整備のための耕地整理法が公布されたが，そのためには悪水排除のため排水路，さらに河川の整備が必要となる。新たな発展に対し河川改修が強く求められていた。1919（大正8）年の埼玉県知事訓示は「本県は全国有数の水害地にして，災害の二大基幹たる利根川の改修，未だその全功を終わるに至らず。荒川の改修の如きに至りては，前途尚甚だ遠し」[(1)]と述べている。利根川・荒川改修が大きな課題であったことがわかるが，これらの改修が進むと埼玉平野内河川の整備が問題となってくる。平地部の河川状況について，「本県平坦部に於ける河川及用水路は，組織整正ならず。加うるに河状荒廃し，排水能力微弱にして累年湛水の害あり。一面また，用水の不足に苦むもの少なからず」と認識していた[(2)]。

埼玉県にとって治水問題は緊要な政策課題であったが，当時の平野内河川の代表的な治水問題についてみていこう。

(1) 溜井と治水

古利根川，元荒川は埼玉平野の排水に対して重要な河道であったが，河道を利用して用水源となる溜井がつくられていた。亀有溜井は井澤により廃止されたが，古利根川には琵琶溜井，松伏溜井があった。また元荒川には，末田須賀溜井と瓦曽根溜井があった。これらは井澤為永の登場以前に設置されており，河道を横断する締切堤（堰）によって築かれていた（図 10.4）。これらの溜井は，洪水を流す河道が貯水池となり，また河道は，用水路にもなっていたのである。

例えば古利根川をみると，その上流端は青毛堀川が合流する直上流であるが，青毛堀川合流点から松伏増林（古利根）堰までの約 24km は葛西用水路として利用された。青毛堀川を合流したのち約 12km の間で備前堀川，姫宮落川，隼人堀川，古隅田川などを合流させるが，これらからの落水が古利根川河道に流入し，葛西用水の水源となっていたのである。支川が合流する区間は大落（おおおとし）と呼ばれていた。

青毛堀川合流点上流の河道は，利根川から取水する葛西用水路として利用され，合流点からそう遠くない上流に琵琶溜井があり，ここで中郷用水などが取水された。葛西用水は，その下流の松伏溜井から取水され，逆川（鷺後用水路）により元荒川に導水されて瓦曽根溜井で貯留された。

河道内での溜井の存在は，洪水の流下にとって支障となっていた。締切堤（堰）の構造を少しみよう。元荒川にある末田須賀溜井では 13km にもわたって河道に貯溜されていたが，右岸・左岸に洗堰を設置した堤防で締切られていた。洗堰は竹洗流と呼ばれ，竹を材料とした蛇籠や土俵を積み上げてつくられていた。この洗堰の高さを巡り，上流・下流とで厳しい地域対立が生じていた。氾濫を恐れる上流側にとって洪水位は低くあって欲しい，このため当然ながら堰を低くしょうとする。一方，溜井が用水源となっている下流側は，貯溜量を少しでも多くするため高い堰をつくろうとする。

末田須賀溜井では，長く対立が続いたのち寛延 3（1750）年，右岸側は固定堰の石堰とし，その高さを定めた石の定杭が設置された。この石堰は 1871（明治 4）年に廃されるが，代わりに開閉扉式の木造堰枠が設置された。堰枠とは，固定堰

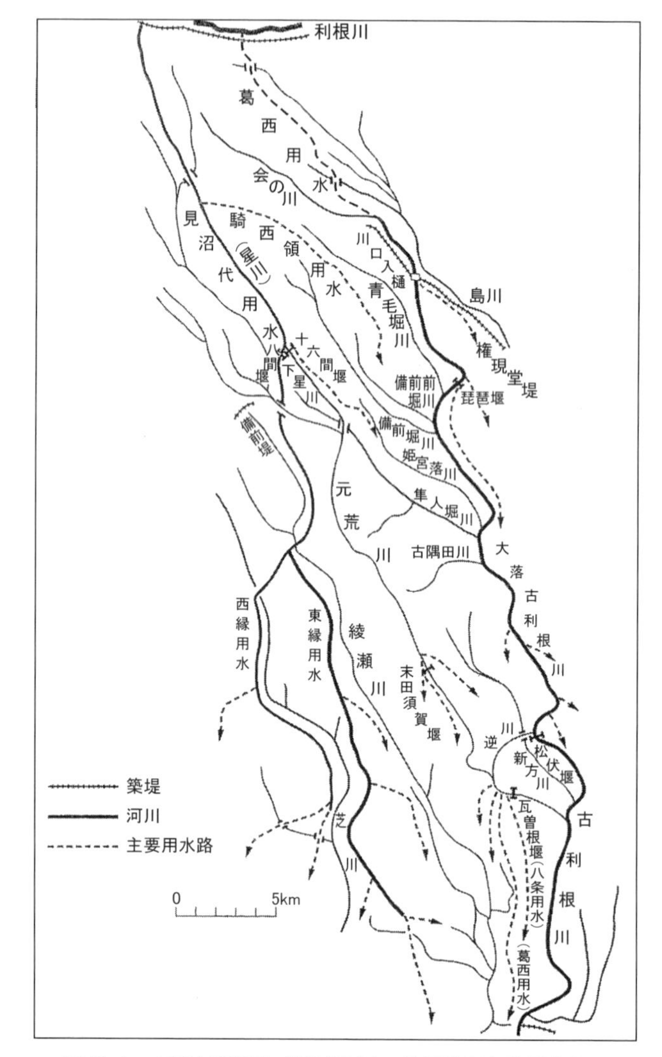

図10.4　大落古利根川（葛西用水），見沼代用水路概略図

ではなく何門かの開閉扉（ゲート）をもつ可動堰のことである。出水のときは扉（ゲート）を開き，洪水流下を図ったのである。

瓦曽根溜井は，固定堰である石堰（それまでの竹洗流を寛文4〈1664〉年，石堰とする）と圦樋（堤体の中にある樋門）でもって流水のコントロールをした

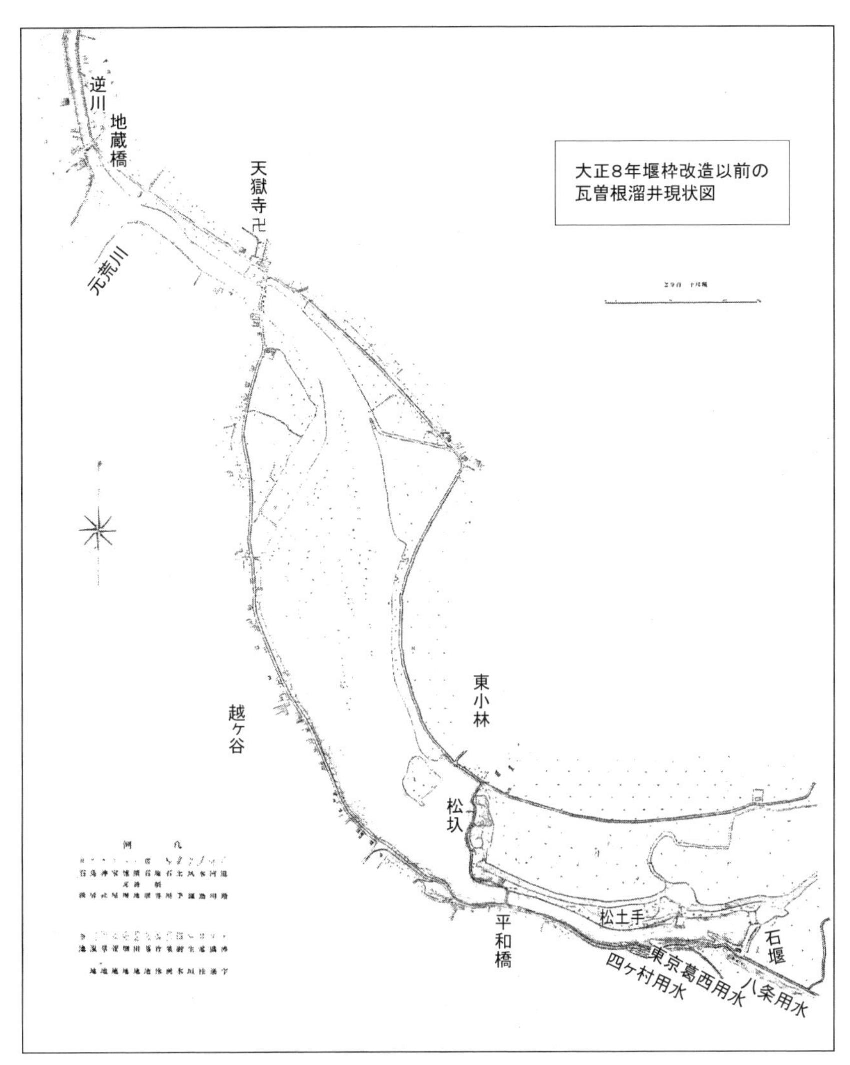

図 10.5　1919（大正 8）年堰枠改造以前の瓦曽根溜井現況図
（出典：『元荒川土地改良区誌』元荒川土地改良区，1991）

（図 10.5）。松伏溜井の堰は松伏増林堰であるが，はじめは竹洗流であった。だが，井澤により木造の堰枠に変更された。しかし出水のとき，たびたび破壊されていた。下流の中川整備とも合わせ，井澤は排水にも意を注いだが技術的な限界があっ

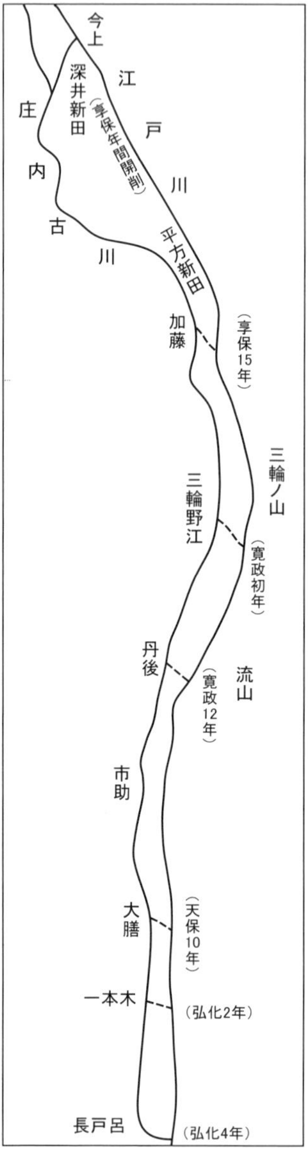

たのである[3]。

(2) 庄内古川の江戸川への合流

幸手領・庄内領・松伏領・二郷半領の排水を受けもつ河川として庄内古川がある。庄内古川は江戸川に合流するが，その合流地点は，元々松伏領金杉にあった。だが近世後期，次第に下流に付け替えられた（図10.6）。最初は，享保15(1730)年,井澤為永により江戸川の曲流部(今上～平方新田）の直線化とともに二郷半領加藤地点での合流に整備された。

その後，天明3（1783）年浅間山大噴火を契機に利根川そして江戸川河床が上昇した。合流地点の河床が上昇したら，スムーズに合流させるためには下流で合流させねばならない。第7章でも述べたが，寛政初（1789）年には三輪野江（現・吉川市),寛政12(1800）年には丹後（現・三郷市)，天保10（1839）年には大膳（三郷市)，弘化2（1845）年には一本木（三郷市)，弘化4（1847）年には長戸呂からの合流と，矢継ぎ早に下流に移している。それでも排水条件はよくならず，庄内古川下流部には排水不良地帯が拡がっていたのである。

図10.6　庄内古川の江戸川との合流地点の変遷
(出典：『葛西用水路史　通史編』葛西用水路土地改良区, 1992, を修正)

(3) 川口圦樋をめぐる羽生領と幸手領の対立

羽生領の排水は，権現堂川に合流する島川を通じて行われていた（図10.7)。権現堂川は利根川の派川で，栗橋で赤堀川と分派していた。浅間山大噴火後，権現堂川の河床が上昇し，羽生領の排水状況は悪化していった。この状況で

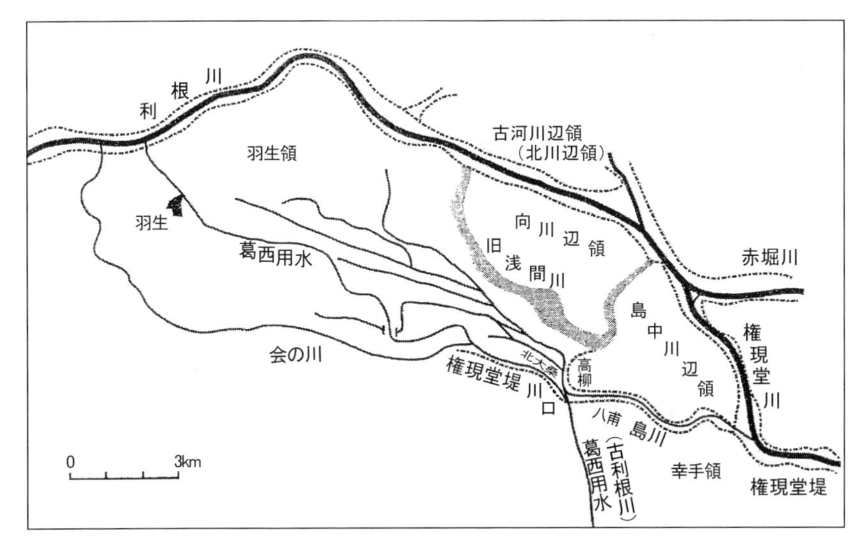

図 10.7 羽生領島川概況図

羽生領は新たな対策を求めて，権現堂堤下流部の幸手領と厳しく対立しながら，それまで上流の北大桑にあった島川逆流樋門を天保 4（1833）年，下流の八甫地点に移した。八甫から上流地域への利根川逆流の侵入を防ぐためである。この経緯については第 7 章で述べてきた。

一方，羽生領には利根川から取水する葛西用水が流れていた。この用水は，圦樋をもつ水路で権現堂堤の中を通っていた。天保 12（1841）年，権現堂堤に新たな圦樋を設置して葛西用水への新水路の設置に成功した（図 10.8）。この水路を通じて羽生領の湛水を排除しょうとしたのである。葛西用水は，川口地点で二つの圦樋（川口圦樋）でもって権現堂堤下流に流下することとなった。

この後，1875（明治 8）年，島川が合流する区域の権現堂川で約 1,300m の堤防（行幸堤）が築かれ，この堤防下に島川への逆流樋門が設置された。これにより島川への利根川洪水の逆流は遮断された。しかし，羽生領など島川流域の内水排除は利根川水位が下がるまで権現堂川からは行えず，川口圦樋を通じて葛西用水に行うこととなる。

出水時，この圦樋の開閉を巡って上下流で激しい軋轢がしばしば生じた。上流部は湛水を避けるため圦樋を開放し，洪水を一時も早く流下させようとする。一

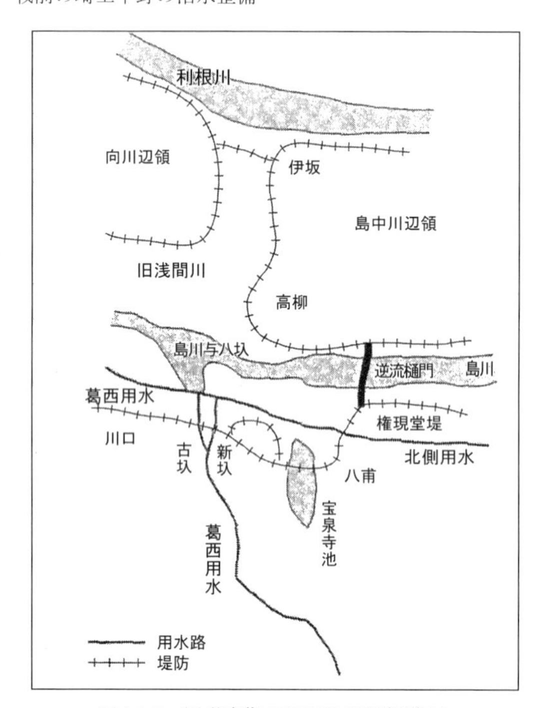

図 10.8　近世末期の川口圦周辺概略図

方，下流部はそれを避けようとして閉鎖を求めた。

1897（明治30）年9月，この開閉を巡って警官隊も出動する大混乱が生じた。圦樋開閉の権限は下流部がもっていたが，下流部の古利根川（葛西用水路）堤防が危険になったとして圦樋を閉めようとした。これに反対した上流部は，圦樋地点に鋤・鍬をもった2,000人ほどが集まり激しく抵抗したのである。樋門を開けるかどうか，地域の存亡がかかっていた。

これら以外でも，小支川にある堰では，その開閉を巡って至るところで対立が生じていた。

3　大正から昭和初頭の中川および綾瀬川改修事業

埼玉平野低地部からの排水には，中川・綾瀬川の疎通（流下）能力増大を図らねばならない。中川改修は，利根川改修事業の一環として1916（大正5）年度，国直轄事業として着工された。綾瀬川は，埼玉県・東京府の共同事業として21年の着工となった。

それに先立ち埼玉県は，1906（明治39）年度から11年度にかけて粕壁（春日部市）から東京府砂村（現・江東区）までの古利根川・中川を，自らの浚渫船でもって浚渫した。しかし，その疎通能力を大きく増大させるためには，東京府下流の河道整備が必須である。だが，埼玉県のみで行うことはできない。このため，11年度には庄内古川を加えた改修事業を政府・帝国議会に請願した。さらに，庄内古川の放流先を江戸川から中川筋に変更することを要望した。中川の疎通能力増大を図ったのである。

(1) 国直轄による中川改修事業

中川直轄改修は，江戸川改修と密接なつながりがあった。1910（明治43）年の大水害後，利根川改修計画は全面的に改訂されたが，その一環として江戸川改修が行われることとなった。江戸川改修となれば，庄内古川の合流をどうするのかが重要な課題となる。当初，内務省は江戸川河道内にしっかりした背（瀬）割堤を築いて処理しようとしたが，地元の庄内古川悪水路普通水利組合から古利根川に流下させるよう強い要求があった。この意向を受け，政府は江戸川から分離して古利根川に流下させる方針をとったのである。

そのためには古利根川，そして下流の東京府内の中川を整備しなくてはならない。内務省は，庄内古川を合流させる地点（埼玉県松伏領村下赤岩）までを新たに中川とし，1916（大正5）年度から改修事業に着工したのである。さらに，その上流は，中川改修事業の付帯工事（庄内古川外三悪水路付帯工事）として水利組合に代わって着工した。

中川改修では，国直轄事業対象区間は東京府奥戸村（現・葛飾区）上平井を下流端とし，下赤岩（現・松伏町）までの25kmであった。計画対象流量は，元荒川が合流する直後の吉川で264m^3/sであった。上平井より下流は，1911（明治44）年に着工となった荒川放水路事業の中で改修された。

中川改修の工事内容は浚渫が中心であるが，大きく蛇行していた埼玉県潮止村（現・三郷市）の潮止・六つ木間，および吉川町の増森・中島区間でショートカットされ，それぞれ捷水路として潮止新水路，吉川新水路が整備された。他の区間

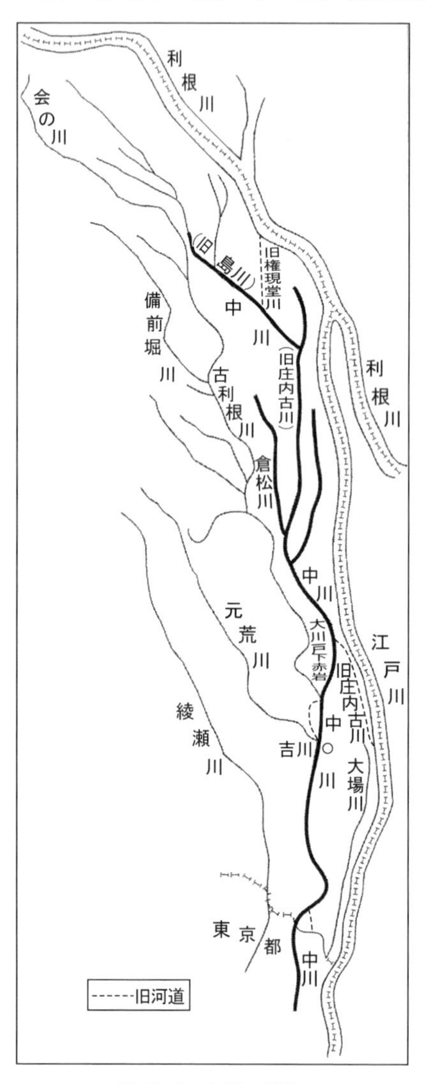

図 10.9　中川の誕生

はおおよそ当時の水路を利用し，既存の堤防をもとに計画高水位上 2m，もしくはそれ以上の高さの堤防を築くものであった。竣功したのは1929(昭和4)年 10 月であり，翌 30 年 1 月東京府と埼玉県に引き渡された（図 10.9）。

ところで，中川改修計画はその途中で変更をみた。埼玉県は，1919（大正 8）年度から 10 カ年計画による古利根川・元荒川の改修を県会で可決したが，その前提となる中川改修計画の規模拡大を国に要望し認められたのである[(4)]。この結果，川幅が拡げられることとなった。

だが，この改修について，下流東京府との間で軋轢が生じた。中川改修による疎通能力の増大をもとにして，初めて古利根川・元荒川などの埼玉県下の河川改修が行われる。埼玉県にとっては，下流の東京府内中川の改修は絶対必要な条件であり，国による改修は待ちに待ったものであった。一方，東京府はその管轄内にある上平井から水元までの区間において，中川へ流出する区域は少ない。埼玉県内の河川改修により増大する洪水流下を引き受けるのは，何のメリットもない。

東京府は，中川改修のうち江戸川改修による庄内古川付替によって生じた洪水量の増大は自らも負担するとした。しかし，埼玉県による古利根川・元荒川河川改修によって生じる増加洪水量に対する改修工事（中川拡張工事）についての負担を拒否したのである。中川拡張工事によって新たに生じる東京府の負担金は22万6千円であったが，府は埼玉県で負担をすることを要求した。交渉の結果，その4分の3を埼玉県が負担することで決着となったのである。

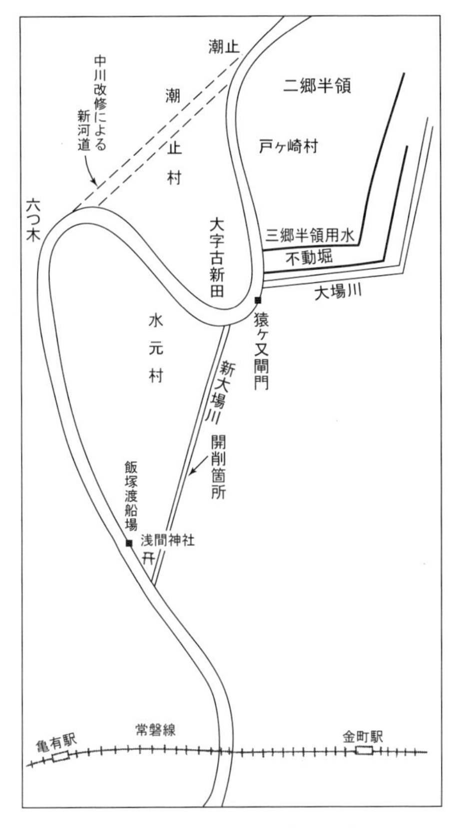

図 10.10 大場川付替構想概略図
（出典：『三郷市史』第7巻，三郷市，1997，に一部加筆）

一方，内務省の計画では，大きく蛇行している潮止・六つ木間の曲流部を南埼玉郡潮止村でショートカットするものであったが，その直下流の東京府水元村（現足立区）でも同様に曲流していた（図10.10）。埼玉県は，潮止村ではなく水元村でのショートカットを強く希望した。埼玉県は，二郷半領の排水河川である大場川の流下にとって水元村でのショートカットは必要と主張したのである。内務省は，東京府が了解しそれによる増額を県が負担するとしたら見直すとの対応を示した。だが，府は認めようとはしなかった。このため1919（大正8）年，埼玉県は県内の潮止村でのショートカット計画を了解したのである。それまで県会では，府との折衝はどうなっているのかと議員からしばしば質問が行われた。

さらに，この後，水元村での中川ショートカットではなく，大場川のみの排水路開削（約2,500m）を東京府に要求した。だが，水元村は反対した。また，開削に対する二郷半領内での紛争などの紆余曲折があり，結局，開削は行われず，それまでの河道を整備することとなったのである[5]。

このように，上流・埼玉県と下流・東京府の間で軋轢があった。埼玉県と東京府は近世までは元々，同じ武蔵国であった。それが，明治になって別々となったのであるが，近世までと同様，同じ行政団体であったら，中川は今日とは異なった姿となっていた可能性は大きかったと思われる。

(2) 庄内古川付帯工事

工事区間は，下赤岩から上流に向かって北埼玉郡大桑村（現・加須市）川口までの35kmであった。計画は，下赤岩より大川戸間の開削路でもって中川と庄内古川とを結び，権現堂川さらに島川をつなげるものだった。これにより，庄内古川にとってそれまで流域外であった羽生領，島中領，五霞村の排水（悪水）も引き受けることとなった。

権現堂川は，利根川改修事業により流入口・流出口とも堤防で締め切られ廃川となる計画であった。そうなると島川を通じて権現堂川に排水していた羽生領，さらに島中領，五霞村は流出先を失うこととなる。そのため権現堂川の右岸堤である権現堂堤を上宇和田で開削し，庄内古川へ流出先を変えたのである。

この内務省の方針に対し，庄内古川悪水路普通水利組合[6]は強く反対した。近世以来，庄内古川は江戸川へスムーズに排出できず，しばしば水害を被っていた。そのこともあり，流域外の洪水を新たに引き受けるのに強く抵抗したのである。

内務省は，技術陣のトップである技監・沖野忠雄たちを埼玉県に派遣して説得した。結局は，開削する権現堂堤区域に権現堂堰を設置して対応することとなった。下流部が満水で上流からの洪水を受け入れることができない場合は，この堰を閉鎖して流入を防ぐためである（写真10.1）。

この付帯工事での大規模なものは，大川戸（松伏町）から下赤岩に至る3,718mの新水路（松伏新水路）の開削と，権現堂川と庄内古川とを結ぶ工事であった。さらに蓮沼地先で小規模なショートカットが行われた。それ以外では浚渫，築堤が主たる工事であった。一方，松伏新水路開削により松伏溜井より取水していた新田用水・二郷半用水が，新水路により遮断されてしまった。その代わりとして，江戸川に新たに樋管を設置して導水することとなった。

庄内古川工事の竣功は，1929（昭和4）年11月である。この工事の成果について地元は，「我国河川改修工事の施行せられたるものの数多しと雖も，斯くの如く効果顕著なるもの他にその比類を見ざるなり」と，極めて多大であったと評

写真 10.1　2007 年 12 月の権現堂堰

（注）右から 2 門目と 3 門目の上部に朽ちはてた鉄扉の一部が見られる．
長い間，使用されなかったと推定される．

価している[7]。その成果として，出水のたびに門扉を開けるかどうかで紛争が生じていた羽生領悪水の葛西用水への放流は，島川の整備によって行う必要はなくなった。圦樋でもってつながれていた島川と葛西用水は，分離されたのである。

ところで，庄内古川工事は付帯工事として行われたが，元来の管理者は庄内古川悪水路普通水利組合，島中領悪水路普通水利組合，羽生領悪水路普通水利組合，五霞村悪水路普通水利組合である。水利組合とは水利組合法に基づき設置されたものだが，国によって行われた工事に対して負担金も支払っていた。付帯工事費全体額は約 220 万円であり，国庫補助金 120 万円，埼玉県負担金約 2.5 万円，水利組合連合の負担金は約 97 万円であった。事業終了後の 1930 年 1 月，水利組合に管理は引き渡された。だがその直後の同年 7 月 1 日，埼玉県の管理となった。

(3) 綾瀬川改修事業

綾瀬川は，国直轄の荒川放水路事業にかかわる東京府綾瀬村小菅地点より下流区間では，中川と同様に放水路事業の中で整備された。一方，その上流は中川とは別方式，つまり東京府と埼玉県の共同事業として行われた。だが，中川と同様に埼玉県と東京府の間で軋轢が生じた。

綾瀬川は，埼玉県下で伝右川・毛長堀などが流入するが，「河積狭小にして河床一般に隆起し河身の屈曲特に甚しき」状況であり[8]，その改修は埼玉県にとって切実なものであった。しかし中川と同様，東京府にとっては必然ではなく，改修は埼玉県の洪水を引き受けるとの被害者意識をもっていた。

埼玉県は，1920（大正9）年度から6カ年継続事業として進めようとした。北足立郡原市町瓦葺（現・上尾市）までの約35.7kmが改修区間であったが，東京府との協議が整わなかった。東京府は小菅から上流の府管内約6.3kmについて，幅20間（36m）ないし25間の運河[9]として整備する方針であり，それ以上の改修の費用負担はしないと主張したのである。結局は，掘削浚渫は東京府の委託により埼玉県が行うこととなり，その費用約8万1千円は埼玉県が負担した。

綾瀬川改修事業は，1921年度から始まり30（昭和5）年に竣功した。下流部の計画流量は69m^3/sで，河道拡幅，浚渫，ショートカットが行われた。農業取水堰については妙見堰は撤去され，その上流の大橋堰（さいたま市宮ヶ谷塔）に統合された。大橋堰は鉄筋コンクリート構造となった。

(4) 花畑運河開削

治水目的ではなく舟運のための運河として，中川と綾瀬川間に817間（1,485m）の花畑運河が東京府により開削された（図10.14参照）。それまで中川舟運は，下流部で小名木川あるいは竪川を迂回して隅田川に入っていた（図10.2）が，この運河を通じて綾瀬川を流下し，これを下って隅田川に入るものである。距離にして約4里（20km）の短縮となる。川幅は干潮時，66尺8寸（20m）で，1927（昭和2）年から31年の工事により竣工した。

4　埼玉県による十三河川改修事業

(1) 十三河川改修事業着工

島川・庄内古川をつなぐ排水河川・中川の誕生は，埼玉県にとって長年の懸案であった。利根川・江戸川の逆流を完全に遮断し，古利根川の溜井とも関係を切った排水路の完成であり，埼玉平野の排水に大きく寄与した。庄内古川でみると，古利根川との新たな合流点では，江戸川との以前の合流点と比べ出水時には水位が2m以上下がった[10]。そして中川改修と一体となって，あるいは中川改修を

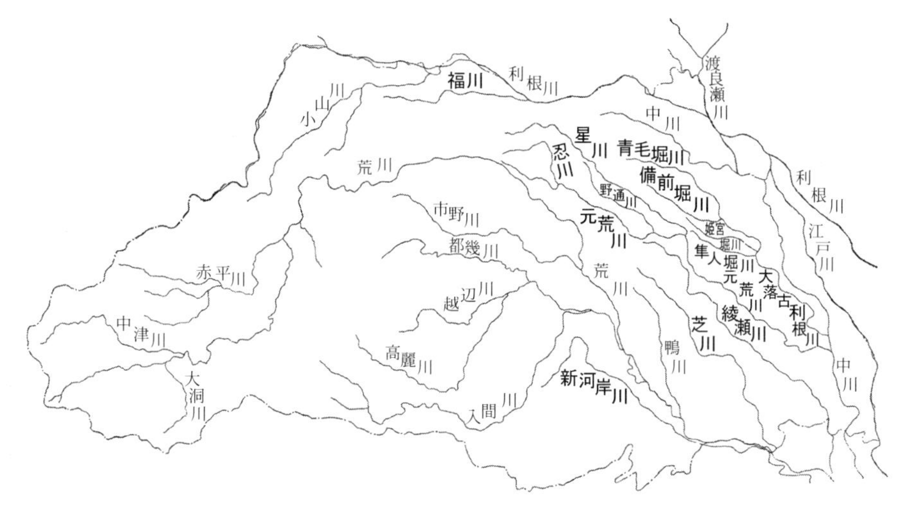

図 10.11　埼玉県による十三河川改修事業の対象河川
（出典：『新編埼玉県史　通史編 6』埼玉県，1989）

前提として埼玉平野河川の改修が進められたのである。埼玉平野にとって，近世前期と中期に続く第三次の開発といってよい。

十三河川とは，（大落）古利根川，青毛堀，備前堀，姫宮堀，隼人堀，元荒川，綾瀬川，福川，新河岸川，芝川，忍川，星川，野通川である（図 10.11）。事業着工の方針は，1916（大正 5）年からの調査に基づき，翌 17 年の通常県会で初めて知事により説明された。その説明では，古利根川は 18 年度から 24 年度まで，元荒川は 19 年度から 22 年度まで等となっている。排水路としての河道整備，河道内の堰の撤去，あるいは固定堰から可動堰への変更を行おうとするものだった(11)。具体的計画は，1914 年・17 年の出水をもとに検討され，17 年の水位に対して 10cm 以上低下させようとするものだった。

その目的は，水害除去のための排水能力の確保，灌漑用水の補給，さらに工作物によって途絶えている舟運路の整備であった。費用負担については，古利根川，元荒川，綾瀬川，福川，新河岸川，芝川は全額県費負担，これらの支派川であるその他河川は 2 分の 1 が県費負担，残りは水利組合等の関係公共団体が負担するものだった。なお，目的として舟運路の整備が入っているが，堰の改築には閘門を設置し対応することが計画された(12)。

表10.1　十三河川事業計画年度

事業名	当初計画および予算額（円）		最終計画および予算額（円）	
大落古利根川，青毛，備前．姫宮，隼人堀の各支川改修	大正7～16年（10カ年継続）	740,000	大正8～昭和6年（13カ年継続）	1,999,473
元荒川（野通川・忍川・星川を含む），綾瀬川，芝川，福川の改修	大正8～17年（10カ年継続）	4,328,812	大正8～昭和9年（16カ年継続）	8,139,473
新河岸川の改修	大正10～17年（8カ年継続）	1,098,000	大正10～昭和4年（9カ年継続）	1,109,037
改修費総額		6,166,812		11,247,983

（注）最終計画および予算額は議会史に基づき整理されているが，予算の繰り延べなどがあり，実際の工事終了年は遅くなっている．
（出典：『新編埼玉県　通史編6』埼玉県，1989）

1917（大正6）年通常県会で，古利根川とその支川が18年度から，翌18年通常県会で元荒川とその支川が19年度からの10カ年継続事業などとして議決された（表10.1）。そして19年，中川の改修方針について東京府と協議が整ったことにより古利根川改修の起工式が行われ，十三河川改修事業に着工したのである。この議決に基づく綾瀬川の事業着工については，先にみた通りである。

また，荒川支川芝川の改修も1921（大正10）年度から埼玉県により開始された。芝川は見沼田圃をその流域に含み，埼玉平野南部の排水にとって重要な河川であった。

(2) 古利根川

支川も含めて古利根川改修が竣功したのは1934（昭和9）年である。築堤，浚渫などにより河道が整備された。松伏溜井にあった松伏増林堰は全面的に改築され，川底が低くされてストニー式鉄製の巻き揚げ扉をもつ近代的可動堰が設置された。疎通能力を大きくし，堰の操作を容易としたのである。この堰は，これ以降，古利根堰と呼ばれるようになった。また支川にある用水堰について，排水に支障があるものは努めて撤去された。これにより，排水河川としての能力を高めたのである。

なお，古利根川と元荒川を結ぶ水路として逆川がある。利根川から取水した葛西用水を古利根川松伏溜井から元荒川瓦曽根溜井に導水するものだが，洪水のときは地形に従って元荒川から古利根川へ流下する。これを防ぐために1924（大正13）年，元荒川合流点直上流の逆川に逆流防止門樋が設置された。

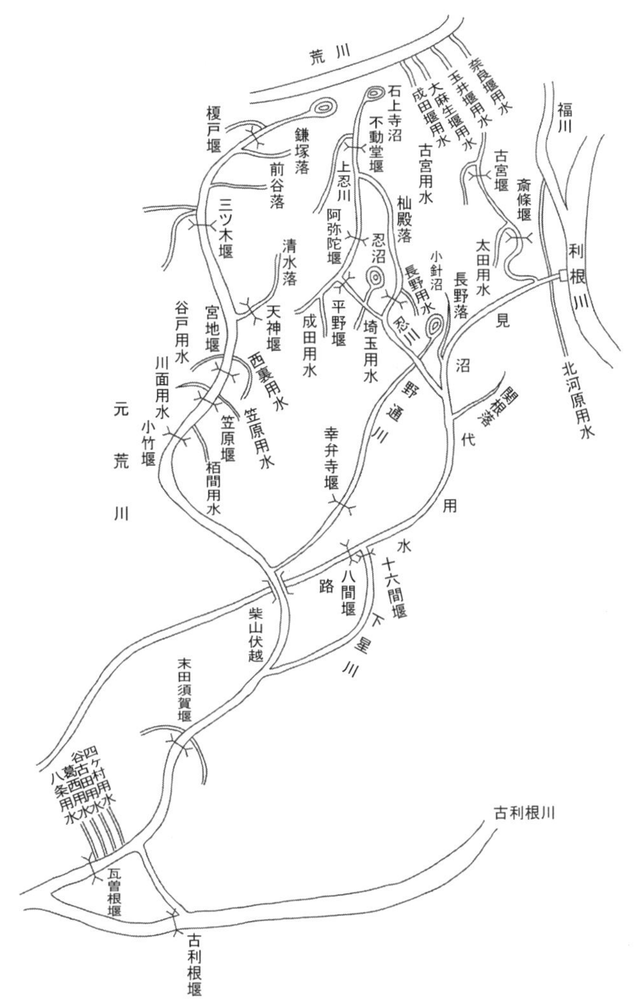

図 10.12　十三河川改修以前の元荒川流域用排水系統図

(出典 :『元荒川改修事業概要』埼玉県耕地課，1934，を整理・修正)

(3) 元荒川

①河道整理

改修区間は，吹上村（現・鴻巣市）の榎戸堰から中川合流点までの約 64km で，狭窄部の拡幅，屈曲部の改良，河床掘削，堰の統合などが行われた（図 10.12,

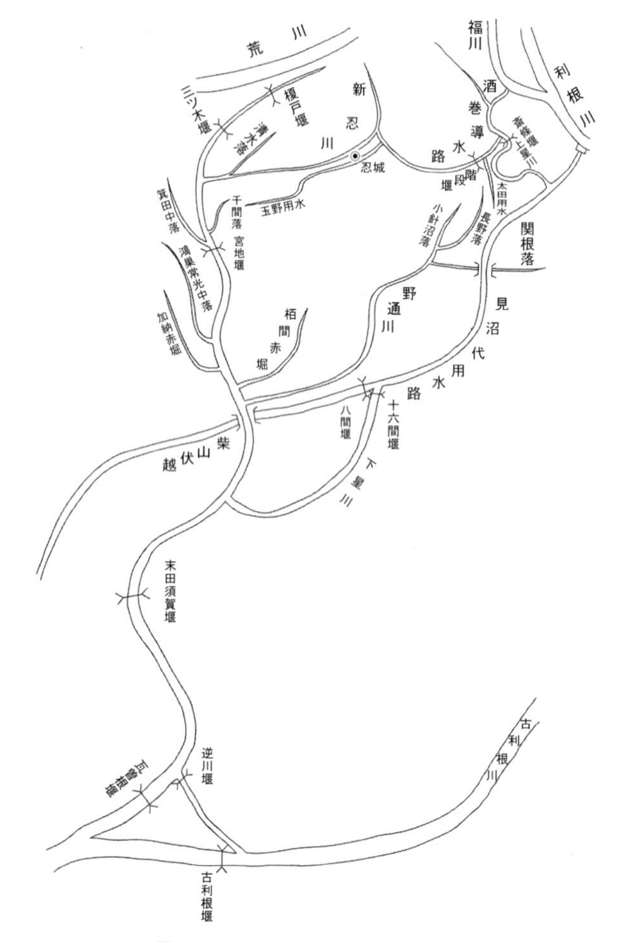

図 10. 13　十三河川改修計画概要図

(出典 :『元荒川改修事業概要』埼玉県耕地課，1934，を整理・修正)

図 10.13)。改修事業が完了したのは 1937 (昭和 12) 年度であった。

栢間赤堀川，野通川が合流する柴山地点より下流をみよう。ここには，二つの大きな堰があり，その上流河道は溜井となっていた。末田須賀堰と瓦曽根堰であるが，これらの改築が行われた。末田須賀堰は，1871 (明治 4) 年に右岸側の石堰が木造の堰枠に改造されていたが，1903 (明治 36) 年の出水で流出したため，05 年に 10 門の水門を備えたレンガ造りの堰枠となった。一方，右岸側は固定堰である竹洗流となっていたが，改修事業のなかで巻き揚げ式鉄製扉 7 門をもつ鉄筋コンクリート製の堰に改造され，出水に対処することとなったのである[13]。

瓦曽根堰は，石堰，松圦が撤去され，石堰の下流約 90m 地点にストニー式鉄製の巻き揚げ扉をもつ水門10門を備えた幅30m余の近代的な可動堰に改造された。

柴山から上流をみると，上星川の改修延長は 8,672m　野通川は 4,136m である。見沼代用水路（上星川と共用）に合流する忍川などの小河川は，用水路の水位が高く排水不良となっていた。このため小河川の付替が行われた。

忍川は，忍城下を通り星川（見沼代用水路）に流入していたが，上忍川と下忍川の境から新川を開削し清水落の一部を利用して元荒川に合流させた。開削流路は 9,925m である。新忍川である。また長野落（2,737m），関根落（529m）は改修して野通川に流入させた。関根落は見沼代用水路を伏越で渡ることになった。

また農業用取水堰の撤去，統合（合口）も行われた。新忍川合流点下流近くの元荒川には宮地堰，笠原堰，小竹堰があったが，宮地堰に合口された。また野通川の幸弁寺堰など多くの取水堰が撤去された。さらに，榎戸堰，三ッ木堰など残された堰は，開閉が容易にできる近代的な堰へと改造された。なお宮地堰は近年改築され，代わって少し上流の位置に安養寺堰が築造されている。

②酒巻導水路の整備

一方，用水路が新たにつくられ福川から導水されることとなった。酒巻導水路であり，従来からあった北河原用水取水口のさらに下流，つまり福川の最下流部で取水された。その取水量であるが，『葛西用水史通史編』[14] では毎秒 320 立法尺（8.8m^3/s）としている。このうち 100 立法尺は見沼代用水路へ送水，120 立法尺は元荒川農業用水への補給，残りの 100 立法尺は舟運用として元荒川へ送水とされている。だが，今日の取水量は毎秒 120 立法尺（3.333m^3/s）であることから，構想として毎秒 320 立法尺取水があったが，実際には元荒川農業用水への補給のみが取水されることとなったと判断される。酒巻導水路から取水する農業用水路として新たに玉野用水路が設置されたが，ここの水利権は 2.452m^3/s であり，残りは新忍川に流れていく。

この酒巻導水路による福川の取水は，慣行水利権として位置付けられている。1896（明治 29）年に河川法が成立し，その施行規程で「行政庁ノ許可ヲ受クヘキ事項ニシテ其ノ施行ノ際ニ現存スルモノハ河川法若ハ之ニ基キテ発スル命令ニ依リ許可ヲ受ケタルモノト看做ス」と述べ，従来からの権利は許可を受けたるものとして取り扱われた。この規程に基づき従来から行われていた水利用は，慣行水利権と整理されたのである。つまり慣行水利権は，河川法が施行される以前から使用していた水利用の権利である。それにもかかわらず，大正の終わりから昭和前期に行われた酒巻導水路の水使用が，なぜ慣行水利権と整理されたのかは明確ではない。第11章で述べる江戸川水利統制計画では，元荒川沿岸の用水不足量ほか $2m^3/s$, さらに将来の余裕として $4m^3/s$ を「既得用水」として整理されている。これと関係があるのかもしれない。

(4) 国庫補助

県と水利組合等の関係公共団体が負担する県営事業として1919（大正8）年度から開始された十三河川改修であったが，24年度から用排水幹線改良事業費補助として県費に対し農商務省から補助が与えられることとなった。この補助は，23年農商務省による「用排水幹線補助要項」に基づくものであった。

この要項は，当然のことながら用排水の面から農地を整備することを目的とするものである。その社会背景として，1918（大正7）年に全国で米騒動が起こり増産の要請が高まっていた。一方，21年内閣に臨時治水調査会が設置され，10（明治43）年に決議された第一次治水計画の見直しが行われた。ここで第二次治水計画として新たな河川改修の方針が定められたが，第一次と同じく大河川を対象とした国直轄事業が中心であった。だが，河川改修の効果をあげるには農業水利の改良を合わせて行う必要があるとして，「農業水利の改良に関する実施方法を確立し治水の効果を定からしめんことを望む」との「農業水利改良ニ関スル件」が決議された[(15)]。

これを受けて農商務省は「用排水幹線補助要項」を定め，500町歩以上の府県営用排水幹線または用排水設備の改良に対して，府県負担部の2分の1以内の補助を行う用排水幹線改良事業を開始したのである。十三河川改修は，農業サイドからは用排水幹線改良事業と呼ばれている。つまり，低地部の土地利用としては水田が前提であった。

ところで，用排水幹線改良事業は十三河川改修のように中小河川を対象とすることが多い。このことから，中小河川改修を巡って河川法所管の内務省と用排水幹線改良事業を進める農商務省との間で激しい権限争いが生じた。内務省は，用排水幹線改良事業は河川事業であるから内務省に移管するよう要求したのである。1925（大正 14）年の行政調査会，27（昭和 2）年の行政審議会で取り上げられ審議されたが，結局は 28 年，「農林省[16]が将来用排水幹線改良事業に対し補助を与へんとする場合においては，施行河川及び準用河川に関する限り内務省に合議すること」との協議でもって両省間の権限争いは収まった。

この用排水幹線改良事業について『埼玉の土地改良』は，この事業が全国的に最も盛んに行われたのは埼玉県で, 1923 年から 41 年の累計をみると, 受益地区数, 面積，事業費とも全国 1 位であったと述べている[17]。埼玉県下で広くこの事業が行われたことがわかる。

一方，内務省による中小河川補助は，1929（昭和 4）年の世界大恐慌後の不況対策として本格的に開始された。32 年度から始まった時局匡救事業（農村救済土木事業）で大規模に行われ，33 年の政府土木会議で正式に決定をみた。時局匡救事業の目的は，農村を中心とした土木事業への労務提供によって賃金を与え，自力更生の糧とするとともに地方産業発展の基礎となることを期待するものだった。国庫補助の下，都道府県・市町村が中心となって展開された[18]。

5　中川・綾瀬川・芝川三川総合改修増補計画

1938（昭和 13）年 6 月，9 月の大降雨で，埼玉平野は大きな水害を受けた。利根川・荒川・江戸川などの大河川の洪水が氾濫することはなかったが，内水によって被害を受けたのである。内水排除のためには，埼玉平野から東京府に流下する中川，綾瀬川の排水能力をさらに高めなくてはならない。一方，東京府でも大きな被害を受けていた。ここに，これら河川について新たな改修計画が樹立されたのである。

府県にまたがるこれら 2 河川の計画について，府県の委託に基づき計画策定を行ったのは内務省東京土木出張所である。計画対象流量は，既定の 1.54 倍に改訂され，中川は吉川地点で 264m^3/s から 415m^3/s とされた。

その計画は，芝川も含めた中川・綾瀬川・芝川三川総合改修増補計画である。芝川を含めて計画されたのだが，これら 3 河川を放水路でつなぐという構想の下

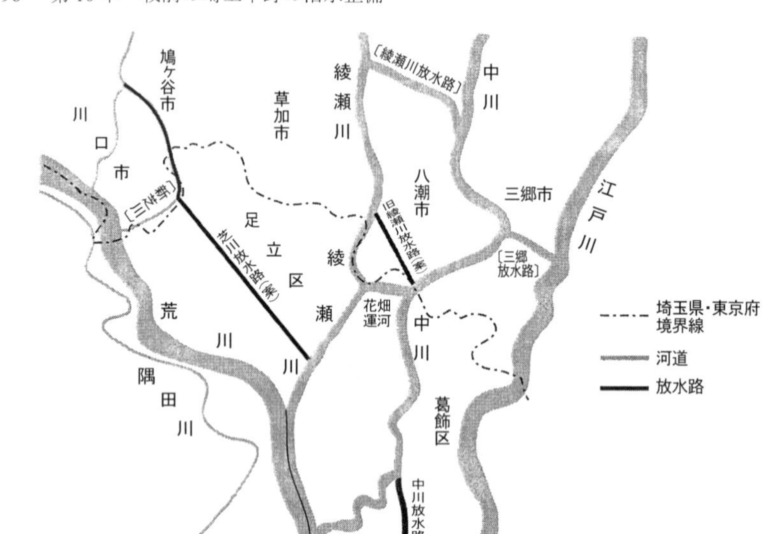

図 10. 14　戦前の埼玉県・東京府境界付近河道計画概要
（注）〔綾瀬川放水路〕〔三郷放水路〕〔新芝川〕は戦後の計画ではあるが，今日完成している．

で計画された（図 10.14）。この構想は，舟運の利便も大きな目的としていた。

まず芝川について，埼玉県鳩ヶ谷町地先から足立区五兵衛地先の綾瀬川まで 10,713m（埼玉県下 3,913m，設計川幅 46m）の放水路（芝川運河）を開削し，84m³/s を分流させる。だが綾瀬川の疎通能力は小さい。このため，綾瀬川から中川へも 4,000m の放水路（旧綾瀬川放水路，取入口は伝右川合流点直上流で放水口は大場川合流点直下流）を開削して計画流量 106m³/s のうち 78m³/s を分流させる。綾瀬川下流部は，伝右川，毛長川などを合流して 112m³/s となる。中川は，綾瀬川からの流量 78m³/s も合わせて 493m³/s となるが，葛飾区高砂から江戸川区今井に至る 8,184m の放水路開削が計画された。旧江戸川下流部につなぐもので，この新放水路に 280m³/s を流し，残り 213m³/s を既往河道に流そうとの計画である [19]。これら 3 川の施行は，東京府と埼玉県でそれぞれの区間を分担して行おうとの方針であった。

埼玉県は，国庫補助を得て芝川放水路に 1939（昭和 14）度から着工し，43 年度までに 1,350m の掘削を行った。だが，戦争のため中止となった。綾瀬川放水路は着工されなかった。一方，東京府は中川新放水路事業に 38 年度に着工し，

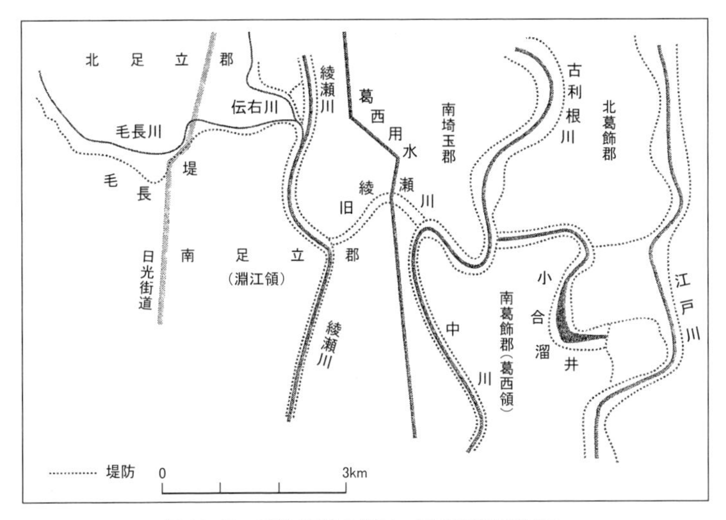

図 10.15　明治時代の埼玉・東京境界状況図

用地買収，水路開削が行われたが，44 年をもって中止となった。

これらの事業は戦後，形をかえて進められていったが，それについては第 16 章で述べていく。

6　埼玉平野治水整備の特徴

埼玉平野の治水整備は，埼玉県にとって実に重要な政策課題であったが，埼玉県にとっての宿命は排水に大きな役割をもつ中川・綾瀬川が東京都（府）を流下することだった。東京都（府）内の疎通能力の増大があって，はじめて県内の河道整備に着手される。東京都（府）との調整は，これまで述べてきたようになかなか容易なことでなかった。

元々，東京都（府）と埼玉県は同じ武蔵国に属していた。近代初頭早々，古代からの歴史をもつ武蔵国が分割されたのであるが，中央集権国家の首都として都市整備を進めるため，必要な地域のみが東京府に編入されたとみてよい。海岸線は，江戸川河口と多摩川河口の間が東京府となった。一方，北側は，毛長堀に沿って築かれていた毛長堤，綾瀬川と中川を結ぶ旧綾瀬川（桁川）堤，さらに中川と江戸川を結ぶ小合溜井堤（桜堤）が埼玉県との境界になった（図 10.15）。北方から襲ってくる利根川・荒川の洪水に対し，その下流部は，これらの堤防によって防御されていた。この堤防線を境にして，葛飾郡が北葛飾郡（埼玉県）と南葛飾郡（東京府），足立郡が北足立郡（埼玉県）と南足立郡（東京府）に分割されたのである。ただし，近世から南葛飾郡は葛西領，南足立郡は淵江領と，その上流部とは別の水共同体となっていた。

先にも述べたが，同じ武蔵国に属していた東京都（府）と埼玉県が分割されず，同じ行政主体であったら綾瀬川・中川の整備はかなり異なった姿になっていたと思われる。さらに，荒川も大きく異なった整備が行われたと考えられる。

荒川は，埼玉県下を流下したのち岩淵から東京都（府）に入る。その上・下流に広大な遊水地を抱えていた。近代改修は，東京府下に放水路を整備することが出発点であったが，岩淵下流の東京府ではそれまで台地際まで拡がっていた右岸の大堤外地（遊水地）はすべて堤内地となった。岩淵上流では，埼玉県戸田市の対岸に位置している今日の東京都豊島区志村・板橋区赤塚地区の堤外地は堤内地となった。一方，その上流に位置している埼玉県の大堤外地のかなりの区域は堤外地のまま残され，日本ではあまり例をみない平野部に大堤外地をもつ河道形態となった[(20)]。

東京府は，用地の提供など多大な犠牲を払って放水路を開削し，それでもって荒川の改修が行われたのだから，上流部改修で東京府が利便を受けるのは当然との思いがあったのだろう。

（注）

(1)「知事訓示」,『埼玉県史料叢書 10（上）　明治大正期知事事務引継書二』埼玉県教育委員会編集（2004），p.318.

(2)「1919 年知事更迭引継書類」,『埼玉県史料叢書 10（上）　明治大正期知事事務引継書二』前出，pp.153–155.

(3) 井澤の指導により，またそれ以降，埼玉平野中小河川の堰の改良（堰枠整備）が行われた．元荒川上流部の状況は表 10.2 でわかる．宮地堰で行われなかったのは，関係村々が多く，堰の構造などがまとまらなかったためと考えられる．

(4) これにより計画対象流量がどれほど増加したのかはわからない．結果として吉川地点で 264m^3/s となった．

(5)『三郷市史第七巻　通史編 II』三郷市（1997），pp.507–568.

表 10.2　近世元荒川上流部の用水堰

用水堰名	模様替以前の用水堰		模様替年	模様替後の用水堰	組合村
	用水堰の構造	満水時の措置			
榎戸堰	蛇籠締切・洗堰	洗堰取払	享保 15 年	関枠長さ 4 間・横 3 間　高さ 5 尺	8 村
三ツ木堰	蛇籠締切・悪水吐樋　長さ 8 間・横 1 間・高さ 5 尺	悪水吐樋より流下	(享保 17 年)	関枠長さ 3 間・横 4 間　高さ 5 尺 1 寸	14 村
宮地堰	蛇籠締切・洗堰幅 8 間	洗堰取払	模様替せず		25 村
笠原堰	(蛇籠締切) 洗堰幅 4 間	(洗堰取払)	寛政 5 年	関枠長さ 4 間・横 5 間　高さ 6 尺 5 寸	11 村
栢間堰	(蛇籠締切) 洗堰幅 4 間	(洗堰取払)	寛政 5 年	関枠長さ 4 間・横 5 間　(高さ未記入)	1 村

注 1. 羽生市教育委員会収蔵「栗原新吉家文書」No.327「元荒川通堰々仕来覚」(天保 15 年 10 月) より作成.
2. 表注の記載文字は原資料記載に従った. (　) 内の記入は間接の言及, また他の資料より補った事項を示す.
3. 宮地堰は模様替されないが, 用水取り入れの圦樋は長さ 6 間・横 2 間・高さ 6 尺である.
(出典：黒須　茂「近世初期の元荒川上流部の状況」,『利根川文化研究』利根川文化研究会, 2003)

(6) 水利組合は, 内務省所管の水利組合法に基づき設置される. 農林省所管の「耕地整理法」により耕地整理組合が灌漑排水事業を行うが, その維持管理は市長村または普通水利組合が行う.

(7)『庄内古川・島中領・羽生領・五霞村　悪水路改修工事概要』庄内古川悪水路普通水利組合外三ヵ組合連合 (1928).

(8)『中川水系Ⅲ　人文』埼玉県 (1993), p.396.

(9)『中川水系Ⅲ　人文』前出, p.396. なお東京府資料「大正一四年七月内務部長事務引継書」では, 計画川幅は 12 間ないし 13 間, 計画の主目的は洪水排除, 次に舟運としている (『都市資料集成第 7 巻』東京都公文書館〈2008〉, pp.164–170).

(10)『庄内古川・島中領・羽生領・五霞村　悪水路改修工事概要』前出.

(11) 1919 年の知事更迭引継書類には, 次のように述べられている.
「改修ニヨリテ河川ノ排水能力ヲ充分ナラシメ, 洪水ノ害ヲ除去スルト共ニ灌漑用水補給ノ方法ヲ講ジ, 且ツ従来堰其ノ他ノ工作物ニヨリテ杜絶セル舟運ノ便ヲ開カンコトヲ期セリ」(『埼玉県史料叢書 10 (上)　明治大正期知事事務引継書二』前出, pp.153–155).

(12) 舟運用の閘門は, 実際には新河岸川などを除いてほとんど設置されなかった.

(13)『元荒川土地改良区誌』元荒川土地改良区 (1989).

(14)『葛西用水史　通史編』葛西用水路土地改良区（1992），p.585.

(15) 西川　喬：『治水長期計画の歴史』水利科学研究所（1969），pp.38-42.

(16) 農務省は1925（大正14）年，農林省と商工省に分割された.

(17)『埼玉の土地改良』埼玉県土地改良事業団連合会（1977），p.122.

(18) 時局匡救事業（農村救済土木事業）の詳細については，拙著『戦前の国土整備政策』日本経済評論社（2000），pp.42-71を参照のこと.

(19) 利根川百年史編集委員会：『利根川百年史』建設省関東地方建設局（1987），pp.1061-1064.

(20) 荒川近代改修については，拙著『国土の開発と河川』鹿島出版会（1989），pp.39-54，pp.85-190を参照のこと.

第 11 章　戦前の利水計画

1　戦前の「国土づくり」

(1) 水力発電開発

ヨーロッパの先進工業諸国を主戦場とした第一次世界大戦が，1914（大正 3）年に勃発した。日本では，ヨーロッパからの工業製品の輸入が途絶し，輸入代替産業の勃興を促して重化学工業の基礎を準備していった。この重化学工業化は，とくに京阪・阪神などの臨海部で進められ，中京・北九州を含めた四大工業地帯が形成されていった。ここで注目すべきことは，この時期の工業化のエネルギー源が水力電気であったことである。

水力発電は，当初は河川流況の中の渇水流量（1 年のうち 355 日はこの流量を下回らない流量）を標準とした流れ込み式発電であった。その後，1920 年代中頃になると，ほぼ平水流量（1 年のうち 185 日はこの流量を下回らない流量）程度の使用水量を目標としていた。平水流量を対象とすると，河川の流量の変化に従って発電量は変動する。この不安定な発電が安価で供給されて，硫安・レーヨンなどの電力多消費型産業が第一次世界大戦後に新興したのである。

その後，水力発電は，開発の難しい河川上流部で貯水池をもつダム式による発電へと移行した。上流山間部でのダム築造は水力ダムが先行したのであるが，その先駆けとなる代表的なものとして，1924（大正 14）年に完成した木曽川水系大井ダム（堤高 53m，堤体積 15.3 万 m^3，出力 4 万 8000kW）がある。このダムが，堤体積が 10 万 m^3 を超える日本最初の本格的なダム水路式発電所であった。また，アメリカ技術を導入して初めての機械化施工が行われた。やがて日本技術者の手によって小牧ダム（庄川，富山県），祖山ダム（庄川，富山県），塚原ダム（耳川，宮崎県）など堤高 70 ～ 80m 級のダム築造に成功し，これが鴨緑江の水豊ダムなど大陸での大ダム築造に発展していったのである。

一方，大正時代末期から水力発電とともに都市用水・農業用水の確保さらに治水も目的としたダム開発が課題として登場した。それが,河水統制事業として実ったのは1940（昭和15）年頃である。これについては，次節で述べていく。

(2) 道路・鉄道整備そして河川舟運

四大工業圏では都市化が進行して都市人口が増大していったが，彼らが居住し生活する空間の計画的整備を求めて1919（大正8）年，都市計画法と市街地建築物法が公布された。都市づくりには道路は重要である。これと同時に道路整備を目的とする道路法が成立した。その背景には，当然のことながら自動車の登場があげられる。自動車は新しい陸上輸送機関として1910年代初めに本格的に登場し,19年には7,000台となっていた。その後急速に普及し,29年には8万台を越え,自動車のための道路改良が課題となっていた。また，第一次世界大戦で物資輸送にトラックが重要な役割を担ったため，道路法の成立を軍部が強力に支持したのも重要な背景である。

1920（大正9）年から始まった第一次道路改良計画は,23年の関東大震災によって予算は大きく圧縮されて低迷した。だが，この事業によって東京と横浜を結ぶ横浜国道，大阪と京都を結ぶ京阪国道，大阪と神戸を結ぶ阪神国道，また箱根峠や鈴鹿峠など，古来，天下の難路と称せられた道路が整備された。

鉄道についてみると，国鉄の方針は大正に入ると「建主改従」か「改主建従」かをめぐって激しく対立した。第一次世界大戦時の日本経済の好況による旅客・貨物輸送の激増，海運の内航から外航への転換などによって国鉄の輸送状況は逼迫した。このため，既設の幹線を広軌改築して輸送力の拡充に重点を置こうというのが「改主建従」であった。一方,「建主改従」は地方に鉄道網をさらに推し進めていこうとするものだった。鉄道当局は広軌改築を打ち出したが，地方の有力者を地盤とする政党である政友会は「建主改従」を主張した。その後，1918年政友会の原敬内閣が成立すると鉄道敷設法を改正し，新たに149線1万222km（当時の既設線1万644km）の新線建設計画を国の方針として定めた。「建主改従」の方針で，さらに鉄道による全国ネットワーク化が推進されていったのである。

この「建主改従」の決定には，陸軍の後押しがあったといわれている。陸軍は全国津々浦々からの大量の兵隊の敏速な動員を鉄道に頼り，そのネットワークの完成を要望したのである。さらにこの方針は，道路網整備によるトラック輸送の拡充と密接な関係があったと考えている。軍部として兵士輸送は鉄道に頼る一方，物資輸送は道路に期待したのである。つまり広軌改築による輸送力拡充を放棄した政友会内閣の政策の背景には，物資の輸送力拡充は道路によって進めるとの判断があった。

一方，昭和初め河川舟運も新たに期待された。淀川では，1933（昭和 8）年度から舟運のための低水路整備が新規事業として開始されたが，利根川でも低水路整備計画が検討されていた。これについては，第 12 章で述べていく。

2　河水統制計画の登場

1896（明治 29）年に成立した河川法では，利水については全条 67 条のうちわずか 3 条が主要な規定であった。当時の水利用としては舟運とともに灌漑のための農業用水が主要なものであったが，河川から取水するのはほとんど農業用水であった。このため，さほど利水についての課題はないとの社会背景があった。ところが，大正時代になると水力発電が山間部で開発され，また工業の発展とともに四大都市圏などで都市化が進展し，1935（昭和 10）年頃になると都市用水（上水，工業用水）の需要が増大していった。それまで農業用水がほとんどであった河川からの取水は，それと競合する新たな水利用が登場したのである。とくに都市用水は，農業用水と同様，平地部で取水されるため，その取水は農業用水との調整が求められる。

利水は，当然のことながら渇水時に問題が生じる。日本の河川では，北海道などの一部を除いて渇水時の流量は水田灌漑用水にほとんど利用されていた。さらにいえば，安定的な渇水流量以上に取水され，渇水時には取水をめぐり厳しい地域対立が多くの河川で生じていた。利根川についてみると，流域面積に対して水田開発可能な面積（想定最大氾濫面積）が大きく，灌漑用水からみると取水が不安定な河川であった（表 11.1）[(1)]。その河川に新たに取水するのであるから，農業側との間で厳しい軋轢が生じるのは当然であった。その解決のためにとられた方針が，ダム等の築造による渇水流量の増大と，海に流れていく流水を堰止めることであった。当初は水利統制事業として，後には河水統制事業と名称を変えて進められた。

表 11.1　流域面積と想定最大氾濫面積の比からみた農業用水の安定性

順位	東北日本			西南日本		
	河川名	流域面積/想定最大氾濫面積	用水の安定性	河川名	流域面積/想定最大氾濫面積	用水の安定性
1	利根川	3.6	D			
2	信濃川	6.7	B			
3	石狩川	7.5	B			
4				木曽川	5.3	C
5				淀川	27.8	A
6	北上川	8.8	B			
7	荒川	3.6	D			
8	阿武隈川	5.6	C			
9	十勝川	9.0	B			
10	阿賀野川	8.4	B			
11	天塩川	8.1	B			
12	最上川	10.5	A			
13	雄物川	8.0	B			
14				筑後川	5.3	C
15				高梁川	5.0	C
16	岩木川	5.1	C			
17	富士川	8.9	B			
18	釧路川	5.8	C			
19				大和川	3.2	D
20				九頭竜川	7.2	B
21				庄内川	4.4	C
22				加古川	5.3	C
23	那珂川	11.1	A			

A：安定した河川，B：ほぼ安定した河川，C：不安定な河川，D：非常に不安定な河川.
(注)順位は想定最大氾濫面積の大きさに基づく. 淀川は琵琶湖を考慮している.

上流山間部でのダムは，河水利用の増進を図るとともに洪水調節としても注目された。当時，アメリカでTVA事業等として推進されていたことも大きな刺激となった。TVA（The Tennessee Valley Authority）は，F.D. ルーズベルト大統領によって推進されたニューディール政策の一環として1933（昭和8）年に設立された機関で，多目的ダムによる水力開発，舟運，治水の整備などテネシー川の総合開発を行っていた。内務省は大正末期から河水統制調査費の予算要求を行っていたが，電力を所管している逓信省からも同様の要求が出され調停がつかなかった。

一方，1934（昭和9）年，翌35年と日本は大水害に見舞われた。34年の水害は7月の北陸地方，続いて死者・行方不明3,056人を出した9月の室戸台風が中心であった。35年には，改修事業が竣功して間もない利根川で大出水となり小貝川で大氾濫した。利根川大出水後の35年9月，政府は土木会議河川部会を開催して新たな水害防備の方策を諮問した。土木会議は「水害防備策ノ確立ニ関スル件」,「治水事業ノ促進ニ関スル件」を決議し，第三次治水計画を推進することとなるが,「河水統制ノ調査並ニ施行」も重要とされた。「治水政策上は勿論，国策上最も有効適切なるを以て，速に之か調査に着手し，河水統制の実現を期すること」が期待されたのである。

国による河水統制調査費が認められたのは，1937（昭和12）年である。だが，これ以前の35年前後から都府県によって河水統制事業は行われていた。そして，40年からは府県の統制事業に対して国による補助制度が成立し，事業を促進することとなった。国の事業も41年度から開始された。

本章では，利根川水系最初の統制事業として行われた江戸川水利統制事業，また奥利根河水統制計画を述べていく。利水計画の出発点を明らかにすることは，その後の利水計画の評価には欠かせないことである。これらの計画が，戦後の利根川の大規模な利水事業の出発点となるものであった。

3 江戸川水利統制事業

(1) 統制事業以前の利根川・江戸川の都市用水利用

利根川で大規模な事業により水源を整備し都市用水を確保したのは，江戸川水利統制事業を嚆矢とする。この事業は，1936（昭和11）年8月から43年3月にかけて行われた。それ以前，利根川では支川からの取水も含め，群馬県では4水道（高崎市水道，沼田市水道，前橋市水道，相生市水道），栃木県では2水道（宇都宮市水道，藤原町水道），埼玉県では1水道（児玉町水道）があり，その合計取水量は約0.93m^3/sであった。

同じく工業用水の取水は，群馬県で5カ所，栃木県で9カ所，埼玉県で2カ所で，その合計取水量は約9.4 m^3/sであった。この中で取水量が多いのは，渡良瀬川の古河鉱業足尾製作所，鬼怒川の古河電工日光精銅所・高崎製紙日光工場の3工場で，総水量の90%を占めていた。

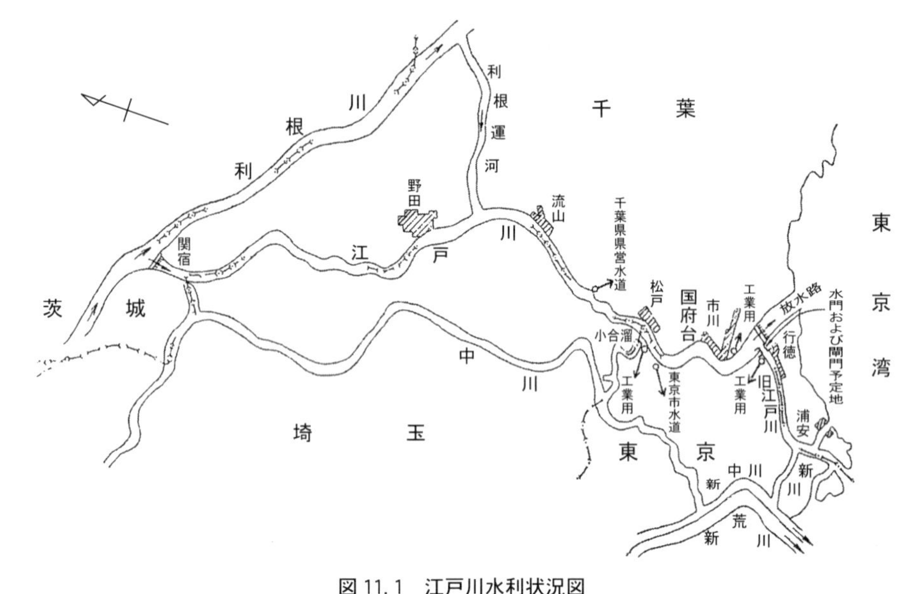

図 11.1　江戸川水利状況図
（出典：安田正鷹『河水統制事業』常磐書房，1938，に一部加筆）

さらに利根川の派川・江戸川で取水が行われていた。上水は，左岸の千葉県側で国府台水道組合（1923年開設），南江戸川水道株式会社（1932年開設），右岸の東京府側で江戸川上水町村組合（1926年開設，なお東京市域拡張により32年東京市水道に併合）があり，合わせて約1.99m³/sの取水であった。これ以外に満潮時の上層の淡水を直接取水して飲料水とする家屋が，千葉県では行徳・南行徳・浦安の3,560戸，東京市では江戸川区で4,129戸あった。一方，工業用水は，取水工場8カ所でその合計取水量は約0.18m³/sであった。大工場としては，左岸の北越製紙市川工場（1921年開設），右岸の本州製紙江戸川工場（1922年開設）があった。

(2) 水利統制計画[(2)]

江戸川水利統制計計画は，1935（昭和10）年6月内務省により，東京府・千葉県および関係官庁からなる江戸川水利協議会の場で発表された（図11.1）。事業費は366万円で，その目的は，新たな都市用水の確保と舟運機能の向上，あわせて灌漑用水の取水安定であった。つまり「現在水利を改善し，さらに将来の水利を開発し，施設後上水道建設費に於いて，直ちに千二百五十余万円を節約し，また灌漑及水運に於いて毎年百万円の利益を齎らす事」である。

そのための工事として，塩分遡上防止のため旧本川の最上流部に位置する篠崎地点（行徳の対岸）に水門・閘門（江戸川水閘門）を設置し，放水路では堆積土砂の浚渫と既存の床固めの 0.45m（1 尺 5 寸）かさ上げ補修を行う。これにより，その上流の水位を高め取水の支障の除去とともに，海水の遡上を抑える。また，松戸から上流の関宿までの 40km 間の低水路を整備し，舟運機能を大いに高める（第 12 章図 12.5 参照）。さらに付帯工事として，篠崎より旧本川下流で取水している農業用水について，水門上流部に取水口を移し，用水路を千葉県側・東京府側にそれぞれ新設することである。

当時の江戸川の河状をみると，とくに関東大震災後建設資材として大量の川砂が採掘され，河床の低下が著しかった。また国府台付近にあった岩盤を 1930（昭和 5）年に掘り下げたことも一因となり，1911（明治 44）年，12 年頃と比べて松戸・市川間で 1 ～ 2m，市川・放水路川口間で 2 ～ 3m の河床低下がみられた。この結果，1890（明治 23）年当時，感潮区間（潮の干満が影響する区間）は大潮の時でも河口から約 12km 上流の市川までであったものが，1933 年には河口から約 20km 弱の松戸で 0.8m の干満の差があった。江戸川の延長は約 60km であるから，その 3 分の 1 が感潮区間となったのである。

（3）水利計画

①計画基準流量

河床の低下に伴いほぼ通常時の水位である低水位も低くなっていったが，利根川の水量がこの当時，減少していたことも低水位低下の理由の一つであった。江戸川へ流入する割合も減ったらしく，江戸川改修工事で採用された流頭部・関宿地点での計画低水位に相当する流量は 75m^3/s であったものが，1932（昭和 7）年，33，34 年の平均低水位で 54m^3/s となっていた。統制計画策定当時の関宿での水位と流量状況を示したのが表 11.2 である。

この表で述べている渇水位の意味が明確ではない。1933（昭和 8）年に発刊された福田次吉著『河川工学』（常磐書房）によると[3]，「発電水力調査には次の

表 11.2　関宿での各水位および流量

名　称	水　位（m）	（最近3年間平均低水位より起算）	流量（m³）	摘　　要
平均水位	（＋）	0.66	120	平均水位は最近5カ年間における日々の水位の総平均.
平均低水位	（±）	0.00	54	平均低水位は平均水位より低き水位のみの平均にして，昭和5，6，7年の平均.
渇水位	（－）	0.16	44	渇水位は最近5カ年間における各年渇水位の平均.
非常渇水位	（－）	0.25	38	最低渇水位を除外し，これに次ぐ最渇水位にしておおよそ5カ年に1回くらい起こり得るもの.
最低渇水位	（－）	0.68	21	改修後の記録的最低水位にして昭和8年7月の水位.

出典：『江戸川水利統制』内務省東京土木出張所，1935.

如き分類を採用して居る」として「渇水位：一年を通じ355日これより下がらざる程度の水位」と記述されている。しかし表11.2では最低渇水位の「適用」として「改修後の記録的最低水位」と述べている。渇水位を最低水位と考えている可能性が大きい[(4)]。

この「最低渇水位」は1933（昭和8）年7月に生じたが，この年，江戸川下流部の耕地1,700町歩は，塩分を含んだ水を用水とせざるを得なかったため稲作に大きな被害を与えた。このため，潮止め施設の築造が関係当局に熱心に陳情された。また東京市江戸川水道は取水困難となって，その取水口を上流7km地点に移設する計画が立てられた。なお33年7月の最低渇水位は24（大正13）年に次ぐもので，30年度の江戸川改修事業完了後，最少値と評価されていた。

さて利水計画を行うには，計画のもととなる基準流量を決めなくてはならない。本計画では，1933年に生じた「最低渇水位」を対象とするのではなく，これに次ぐ最低水位，つまり5年に1回程度生じる「非常渇水位」の流量を妥当とし，これにより計画を策定するとして次のように主張している。

「本計画を立つるに当たり，如何なる渇水位及其流量を標準とするかと言ふに，前記せる各級水位及流量のうち最低渇水位即ち昭和八年七月のものは，持続時間僅かに十九時間に過ぎざるを以て，これを除外するを至当と認め，次に約五ヶ年に一回位起り得べき程度の『非常渇水位』及びこれに対する流量を採りて計画する事，最も適当なりと信ぜり」。

表 11. 3　1935（昭和 10）年当時の江戸川取水量（単位：m^3/s）

	千葉県	埼玉県	東京府	放水路	計
灌漑用水	3.497	13.268	2.175		18.958
上　水	0.274	0.000	1.711		1.985
工業用水	0.005	0.000	0.180		0.185
浄化用水				0.028	0.028
計	3.776	13.286	4.066	0.028	21.156

「非常渇水位」に対応する流量（「計画渇水量」と述べている）は，表 11.2 にみる関宿からの流入量 38.0m^3/s と，利根運河からの流入量 2.0m^3/s を合わせて 40.0m^3/s であった。この流量に対し当時の取水（利用）量は 21.156m^3/s で，残り 18.844m^3/s が東京湾へ流出していると認識されていた。海への流出量は，流入量 40.0m^3/s に対して約 47%の割合である。

②利水計画

利用量 21.156m^3/s の内訳は表 11.3 である。灌漑用水が 18.958m^3/s と全体の 90%を占めているが，千葉県が 3.497m^3/s，埼玉県が 13.286m^3/s，東京府が 2.175m^3/s であった。灌漑耕地は 3 府県合わせて 1 万 2 千町歩であり，埼玉県の利用は，この灌漑用水のみであった。上水利用は合計 1.9854m^3/s で，また工業用水は 0.1848m^3/s であった。その他に放水路の浄化用水として 0.028m^3/s があった。

さて水利統制計画だが，計画基準（渇水）量について利根川から江戸川への流入量を 37.00m^3/s とした。これは関宿より上流の利根川の非常渇水流量（計画基準流量）を 64m^3/s とし，このうち元荒川沿岸の用水不足量ほか 2m^3/s (5) と，将来の余裕としての 4m^3/s を合わせて 6 m^3/s を控除した残りの 58m^3/s に，江戸川への分流率 0.6 を乗じて 35m^3/s とした。これに利根運河からの 2m^3/s を合わせて，37m^3/s を利水計画基準流量としたのである。「非常渇水位」に対応した流量より 3 m^3/s 減少しているが，上利根川で将来利用するとしてこのようにしたのである。

一方，これに対する計画取水量は表 11.4 にみるように 25.7568m^3/s で，さらに余裕として 2m^3/s を確保し，残りの 9.2432m^3/s を江戸川（篠崎）水門から下流の放水量とした。取水量は現状から 4.6006m^3/s 増大したが，その内訳は，東京市水道金町浄水場からの新たな 3m^3/s が最も大きい。これにより金町浄水場の取水量は 4.7052m^3/s となった。工業用水は 0.0206m^3/s 増加したが，すべて千葉県での増量である。灌漑用水は 1.58m^3/s の増加であったが，千葉県で 0.183m^3/s，東京府

表 11. 4　江戸川水利計画（単位：m³/s）

	江戸川流入量	灌漑用水	上水	工業用水	浄化用水	余裕	海への放流量
水利統制計画	37.000	20.538	4.985	0.205	0.028	2.000	9.243
水利統制計画以前	40.000	18.958	1.985	0.185	0.028		18.844
増減	(−) 3.000	(+) 1.5800	(+) 3.0000	(+) 0.0206	0	2.000	(−) 9.6006

で 1.397m³/s の増加であり，埼玉県は従前と同様であった。放水路への浄化用水は従前と同様 0.028m³/s であった。

江戸川（篠崎）水門から旧本川下流への放流量は 9.2432m³/s であるが，この下流部で本州製紙（現在は王子製紙）江戸川工場（1922 年操業開始）などが工業用水の水利権をもっていた。その量は正確には把握できていないが，戦後の資料によると本州製紙が 0.48m³/s，その他 2 工場で 0.002m³/s となっている[(6)]。なお本州製紙は 1977（昭和 52）年，江戸川水門より上流に取水口を移設した。

これらの工業用水を差し引いた水量が，海まで放流させる旧本川の維持用水と考えてよい。ではこの維持用水がどのように決まったのか，『江戸川水利統制』は「差引海に放流せしむるものを非常渇水位に於て 9.24 立法米となしたるものなり」と述べているにすぎない。なお，水利統制事業の発足にあたって千葉県浦安・行徳の漁民が，ノリ・貝類に被害が生じるとしてたびたび陳情していたことが知られている[(7)]。これについて『江戸川水利統制』は，非常渇水時の場合でも何ら問題はないと次のように述べている。

「水門より下流の旧川及び浦安・葛西浦海岸に於ける海藻魚介類に及ぼす影響に付ては，これを審にせずと雖も，将来に於いても単に海に放流する水量が半減するに過ぎざるにより，概ね支障なきものヽ如し」。

「魚介類に付きても，また殆んど以上の條件と同一なるを以て，これまた何等被害なきものと推定して可なるが如し」。

（4）統制事業と舟運

この統制事業は，また舟運機能の向上を重要な目的としている。1890（明治 23）年に開通した利根運河により江戸川舟運はいよいよ隆盛となったが，統制計画策定当時は水深不足のため不振になっているとして，『江戸川水利統制』は次のように述べる。

「現在に於いては相次ぐ渇水の為め，航運頗る衰退に赴き，少しく渇水を示すに於いては，松戸より上流は辛ふじて載荷量を減じて航通し，その甚だしきに至りては，全く航運杜絶に陥りし事，四十余日に及びたる事あるの惨状なり」。

しかし，統制事業による水門・閘門の築造とその上流部の湛水池の造成，さらに松戸から関宿までの低水路整備によって，舟運路の支障は除去される。この結果，運賃は陸運に比べ安くなり増大する貨物も合わせ，年間30万円の運賃が節約できるとした。江戸川水利統制事業と舟運については，さらに第12章で述べていく。

(5) 維持流量

利水計画において，用水として利用するのではなく海へ放流する流量，つまり維持流量をどのように定めるのかは実に重要な課題である。江戸川水利事業でも決定されたが，どのような目的で定められたのか明確ではない。9.24m^3/sでノリ・貝類に支障がないと述べているから，漁業との兼ね合いから決められたのであろうか。他の河川ではどうか，同じ時期に検討された淀川河水統制事業でみてみよう。

1940（昭和15）年10月，内務省により淀川河水統制計画が発表された。その水利計画は，琵琶湖出口にある鳥居川量水標で「±0mから（－）1.8m」の貯水量を利用し，常時流出（利用）量を145m^3/s（最大169.5m^3/s，最少131.5m^3/s）に調節して発電・灌漑・水道・工業用水に利用する。さらに，大阪湾に分派川として流出している旧淀川と神崎川の舟運・浄化用水に利用しようとするものだった。

舟運・浄化用水についてさらにみると，旧淀川毎秒83.5m^3/s，神崎川で10.0m^3/sを確保しようとする計画であった。これにより「低水工事の進捗と相俟って舟運の円滑を計り，以て沿岸諸都市の発展に資し，併せて浄化用水として利用」[(8)]しようとするものだった。ちなみに，1896（明治29）年度から始まった淀川改良計画では「(旧淀川) 下流に要する水量は4千立方尺（111m^3/s）を程度とす。毛馬以下の水路に於いて水深5尺（1.52m）を得るに適度の水量なりとす」となっていた[(9)]。96年当時，水深5尺を保つ流量，つまり舟運から必要流量が求められていたのである。

その後，1943（昭和 18）年に着工した河水統制第 1 期事業では，利用水深を鳥居川量水標で「(±）0m から（－）1.0m」とし，常時使用水量を 120m^3/s にすることとなった。この結果，旧淀川，神崎川への分派流量はそれぞれ 78.5m^3/s（うち長柄運河 8.5m^3/s)，10.0m^3/s となった。この舟運と浄化から求められた流量が，海にまで流す流量，つまり今日の維持流量である。

当時，淀川では舟運の一層な活発化を図ろうとして低水路整備工事が行われていたが，これと一体的に利水計画は定められたのである。さらにこの当時，都市の衛生が大きな課題となっており，浄化用水の確保が強く求められていた。この両面から，維持用水が定められていったことがわかる。

なお木曽川でも統制計画が検討されたが，海へ放流する維持流量は「舟航ニ要スル水量」として毎秒 1,500 立法尺（約 42m^3/s）であった。

維持流量について，その定義は戦後に策定された河川砂防技術基準案で定められた。その内容につては第 13 章で述べていく。

(6) 水利統制事業

江戸川水利統制事業は，東京市水道応急拡張事業として東京市全額負担のもとに工事は内務省に委託された。着工は 1936（昭和 11）年で，低水路整備は 42 年にほぼ竣功し，篠崎に設置された江戸川水閘門は 43 年に竣工した。完成とともに江戸川水閘門は河川構造物に認定され，管理は内務省が行うこととなった。

4　戦前の奥利根河水統制計画

(1) 群馬県によるダム計画

①県営発電計画

利根川本川水源地での発電調査が，県営発電構想のもとに群馬県によって 1932（昭和 7）年に開始された。その当時，県営発電が大いに注目されていたが，その重要な端緒となったのが 20（大正 9）年からの富山県営水力電気事業である。

富山県では，常願寺川などの県下の急流河川のため洪水防御に巨額の資金を費やしていたが，この地形を有効に利用し水力発電事業を営んでその収益を治水事業の財源にしようとした。あわせて低廉豊富なる電力でもって，県下産業の振興を図ろうとしたのである[(10)]。その当初の計画は，常願寺川水系において計 8 カ所，出力 3 万 7000kW の発電所の建造であった。1921 年，3 発電所を着工，24 年に竣功して送電を開始した。その後，経済不況のため遅延し，事業経営も赤字が続いたため計画は見直されて黒部川水系の開発も取り入れた計画となったが，33 年度常願寺川水系での 6 発電所最大出力 6 万 6335kW の竣功をもって，第 1 期事業は完成した。

群馬県でも 1920（大正 9）年に県営発電が計画され調査が行われた。だが，経営的に確信がもてず，推進していた知事が他県に移動したので実施には至らなかった。その時の計画は，県内 4 カ所に発電所を設置し，総事業費約 2,300 万円で 2 万 4000kW の電力を得て，これを電力供給者に売り渡そうとするものだった。

一方，1932（昭和 7）年からの群馬県の発電計画の目的は，県会の意見書[(11)]でみるように，低廉なる電気を供給し群馬県下の農山村・都市の振興を促し，また県財政を豊かにしようとするものだった。群馬県下への安い電気の供給とは，利根川の水源地でありながら満足な電気を得ていないという不満が背後にあった。県内には，既に 20 万 kW の発電能力を抱えながらもその主要な供給地は東京であって，群馬県下の消費はそのうち約 2 万 7000kW，その料金も東京に比べて 3 割も高いとの状況であった。このため県議会では，電力会社から既存移設を買収し，県営事業とするようにとの強い主張があった。

②ダムによる発電計画

県による発電調査は，やがてダムを中心とするものになっていった。その経緯について知事は，1934（昭和 9）年の県議会で「内務省は利根川の水の調節，利水と同時に発電関係を調査したらどうか，それにはある程度補助してもよいと言われた」と述べている[(12)]。先述したように，内務省は大正末年から河水統制に熱心であって，群馬県にも働きかけていたことがわかる。一方，群馬県下では，水量が豊富で水路式の発電が有利な吾妻川，片品川などは電力会社によって既に開発されていた。利根川本川でも，小松，佐久の流れ込み発電所が完成していた。この開発状況および時代の流れのなかで，ダムによる貯水池方式が必然のこととして前面に出てきたのである。

さらに 1935（昭和 10）年の利根川大水害が，ダム計画を一層推進させた。群馬県下の利根川水源地帯では，豪雨出水により山腹崩壊なども伴う大惨状となり，治水が重要な課題となったのである。35年度からの調査では，水力発電のみに限定せず，洪水調査，灌漑用水確保も含めた調査を行うこととなった。37年の県会で知事は「県営電気の計画は利根川の上流に高堰堤を築き数万キロワットの発電をしようとするもので，1は電気料を安くし，1は水害の予防をしようとするものである。一面下流の発電所の水力の増加にもなる。近頃言われる河水統制の典型的なものである」と述べている[12]。

③河水統制調査

ところで，この1937（昭和12）年は国により河水統制調査が開始された年である。内務省は利根川について出先の土木出張所に任せず，本省土木局によって調査が行われることとなった。この結果，群馬県では内務省と一体となって調査が進められることとなったのである。

この河水統制事業に，群馬県は多年，懸案となっていた大正用水・中部用水事業の水源の確保も目指すこととなった。大正用水は赤城山南麓，中部用水は榛名山東麓を灌漑しようとするものである。両用水事業は1925（昭和元）年，県議会産業調査会で推進することが決議され，それ以降，県によって調査が進められていた。38年3月，群馬県は県営発電水利使用許可申請を行ったが，「大正用水，中部用水その他各種の利水事業と共に発電事業をも総合し，県営を以て実施する硬き決意の下に為したる」申請であった。そのダム計画は矢木沢，楢俣，幸知に3ダムを設置するものである。調査費は当初2,000円であったが，6月には8万円余を追加計上して進めた。

(2) 東京市による水道水源計画

一方，この時期，奥利根の河水統制計画に対し東京市が水道水源として注目していた[14]。東京市は将来の増大する水需要に対処すべく，1937（昭和12）年に水道水源調査会を設置し，第3水道拡張事業計画を検討していた。対象となった水源候補は，三島湧水・相模川・荒川・見沼貯水地・渡良瀬遊水地・手賀沼・霞ヶ浦・奥利根川らであり，水質と水量，建設費と経営費，地震と空襲その他に対する安全度の面について詳細な検討が加えられた。

検討の結果，最後に霞ヶ浦案と奥利根川案の2案が残った。両案の是非について長期にわたり議論が行われたが，取水量および工費の点で奥利根案が勝るとして奥利根案が採用されることとなったのである。それに先立ち1936（昭和11）年，東京市の担当課長によって利根川水源視察が行われ，ダム計画が検討されていた。奥利根案の利点として，ここの流況は降雪が多量で自然の貯水池をなし融雪期の流量が大きいとの日本海型であるのに対し，既存の水源である多摩川は太平洋型であるため，両河川からの取水は安全度がより一層高まることが指摘された。

ここに，東京の水道水源として利根川上流が初めて登場することとなったのである。当時，群馬県によって河水統制計画が進められていたが，東京市はこの統制計画が水源確保のための絶好の機会と考え，1939年3月内務省に対し，受益者として事業費の一部負担を条件に，その計画のなかに自らの水道の用水量を含むよう申請した。

(3) 河水統制計画の策定

① 1937（昭和12）年の奥利根河水統制計画案

内務省は，1937（昭和12）年度，利根川水系に21カ所の流量観測所を設置し，また同年，利根川水源で地形地質調査を行った。38年には先述したように，矢木沢ほか2ダムの築造による群馬県計画が樹立され，水利使用権の許可申請がなされた。しかし内務省，逓信省から係員が実施調査を行ったところ，矢木沢地点は地質が良好でないと判断された。この後，群馬県は楢俣，幸知の2ダムによる計画を立て，39年3月，計画変更の申請を行ったのである。

1939（昭和14）年6月，内務省土木局により「河水統制計画概要」がつくられたが，このなかに事業者群馬県なる「奥利根河水統制計画概要」が記載されている（図11.2）。その計画は，楢俣川合流点下流にダム高135m，総貯水容量1億8200万m^3（有効貯水容量1億2000万m^3）の楢俣ダムを築造し，東京市への水道用水12m^3/s，赤城山南麓，榛名山東麓あわせて3,500町歩（うち開田1,000町歩）の灌漑農業用水5m^3/sを新規開発する。さらに楢俣ダム直下に須田貝発電所，その下流にダム高55mの幸知ダムによる逆調整池を設置し，そこから導水する幸知発電所によって最大11万4400kWの発電をするものだった。

1939（昭和14）年3月の群馬県の計画変更の具体的内容が，これであったと考えられる。内務省から技官が群馬県に出向し，彼を中心にして検討がなされた

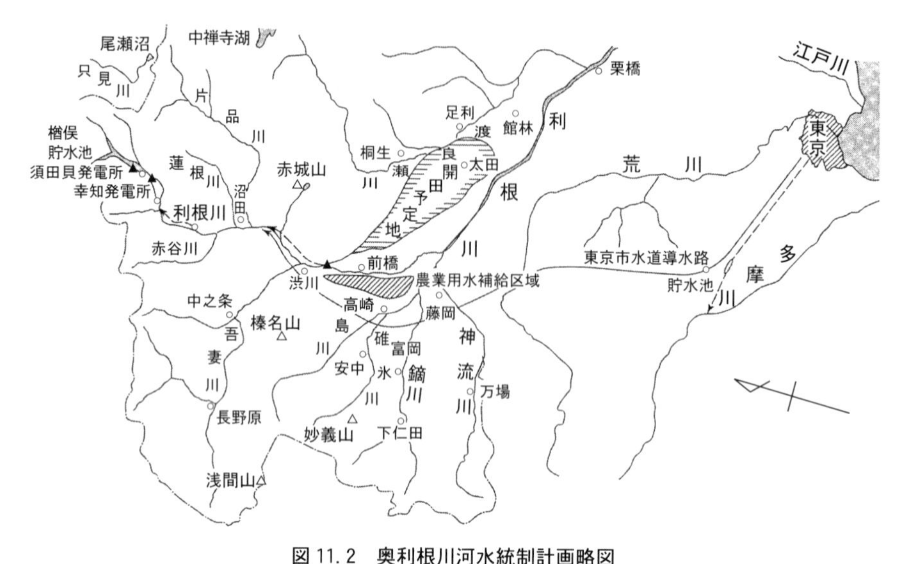

図 11. 2　奥利根川河水統制計画略図

（出典：内務省土木局『河水統制計画概要』，1939）

というから，内務省・群馬県が一体となって策定した計画だろう。群馬県が主張していた治水は前面に出ていないが，洪水を貯溜し，それを利水に使用する，その結果として治水に役立つと考えていたと思われる。後の計画書に「洪水及豊水を貯留し一面下流一帯の水害を軽減すると共に，必要に応じ貯溜を放流して本川流量を調整」すると述べられている [15]。また，39 年 3 月申請されていた東京市水道もこの計画のなかに位置づけられた。

群馬県への水利権は，1940（昭和 15）年 2 月に認可された。これに基づき群馬県は，同年 12 月，3 カ年にわたる特別会計河水統制事業費の追加予算を組んだ。40 年度は約 37 万円からなるが，その歳入は県債によるものだった。この県債の償還について，「日本発送電株式会社よりの補償金及一般歳入を以て償還するものとす」と，日本発送電からの補償金が重視されている。これについて「準備事業終り次第，覚書により水利使用権を日本発送電会社に譲渡し，準備の費用は同会社より補償されることになっている」と，水利使用権を日本発送電に譲渡する代わりに補償金が得られることを，知事は県会で述べている [16]。

当時，発電事業は国策により 1939（昭和 14）年に設立された日本発送電に一

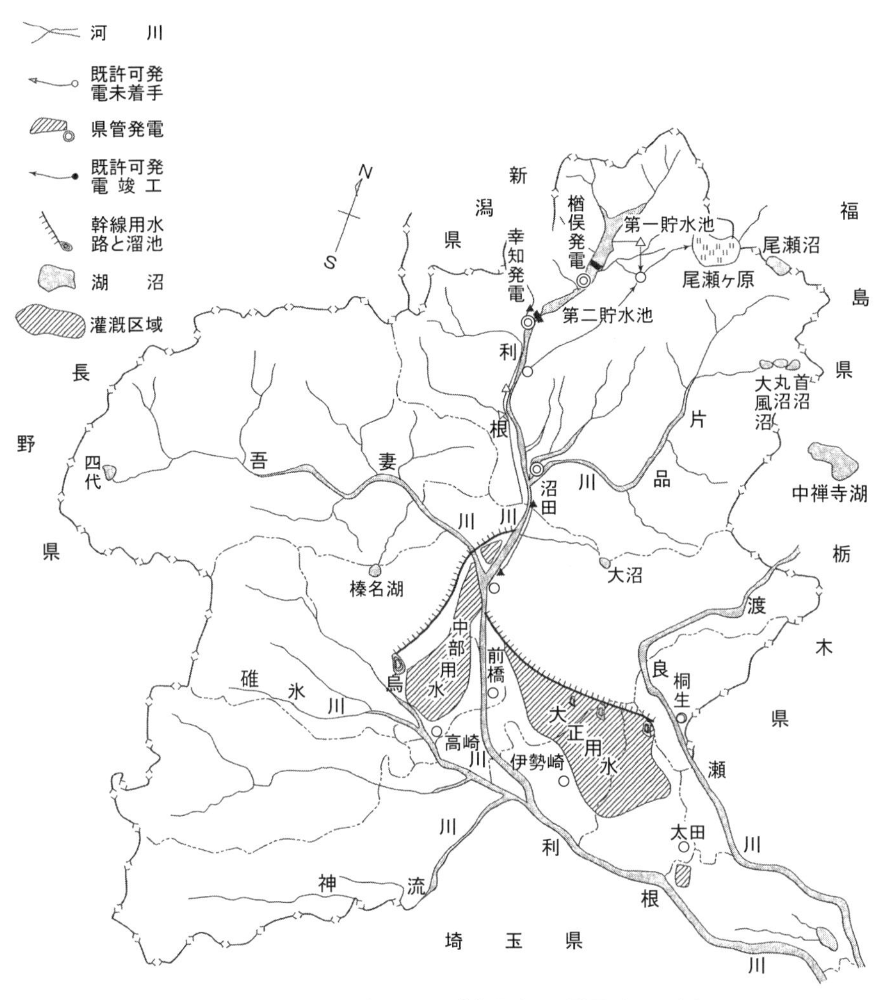

図 11.3　群馬県河水統制および発電計画一覧図（1940 年）
（出典：群馬県『群馬県河水統制計画概要』，1940）

元化され，県営は基本的に認められていなかった。補償金による水利権譲渡は，この国策の結果だと考えられる。なお，東京電燈株式会社の既許可水利権放棄に対する補償も河水統制事業の中で行われた。

②奥利根河水統制計画の決定

認可された河水統制事業計画をみると（図 11.3）[17]，1939 年 6 月の内務省土

図 11. 4　奥利根川河水統制計画におけるダム・発電所の変遷
（出典 :『利根川百年史』建設省関東地方建設局，1987，に一部加筆）

木局「河水統制計画概要」と基本的には同じであるが，灌漑面積の中で開田をそれまでの 1,000 町歩から 1,100 町歩としている。さらに本計画が，新たに尾瀬ヶ原発電計画と密接な関連をもっていることを述べている。つまり尾瀬ヶ原発電計画は国によって既に樹立されていたが，豊水期に余剰電力を利用して楢俣貯水池から水を吸上げ有効貯水容量 3 億 3300 万 m^3（中禅寺湖とほぼ同じ）の尾瀬ヶ原貯水池に貯溜し，渇水時に発電放流するならば，水量が増加して灌漑・工業用水に利用することができるとするものである（図 11.3)。

電力を用いて流域外の貯水池を利用しようとするものである。このような尾瀬ヶ原貯水池の利用について，東京市も期待していた。1936（昭和 11）年，東京市によって行われた利根川水源視察でも報告され [18]，この当時，既に尾瀬ヶ原貯水池についての計画が立てられていたことがわかる。この後，各種の調査が進められ新たな資料を得て，43年には本ダムの位置は矢木沢地点に変更され，ダム高125m，総貯水容量2億780万m^3（有効貯水容量1億2000万m^3）の矢木沢ダムとなった。これに伴い発電計画も変更された。矢木沢ダムの直下に矢木沢発電所，その下流に大巻発電所を設置し，この逆調整池として高さ50mの芹沢ダムを設け，ここから須田貝と幸知の2カ所で発電し，合わせて最大9万2368kWの発電をしようとするものとなった（図11.4）。その他の計画は以前と同様であった。

しかし，この奥利根河水統制事業は戦況の悪化により工事に着手することなく終戦となった。この計画が実現していくのは戦後であった。これについては，第15章で述べていく。

（注）

(1) 沖積低地の灌漑用水の安定性について，農業水文学でいわれている基準をもとに河川の類型化基準をまず表11.5のように定めた．さらに実績をもとに6割が水田化し得るとの前提で，灌漑用水からみた河川の類型化基準を表11.5のように整理した．これに基づいて河川ごとの農業用水の安定性をみたのが表11.6である．

なお淀川については，天然に琵琶湖を抱えているので，この貯水量をも評価してAとした（詳細は，松浦茂樹：『土木研究所報告第169号　沖積低地における河川処理の計画論的評価に関する研究』建設省土木研究所〈1986〉，pp.25-34）．

表11.5　水田灌漑用水の安定化基準（Ⅰ）

A	安定した河川	流域面積が水田面積に対して，15倍以上
B	ほぼ安定した河川	流域面積が水田面積に対して，10～15倍
C	不安定な河川	流域面積が水田面積に対して，7～10倍
D	非常に不安定な河川	流域面積が水田面積に対して，7倍以下

表11.6　水田灌漑用水の安定化基準（Ⅱ）

A	安定した河川	流域面積が想定最大氾濫面積に対して，9倍以上
B	ほぼ安定した河川	流域面積が想定最大氾濫面積に対して，6～9倍
C	不安定な河川	流域面積が想定最大氾濫面積に対して，4.2～6倍
D	非常に不安定な河川	流域面積が想定最大氾濫面積に対して，4.2倍以下

(2)『江戸川水利統制』内務省東京土木出張所（1935）．

(3) 福田次吉：『河川工学』常磐書房（1933），p.65．

(4) 富永正義:『河川』岩波書店（1942）では，「渇水量」を「既往に於ける最少な流量」としている．

(5) 第 10 章 4 でみてきたが，戦前の埼玉県による埼玉平野の河川改修のなかで酒巻導水路を新たに築造し，毎秒 120 立方尺（3.333 m^3/s）を農業用水の補給として元荒川に導水した．このこととかかわりがあるだろう．

(6) 新沢嘉芽統：『水利の開発と調整　上巻』時潮社（1978），p.379.

(7) 新沢嘉芽統：『水利の開発と調整　上巻』前出，p.360.

(8)「淀川河水統制計画要綱」，『淡海よ永遠に　総論計画編』近畿地方建設局琵琶湖工事事務所，水資源開発公団琵琶湖開発事業建設部（1993），pp.124–127.

(9) 沖野忠雄：「淀川高水防御工事計画意見書」，『淀川百年史』建設省近畿地方建設局（1974），pp.345–380.

(10)『常願寺川沿革誌』建設省富山工事事務所（1962），pp.368–369.

(11) 群馬県議会局：『群馬県議会史　第四巻』群馬県（1956），p.731.

(12) 同上，p.673.

(13) 同上，p.956.

(14)『東京都水道史』東京都水道局（1952），pp.281–296.

(15)『群馬県河水統制事業計画概要』群馬県（1940）.

(16)『群馬県議会史　第四巻』前出，p.1274.

(17)『群馬県河水統制事業計画概要』前出.

(18) 東京都利根川水源報告は次のように述べている．

「尾瀬原の利用に就ては，東京電燈尾瀬第一，第二，第三，第四の発電計画を有する外，電力国営案の実現の暁には尾瀬原に高堰堤を設け貯水池となし利根川に放水し，また本調査に係る須田貝貯水池地点付近利根本流にも貯水池を設置し，利根川の洪水を貯溜し汲み上げに供すると共に，尾瀬の放水を受けてそれも逆調節をなし五十万『キロワット』に及ぶ大発電所計画をするものの如くなれば，今後，本地方に於ける水源貯水池計画に就ては，特に充分なる調査研究を要すべきものなり」（東京都水道局：『利根川水源視察報告書』，1943）.

第 12 章　近代河川舟運と低水路整備

第 2 章でみてきたように，主に明治 10 年代から 20 年代にかけて行われた修築事業では，舟運路整備も重要な目的であった。一方，1896（明治 29）年の河川法の成立後は，治水を目的とした河川改修が国直轄事業として進められていく。

ところで，日本の物資輸送にとって近世までは舟運が絶対的に重要な地位を占め，内陸部では河川舟運が物流の動脈であった。そして河口部には，地域経済にとって拠点となる港が築かれていた。江戸時代，大阪が「天下の台所」として大いに盛えたが，それは上流に琵琶湖があって常に豊富な水量をもつ淀川と波静かな瀬戸内海の結節点にあり，舟運にとって格好の地点に位置していたことが重要な条件であった。京都，奈良などの淀川水系内陸部を河川舟運によって背後（勢力）圏とし，瀬戸内海を通じて西日本，さらに日本海を北上して東日本と連絡していたのである。一方，隅田川の河口部に位置する江戸も，利根川，荒川を通じて関東平野を背後圏とし，また海運によって東日本とも連絡していた。社会経済基盤の核となる運輸体系は，舟運を中心にして整備されていたのである（図 12.1）。

近代になって，内陸部では，やがて鉄道が舟運に取って代わったのは周知の事実であるが，それはいつの時点からであろうか。また河川舟運は，その後，まったく放擲されたのだろうか。このようなことを課題としつつ，明治初頭から戦後の高度経済成長期までの河川舟運について述べていく。なお，河川舟運の全盛期と評してよい明治 20 年代後半から 30 年代初めにかけての日本 20 大河川の舟運状況をみたのが表 12.1 である。20 大河川の幹線流路長 932 里 5 町（約 3,661km）のうち，約 76% にあたる 712 里 8 町（約 2,797km）で航路が開かれた。また明治 10 年代，国によって低水工事が積極的に行われた河川は，第 2 章の表 2.1 にみるように 14 河川である。

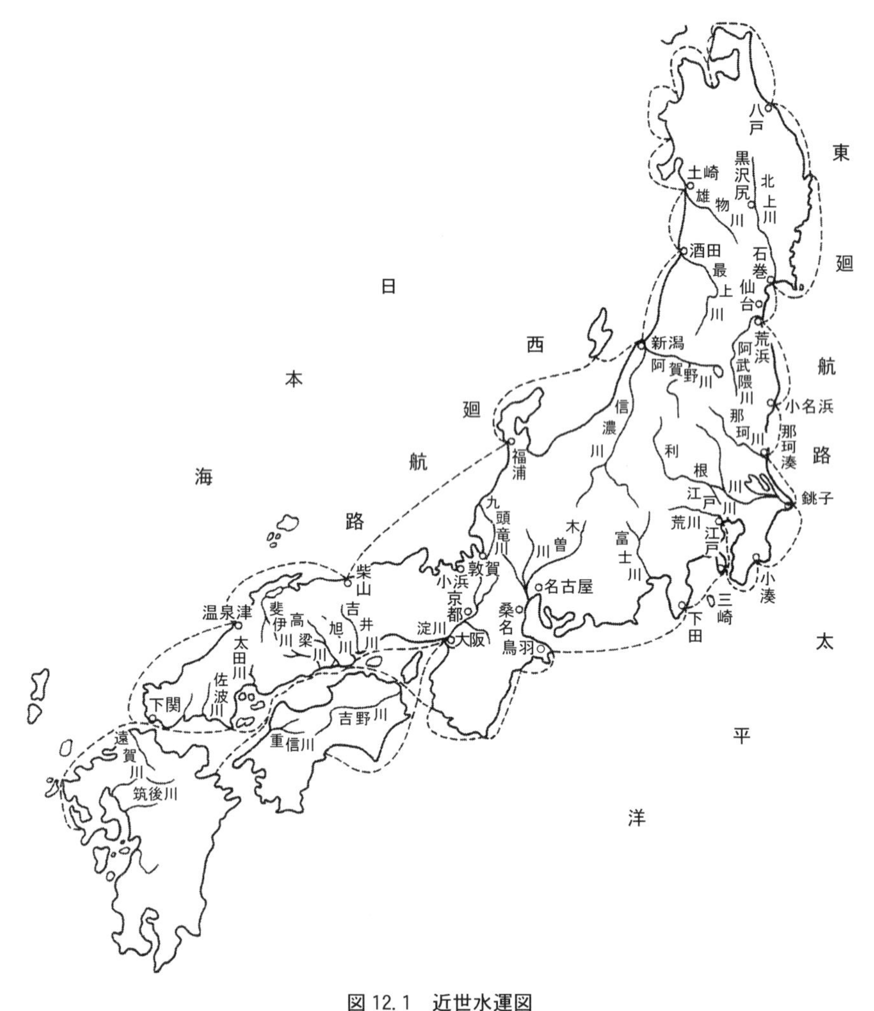

図 12.1　近世水運図
（出典：松浦茂樹『明治の国土開発史』鹿島出版会，1992）

1　明治時代の利根川河川舟運路整備

(1) 明治初頭

利根川舟運について，1875（明治8）年の江戸川松戸地先での試験施行に続き，77年から江戸川筋を中心に水制・護岸工の施工が行われ，低水路の整備が進め

表 12.1　日本の 20 大河川における航路－明治 20 年後半～ 30 年代初め－

河川名	総流路延長(里町)	航路延長			幹線流路延長	
		航 路(里町)	筏 路(里町)	計(里町)	流路延長(里町)	航路延長(里町)
利根川	1,121.03	176.10	41.07	217.17	82.00	70.14
淀川	1,103.22	89.23	78.30	168.17	20.01	17.22
木曽川	707.19	113.19	0.18	114.01	58.31	21.19
信濃川	981.05	140.30	37.24	178.18	94.06	72.00
北上川	962,07	91.28	61.30	153.22	62.17	59.10
荒川	277.05	62.21	58.23	121.08	45.18	42.33
筑後川	486.25	47.23	－	47.23	35.28	22.09
最上川	602.26	87.29	29.11	117.04	55.12	50.06
阿賀野川	712.31	88.20	60.17	149.01	42.28	38.07
遠賀川	294.25	45.03	3.05	48.08	15.27	14.15
天竜川	556.02	71.34	18.20	90.18	54.25	54.25
吉井川	555.12	30.25	－	30.25	34.26	22.23
吉野川	355.32	60.14	－	60.14	60.13	27.29
雄物川	316.29	58.10	26.26	85.00	38.13	35.07
阿武隈川	659.20	32.34	5.19	38.17	50.12	38.17
九頭竜川	266.11	46.04	11.17	57.21	28.21	21.31
富士川	444.21	22.35	－	22.35	41.14	18.00
高梁川	300.21	40.28	－	40.28	28.07	20.26
江の川	589.00	50.22	－	50.22	50.35	39.11
那珂川	349.24	27.23	2.24	30.11	31.31	24.27

資料：「明治 25 年～ 32 年内務省調査」より．

られた。当時の航路状況についてみると [(1)]，利根川に外輪式蒸気船が就航したのは 1871（明治 4）年である。東京と渡良瀬川合流直下流の中田（現・古河市）間の江戸川・利根川筋に，川蒸気飛脚船が隔日に出航した。77 年には，東京と上利根川の赤岩間，東京と霞ヶ浦高浜間に就航し，さらに銚子，思川の生井河岸（栃木県）に至る航路が次々と開かれていった（第 2 章図 2.3 参照）。この当時，政府により低水工事が始まったとはいえ，航路は十分に整備されていず，民間会社によって深浅測量，浚渫が行われた。その浚渫延長は 1,560 余間（約 2,800m）に及ぶという。しかし水深は大きくなく，とくに夏冬の渇水の時期には大変苦労した。

ところで，利根川に先立ち低水路が整備されたのは淀川であった。淀川舟運は明治政府から，「澱（淀）川は皇国一，二の大河，内外交通の要路にして，民産の栄枯この通塞に係るまた少なからず」ととらえられていたが，淀川修築事業として 1874（明治 7）年，京都府下伏見観月橋から大阪天満橋に至る約 10 里（約

40km）を対象区間として舟運路整備が着工された。それを指導したのは，日本政府に招聘されたオランダ人技術者たちであった。彼らオランダ人技術者は河川舟運を重要視していたが，長工師ファン・ドールンは 74 年，鉄道と淀川舟運を具体的に比較検討した。大阪～伏見間の工事費でみると，鉄道では約 168 万円かかるが舟運では 41 万 7200 円と 4 分の 1 しか要しない。運賃でみれば鉄道の方が 6.6 倍も費用が大であり，舟運が有利と主張した [2]。彼らは，全国の河川で修築事業を指導していった。

(2) 明治中期

明治 10 年代から 20 年代初めにかけて，政府自らは鉄道建設に力を入れながら，河川舟運にも期待していた。膨大な資金を必要とする鉄道に比べ，水路整備・運河建設は民間あるいは府県の資本のみで実行できたのである。

利根川では，1886（明治 19）年オランダ人技術者ムルデルによって修築計画が策定され，翌 20 年度から 19 カ年事業として政府により着手されたことは，第 2 章でみてきたところである。その計画は舟運，洪水対策，新田開墾を目的とするものだったが，舟運路の整備が最初に取り上げられ，これが重要なことを示している。

舟運路整備計画は，4 尺（1.2m）以上の水深を得るのを課題に，平均低水流量から各所の低水路幅を求めていった。その区域は埼玉県妻沼以下の本川下流，派川として江戸川，権現堂川，逆川等の約 61 里（約 264km）の区間であって，水制，護岸工で整備していった。このうち江戸川での低水工事は，1898 年竣工した。

利根川本川では，修築事業は 1899（明治 32）年までで打ち切られ，翌 1900 年度からは洪水防御を目的とした高水工事に着手された。だが，この事業の一部として，上利根川の川俣から下流における既成低水工事の補修が行われた。低水工事が必要な箇所では，なお引き続き工事が継続されたのである。そのための工事費は約 69 万円であった。

これとは別に利根川舟運秩序を大きく変える工事が，1888（明治 21）年 5 月から着手され，90 年に竣功した。鬼怒川合流点直下流の利根川と江戸川とを結ぶ長さ 8km 余りの利根運河である。その設計はムルデルが行い，台地を開削して整備されたが，要した工事費は約 57 万円であった。これにより，利根運河下流の茨城・千葉県と東京の間は48km短縮された。かつ水量が少なくて航行に支障が生じやすかった江戸川分派口と鬼怒川合流点間の利根川河道を避けることが可能となった。利根川下流部と東京間の連絡は，これにより飛躍的に高まったのである。

利根運河事業は民間会社によって行われたが，この事業への期待は大きく，その竣功式には山縣総理大臣以下，内務大臣，文部大臣そして東京，千葉，茨城の3知事も出席し祝った。ここに利根川舟運は最盛期を迎えたのであるが，この事業について節を改めて詳しくみていく。

2　利根運河事業 (3)

(1) 実現に向けての運動とその挫折

利根運河事業に奔走したのは，茨城県北相馬郡長をしていた広瀬誠一郎だった。広瀬は現在の茨城県取手市下高井に生まれたが，1879（明治12）年に県会議員となり81年，当時の県令人見 寧に利根運河の開削を建議した。広瀬の熱情は人見を動かし，84年，人見は内務・大蔵・農商務の3卿に殖産興業を目的とした茨城県下五大工事を提出したが，その筆頭にこの利根運河を取り上げたのである。その他として那珂川・久慈川間の開鑿，那珂港の修築などがあげられたが，人見の方針は，運河を通じての輸送体系の整備を図ることであった。

人見は，運河実現に向けて熱心に動き出す。だが，利根運河は千葉県内に開削するため，千葉県の同意が必要であった。船越 衛千葉県令は茨城県令の説得に対して，関宿の回漕業者，県下の利根・江戸川舟運の従事者への影響，栃木県の有志が利根運河と競合する吉田用水路堀割りの計画を進めていることを述べた。さらに，千葉県南葛飾郡の加村より王室臺へのトコーピール鉄道（小型鉄道）の計画があることを述べ，逆にトコーピール鉄道敷設の利便を説いて，その測量費用の一部負担の請求をした。つまり千葉県令は，利根川舟運よりも鉄道の利便を優先していたのである。

一方，内務省は茨城県の要請を入れ，デ・レーケ，次いでムルデルに運河の設計を命じ，ムルデルは1885（明治18）年2月，「江戸利根両川間三ヶ尾運河計画書」を提出した。この後，茨城県は北相馬郡長となっていた広瀬が中心となって説得にあたり，下利根沿いの千葉県香取郡長の同意を得，彼を通じて県会議員に働きかけた。そして遂に85年6月，船越県令の同意を得，全6ヶ条の「江戸利根運河協議書」が締結されて両県共同で測量・調査・設計が行われることになったのである。

しかしこの協議は，同年7月，人見県令の突然の「非職」（地位はそのままで職だけ免ぜられる行政処分）にあって頓挫した。非職の理由は，前年に生じた加波山事件の処理問題に関係したものといわれている。

人見のあとを受け継いだのは，1884（明治17）年11月まで内務省土木局長であった島　惟精である。広瀬は島県令に働きかけたが，ちょうどその頃，東京・水戸間に鉄道敷設の論が起こった。86年4月，島は広瀬と打ち合わせの中で，水戸地方は鉄道論者が多く，その建設を願い出ている，鉄道と運河との利害得失は如何と質した。これに対し広瀬は，鉄道は運河に比べて多額の費用がかかり，国による建設でなかったら困難である．まず運河を開鑿して殖産興業の実をあげ，その後，鉄道を建設しても遅くないと主張したのである。

この意見に島も即座に同意し，早速，千葉県に働きかけた。船越県令は従来の経緯もあり，快く了解し測量等のために現地に職員を派遣した。島茨城県令は，県内部に運河開鑿委員会を設置して各郡長を召集し資金募集の方法等を図っていた。事業はスムーズに進むかにみえた。しかし島県令は1886年5月死去し，再び，利根運河は挫折したのである。

(2) 民間会社による事業の竣功

島のあとを襲いだのは安田定則である。早速広瀬は彼への説得に取りかかったが，安田の意志は運河よりも鉄道優先であった。これを聞いた広瀬は愕然として，1886（明治19）年8月，北相馬郡長の職を辞し，元茨城県令人見 寧，神奈川県の事業家高島嘉右衛門等に働きかけ，民間社会を設立して事業を進めることにしたのである。

起工着手の請求を受けた船越千葉県令は，茨城県では鉄道建設が熱心に唱えられているので，資金を集めるのに大変ではないかと広瀬に質した。だが広瀬は，民間のみで実行できると答え，社長人見　寧，筆頭理事広瀬，理事高島嘉右衛門ら4名からなる資本金40万円の利根運河株式会社を1887（明治20）年4月設立

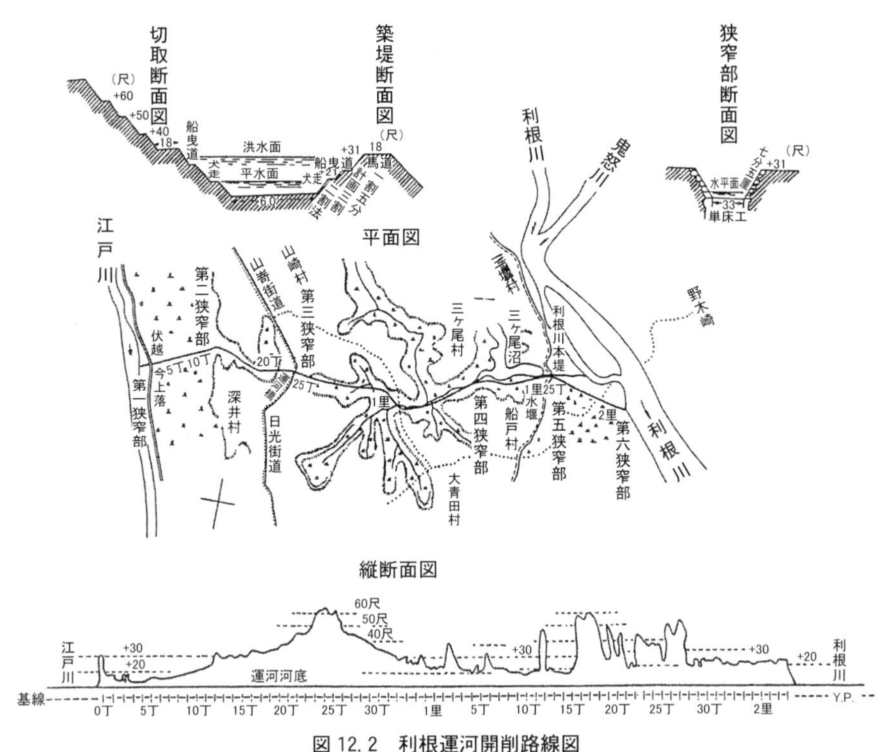

図 12.2　利根運河開削路線図
（出典：『利根川百年史』建設省関東地方建設局，1987）

した。政府からの補助は認められなかったが，民間の資金のみで 88 年 5 月事業に着手したのである。工事は，国と千葉県の技師の監督の下に民間の請負で行われ，約 2 年間で竣功にこぎつけた（図 12.2）。

このように，利根運河は広瀬誠一郎の執念と尽力によって，民間のみの資金で行われた。

(3) 利根運河の盛況

競争相手となるべき鉄道の整備は茨城県下で着々と進んでいったが，利根運河は明治時代，大いに盛況を呈した。通行貨物船数でみると，最大の通船数は，1897（明治 30）年の 29,305 隻であり，1913（大正 2）年までは年間 2 万隻以上の通行があった。また年間 40 万トン以上の輸送は 14 年まで行われていた。この

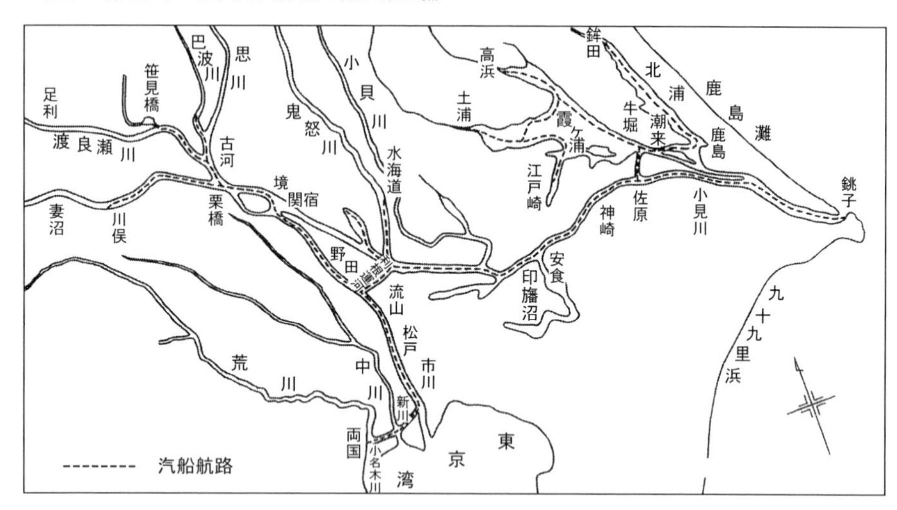

図 12. 3　明治末年の利根川水系汽船航路図
(出典：辰馬鎌蔵「利根川・江戸川・渡良瀬川低水工事」,『水利と土木』第7巻第12号, 1934)

後，次第に衰退していくが，23年の関東大震災では鉄道，道路の陸上交通の不通，また港湾機能が壊滅状態になる中で，東京への輸送ルートとして重要な役割を果たした。このルートを通り，食糧，薪炭，建築材料等が運び込まれたのである。

利根川水系全体の舟運についても，明治年間いっぱいは大いに盛況をみせており，明治末年における基線航路は11航路で20余隻の汽船が往復していた（図12.3）。

(4) 鉄道との競合

しかし，内陸輸送における政府の基本方針は鉄道の整備であった。1884（明治17）年，上野－高崎線で鉄道が開通したが，上利根川舟運と競合することになった。とくに下りの利根川舟運の料金は安く，鉄道には荷物が集まらなかった。このため，熊谷発上野行き鉄道貨物運賃を半額に値引きしてまで集荷に力を注いだのである。なお，高崎線は民間会社である日本鉄道会社によって建設されたが，政府から用地の無償貸付，国税の免除，出資金に対して年8分の配当を行うための利子補給など，手厚い補助が行われていた。

茨城県下の鉄道整備をみると[(4)]，東北本線の一部である大宮－宇都宮間が

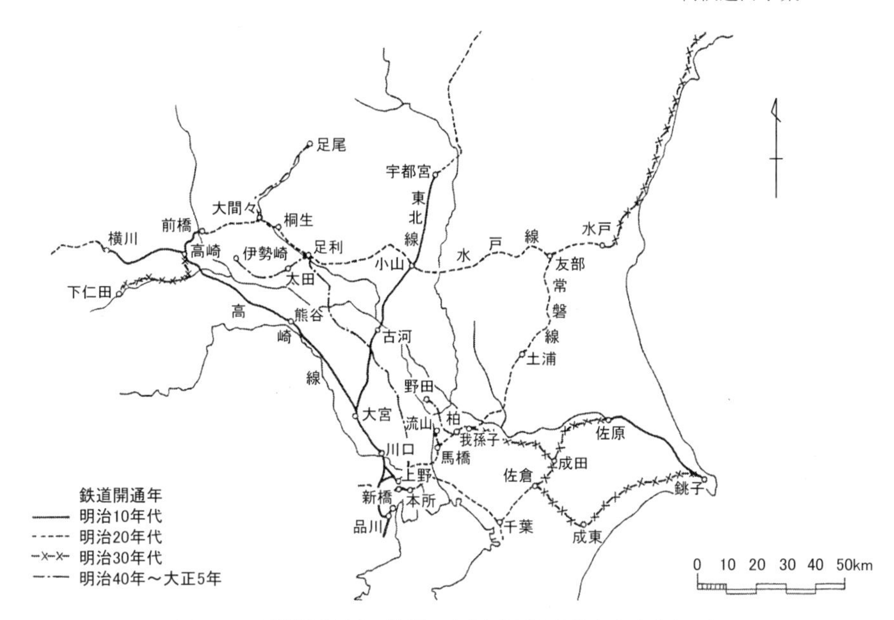

図 12.4　利根川流域の鉄道の変遷（明治時代を中心として）
（出典：『利根川百年史』建設省関東地方建設局，1987，に一部加筆）

1885（明治 18）年開通し，古河に駅が設置された。この後，茨城県では水戸と東北本線の小山間の鉄道建設が期待され，87 年 1 月水戸鉄道会社創立請願書が政府に提出された。その路線をめぐり県下の南北の対立があったりして遅れたが，87 年 11 月着手され 89 年 1 月開通した。今日の水戸線である。水戸，那珂湊と京浜地区を密接に連絡させ，海産物の両毛地区への輸送路の確保など地域の発展として安田知事が力を注ぎ，また地元の資金が投入されたのは鉄道であった。鉄道が魅力的だったのである。

その後，開発が進められた常磐炭鉱の石炭を東京に運ぶための鉄道（現在の常磐線）が計画され，1884（明治 17）年から日本鉄道会社によって工事に着手されて，96 年土浦－田端間，98 年には全線の開通をみた。さらに 98 年には本所－佐原間の成田線が開通した（図 12.4）。

なお，鉄道によって内陸輸送を整備することを政府が公式に確立したのは，1892（明治 25）年の鉄道敷設法の公布である。この法律で政府が自ら鉄道建設にあたるという原則が確立され，33 の建設予定線が定められた。

3　昭和前期の利根川低水路事業計画

(1) 淀川低水路事業からの刺激

日本では, 1907（明治 40）年頃からトラック輸送が登場した。関西では, 大阪・京都間を結ぶ京阪国道が淀川堤防上をも利用して昭和初期に整備され，トラック輸送の比重が高まった。このため 29（昭和 4）年の淀川舟運輸送量をみると，上り 15 万トン，下りは 50 万トンで，鉄道・電車・トラック合計輸送量のそれぞれ 1/16，1/3 に減少していた。下りが多かったのは，河川舟運の特徴として下りでは動力が小さく，そのため運賃が安かったためである。しかし減じたとはいえ，昭和年代に入っても，淀川舟運は一定の役割を保持していたことがわかる。

淀川では，1931（昭和 6）年頃から京都市長，京都市会，大阪府商工会議所などにより，国会・国に対して舟運路整備の請願，陳情が熱心に行われた。これに応えて国会では「淀川低水工事改良修築に関する建議」が採択された [5]。淀川舟運は「航路の整否はわが国産業の興衰に甚大の関係あり」というほど産業開発にとって重要である。それにもかかわらず土砂の堆積により舟運に支障が生じているとして，新たな改良・修築を建議したのである。この建議の後，33 年度から淀川低水路事業が開始された。

これが利根川関係者に強い刺激を与えた。利根川では「明治改修」が 1930（昭和 5）年度に竣工し，当時，関東大震災直前に始まった利根・渡良瀬川維持工事が継続して行われていた。新たな事業が期待されていたのであるが，34 年，当時の東京土木出張所長辰馬鎌蔵が『水利と土木』（第 7 巻第 12 号）に「利根川・江戸川・渡良瀬川低水工事」を掲載した。このなかで「弟分たる淀川さへ昨年度から低水工事を再起工した程であるから，再び本川もまた工事を起工し，以て本邦無比と称せられる利根水系に，舟運の便を普ねからしむ事，緊要かつ急を要」していると述べた。そして，当局において金 408 万円の予算があり，この低水路事業着工が間近に迫っていることを主張した。

当時の利根川舟運の状況をみると，上利根川は栗橋上流では大船は遡られず，渡良瀬川は概ね乙女河岸・古河河岸から下流で可能であり，鬼怒川は往時の面影はなかった。このような状況で汽船航路の主なるものは両国橋・銚子間と，銚子・

表 12.2　昭和初期の運賃比較表（佐原・東京間）

(円)

種別＼品目	穀類	空壜	肥料	酒類	漆工品	木材	醤油	平均
鉄　道	2.25	3.13	2.25	3.51	2.37	2.50	2.40	2.63
船　舶	1.85	2.54	1.88	2.64	1.19	1.60	1.95	1.95
自動車	8.00	―	5.00	8.00	―	5.00	8.00	―

(出典：辰馬鎌蔵「利根川・江戸川・渡良瀬川低水工事」,『水利と土木』, 7(12), 1934)

北浦・西浦（霞が関）間であった。このうち大航路である両国橋・銚子間についてみると，次のように紹介している[(6)]。

「銚子・両国橋間の航路は，銚子新川口を起点として鮮魚基他を積み，荒野大桟橋に寄港し，小貝川，佐原等を経て利根の大江を遡るのである。そして田中からは利根運河に入り，幅 5 間の水堰を抜け，約 2 里を航行して，今上で江戸川に出で，次で江戸川を行徳迄下り，新川運河を抜け，新中川を横切ってから船掘閘門（幅 6 間）又は新川水門（幅 5 間）を通って更に新荒川を横切り，小名木川閘門（幅 5 間半）或は小松川閘門（幅 6 間）を抜けて小名木川を航行し，隅田川の両国橋を終点とするものである」。

一方，その当時の利根川航路については，浅瀬が生じ，渇水時には積荷を激減せねばならず，また 1 年のうち 15 日間から 40 余日間通航不能になる状況と認識していた。

(2) 利根川低水路整備の必要性とその計画

辰馬鎌蔵は，需要者に安価な物資を供給する点から，自動車・鉄道と比べて舟運の方が経済的だと主張する。とくに容量の大きいもの，目方の重いものの運搬は舟運の独舞台だと述べる。因みに，佐原から東京までの自動車，鉄道，舟運による運賃について表 12.2 のようにとらえている。

また，関東大震災の際，鉄道，自動車交通が杜絶したとき舟運が主要な役割を果たしたことを述べた。さらに関東大震災後の東京では，「一は水運に依る輸出入貨物の増加に備え，一は復興に要する各種物資の配給を円滑ならしむる為」に，「市内河川を改修又は新鑿し，以て帝都に於ける水運施設の完璧を期せんとした」と，舟運整備が図られたことを指摘する。

帝都復興院の当初の計画および東京市の要望からは大幅に縮小したが，震災復

表 12.3　1933（昭和 8）年利根川筋各河港出入および通過貨物トン数表

港名	トン数	港名	トン数
銚子港（河航の分）	256,797 トン	古河港	36,050 トン
佐原港	1,712,980	関宿港	133,680
新川運河（船堀）	733,865	利根運河	136,375

（出典：辰馬鎌蔵「利根川・江戸川・渡良瀬川低水工事」,『水利と土木』, 7（12）, 1934）

興事業により，市内では京橋川，神田川，小名木川など 14 河川の水路整備が取り上げられた。西堀留川の全面埋め立てなども行われたが，これらの河川は海面下 1.8m に浚渫され，水面積は約 4 割 3 分増加することとなった。近世，江戸の社会基盤として整備された水路が，この計画で近代的に再整備されたのである。

1933（昭和 8）年の利根川各港の出入および通過貨物トン数は，表 12.3 の状況であった。江戸川と中川を結ぶ新川運河の通過貨物は，33 年は 73 万トンであるが，それ以前の 26 年は 150 万トンであった。辰馬は利根川低水工事を行えば，優に 150 万トンを通航するものとして低水計画を樹立したのである。

その計画についてみると，当時の最大船舶を標準とし，利根川本川では銚子・中田間および栗橋・関宿間，渡良瀬川では古河・中田間，江戸川は浦安から上流を対象とする．その航路延長は 43 里（約 173km）だが，水制の補修と新設，水路の浚渫によって改良する。低水路幅は利根川において 55 ～ 170 間（約 100 ～ 309m），渡良瀬川 55 間（約 100m），江戸川 30 ～ 50 間（約 55 ～ 91m），水深は低水時においても 4 尺（約 1.2m）を確保しようとするものであった。そして，事業費として 408 万円と試算していた。

さらに，この計画について，利根水系の中で緊急的に整備が必要な重要航区のみに限ったもので，また既設の工作物をできる限り利用した最も経済的な案であることを強く主張した。時代の要求に応じて現在以上の大型船を航行させるのが理想案であるが，そのためには水深を増大させ，狭隘な新川・小名木川等の拡張，また利根運河の再整備が必要であると認識していた。

（3）ヨーロッパからの刺激

ところで，内陸舟運へのこのような期待は，日本国内での動向のみから高まってきたのであろうか。私は，欧米，とくにドイツの動きが強い刺激を与えたのではないかと考えている。ドイツでは，北海と黒海の連絡のためライン川とドナウ川を運河で結ぼうとする計画が古くからあったが，19 世紀の失敗ののち再度試みられ，1921（大正 10）年ライン・マイン・ドナウ株式会社が設立されて着工をみた。実質的に内務省土木局の監修下にあった雑誌『水利と土木』では，30（昭和 5）年刊の第 3 巻第 8 号～ 10 号に「独逸水路網の建設並に内地航路の中央同盟」が，また翌 31 年第 4 巻第 5 号に「ライン・ダニューブ両河の連絡工事」が紹介されている(7)。

さらに，1930 年刊に「和蘭・白耳義の水路問題」，イギリスを取り扱った「運河（内陸水路）の将来」が掲載されている(8)。また，アメリカではミシシッピ川河口のニューオーリンズを中心に，メキシコ湾沿いに総延長 1,790km，幅約 38m，水深 3.65m の運河 A・I・W が 1925（大正 14）年に完成している。これらの欧米の動向が，わが国に強い刺激を与えたのである。

辰馬は，ヨーロッパにおける内陸水運の発展過程から，河川舟運について，第 1 期の鉄道敷設以前の隆盛期，第 2 期の鉄道発達による衰退期，第 3 期として鉄道・海運の発達に伴い国際的な港湾が繁栄し，大量貨物の輸送が必要となる隆盛期と認識した。そして，わが国はこれから第 3 期の隆盛期に入ると主張した。この観点から，帝都東京港，銚子港ほかと連絡する利根川の現況は，まったく不十分と認識するのである。

このように，昭和前期のこの期待は国際化した港湾と一体となった内陸舟運の確保であった。国際港の背後圏形成に河川舟運が重視されたのである。

(4) 利根川低水路事業の挫折

利根川水系の低水工事は，すぐにでも事業化される状況であった。だが着工とはならなかった。それは，1935（昭和 10）年 9 月利根川が大洪水に見舞われたためである。この水害後，内務省では新たな治水計画樹立に追われ低水路事業は吹き飛んでいった。さらに 38 年にも 2 回にわたり大洪水を受け，第 9 章で詳しく述べてきたように利根川増補計画を樹立して 39 年度から新たな治水事業に着工したのである。

(5) 江戸川水利統制事業と舟運路整備

江戸川水利統制事業については第 11 章で述べてきたが，その一環として舟運

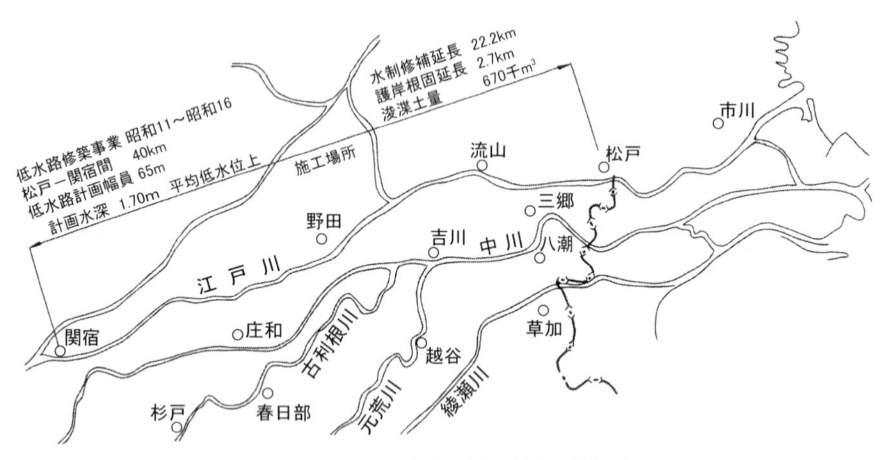

図 12.5　江戸川水利統制低水路事業概況
（出典：『江戸川・中川改修史』江戸川工事事務所，1986，に一部修正，加筆）

のための低水路工事が行われた。この計画決定は 1935（昭和 10）年 8 月であった。つまり利根川の 35 年 9 月洪水以前に決定されていたのであり，東京土木出張所の「利根川・江戸川・渡良瀬川低水工事」の一部が着手されたと評してよい。

第 11 章で述べてきたように，江戸川では大震災後の復興のため川砂採取によって河床と低水位が低下して塩分が遡上していたため，農業用水・上工水の取水と舟運機能に支障が生じていた。このため，河水統制事業として塩分遡上防止のために旧江戸川分派点に水門と閘門を設置し，また江戸川放水路入口にあった床固めを 0.45m（1 尺 5 寸）高め，低水位を高めようとするものであった。あわせて松戸より上流河道 40km を，平均低水位上で水深 1.70m，川幅 65m に整理し，流水の疎通と船航の通行に支障のないように浚渫あるいは在来の水制・護岸の修理・新設という低水路工事も行うものであった（図 12.5）。

この低水路工事により，当時，1 カ年約 50 万トンの輸送量を 100 万トンに増加させようとした。具体的には次のような想定であり，年間 30 万円の運賃が節約できるとした [9]。

「現在江戸川の水運による貨物は，大約 1 ヵ年 50 万トンと推定せれるるも航路不良によりその運賃に比し低廉なりと言ふを得ざるの悲境なり。しかれども将来に於いては陸運賃に比し平均 1 トン当たり金 20 銭を低下せしめ得るにより年額10万円の利益となる。尚航路の改良に伴ひ，将来さらに1ヵ年100万トンの貨物を増加せしめ得る見込なるを以て，運賃節約額20万円となり，前者と合し金30万円の運賃を節約し得べし」。

(6) 河水統制計画と舟運

ところで,国により「河水統制調査」が開始されたのは1937（昭和12）年である。この時，開発可能性のために調査された項目は，河川の水理に関する事項，ダム地点・地質に関する事項，河川の利用状況に関する事項等であるが，舟運は河川利用の一つに位置づけられていた。戦前，河川舟運の期待はまだまだ高かったのである。

4　利根川増補計画と舟運

利根川では,第9章でみてきたように新たな治水事業である増補事業が1939（昭和14）年度から開始されたが，舟運はまったく無視されたのではない。増補計画では，利根川本川下流部の疎通能力が不足したので2,300m^3/sを流下させようとする放水路が，取手付近から東京湾へ向けて計画された（図12.6)。そしてこの放水路が，東京湾と利根川・霞ヶ浦とをつなぐ舟運路としても考えらえていた。すなわち，干潮時でも放水路は水深3mを保持し，利根川と放水路との間では手賀沼，旧将監川，長門川を利用するが，手賀沼，安食の間では運河を開削し，利根川との間は閘門によって連絡するものだった[10]。

これにより，低水路幅が広くて水深が浅いため，渇水時にはほとんど航行不能であった利根運河口から取手の間の利根川を避けることにより安定した舟運路となる。つまり東京湾と利根川下流・霞ヶ浦との連絡を図るものだった。当時，利根川舟運を利用した輸送は，東京と安食下流の利根川沿岸・霞ヶ浦を結ぶ航路が大部分を占めていたことを背景としていた。

さらに増補計画は，放水路河口の東京湾での工業港の築造と深く関係していた。この工業港は，約1,200haの臨海工業地帯造成の一環であるが，その埋立て土砂として放水路の掘削土砂をあてようとするものだった。放水路の掘削と臨海工業地造成とを一体的に進めようとするもので，同じ場所に建設事務所が併設されて

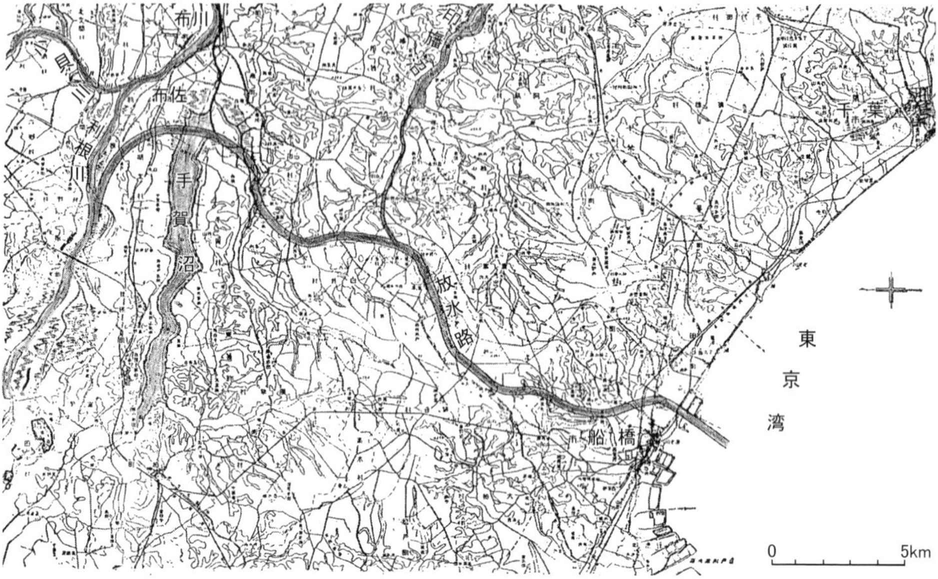

図 12.6　利根川放水路計画平面図
（出典：富永正義「利根川増補計画（十五）」,『水利と土木』第13巻第8号，1940，に一部加筆）

事業が進められた。放水路の目的として，舟運を通じて工業港と利根川流域を結び，利根川流域を背後圏と位置付けることも，当然のことながらあった。だが，放水路工事は戦争のため1944年中止となった。戦後，臨界埋立造成は再開され，千葉臨海工業地帯となったが，放水路工事が再開されることはなかった。

5　戦後の河川舟運

戦後の利根川改修の動向については次章以下で詳しく述べていくが，舟運のみここで簡単に整理していきたい。

(1) 利根川改修改訂計画と舟運

利根川では，戦後，治水工事が本格的に開始される前の1947（昭和22）年9月大出水に見舞われ，栗橋上流の右岸で決壊して埼玉県，東京都は大水害を被った。戦後直後から増補計画の見直しが行われていたが，大出水後，根本的な検討が加えられ，49年2月，「利根川改修改訂計画」が樹立された[11]。新改修計画については，第14章で詳述していくが，舟運ついては「四　運河計画」として「本支派川に就いて堰堤による低水流量の増加と相俟って舟運を改修するものとする」と記されている。

改訂計画は〔一　計画高水流量の改訂〕，〔二　改修計画の改定〕，〔三　支川改修計画〕，〔四　運河計画〕，〔五　砂防計画〕となっていて，この当時，舟運路の整備がまだ重要視されていたことがわかる。ただし，具体的にどこの区域を整備するのかは明記されていない。

改訂計画決定に至る議論の過程で，東京への人口流入を避けるための東京周辺地での工業開発とし，栃木県小山から茨城県古河に至る一帯を候補地として構想したことが東京都から紹介された。そしてこの地域のメリットとして，利根川，江戸川を通じて舟運路を整備したら東京湾の工業資源を移入できることが指摘された。河川舟運路の整備，舟運による地域開発が，可能性をもって検討されていたのである。

(2) 民間からの利根川舟運構想

一方，この当時，利根川舟運についてはるかにスケールの大きい構想が，民間から打ち出されていた。一つが1949（昭和24）年9月に発表された衆議院議員徳田球一「利根川水系の綜合改革」であり，一つが47年から49年にかけて発表された工藤宏規の「関東地区総合開発計画」である。

徳田球一の提案[12]は，利根川本支川の河道を人工水路等によって大幅に付替え，埼玉・東京の工業地帯の上工水，ローム台地への灌漑用水の供給，渡良瀬遊水地，印旛沼，手賀沼，牛久沼などの沼・湿地の干拓の他に，大規模な運河計画を主張している。例えば古利根川，元荒川，中川への利根川からの導水による運河化であり，江戸川のより一層の舟運機能の整備であり，印旛沼，手賀沼，東京湾を結び，外洋船も相当奥深く内陸部に入らせようとする計画であった（図12.7）。

一方，工藤の構想をみると[13]，利根川，荒川のみならず多摩川，相模川，那珂川等の関東の諸河川に十分大きな貯水池を設けて水量を調節し，100万町歩に及ぶ灌漑用水を確保するとともに，霞ヶ浦，印旛沼等の湖沼を干拓する。また，

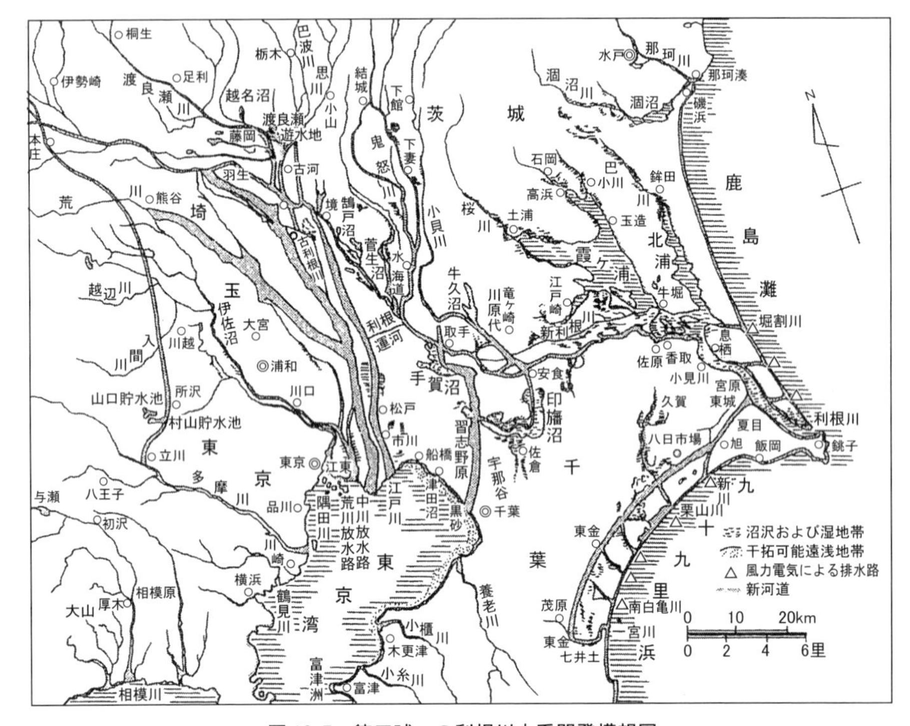

図 12.7　徳田球一の利根川水系開発構想図

（出典：徳田球一『利根川水系の総合改革』日本共産党出版部，1949）

電力開発して工業発展させる。さらに山地と平地の境目に位置する足利，桐生，前橋，飯能，八王子等の標高 100m 近くにある都市を水路でつなぎ，多摩川あるいは鶴見川に落として 100 万 kW 以上の大発電をするとともに，この水路に大型外洋汽船を通そうとするものであった（図 12.8）。

(3)　高度経済成長と舟運

このように，利根川水系では昭和 20 年代前半，内陸舟運に対して大規模な構想が樹てられ，これへの期待が大きかったことがわかる。しかし，本格的な低水工事着手には至らなかった。洪水疎通のための引き堤・浚渫などの河道工事，山間部では治水・利水を目的とした多目的ダムの築造が鋭意進められていった。その後，昭和 30 年代以降になるとモーターゼーションが発達するとともに舟運の

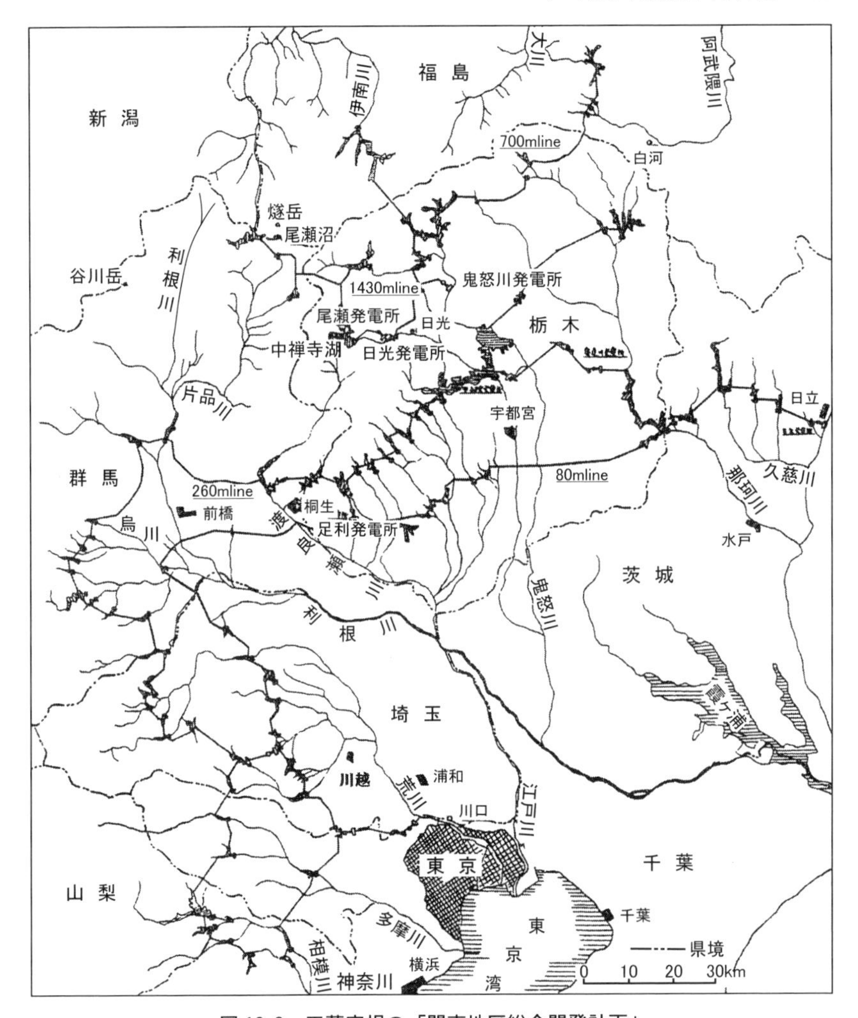

図 12.8　工藤宏規の「関東地区総合開発計画」

（出典：「工藤宏規－業績とその人－」，『野研時報』第 7 号，1958，に一部修正，加筆）

ための低水工事が前面に出ることはなかった。

淀川についてみると，戦前の 1933（昭和 8）年に着手した低水工事は，33，34 年度は時局匡救事業として，35 年度からは一般財源による単年度予算で進められた。施行区間は神崎川分流点から上流であったが，41 年には下流毛馬まで延長して，この年度から 10 カ年の継続事業となった。だが戦後の 47 年度は休工となり，翌48年度，大幅に予算を増額して施工したのち同年度をもって一応，完成したものとして打ち切られたのである。その後，昭和30年代に入って淀川舟運は著しく衰退し，大阪・伏見間貨物輸送は1962（昭和37）年2月で途絶え，砂の採取船だけとなってしまった。そして，継続して行われていた淀川低水工事調査は，昭和30年代終わりに打ち切られたのである。

（参考文献）

（1）辰馬鎌蔵:「利根川・江戸川・渡良瀬川低水工事」,『水利と土木』第7巻第12号（1934）.

（2）ファン・ドールン:「日本水政　第78号　澱河改修」,『淀川百年史』建設省近畿地方建設局（1974），pp.241–243.

（3）「利根運河工事発起者故広瀬誠一郎氏経歴始末」,『治水雑誌』（第3号）, 治水協会（1891）.
利根川百年史編集委員会:『利根川百年史』建設省関東地方建設局（1987），pp.452–471.
『日本土木史　大正元年～昭和15年編』土木学会（1965），pp.143–154.

（4）『茨城県史　近現代編』茨城県（1984），pp.229–235.
『茨城県史料　近代産業編Ⅱ』茨城県（1973），pp.623–646.

（5）『淀川百年史』前出，p.611.

（6）辰馬鎌蔵:「利根川・江戸川・渡良瀬川低水工事」前出.
なおまたく同様な報文が, 内務省東京土木出張所名で港湾協会『港湾』（12巻11号）（1934）に掲載されている.

（7）佐野吾作:「独逸水路網の建設並に内地航路の中央同盟（一）（二）（三）」,『水利と土木』第3巻第8号，9号，10号（1930）.
長谷川久一:「ライン・ダニューブ両河の連絡工事」,『水利と土木』第4巻第5号（1931）.

（8）シュライヘルト博士述, 佐野吾作訳:「和蘭・白耳義の水路問題（一）（二）（三）」,『水利と土木』第3巻第4号，5号，6号（1930）.
長谷川久一:「運河（内陸水路）の将来」,『水利と土木』第3巻第7号（1930）.

（9）『江戸川水利統制』内務省土木出張所（1935）.

（10）富永正義:「利根川増補計画（十五）」,『水利と土木』第13巻第8号（1940）.

（11）『利根川百年史』前出，pp.914–919.

（12）徳田球一:『利根川水系の綜合改革』日本共産党出版部（1949）.

（13）「工藤宏視－業績とその人－」財団法人野口研究所,『野研時報　第7号別冊』（1958），pp.41–45.

第13章　戦後の利水事業

1　河川総合開発事業の推進

1945（昭和20）年9月2日，日本は降伏文書に調印して敗戦を迎えるが，戦後の社会基盤整備は，洪水防御（治水），電力開発，食料増産を課題として始まった。昭和20年代は1945年の枕崎台風を皮切りに，47年のキャサリーン台風，48年のアイオン台風に襲われ，毎年のように大規模な風水害が発生して戦争で疲弊していた国民経済に大きな痛手を与えた。また，電力需要の増大により電力飢饉といわれるような深刻な電力危機が生じたが，海外からの物資輸入に大きな制約が加えられていたため，残された国土の資源として水力が注目されるのは当然だろう。また国土が日本列島のみとなり，食糧不足も重大な問題となって食糧増産が急務の課題となっていた。

この対策として，TVA方式による開発（新たな機関を設立して行う総合開発）が経済安定本部によって熱心に推進された。経済安定本部は，経済復興推進の中枢機関として1946（昭和21）年に設立された政府機関である。その後，50年に国土総合開発法が制定されたが，「国土総合開発の運営方針」として次の二大重点目標の達成が重要視されることとなった。

ⓘ国内資源の高度開発と合理的利用による経済自立の育成

ⓘⓘ治山，治水の恒久対策樹立による経済安定の基盤確立

とくにⓘの要請からは水資源の活用による電力の確保と耕地の整備，②の要請からは直接的に河川が課題となる。このことから河川の総合開発が重視されることになり，多目的ダム・水力発電ダムを中心に開発が進められていった。

河川の総合開発は，第11章で述べたように戦前，河水統制事業として着手されていた。この事業を進めるにあたり内務省土木局を中心にしてアメリカTVAが研究され，積極的に紹介されていた。しかしそれは一部にとどまり，一般の間に広く周知されたのではない。一方，戦後，占領軍の中核であったアメリカから，

草の根民主主義に基づく地域開発の成功例としてTVAが広く喧伝された。ＴＶＡ理事長リリエンソール著『TVA －民主々義は進展する』が翻訳され，新たな地域開発手法として大きな影響を与えたのである。

1951（昭和26）年，河水統制事業は河川総合開発事業となり，国土総合開発法に基づく特定地域総合開発計画の柱として進められた。制度としては，57年特定多目的ダム法が制定された。それに先立ち，52年，水力発電開発のための電源開発促進法が制定され，電源開発（株）が設立された。この前後から，アメリカから導入された重土木機械でもって大型ダムが着工されたのである。

2　利根川総合開発事業

(1) 昭和20年代の総合開発計画とダム事業の進展

①特定地域総合開発計画

国土総合開発は，河川総合開発を主体として開始されることとなったが，なかでも利根川総合開発への期待は大きく利根川総合開発法制定の動きも出ていた。この動きに木曽川，北上川を加えようとの声も高まり，国土総合開発法制定の一つの推進力となったのである。具体的な利根川開発計画としては，1951（昭和26）年，国会内で組織されていた利根川治水同盟から試案として図13.1のようなダム計画案が提示された。また発電計画をみると，矢木沢ほか10カ所が計画されていた（表13.1)。ここには，尾瀬からの分水も含まれている。

経済安定本部によって図13.2に示すダム，発電が計画された。治水計画としては，第14章で述べていくように1949（昭和24）年建設省の治水調査会で決定された改修改訂計画に基づき，烏川合流後（八斗島地点）における計画対象流量17,000m^3/s，そのうち3,000m^3/sを上流ダム群で洪水調節しようとするものである。計画されたダムについてみると，戦前の奥利根河水統制計画をもとに藤原ダム，相俣ダム，八ッ場ダム，坂原ダム，沼田ダムが加わり，このダムに関連して発電が加味されたものであることがわかる。経済安定本部には建設省，商工省からも出向していて，国の計画としてこのようにまとまったのである。

1951（昭和26）年，利根川は国土総合開発法に基づく特定地域総合開発計画による特定地域に指定され，国土保全（治山・治水），資源開発（農産，電力，

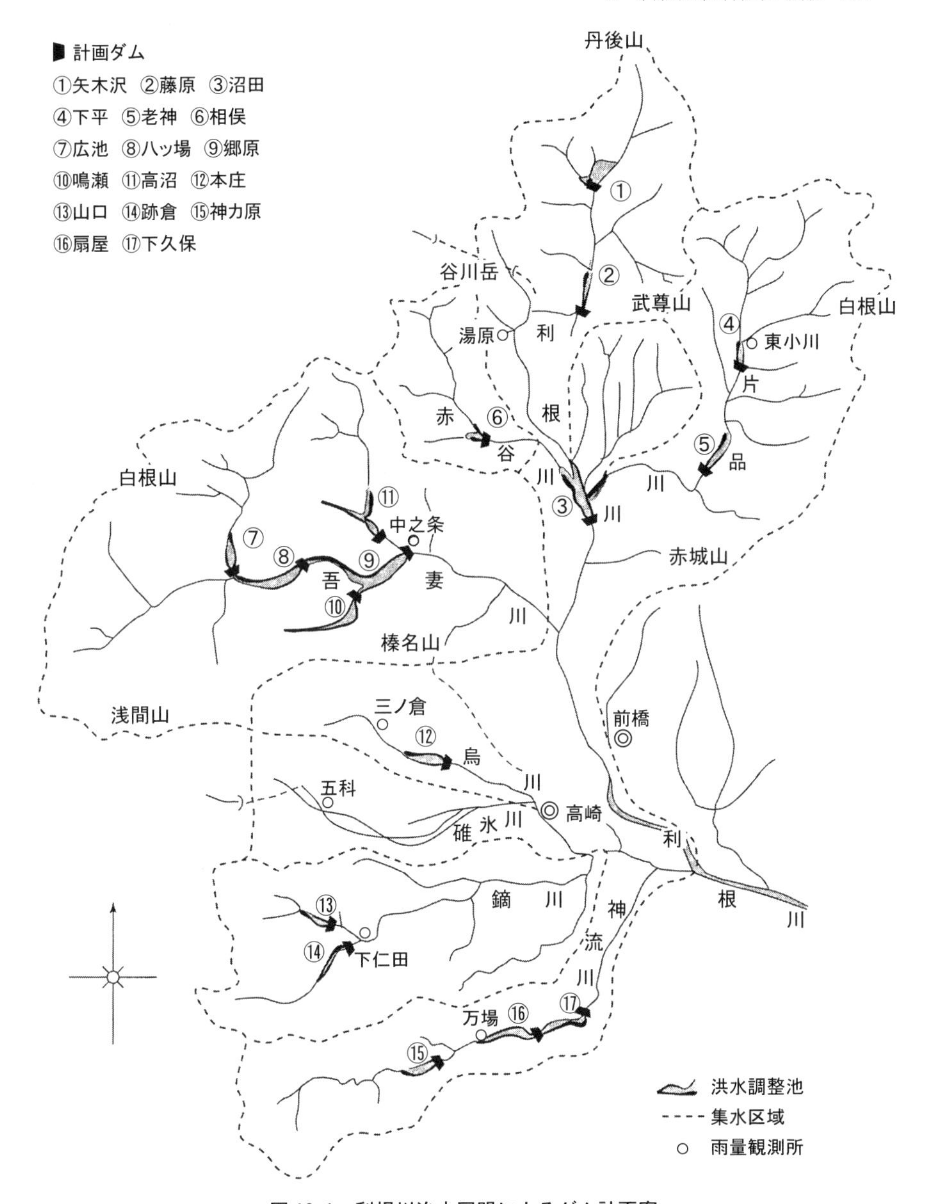

図 13. 1　利根川治水同盟によるダム計画案
（出典：田中義一『国土開発の構想－日本 TVA と米国の TVA －』東洋経済新報社, 1952, より作成）

表 13.1　利根川治水同盟による発電所計画案

（　）は総貯水容量，単位：m^3

地点名	使用水量（m^3/s）		有効落差（m）	発電力（kW）		発電力量（kWh）	事業費（100万円）	工期（月）	適要		
	最大	常時		最大	常時				堰堤高（m）	水路長（m）	その他
矢木沢	45.00	9.30	87.3	32,000	6,230	131,200	5,353	27～30	97.0（103,000,000）	—	堰堤工事費は含まず
須田貝	46.00	19.40	109.7	36,700	17,700	145,680	3,470	28～30	31.5（720,000）	6,700	
幸知	40.00	19.50	89.2	29,600	14,500	128,190	2,000	29～31		5,220	
白浜川第一	4.00	2.00	348.5	11,400	5,300	16,900	960	27～29	52.0（54,000,000）	3,000	
〃第二	4.00	2.00	270.0	8,880	4,400	13,100	320	27～29	—	3,000	
尾瀬第一	74.00		290.0	179,000		133,000	3,250	31～35	100.0		
〃第二	74.00		300.0	185,000		143,000	3,710	31～35	—		
下流増設			310.0	36,900		200,000	2,250	30～35	—		3カ地点
相俣	8.00		100.0	6,400		36,000	220	33～35	65.0（11,000,000）		堰堤工事費は含まず
八ッ場	30.00		132.0	31,800		180,000	1,113	31～33	63.0（29,200,000）		〃
薗原	29.00		94.0	20,400		100,000	410	32～34	85.0（36,200,000）		〃
坂原	8.00		95.0	6,100		35,000	120	33～35	100.0（22,000,000）		〃

（出典：田中義一『国土開発の構想－日本のTVAと米国のTVA－』東洋経済新報社，1952）

林産）が開発目標としてあげられた。この後，ダム・発電所が着工されていった。

②ダム・発電所の築造

1952（昭和27）年度，河川総合開発事業として堤高95m，総貯水容量5,249万m^3の藤原ダムが，治水と下流既得農業用水の補給を目的として建設省によって着工された。続いて53年，群馬県よる赤谷川総合開発事業の一環として相俣ダムが着工された。第11章で述べてきたように，戦前の40年，群馬県による奥利根河水統制事業が認可されたが，戦争の激化のため中断されて水利局も廃止された。しかし戦前からの群馬県当局の熱意が赤谷川総合開発事業となったのである。

相俣ダムは，ダム高67m，総貯水容量2,500万m^3の重力式コンクリートダムである。洪水調節，須川平の436haの灌漑および下流既得農業用水の補給，さらにダム直下の相俣発電所と下流の桃野発電所で合わせて最大出力1万3500kWの発電を行う。1956（昭和31）年に一応の完成を見せ，直ちに試験湛水を開始したが，

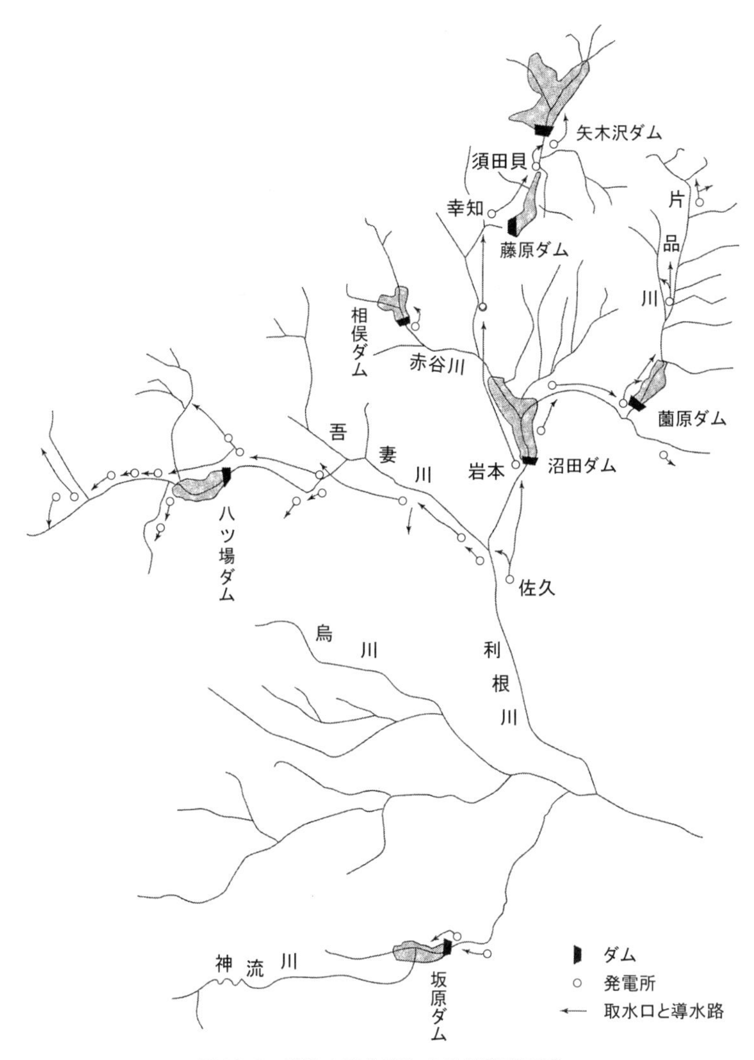

図 13.2　経済安定本部による開発計画案
（出典：『経済安定本部資料』に基づいて作成）

その途中で漏水が生じたので湛水は打ち切られた。この後，建設省直轄に移管され，第2期工事として漏水対策工事が施工されて59年完了となったのである。

ところで，戦前の河水統制事業認可のとき，発電の水利権は群馬県がもっていた。しかし，補償金によって日本発送電に譲渡されることとなっていた。これに基づき，1943年，幸知・須田貝発電所の水利権が日本発送電に108万円で譲渡されたのである。しかし矢木沢ダムの発電水利権は，灌漑用水・上水の開発を伴う河川総合開発と関係が深く，引き続き群馬県が保持していた。だが戦後になると，群馬県は47年，48年度の災害による県財政の逼迫から矢木沢の発電水利権を手放すこととし，50年にこれを三千数百万円で日本発送電に譲渡した。この水利権は，さらに翌51年日本発送電の解体に伴って東京電力に引き継がれたのである。

一方，昭和20年代の発電事業についてみると，終戦当時，岩本発電所（2万7500kW）が工事中であったが1949（昭和24）年に完成した。この後52年，奥利根河水統制事業の一環であった幸知（水上）発電所に着手し，出力1万8600kW（使用水量16.7m^3/s）で53年竣功した。続いてダム高73mの須田貝（楢俣）ダムと地下式の発電所工事に着手し，55年竣功した（第11章図11.4参照）。戦前の計画は使用水量30m^3/s，出力2万kWであったが，65 m^3/s，出力4万kWに増強された。さらに57年，藤原ダムに付随する藤原発電所（出力2万1600kW）を竣功させた。片品川筋についてみると，白根発電所（出力1万kW），鎌田発電所（出力1万1200kW）の工事に着手，54年に完成させた。

また鬼怒川上流では，戦前中止となっていた五十里ダムがコンクリートダムとして治水，灌漑，発電を目的に1950年度着工となった。

(2) 昭和30年代の多目的ダムの築造

①利根特定地域総合開発事業の推進

1957（昭和32）年，国土総合開発法に基づき利根特定地域総合開発計画が閣議決定された。このなかで多目的ダムとして藤原ダム，相俣ダム，五十里ダム，川俣ダム，薗原ダム，中禅寺湖，矢木沢ダムの7地点があげられた。このうち藤原ダム，相俣ダム，五十里ダムは既に着工されていた。中禅寺湖は，その出口付近に調節ゲートを設置して湖面を利用し，発電，治水，下流既得農業用水の補給に利用するもので，栃木県により57年に着工，60年に完成した。また鬼怒川に位置する川俣ダムは，41年に鬼怒川河水統制計画として取り上げられながら中止となっていたもので，治水，発電，下流既得農業用水の補給を目的とし，57年に着工された。

1952（昭和 27）年に着工した藤原ダムは，58 年に竣功した。これと入れ替わりに堤高 76.5m の薗原ダムが 59 年着工された。総貯水量 1,400 万 m^3，洪水調節，発電および下流既得農業用水の補給を目的とするものである。一方，戦前の奥利根河水統制事業の中心であった矢木沢ダムは，なかなか着工とはならなかった。利水にかかわりをもつ群馬県（農水），東京都（水道），東京電力（発電）の間で調整がつかなかったのである。

②矢木沢ダム，下久保ダムの築造

矢木沢ダム築造の経緯についてみると，1955（昭和 30）年 1 月，3 機関により「矢木沢ダム建設共同調査委員会」が設置され，ここで協議された。また，開発水量についての利害が直接ぶつかる群馬県と東京都の間で，「矢木沢ダム水利調整打ち合わせ委員会」が設けられ検討が進められた。だが，県の利水事業（大正用水など開発水量 13.6m^3/s）と都の水道事業（16.6m^3/s）との間で調整がつかなかった。基本的な問題は，両者の希望している水量が，矢木沢ダムによる開発水量を上回ったことである。協議は暗礁に乗り上げた。このため 58 年になると，建設省が「矢木沢ダム建設共同調査委員会」に加わり，調整に乗り出した。

建設省は別途，神流川でダム築造のための基本的な調査を行っていた。当初の計画は坂原地点であったが，昭和 20 年代後半には約 500m 下流の下久保ダムサイトに注目していた。ここで，1958（昭和 33）年度，河川総合開発事業調査による具体的調査が始まった。建設省は，この下久保ダムと合わせて矢木沢ダムの解決を図っていった。つまり下久保ダムと一体となって必要容量の確保を図り，東京都の不足分を下久保ダムから補給し，矢木沢ダムについては洪水調節を含んだ多目的ダムとして築造することを関係者で調整し，同意を得たのである。ここに 59 年から矢木沢ダム，下久保ダムに着工した。

両ダムとも，1957（昭和 32）年に制定された特定多目的ダム法による事業として着工された。この法律により，多目的ダム築造は河川法に基づく河川工事であり，ダムは河川付属物であるとして建設省により進められることとなった。矢木沢ダムをめぐる調整のなかで新たな法律の必要性が認識され，この法律は策定されていったのである。

だが，両ダムはその後，1962（昭和 37）年に設立された水資源開発を目的とする水資源開発公団に移管され，工事は進められた。竣功したのは矢木沢ダム（総貯水量2億430万 m^3）が67年，下久保ダム（総貯水容量1億3000万 m^3）が68年である。両ダムの完成により，戦前の奥利根河水統制計画のほとんどは完了をみた。群馬県赤城・榛名山麓の開田等の約1万haへの灌漑用水の水源も，確保された。一方,主要灌漑施設は,群馬用水事業として63年に水資源開発公団によって着工をみた。

(3) 尾瀬分水

利根川水源での利水事業（奥利根総合開発事業）は，戦前の奥利根河水統制計画をベースにして進められていった。だが，手がつけられていない事業がある。只見川水源の尾瀬ヶ原の一部を容量3億3000万 m^3 の貯水池とし，尾瀬の水とともに豊水期利根川から水量を汲み上げ，放流時に約50万kWを発電する計画である。一般に「尾瀬分水」計画と呼ばれるが，この計画の水利権は最大使用分水量 $6.122m^3/s$ で，1922（大正11）年，関東水電（現・東京電力）に群馬・新潟・福島3知事の連名で許可されていた。しかし事業に着手できないまま戦後となり，2回更改した後，66年3月の更新期に関係県の調整がつかないまま，建設大臣の認可を受けずに群馬県知事が許可処分した。一方，新潟・福島両知事が不許可処分したため，長い間有効な処分がなされないままの状態となっていた[(1)]。

戦前から戦後にかけて貯水池計画が着工できなかったのは，高地湿原で天然記念物として指定されている尾瀬ヶ原の一部でも水没させることに強い反対が生じたからである。なお小規模な尾瀬分水は既に実行されていた。1949（昭和24）年，出力増強のため利根川支川片品川に尾瀬沼の水の一部が導水されたのである。

(4) プロジェクトの成長

以上述べてきたように，奥利根総合開発は，1935（昭和10）年頃から昭和40年代初めにかけての約30年にわたるプロジェクトであった。振り返れば，わが国ではこの約30年がダム開発にとって華々しい上昇期の時代であった。戦後復興のエネルギー源として水力発電への期待は極めて強く，食糧増産のためには灌漑用水の確保が重要であり，また昭和30年代中頃まで毎年のように大水害に見舞われていた。さらに昭和30年代後半には,都市用水開発が強く期待されていた。国土における大事な資源開発として，ダム築造に日本の未来が大きく託されていたのである。

周知のように，ダム開発は莫大な投資であるとともに水没者の移転も含めて地域社会に多大な影響を与える。一つのプロジェクトが1部局で構想され，それが具体化していく過程には，解決しなければならない諸々の問題が生じる。その過程のなかでプロジェクトがどのように育まれていくのか，豊かに太っていくのか，痩せ衰えていくのか，プロジェクトの評価にとって重要であろう。奥利根ダム開発は，主に電力開発の点から始められ，戦前，既に灌漑用水そして都市用水の確保が加わり，戦後には洪水防御が取り込まれていった。ここに，社会の進展と深く関連しているプロジェクトの成長の姿を見ることができる。

3　利根導水事業

先述したように，東京都は水源施設を矢木沢ダム・下久保ダムとして水利権を得た。次は利根導水，つまり利根川の水をどのようにして東京へ運ぶかである。このため，図13.3のように本庄市出来島から取水する案，見沼代用水路を利用する案などが検討された。

出来島案は，矢木沢ダム開発水量を八斗島地点（烏川合流直後の地点）下流で取水しポンプアップするとともに，下久保ダム開発分はダムより直接取水し，これらを本庄市東北部で合流させて埼玉県西部山岳をトンネルで送水し，東村山浄水場まで導水するものであった。この案を東京都は，多摩川水系の山口・村山貯水池と結び付けられ，良質な水の確保ができるなどとして支持した。しかし，埼玉県内を通る延長63kmの導水路を東京都が自ら築造するのはそう簡単なことではなく，自信がもてなかった。また建設省が，純然たる水道施設を築造するのには制度上問題があった。

さらに，この案に埼玉県内の農業用水側から異議が唱えられた。埼玉平野では，近世には既に見沼代用水，さらにその下流で取水する羽生領用水，葛西用水，稲子用水，古利根用水，北川辺用水などが開発されていた。これら農業用水側は，上流での取水は自らの取水に不安が生じるとして強く反対したのである。その代替案として主張されたのが，延長59kmの見沼代用水利用案である。見沼代用水取水口付近に農業用水との合口堰を新たに設置し，ここから取水した水を50km

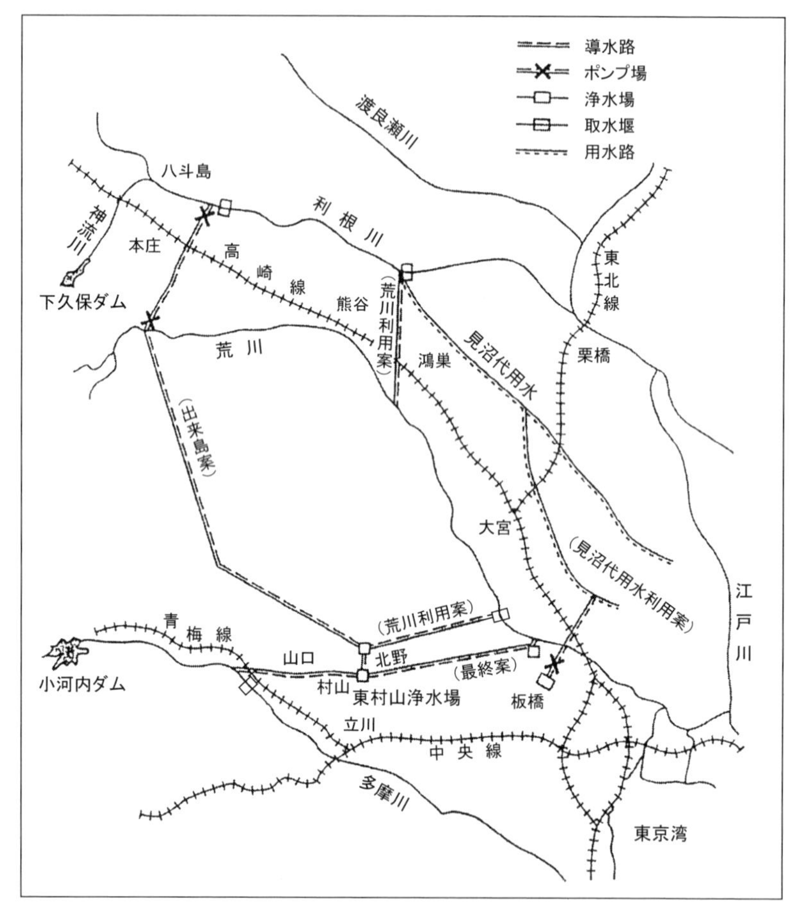

図 13.3　利根導水路各案比較図

（出典：「利根導水路政策決定過程」人事院公務員研修所，1969，に一部修正・加筆）

の見沼代用水路も利用して板橋付近に新たな浄水場をつくり，東京都に供給しょうとするものであった。

だが，交渉は暗礁に乗り上げ容易には進まなかった。建設省は事業実行機関として利根川開発公団を構想し，これでもって実現しょうとした。これが，後の水資源開発公団設立の重要なきっかけとなった。1962（昭和37）年5月に設立された水資源公団は，最初の業務として利根導水の実現に取り組んだ。

公団が提示したのは荒川利用案であった。従来の見沼代用水取入口に合口を設

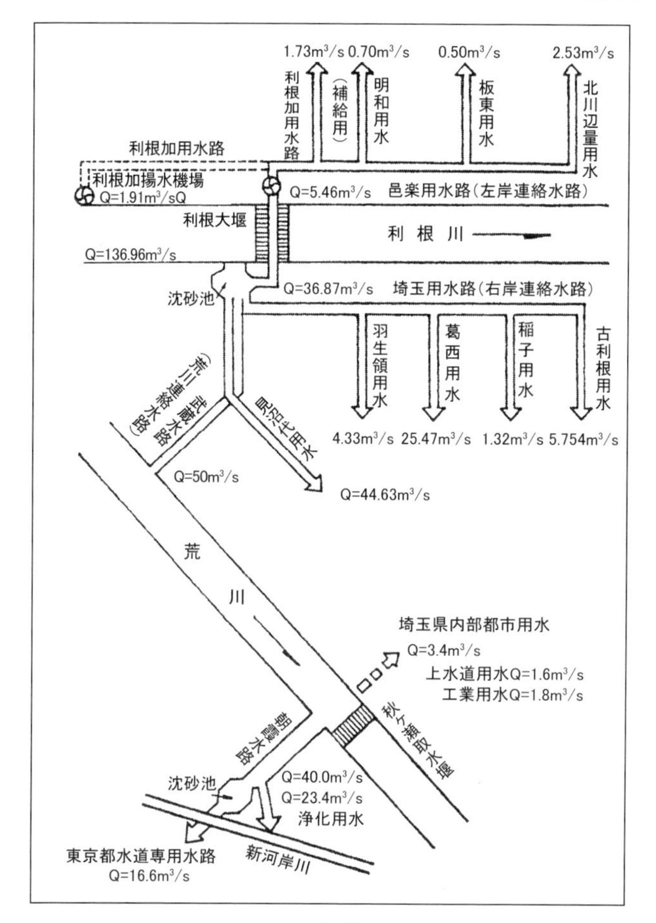

図 13. 4　利根導水計画図

（出典：『利根川取水施設・合口連絡水路工事誌』水資源開発公団利根導水路建設局）

置して取水し，武蔵水路を築造して荒川に落とし，それを下流の秋ヶ瀬で取水し東村山浄水場に導水するものであった。公団のこの案を中心に関係省庁（建設省，農林省，厚生省，通産省）の間で議論され，公団の示した案に朝霞浄水場を加えることで，1962（昭和 37）年 11 月意見の一致をみ，利根導水事業となったのである。実施認可されたのは，翌年 11 月であった。

事業は図 13.4 にみるように，見沼代用水路取入口付近に堰（利根大堰）が設置され，見沼代用水下流で取水している埼玉県内また群馬県内の農業用水もここ

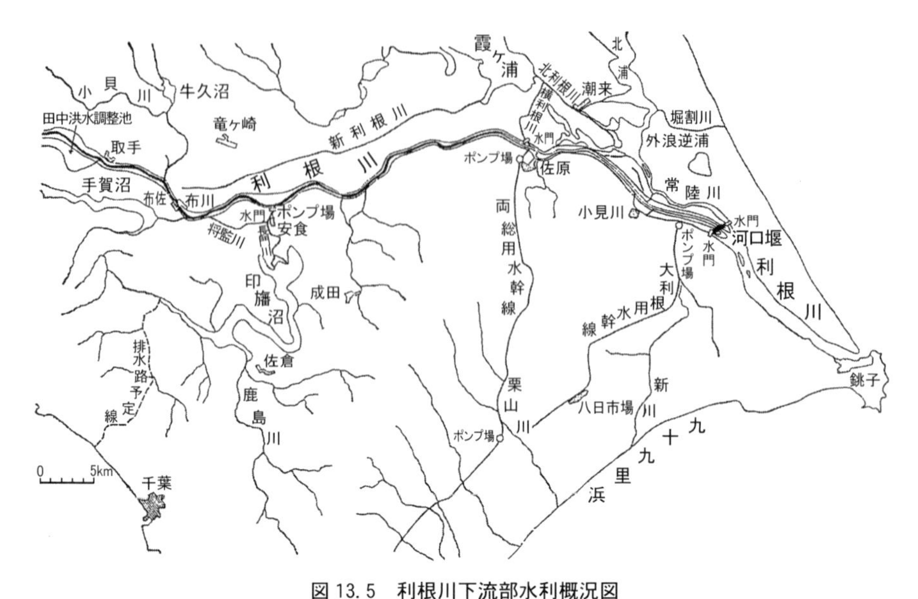

図 13. 5　利根川下流部水利概況図
（出典：新沢嘉芽統『河川水利調整論』岩波書店，1962，に一部加筆）

ですべて取水されることとなった。下流の農業用水取水口はここに統合（合口）され，それぞれの取水堰は廃止されて一つとなったのである。羽生領用水，葛西用水，稲子用水，古利根用水は新たに整備された埼玉用水路に導水し，その後分水されることとなった。武蔵水路による導水量は，東京都上水 16.6m^3/s，埼玉県都市用水 3.4 m^3/s に加えて隅田川浄化用水として 30 m^3/s が加わり，50 m^3/s で築造された。

4　利根川河口堰の築造

第 11 章で，戦前に実施された江戸川水利統制事業をみてきたが，この事業が検討されていた 1935（昭和 10）年頃，利根川本川下流部でも新たな利水事業が進められていた（図 13.5）。利根川河口から 25km 地点で最大 10.33m^3/s を取水し，用水不足でたびたび深刻な旱魃被害を出していた九十九里北部の干潟地域を中心に導水し，約 8,000 町歩を灌漑する大利根用水事業である。

計画は，千葉県により1926（大正15）年に作成されたが，33（昭和8）年の大旱魃を契機として翌34年度に着工となった。その後40年に旱魃が発生したが，利根川からの取水ポンプ場（笹川機場）は完成していて，干潟地域に一部導水し大きな効果をあげた。

(1) 大利根用水事業と塩分問題

河口25kmから最大10.33m³/sの取水事業は，利水安全度からみてどのように評価されるのだろうか。この計画が実施されるときポンプ場が設置される笹川町では，町内水田の塩害を危惧して全面的な反対が続けられた。だが1940（昭和15）年，旧河川法当時の水利権の許可権者である千葉県知事により許可された。では当時，塩害はまったく心配されていなかったのだろうか。

塩害の可能性を検討する塩分調査は，1928（昭和3）年から29年にかけて断続的に行われていた。この調査では，1日の内に塩分濃度は千分の5内外から1万分の3前後を往来するものと考えられるとして，大利根用水事業計画にとって大きな問題になるだろうと指摘された[2]。つまり渇水期の満潮時に問題があるとされたのであり，当初の揚水計画では，塩分濃度の増大によって運転不能な4時間を見込み，1日の運転時間を20時間としてポンプ能力は設計されたのである。

河口から上流25km地点にある大利根用水事業がこのように塩分上昇が懸念されていながら，その後，さらにその上流の佐原市河岸から取水する計画が推進された。九十九里浜沿岸水田21,000町歩を灌漑する両総用水事業である。戦時食糧緊急増産対策事業として，太平洋戦争最中の1943年に着工された。取水地点は河口部から40kmである。

この事業は，1940（昭和15）年の旱魃時に，大利根用水の給水区域では被害が生じなかったことに刺激を受けて進められた。利根川からの最大取水量は毎秒14.47m³/sで，工事は戦時中ほとんど行われなかったが，戦後の50年にアメリカによる援助物資見返り資金の交付などがあり進められ，幹線通水式をみたのが52年3月であった。だが，両総用水の取水は，そこから下流部への流下量を小さくする。大利根用水への支障が当然のことながら危惧される。

大利根用水事業は，1940年に応急通水を行ったのち幹線の水が全市町村に届

表 13.2　1958（昭和 33）年 4 ～ 7 月の布川地点の流量

日	4月	5月	6月	7月
1	85.21	101.00	20.78	9.69
2	80.03	81.39	20.88	8.60
3	75.65	86.84	20.54	11.74
4	75.05	112.29	16.94	11.81
5	73.21	79.68	16.07	29.87
6	66.67	55.06	16.40	44.81
7	66.69	52.47	18.47	116.79
8	74.43	47.92	21.84	74.57
9	88.16	41.29	33.07	63.32
10	101.67	41.29	32.26	48.13
11	96.70	38.20	39.50	34.73
12	90.52	58.29	41.35	36.00
13	78.14	56.64	45.50	34.20
14	74.42	40.41	48.94	28.40
15	71.39	38.62	41.93	48.40
16	69.42	38.18	44.67	25.50
17	69.60	38.20	80.64	17.94
18	63.80	75.05	98.11	11.86
19	62.67	56.73	101.03	12.10
20	61.02	48.75	175.39	12.35
21	63.24	39.95	169.77	18.94
22	56.12	50.06	97.26	30.67
23	55.06	52.15	55.03	99.15
24	79.18	43.17	34.91	882.48
25	110.46	38.18	30.92	1,709.14
26	179.58	37.33	20.19	1,261.88
27	162.71	30.28	14.29	1,184.48
28	144.16	28.74	14.57	883.95
29	147.40	25.06	19.73	628.88
30	135.13	24.02	17.81	451.29
31		22.14		423.55
平均	88.55	50.95	46.96	266.30

（注）当時，利根川上流部では藤原ダム，須田貝ダムが運用されていて，布川地点の流況は自然流況ではない．ただその影響は右表でみるように，さほど大きくはないと考えている．6 月末から 7 月初めの最渇水期には，流入量よりも流出量が大きかった．

(出典:『昭和 33 年流量年表』建設省河川局)

いた 51 年に竣功式を挙げ，その後も末端の水路整備が進められて 56 年になって全地域が取水可能となった。懸念されていた塩害だが，暫くの間は生じなかった。だが 55 年，56 年，とくに 58 年に深刻な大渇水が生じ大規模な被害が生じた。

1958（昭和 33）年渇水では，用水の最も欲しい田植え最盛期の 5 月 13 日頃から利根川下流の塩分濃度が増大し，稲には不適な状況となった。しかしこれを汲み上げて導水したため，塩害が生じたのである。この後，利根川からの揚水は塩分濃度の低下まで行われなかったが，布川地点における 58 年 4 月から 7 月までの流量は表 13.2 に示す。

(2) 布川地点の利水安全度

①布川流量と塩害

布川は，河口から 76.5km 地点にあり，ここから大利根用水取水地点

藤原ダム（m^3/s）

6月平均		7月平均	
流入	流出	流入	流出
13	22	8	5

須田貝ダム（m^3/s）

6月平均		7月平均	
流入	流出	流入	流出
25	29	20	15

(出典)『河川水利調整論』前出.

まで大きな支川からの流入はなく，利根川下流部の流量を代表している。ではどれほどの流量が布川にあったら塩害は生じないだろうか。『大利根用水事業史』は，昭和30年代前半の塩害の分析の下に次のように述べている[(3)]。

「布川で三〇トン[(4)]前後の水量の場合には，笹川地区での塩分濃度はその許容量を超すことがきわめて多いのであるから，その間はほとんど取水ができないわけである。これに対して標準低水量（七五.五〇トン）で，ようやく許容量以下に低下するのである。つまり布川で八〇トン以下では，それより下流での取水が不可能だということにほかならない」。

このように，布川地点で80m^3/s以下では下流での取水が不可能だと述べている。その対策として利根川に平行して流れる黒部川に対し，利根川と連結する各水門を閉鎖して淡水化を図り，これを水源として揚水する事業が行われた。しかしこれも布川で50m^3/s以下となったら「お手上げで運転を中止し，水量（つまりは降雨）の増大をまつよりほかは手がない状態」と評価されている。この分析をふまえてだろう，『河川水利調整論』（1962），『利根川の水利』（1985）等の著書があり，利根川水利計画研究の第一人者であった新沢嘉芽統は次のように述べている[(5)]。

「両総・大利根両用水を除く布川下流の諸用水の落水は利根川へ還元するので，取水量は大きくても，実際の消耗水量は毎秒五トン程度であろう。したがって，両総・大利根用水を加え必要水量は毎秒三〇トンでよいわけだが，大利根用水は堰による取水ではないので，（布川で）毎秒七〇トンの流量がないと，海水の混入による塩害は避けられない」。

このように，布川の流量が70m^3/sなかったら塩害が避けられないと述べている。この中から両総用水の約14.5m^3/sを差し引くと，両総用水取水が始まる以前においては約55.5m^3/sの流量がないと塩害が生じることとなる。

②利水安全度の評価とその対応

第11章でみた江戸川水利統制計画では，江戸川分派前の利根川流量として5年に1回の渇水である64m^3/sを基準に計画していた。そして利根運河から下流の利根川には，21m^3/sが流下する計画であった。また，関宿より上流の利根川における将来余裕等として6m^3/sが控除されていたが，これがそのまま利根川下流に流下するものとすると27m^3/sとなる。いずれにせよ，塩害が避けられないと

表 13.3　利根川下流部浚渫土量（単位：千 m³）

	昭和21～27年度	昭和28～32年度	昭和33～40年度
浚渫土量	10,107	15,472	11,021

建設省資料から作成.

する 55.5 m³/s に比べて半分以下の流量である。一方，下流部には大支川である鬼怒川・小貝川が合流する。ここからの流量を合わせねば実際の流量にはならないが，新沢は次のように述べている[(6)]。

「鬼怒川は利根川の最大の支流で，小貝川の方は野川で流域も狭い。しかし，小貝川の沿岸には鬼怒川におとらず水田が開かれている。鬼怒川左岸に取水された用水地域の落水は小貝川へ流入し，小貝川沿岸水田で繰返し取水できるからである。

小貝川下流には広い用水不足地域があり，しかも，その落水の大部分は新利根川を通って霞ヶ浦に流入する。鬼怒川下流右岸には左岸のような水田地域はなく，取水量も左岸に比し少ない。この落水は利根川に落ちるが，大量ではない。

したがって，渇水時に，鬼怒川と小貝川から利根川へ流入する水量は少なく，両川の用水地域からの落水の利根川本流に流入する水量も少ない。

霞ヶ浦から利根川への流入地点は，千葉県下最下流の大利根用水の取水地点の下流である」。

つまり灌漑期渇水時，鬼怒川・小貝川両川からの合流量は少ないと評価されている。両川からの合流量は期待されないのである[(7)]。このことから，戦前の計画である大利根用水・両総用水両事業による取水の安全度は極めて低かったことがわかる。これに対し大利根用水側は，昭和30年代の渇水被害について，建設省が行った治水のための浚渫工事が塩害の原因として次のように主張した[(8)]。

「その原因は，建設省の利根川本流の浚渫工事に基づくものと認めるにより，之を国費を以て不安一掃の基本的対策を講ぜられんことを懇願申し上げます」。

一方，建設省は確かに利根川下流で表13.3にみるように浚渫工事を行っていた。第14章でみるのだが，1947年のキャサリーン台風による大水害後，治水計画は改訂され，布川から下流の下利根川の計画対象流量は毎秒 4,300m³/s から 5,500m³/s へと増大された。これへの対応としての河道浚渫である。大利根用水側は，その後，根本的対策として「利根川下流適切な地域に防潮堰堤を築造されたい」と，河口部での潮止堰の築造を要求していった[9]。当初，建設省は浚渫の影響を否定したが，やがてその解決，さらに新規用水開発を求めて河口堰の築造に向かったのである。

(3) 河口堰の築造

①既得水利

河口堰は，1961（昭和36）年度から計画のための調査が建設省により始められた。その目的は河口からの潮の遡上を防止するとともに，海へ流下していた利根川の水を全量でなくても一部を新規用水として開発することである。この新規開発計画にとって最も大きな問題となるのは，利用されずに海へ流下していた量はいくらかである。あるいはいくらかに決めるかである。先述したように，江戸川水利統制計画によると利根運河下流の利根川流量は21m^3/s，将来の余裕等として控除されていた6m^3/sを合わせても27m^3/sであったが，大利根用水・両総用水あわせてその取水量は最大25m^3/sである。このため，渇水時に鬼怒川・小貝川からの流入量がないとすると大利根用水・両総用水は全量取水ぎりぎりであり，さらに海へ流下する量はカウントできない。

ここで河口堰について新規用水開発を中心に，1962（昭和37）年3月に建設省関東地方建設局から刊行された『利根川の開発計画と利水の検討』でみていこう。利根川の既得水利権として次のように述べている[10]（図13.6，表13.4）。

「利根川の既得水利権について見ると，農業用水が利水の大部分を占めており，その計画最大使用水量は，本川八斗島下流で171m^3/s，栗橋下流で81m^3/sである。しかし，この計画最大使用水量は水利権と称しても慣行のものが多く，実態が明らかでないが，減水深及び取水量調査等の結果から勘案すれば，八斗島下流150m^3/s，栗橋下流72m^3/s 程度の農業用水があると考えれば十分のように思われる。その他，上水道用水7m^3/s工業用水2m^3/s，江戸川維持用水9m^3/sの水利権がある他，本川下流部の維持用水として50m^3/s程度が必要とされている」。

農業用水は，渡良瀬川が本川に合流した直後の栗橋下流で72m^3/s程度とされているが，この中に大利根用水・両総用水合わせて25m^3/sが含まれている。その他の多くは慣行水利であり，水田面積と想定した減水深等からその用水量は求められたのである。

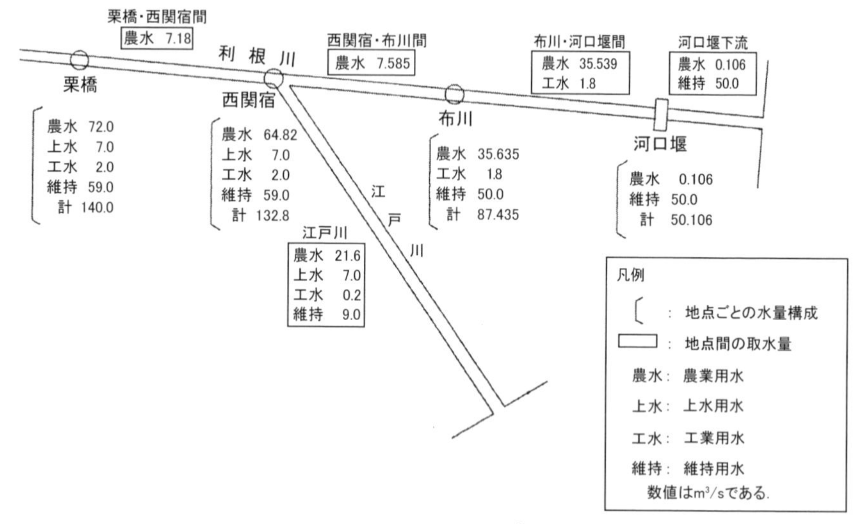

図 13. 6　栗橋確保流量 140m³/s の構成

（出典：『利根川百年史』建設省関東地方建設局，1987）

表 13. 4　栗橋下流における既得水利一覧表（m³/s）

用　　水	利根川	江戸川	計	摘　　要
農業用水	50.4	21.6	72.0	灌漑期のみ
上水道用水	0.0	7.0	7.0	
工業用水	1.8	0.2	2.0	
江戸川維持用水	0.0	9.0	9.0	
利根川維持用水	50.0	0.0	50.0	
計	102.2 (51.8)	37.8 (16.2)	140.0 (68.0)	（　）は非灌漑期

（出典：『利根川計画検討資料　利水計画（案）（第 2 稿）』建設省関東地方整備局河川部河川計画課，1971）

また，次のように述べる [11]。

「元来，本川下流部流量には，河道維持用水として 50m³/s の流量が見込まれている。すなわち渇水時においても最小限度この程度の流量が必要とされている」。

このように，利根川河口部から海への放流量つまり維持用水は 50m³/s 程度の流量が「必要とされている」,「見込まれている」との表現で示されている。では実際に流量があったかどうかである。

②河口維持用水と都市用水開発

同書の主要地点流況表によると，布川地点で1938（昭和13）年から59年（50年，58年は除外）の20年間の観測により，渇水流量（1年のうち355日はこの流量を下回らない流量）47.58m^3/s，低水流量（1年のうち275日はこの流量を下回らない流量）88.95m^3/sとされている(12)。驚くべきことに，維持用水流量（海への必要放流量）とされた50m^3/sは布川地点の渇水流量（20年間を平均したものだろう）よりも大きいのである。なぜ50m^3/sが維持用水とされたのか，どこにも説明がない。

類推するしか仕方がないが，昭和30年代前半の塩害から布川において75.50 m^3/sであったら塩害は生じないと分析されていた。この流量から大利根用水，さらに両総用水を差し引いたら50.5m^3/sとなる。この量を維持用水流量にしたと考えられる。つまり戦前に水利権を与えた大利根用水・両総用水が，塩害を生じさせずに安全に取水できる流量があったと想定して求めたのである。

この後の1971（昭和46）年3月，建設省から発刊された『利根川計画検討資料　利水計画（案）（第2稿）』では，次のように述べられている(13)。

「利根川下流部の維持流量50m^3/sは，塩水遡上を防止し，かんがい用水等に遺憾のないように決めていたものである」。

いずれにせよ，利根川本川で維持用水が50m^3/sとするのは，安全度が極めて低いものであった。言い換えれば，渇水時にこの流量を確保するには上流からの多大な補給が必要となる。その必要補給量は，栗橋を基準地点とし，1955年流況で1億1900万m^{3}と算出されている(14)。

一方，河口堰による都市用水開発は，海まで流下する維持用水が50m^3/sであることを前提とし，その役割を塩水遡上の防止あるいは希釈，そして河口部閉塞の防止すなわち河口の維持とした上で，50m^3/sを34m^3/sに減少させても河口は維持できる見込みとした。そして塩分遡上は河口堰によって防止できるので，河口維持のため必要なくなる16m^3/sを新規開発量と見込んだのである。

当時，上流山間部に築造が予定されていた矢木沢ダム，下久保ダムでは計画はほぼ確定され，着工を待つだけとなっていた。利水計画の渇水基準年は1955（昭和30）年となっていたが，この安全度は，40年から59年の流況をもとに必要補給水量による検討で4年に1回生じる渇水流量を対象とするものだった。また55年流量は，既往渇水量による検討で，38年から59年の22カ年で栗橋におい

表 13.5　河口堰築造による都市用水開発

	目的	開発水量 (m^3/s)	計 (m^3/s)
東京都	上水	10.63	14.01
	工水	3.38	
千葉県	上水	3.48	4.72
	工水	1.24	
埼玉県	上水	1.15	1.15
銚子市	上水	0.12	0.12
計		20.00	20.00

（注）築造当時の開発水量であり，現在東京都工水は上水に転換されている．これら都市用水開発以外に貯水量を利用して北総東部地区農業用水 2.5m^3/s が開発された．

て渇水第3位と評価されている[15]。

この後，利根川河口堰は河口から18.5kmの位置に築造され，30m^3/s が河道維持のため必要と評価されて，残りの 20m^3/s を新規都市用水に開発したのである。その 20m^3/s の内訳は表13.5に示す。

(4) 上流ダム群による不特定容量の確保

大利根用水事業から河口堰築造にかけての利根川下流部利水開発は，極めて安全度の低いものであった。その安全度を上げるためには，あるいは渇水時に取水を可能とさせるためには，補給する水源施設が必要である。それは，上流山間部に築造していったダムに，既存用水（不特定利水）を安定させるための不特定容量[16]を膨大に確保することによって進められていった。その状況をみたのが，表13.6である。洪水期とは，ほぼ灌漑期と重なる。1955（昭和30）年流況で算出された必要補給量1億1900万 m^3 は，藤原ダム，相俣ダム，薗原ダム，矢木沢ダム，下久保ダムの不特定容量で充足させる計画であった[17]。

ここで注目すべきことは，藤原ダム，相俣ダム，薗原ダムは発電以外に他の利水開発は行われていないことである。下流の利水との関連でいえば，新規取水にはまったく利用されず，大利根・両総用水そして河口堰で開発された都市用水を含めた既存取水（水利）の安定のために用いられた。そしてその費用負担は利水者ではなく，公共事業として税金でもってまかなわれたのである。

また河口堰築造の負担であるが，河口堰の貯水容量を利用して新規に開発した

表 13.6　栗橋地点より上流水源施設の不特定容量

（単位：千 m^3）

水源施設	洪 水 期	非洪水期
矢木沢	30,000	30,000
奈良俣	2,500	15,500
藤原	14,690	31,010
相俣	10,600	20,000
薗原	3,000	13,220
下久保	38,200	54,000
草木	2,720	4,500
渡良瀬遊水地	5,000	5,000
合　計	106,710	173,230

北総東部地区農業用水事業を別にして，他の農業利用者はまったく負担していない。先述したように 1934（昭和 7）年に着工した大利根用水事業では，当時から塩害が危惧されていた。さらにその上流で大規模取水する両総用水事業が進められた。事業が完成してこれらの用水が取水されるとなると，塩害がしばしば生じることは十分，予測されることであるが，既存の取水（水利）として位置付けられ，その被害防止をする施設の築造に対して一切，負担することはなかったのである。

これらの方針は，国策として進められたと考えてよかろう。その背景には，戦中から敗戦直後の食糧緊急増産の要請があり，また昭和 30 年代の逼迫する東京都の水確保の課題があった。

5　水資源開発（利水）計画と維持流量の定義

(1) 河川砂防技術基準にみる維持流量

維持流量は，利水計画において実に重要なものである。これを定めて初めて利水計画を策定することができる。現在，国土交通省は河川砂防技術基準で次のように定めている。

「舟運，漁業，観光，流水の清潔の保持，塩害の防止，河口の閉塞の防止，河川管理施設の保護，地下水位の維持，景観，動植物の生息・生育地の状況，人と河川との豊かな触れ合いの確保等を総合的に考慮して定められた流量」。

この維持流量に「流水の占用のために必要な流量（水利流量）」を加えたものを「正常流量」としている。そして，ダム等による水資源開発にあたっては，「原

表13.7　維持流量の算定方法

検討項目	舟運	漁業	景観	塩害の防止	河口閉塞の防止	管理施設の保護	地下水位の維持	動植物の保存	流水の清潔保持	水利流量	その他	地点数
地点数	4	17	11	13	8	1	4	10	51	30	15	104

（注1）109水系で基準地点は163カ所ある．このうち104地点で維持流量が検討されていた．104地点のうち決定されていたのは38地点である．
（注2）複数の項目に基づき算定されている基準地点がある．このため検討項目の総数は164となり，地点数104より多くなっている．
（注3）水利流量とは，当地点より下流での流水に占用のために必要な流量，つまり下流での水利権量である．
（注4）その他とは，主に平均渇水流量，1/10（平均的に10年に1回生じる）渇水流量である．

則として10ヵ年第1位相当の渇水時においても流水の正常な機能を維持するために必要な流量が確保できるよう策定するものとする」と解説されている。

この河川砂防技術基準が定められたのは2005（平成17）年であるが，それ以前は1976（昭和51）年に定められた新河川砂防技術基準（案）があった。これでみると正常流量，維持流量は次のようになっている。

「流水の正常な機能を維持するために必要な流量（以下,正常流量という）舟運,漁業，景観，塩害の防止，河口の閉塞の防止，河川管理施設の保護，地下水位の維持，動植物の保護，流水の清潔の保持等を総合的に考慮し，渇水時において維持すべきであるとして定められた流量（以下，維持流量という）およびそれが定められた地点より下流における流水の占用のために必要な流量（以下，水利流量という）の双方を満足する流量」。

このように，2005（平成17）年計画では，維持流量の内容に「観光」と「人と河川との豊かな触れ合い」が新たに加えられている。環境面から水辺が評価されたことにより，二つが加えられたと評価してよい。では，実際の河川ではどのような観点から検討され，決められていったのだろうか。参考までに，少し古い1990年頃の調査資料であるが全国109水系104地点で表13.7のような状況であった[(18)]。なお基準地点は河口部のみでなく，内陸部にも存在する。

各河川ごとに，歴史的な水利用の特性に基づいて定められていったことがわかる。

表 13. 8　利根川栗橋地点確保流量（単位：m^3/s）

用 水 別	4月	5月	6月	7月	8月	9月	10～3月
農業用水	35	51	71	72	70	22	0
上工水道用水	9	9	9	9	9	9	9
維持用水	59	59	59	59	59	59	59
計	103	119	139	140	138	90	68

(出典)『利根川百年史』前出.

(2) 水資源（利水）計画

水資源開発は，正常流量に対し「原則として 10 ヵ年の第 1 位相当の渇水時において維持できるよう計画する」と，10 年に 1 回生じる渇水を対象に計画が定められることとなっている。なぜ 10 年に 1 回なのか，その論理的理由は明確ではないが，明治初頭に招聘されたオランダ人技術者が日本に持ち込んできたものと考えている [19]。近代になって初めての大規模用水開発事業は，1879（明治12)年から 82 年にかけて行われた安積疏水事業である。この事業を指導したファン・ドールンが，「10 年に 1 回に過ぎざらんところの極旱の年」，つまり 10 年に 1 回生じる渇水の年を基準年とした。オランダ人技術者は，植民地であったインドネシアなどでも水田灌漑用水事業を行ってきたが，その経験から定めたのだろう。

さて，利水計画では，渇水基準年を対象に基準地点の正常流量を優先的に満たすことから始める。正常流量とは，先述したように「流水の占用のために必要な流量（水利流量)」と維持流量を加えたものだが，確保流量ともいう。また，新たな利水計画を行うとき，既に存在する水利用であるため不特定利水（流量）ともいう。利根川の栗橋地点での確保流量は表 13.8 であった [20]。

図 13.7 にみるように，基準地点の流量が確保流量（正常流量，不特定利水流量）に達していない場合は，ダム等の貯溜施設から補給しなくてはならない。その必要な補給容量が不特定容量である。その上で新規に利水開発されるが，それを新規利水，特定利水といい，そのために必要なダム等貯溜容量が特定容量である。さらに制限流量があるが，ダム等貯溜施設量で貯溜を行うときの基準流量であり，これ以上の流量のときダム等貯溜施設に貯溜させることができる。

制限流量は，「正常流量＋新規利水量」の場合が多い。

ところで，木曽川では以前，別方式で計画されていた。それは，図 13.8 にみるように，確保流量は定めず制限流量のみを決めて新規利水開発を行うのである。

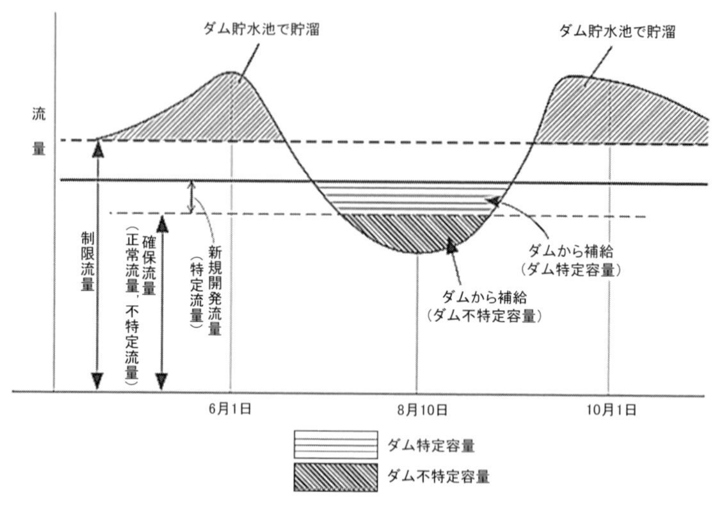

図 13.7　水利計画概念図（Ⅰ）

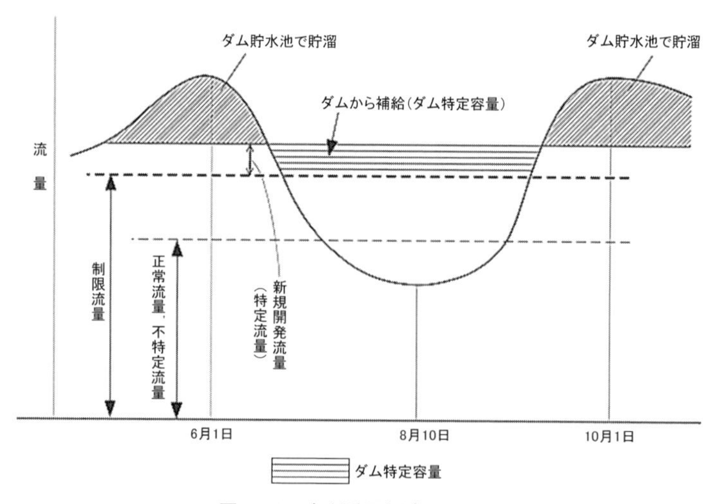

図 13.8　水利計画概念図（Ⅱ）

新規利水は，制限流量をベースにし定められる。不特定容量は必要でなく，制限流量以下の流況にはまったく変化がない。例えば低水流量（1年のうち275日はこの流量を下回らない流量）を制限流量にすると，それ以下の流量のときは自然のままの状況である。

（注）

(1) 1996 年の更新時，東京電力は水利権更新の申請をせず，現在この水利権は存在しない．

(2) 栗原東洋:『大利根用水事業史』（下巻）千葉県大利根用水干潟土地改良区連合（1963），p.439.

(3)『大利根用水事業史』（下巻），前出，p.473.

(4) トンとは m^3/s のことである．

(5) 新沢嘉芽統 :『水利の開発と調整』時潮社（1978），p.324.

(6)『水利の開発と調整』（上巻），前出，p.322.

(7) これについては，定量的に確認する必要があるが，鬼怒川について利根川合流点から 11.21km 上流に位置する水海道の流量（建設省河川局 :『流量観測』による）でみてみよう．利根川布川地点で 1958（昭和 33）年の最渇水期である 6 月 26 日から 7 月 4 日の間の水海道の平均流量は 2.7m^3/s である。55 年の 6 月 24 日から 6 月 29 日にかけては 6.9m^3/s である．合流部下流の既得農業用水利用を考えれば，鬼怒川合流量について大利根・両総用水へ利用可能な流量はそれほど期待されないと判断される．

(8)『大利根用水事業史』（下巻），前出，p.492.

(9)『大利根用水事業史』（下巻），前出，p.497.

(10)『利根川開発計画と利水の検討』（上巻），建設省関東地方建設局（1962），p.49.

(11)『利根川開発計画と利水の検討』（上巻），前出，p.232.

(12)『利根川開発計画と利水の検討』（上巻），前出，p.58.

(13)『利根川計画検討資料　利水計画（案）（第 2 稿）』建設省関東地方建設局河川部河川計画課（1971），p.122.

(14)『利根川開発計画と利水の検討』（下巻），建設省関東地方建設局（1962），p.52.

(15) 同上，なお利根川百年史編集委員会:『利根川百年史』（関東建設局，1987，p.1319）では，1949 年から 57 年の 9 年間の資料に基づき 5 年に 1 回の渇水を対象とすると記されている．

(16) 不特定容量とは，計画論的にいえば計画の対象とされる基準渇水年において不足する既得水利・維持流量を補給するための貯水容量である．これがあって初めて基準渇水年において既得水利・維持流量が満足される．一方，河川流量が基準年を下回る場合は，その確保ができなくなる．そのとき，最も起こり得るのは維持流量の減少である．

(17) 利根川百年史編集委員会 :『利根川百年史』建設省関東地方建設局（1987），p.1319.

　栗橋地点での確保流量 140m^3/s のうち，125m^3/s までは，藤原・相俣・薗原・矢木沢の 4 ダムで，残りの 15m^3/s は下久保ダムで補給するとしている．

その後，渇水基準年が1960（昭和35）年に変更となった．1918（大正7）年から64年の47年間の流況に基づき，年超過確率1/5（平均的にみて5年に1回，生じる）の渇水を対象とすることとなったのである．補給必要量は1億1900万 m^3 から2億8000万 m^3 となり，新たな不特定容量が必要となった．

(18) 複数の基準地点を設置している河川もある．

(19) 松浦茂樹：『明治の国土開発史』鹿島出版会（1992），pp.84–104.

(20) 栗橋地点での正常流量（確保流量）は2005（平成17）年度見直され，灌漑期120m^3/s，非灌漑期80m^3/sとなった．

第14章　1949（昭和24）年の利根川改修改訂計画

利根川増補工事は，第一期と第二期に分けて施行することとなり，1939（昭和14）年度から15カ年事業として第一期工事に着手した。しかし戦争の激化により43年度以降，予算が減少し，その後は工事休止状態となった。戦後になって工事は再開されたが，1947（昭和22）年9月，キャサリーン台風に襲われ，栗橋地点上流の右岸が決壊し埼玉県から東京下町にかけて約450km^{2}が濁流に洗われた。ここに利根川治水計画は全面的な見直しが行われ，49年になってキャサリーン台風による洪水（以下「47年9月洪水」という）を対象とした新たな計画，改修改訂計画が樹立されたのである。

1　改修計画の概要

改修改訂計画は，烏川合流点直後の八斗島地点で17,000m^3/sを計画の対象とする。そのうち3,000m^3/sを上流山間部でのダムで調節し，河道で14,000m^3/sを流下させるものであった（図14.1）。戦前，鬼怒川でダム調節計画は策定されていたが，利根川本川で本格的なダム調節を行う初めての計画であり，ダム調節後，

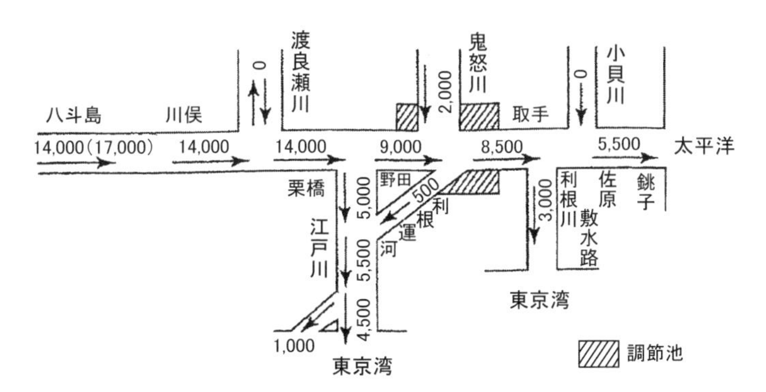

図14.1　1949年改修改訂計画の流量配分（単位：m^3/s）
（注）八斗島（17,000m^3/s）は基本高水流量であり，3,000m^3/sを上流ダム群で調節する計画.

江戸川へは5,000m^3/s，利根川本川には9,000m^3/s流下させようとするものであった。さらに利根運河を通じて500m^3/sを江戸川へ，また放水路を通じて3,000m^3/sを東京湾へ流下させ，布佐・布川下流部の下利根川の計画流量は5,500m^3/sとなった。

一方，増補計画で導入された渡良瀬遊水地による利根川洪水調節は消え去った。渡良瀬遊水地は渡良瀬川の洪水調節のみを行うこととなり，この調節によって利根川本川の洪水ピーク時における渡良瀬川合流量は0m^3/sとなった。

これらの決定経緯について以下，詳細に検討していく。八ッ場ダムが登場するのは，この計画であった。

なお，これまで治水計画の基本となる流量について，計画対象流量あるいは単に計画流量と述べてきた。増補計画の計画流量は八斗島を基準点にして10,000m^3/sであった。だが，上流山間部でダムによる洪水調節を行うことになると，八斗島地点の計画対象流量は洪水調節後の流量となる。このため，国土交通省作成の「河川砂防技術基準」に従い，ダム調節を行わない計画対象流量を基本高水流量，調節を行ったのちの流量を計画高水流量とする(1)。

2　基本高水流量（計画対象流量）17,000m^3/s決定の経緯

1947（昭和22）年9月洪水の降雨量は表14.1に示すが，八ッ場ダムが計画された吾妻川で降雨量が少ないことが注目される。因みに，草津は八ッ場ダムの上流に位置する。

計画決定にあたり，内務省に設置された「治水調査会」の「利根川小委員会」で議論された。計画対象流量は47年9月洪水を基本とすることとしたが，基準地点となる八斗島で実測値が得られなかった。八斗島は，利根本川と烏川が合流

表14.1　キャサリーン台風による日降雨量（単位：mm）

流域	利根川	吾妻川	烏川	渡良瀬川	鬼怒川	小貝川
月日　観測所	湯　原	草　津	三ノ倉	足　尾	黒　部	祖母井
9月13日	9.8	15.5	6.5	5.0	0.0	10.0
14	303.0	122.5	247.1	190.6	231.4	20.0
15	70.6	30.0	160.5	190.4	174.2	185.0
計	383.4	168.0	414.1	386.0	405.6	215.0

（出典：『利根川百年史』建設省関東地方建設局，1987）

図 14. 2　八斗島上流水位観測所

した直後に位置する（図 14.2)。烏川は，その下流部で神流川が合流する。このため，利根川本川では上福島（八斗島より 9km 上流)，烏川では岩鼻（八斗島より 11km 上流), 神流川では若泉（渡瀬）（八斗島より 20km 上流）の実測値をベースにして検討が進められた。なお烏川の岩鼻地点は，鏑川が合流した直後に位置し，これより下流で沖積低地が拡がる。神流川の若泉は，山間部に位置する。

計画作成のもととなる実績洪水流量の具体的検討は，関東地方建設局と第一技術研究所（現・国土技術政策総合研究所）で行われた。まず関東地方整備局の検討状況からみていこう。

(1) 関東地方建設局の検討

検討は主に四つの方法で行われた。

①流出計算式からの最大流量

富永正義が，1919（大正 8）年～ 37（昭和 12）年の間に発生した 14 回の洪水のうち 9 回の洪水時の雨量観測と流量観測に基づき，雨量から流量に換算する流出計算式を求めていた。これを用いての算出である。例えば上福島では次のような計算式である。

$$Q = 8.88ha+2.78hb+7.48hc+6.61hd+13.79he$$ [(2)]

ha= 利根川上流部の平均雨量（湯原日雨量）
hb= 利根川下流部の平均雨量（沼田・前橋日雨量）
hc= 片品川の平均雨量（東小川日雨量）
hd= 吾妻川下流部および四万川の平均雨量（中ノ条，四万日雨量）
he= 吾妻川上流部および須川の平均雨量（大津，大前，草津日雨量）

②水位・流量曲線式からの最大流量

水位と流量の関係をあらわす水位･流量式が，富永正義によって1928（昭和3）年から38年までに実施された流量観測に基づき作成されていた。これに基づき観測された水位から流量を算出するものである。例えば，上福島における水位・流量式は122回の流量観測に基づき，次のような式が求められていた。

$$Q = 66.53\ (\mathrm{h}+1.58)^2 \qquad h：水位$$

ただし，実際に行った流量観測は水位が小さいものがほとんどであって，47年9月洪水のような極めて大きい水位に対し果たしてこの式が妥当かどうかとの問題がある。

③流量観測からの最大流量

1947年9月洪水の流量観測に基づく算出である。これには，実際のデータの信頼性，洪水流速を観測する表面浮子に対する更正係数をどのようにするか，などの問題があった。

④ 1935年9月洪水時の水位・流量曲線図表から推定する最大流量

1947年9月洪水の最大流量は，35年9月洪水よりかなり大きい。このため35年9月洪水の観測記録内での算出ではなく，それを引き伸ばした流量曲線から求めることとなる[(3)]。

この四つの方式で算出された流量は表14.2に示す。この算出流量に基づき関東地建は各地点の最大流量について，その時間も合わせ，「上福島は7,500m^3/s（9

表 14. 2　各方法による八斗島地点での最大流量（単位：m^3/s）

	上福島	岩　鼻	若　泉	備　　考
①	7,052 (7,969)	4,587 (5,137)	1,715 (1,870)	(　) は流出係数の上限値を使用.
②	7,279	7,989	862	
③	9,425 (8,010)	 (6,706)	 (1,425)	(　) は表面浮子による更正係数 0.85 を乗じたもの.
④	7,340 (6,340)	7,150	1,070	(　) は更正係数 0.85 を乗じたもの.

月 15 日 19 時 40 分)，岩鼻 6,700m^3/s（9 月 15 日 18 時 05 分），若泉 1,420 m^3/s（9 月 15 日 17 時 0 分)」と定めた。また上福島, 岩鼻での毎時水位観測結果をもとに, 時刻ごとの流量を定めた時刻・流量表が求められた。若泉では，ピーク時間は推定できたが，観測データの不備で時刻・流量表は求められなかった。

次に基準地点八斗島地点での最大流量を求める必要がある。そのためには，各地点から八斗島までの到達時間が必要となる。その流速から［上福島～八斗島 20 分］,［岩鼻～八斗島 40 分］,［若泉～八斗島 60 分］と定めた。そして二つのケースで算出した。

ケース 1　烏川の最大流量が八斗島に到達する 15 日 18 時 45 分の各流量

上利根川流量	7,380m^3/s
烏川流量	6,700m^3/s
神奈川流量	1,280m^3/s（その時刻から若泉の最大流量に対して 90％と想定）
合計	15,360m^3/s

ケース 2　上利根川の最大流量が八斗島に到達する 15 日 19 時 50 分の各流量

上利根川流量	7,500m^3/s
烏川流量	6,410m^3/s
神奈川流量	1,130m^3/s（若泉の最大流量の 80％と想定）
合計	15,040m^3/s

これより，三川合流後の八斗島流量は 15,000m^3/s と判断した。

(2) 第一技術研究所の検討と基本高水流量の決定

この後，第一技術研究所により見直し再検討が行われた。観測された洪水流量が正しいかどうか，洪水時の流速・水位観測の方法が確認され，観測時に使用した浮子の更正係数・河道の断面積などがチェックされた。とくに上利根川・福島地点の実測について，観測人・豊田氏から綿密な開き取り調査が行われ，次のような結論となった。

上福島から上流で水位・時間関係がわかっているのは群馬県庁裏であり，その最大水位時間は19時20分である。県庁裏から上福島間は11.5kmの距離であるが，流下速度5m/sと仮定すれば19時40分頃には上福島に最大流量が到達してよい。

一方，福島橋上流左右岸および下流右岸で破堤したが，「豊田氏が最後の観測を行っている時には上流右岸の堤防は未だ破堤していなかったが，終わると瞬間的に切れたという言葉より考えて，19時40分頃最高水位が来てこの為に右岸堤は切れたものと思う」とした。また「責任ある監督者の下で観測されたこれ等の記録は極めて信頼性の高いものであることを知った」と結論づけた[(4)]。

さらに破堤箇所等からの溢水量について，推定は極めて困難であるとしながらも上福島より5km下流の沼ノ上の水位曲線からみて溢流量・溢流時間ともにたいして大きくはなかったと推定した。そして47年9月洪水の観測データに基づいて，各地点の最大流量は以下のようにした。

地　点	最大流量	（関東地方建設局算出の流量）
利根川上福島	9,220 m^3/s	7,500 m^3/s
烏川岩鼻	6,740 m^3/s	6,700 m^3/s
神流川若泉	1,390m^3/s	1,420m^3/s

上福島地点の最大流量が関東地建の算出流量よりかなり大きいが，関東地建が流出計算，流量曲線からの流量を基にしているのに対し，第一技術研究所は流量観測を基にしたためである。なお第一技術研究所は，浮子の更正係数は0.94（関東地建による補正係数は0.85）としている。

さらに上利根川と烏川の合流量について，到達時間を上福島から16分，岩鼻から27分，若泉から51分として表14.3のように算出した。19時頃に最大ピークが出現したのであって16,850m^3/s，つまり約17,000m^3/sが算出されたのである。

これに対し，烏・神流川の下流部では川幅が広いので，ここで遊水して1,000m^3/s減少し，16,000m^3/sが妥当ではないかとの意見もあり，小委員会は17,000m^3/sと16,000m^3/sの2案で各都県に意見を聞いた。この結果，「下流側は流量を安全側に17,000m^3/s見ることを希望している」とされ，この17,000m^3/sが基本高水流量となったのである。

一方，下流川俣地点（栗橋より上流）での観測流量は13,440m^3/sであった。こ

表 14. 3　各時刻における八斗島合流量
（第一技術研究所による推算）（単位：m³/s）

時　刻	合　流　量			
	上福島	岩　鼻	若　泉	合流量
18 時 00 分	8,490	5,530	1,380	15,400
18　32	8,680	6,740	1,340	16,760
19　00	8,930	6,610	1,310	16,850
19　30	9,080	6,480	1,270	16,830
19　56	9,220	5,910	1,240	16,370
20　30	9,220（推定）	4,970	1,250	15,440
20　56	〃	4,380	1,240	14,840

（出典：小坂　忠『近代利根川治水に関する計画論的研究』，1995）

の差 3,560m³/s について検討されたが，石田川および早川の破堤による逆流量が 1,500 ～ 2,000m³/s とされ，残りの 1,410 ～ 1,910m³/s が河道で調節されたものと考えられた。

このように，改修改訂計画では直前に生じた既往洪水を詳細に分析し，計画の出発点となる計画対象流量（基本高水流量）を定めたのである。

3　改修計画の策定経緯

(1) 河道とダム分担の基本方針

八斗島地点での基本高水流量 17,000m³/s を基に改修計画は検討され，上流ダムによる洪水調節が下流部，とくに下利根の負担と合わせて議論された。当初，次のような意見が出された [(5)]。

ⓘ現在の河道を増築することには費用を要し，また困難な事情が多くあるので，山地でのダムに賛成する。下利根に今以上の流速で流すと下流が危険となり，現在の治水上の難しい状態からの改善のしようも無くなり，食糧関係にも良くない。上流部でも 15,000m³/s を流すと，かさ上げの工費だけでなく護岸・水制の災害復旧費も大となる。ダムを造り，流下する残余分は江戸川経由で流すべきである。

ⓘⓘ現在の河道にどの程度の流量を流すと，どの程度かさ上げが必要となるのか，その工費が分からなければ山間部でのダムの検討はできない。下利根は，排

水がスムーズにできないため（周辺農地の）湛水時間が大となる。一応，河道には流れるが，沿岸に害を残す。

ⅲ下利根は広大な耕地があるので潰したくない。4,500m^3/s でも多すぎる。沼田ダムで調節し，渡良瀬遊水地を完全にして残余の利根川上流・渡良瀬川の洪水を江戸川に流し，鬼怒川・小貝川の洪水は放水路に流し残りを霞が浦にもっていき，下流は零または2,000m^3/s 位にする。

ⅳ利根には4,300m^3/s よりも多く，5,000 ～ 6,000m^3/s は流せる。それを少なくして，無理に工費をかける必要はない。

ⅴ下流に安全に流せるなら零にすることはない。ダムは沼田だけで全部の調節をするのは難しい。

ⅵダムはかなり洪水に役立つと思う。問題は工費である。

ⅶダムは余裕として見ておいたらどうか。

ⅷダムをするか，放水路をするか，どちらかにしたい。

ダム地点として，当初は沼田だけが検討されていた。この議論の直後，沼田ダム予定地点の現地調査が行われ，佐久発電所取水口上流付近に高さ100m のダムを築造するならば，湛水面積約1,700ha で3,000 ～ 4,000m^3/s は調節できるとの報告がなされた。この後，河道のみで対処できなければダムを設置するとの方針で検討が進められた。

(2) 八斗島から栗橋間の河道計画

八斗島から栗橋に至る計画高水流量について，二つのことが論議された。一つは，烏川合流点（八斗島）から福川合流点上流の尾島までの広い河道をもつ区間での河道調節についてである。河道調節とは，広い河道を流れていくうちに洪水のピーク流量が減少していくことであるが，検討の中で，ここでの河道調節量は1,000m^3/s あるのではないかと議論された。また，烏川下流部河道の調節量は1,000m^3/s あるとの主張もあった。河道調節量を最大にみるならば2,000m^3/s の調節量となる。だが47年9月洪水では，左岸の石田川・早川の破堤によって利根川から逆流氾濫している。支川の改修により逆流破堤しなくなると，支川からの流入も生じることとなる。このため，河道調節量を明確にできないとして調節量

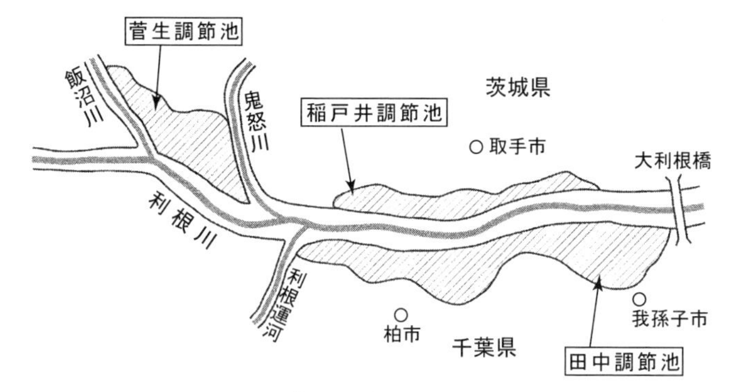

図 14.3　菅生，稲井戸，田中調節池

は 0m³/s とされた。

さらに，渡良瀬遊水地への流入による調節についてである。1947（昭和 22）年洪水では渡良瀬川からの洪水量と渡良瀬遊水地の調節量がほぼ同一の約 1 億 m³ であったため，渡良瀬川の利根川本川への合流量および渡良瀬遊水地による利根川本川流量の調節量はないものと判断された。この結果，八斗島と栗橋における計画高水流量は同一となり 14,000m³/s とされた。この流量となった理由は，47 年 9 月洪水で川俣地点での観測流量が 13,440m³/s で，14,000m³/s は大規模な引堤を伴う工事でなくても何とか可能であること，また沼田ダムにより 3,000m³/s の洪水調節が可能との判断からである。

(3) 鬼怒川・小貝川の合流量

栗橋地点での計画高水流量は 14,000m³/s となったが，布佐・布川までの中利根川には鬼怒川・小貝川が流入してくる。鬼怒川からの合流量は，47 年 9 月洪水では 1,870m³/s と推定されたので 1938 年 9 月洪水の 2,750m³/s が既往最大とされ，それまでと同様にこの洪水が計画の対象とされた。一方，利根川ピーク時合流量は 1,400m³/s から 2,000m³/s に増大された。だが，合流点付近にある田中・菅生・稲戸井の 3 調整池（図 14.3）を設置して 2,000m³/s すべてを調節し，利根川の最大流量へ影響を与えないとされた。田中，菅生調整池は戦前に計画されていたが，新たに稲戸井調節池が計画されたのである。

また，小貝川は 47 年 9 月洪水の合流状況からも検討されたが，以前の計画と同様，利根川ピーク時合流量は0m^3/sとされた。

(4) 栗橋下流（江戸川，利根川下流，放水路）の河道計画

栗橋地点の計画高水流量14,000m^3/sは，江戸川，下利根川，利根川（昭和）放水路で分担されて外海へ放出されることとなる。それぞれの分担量が事業費で試算され，それに基づいて議論された。小委員会の方針は，江戸川へは流頭部から5,000m^3/s，利根運河を通じて500m^3/sで下流部は5,500m^3/sであった。残りの8,500m^3/sは（昭和）放水路へ3,000m^3/s，下利根川へは5,500m^3/s疎通させるものであった。この方針は，主に工事費の面から定められた。この後，関係する都県の建設局長・土木部長さらに知事から意見を求めた。関係する都県は，東京都，埼玉県，茨城県，千葉県そして栃木県である。

①江戸川計画流量

江戸川と利根川下流部の分担について，江戸川に多く負担することを求めたのは栃木県，千葉県，茨城県である。栃木県は，一刻も早い渡良瀬川洪水の流下のため海までの距離が近い江戸川の負担量を増大させることを主張した。放水路が開削される千葉県は，放水路分派量をできる限り少なくするよう江戸川からの分派量の増大を主張した。同様に，利根川下流の負担分をできる限り減少したいというのが茨城県の意向である。茨城県は，江戸川下流部は6,500m^3/sが妥当ではないかと主張した。

この主張に対し小委員会は，江戸川下流部の人家密集地域では川幅を拡げることができず，経済的に維持ができる範囲で低水路をできるだけ拡幅し，高水敷をなるべく拡げて疎通可能な能力から江戸川下流部は5,500m^3/sにしたと応えた。江戸川では，東京都・千葉県下に拡がる下流部人家密集地域の存在が制約となっていたのである。

一方，増補計画に対し2,000m^3/s増大させて江戸川流頭から5,000m^3/s流下させるためには，利根運河合流点上流で川幅を拡げなくてはならない。その対象地区となる埼玉県は，川幅を2倍に拡げるとの方針に，耕地が大幅に減少し家屋の集団移転が必要となり大きな犠牲をはらわなくてはならないことを主張した。だが，利根川改修を進めるとの大局的観点から認めざるを得ないとし，実施面での配慮を要求した。東京都は，賛成できないが致し方ないとの考えであった。

②放水路，利根川下流の計画流量

利根運河からの500m^3/sも合わせ江戸川への分派量5,500m^3/sが定まると，残りの8,500m^3/sに対し下利根と放水路との分担割合をどのようにするのかが次の課題となる。茨城県は，小委員会案の5,500m^3/sは大きな負担だとしながらも，浚渫を行うことにより計画高水位の上昇は50cmとの回答で，それ以上の反対はしなかった。千葉県は，放水路分派量3,000m^3/sは用地の問題が大きいので2,000m^3/sか1,500m^3/sに減少することを希望した。そして減少分は江戸川が負担するよう要望したのである。

なお千葉県は，この放水路ついて治水のみではなく航路，内水排除問題，耕地整備そして臨界工業地帯の造成との関連も含めて意義あるものと位置づけていた。さらに，食糧増産計画の一環として農林省が進めていた印旛沼干拓との関係があった。農林省は，1946（昭和21）年干拓のため印旛沼から東京湾に抜く放水路に着工した。その規模は利根川放水路に比べて小さかったが，そのルートは放水路と密接に関連していた。千葉県は，関係各省で調整して一貫した総合計画でもって実行してもらいたいと主張し，これから始まる利根川改修第一期5カ年計画に放水路事業を組みこむよう強く要求した。だが建設省は，江戸川改修，利根川本川改修などが優先するとして早期着工の方針を採らなかった。海への放流河道として，放水路よりも江戸川を優先したのである。

最終的に小委員会での結論通り，江戸川への流頭部からの分派量は5,000m^3/s，さらに利根運河を通じて500m^3/sの流入となり，5,500m^3/sが江戸川下流部の計画高水流量となった。利根川下流部の8,500m^3/sは（昭和）放水路へ3,000m^3/s，それより下流の下利根川へは5,500m^3/s疎通させるものであった。

(5) ダム計画

山間部におけるダム計画について，当初は沼田（岩本）地点を中心に検討され，小委員会幹事会では同地点で4,000m^3/s調節し，河道での扁平化を考慮して八斗島地点での最大ピーク流量を3,000m^3/s減少させるとの報告書案を作成した[(6)]。これに対し，沼田が位置する群馬県が強く反発した。1948（昭和23）年9月24日に開催された第10回小委員会で，「調査をしてからでなかったら（沼田ダムで）3,000m^3/s調節できるか疑問である」「沼田で限定してもらっては困る」と，広い水没地域が生じる沼田にダムサイトを限定することに強く抵抗したのである。この時，ダム築造候補地点およびその地点による調節効果について建設省では次のような検討状況であった[7]。

ⅰ沼田で3,000m^3/s調節できるかどうかについては，調査中。

ⅱ沼田が芳しくないとすれば，本川藤原・片品川薗原・赤谷川相俣・吾妻川八ッ場・神流河坂原の5ダムで3,000m^3/s調節する。

ⅲ藤原・薗原・相俣の調節効果は見当が付いている。

ⅳ八ッ場・坂原は未調査であるが，47年9月洪水のデータに基づいて，雨の降り方，時差等を考慮して合成すると，沼田を除く5ダムにより基準地点八斗島で3,800m^3/sの調節となる。これに河道での扁平化等を考えると3,000m^3/sは可能である。

結局，1949（昭和24）年2月に策定された利根川改修改訂計画では次のように表現された。

「この流量（17,000m^3/s）をそのまま流下すると本派川共に大きな拡張を必要とすることになるので，本支川上流に堰堤を築造する等により洪水調節をなし，烏川合流後における流量を3,000m^3/sだけ減少する」。

利根川改修改訂計画図は図14.4に示す。ダム地点として岩本（沼田），藤原，薗原，相俣，八ッ場，坂原が明記されている。

この後，1951（昭和26）年4月，沼田に利根川上流調査事務所が設置されて調査が進められた。沼田単独案，藤原・沼田・八ッ場3ダム案，藤原・薗原・相俣・八ッ場・坂原5ダム案，沼田・薗原2ダム案などが検討された。いずれも下流の基準地点・八斗島において3,000m^3/s調節可能との結論であったが，水文観測データも不十分でその手法も今日からみれば簡易な方法であった。例えば，ダム調節計画で必要な洪水波形は三角形であると仮定し，最大流量は合理式[8]によって求め，洪水の始まりから最大流量までと，最大流量から洪水終了までの時間の比を1：3とした。

やがて水没地域が大きい沼田ダムは政治問題化し，沼田ダムの築造は着工とはならなかった。これに代わり5ダム案が計画として推進された。

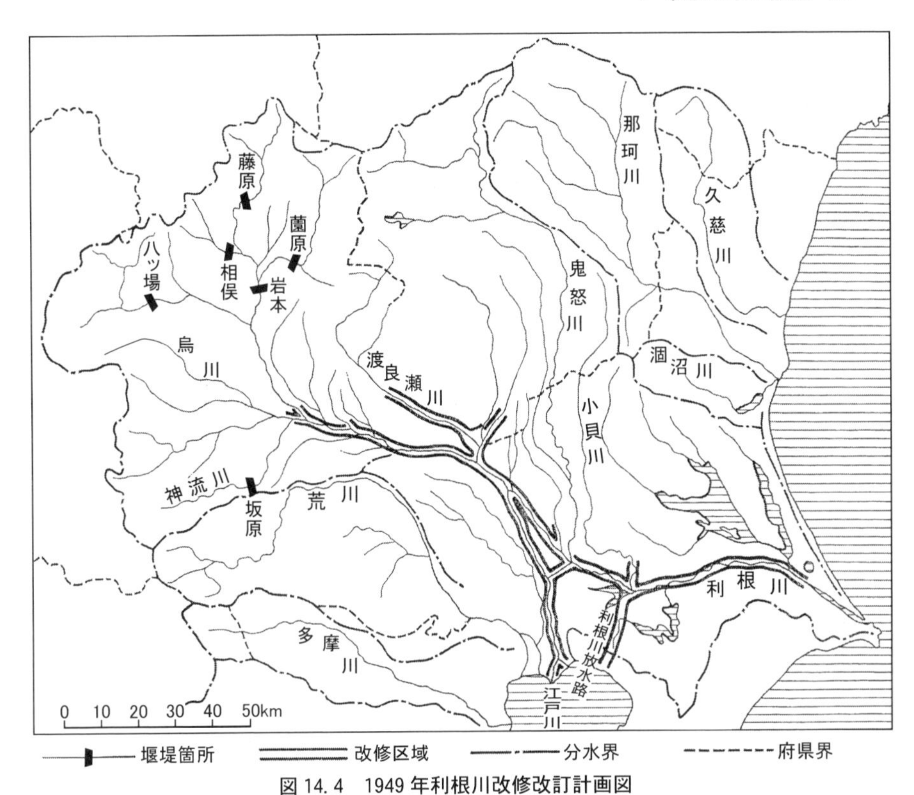

図 14. 4　1949 年利根川改修改訂計画図
（出典:『日本科学技術史体系 16　土木技術』日本科学史学会，第一法規出版，1970，に一部修正）

4　改修工事の概況

(1) ダム築造工事

上流山地でのダム築造は 1952（昭和 27）年度着工の藤原ダムから始まったが，前章でみたように治水のみならず，他の利用も併せた多目的ダムとして進められた。

藤原ダムは 1958(昭和 33)年度に竣功，続いて相俣ダム(工事期間 53 ～ 65 年度)，薗原ダム（59 ～ 67 年度）が完成した。神流川の坂原ダムは約 5km 下流に位置を変え，下久保ダム（59 ～ 68 年度）として完成した。また前章でみてきたような経緯で，戦前から利水ダムとして検討されてきた矢木沢ダム（59 ～ 67 年度）も治水目的が入ることとなった。

また今日，大きな問題となっている八ッ場ダムが着工されたのは1970年（昭和55）度である。さらに，昭和20年代には計画のなかった奈良俣ダムが73年から着工され，90年に竣工した。

(2) 河道整備

①利根川本川

一方，平地部の河道工事についてみると，河道において増大した計画高水流量に対しては，一部引堤，河道の浚渫と掘削，堤防かさ上げによる河積の増大で対処しょうとした。福川合流点から江戸川分派点までの間で左岸2カ所（川辺・利島地先，新郷地先，計11.8km），右岸3カ所（行田地先，羽生・千代田地先，五霞地先，計13.85km），合わせて5カ所（25.65km）で大規模な引堤工事が1949～67年度にかけて行われた。「利根川の5大引堤」と称せられたもので100～200m引堤し，河幅を620～640m確保するものであって，補償の対象となったのは342haの用地と1,387棟の家屋であった。

佐原から下流では，佐原で一部，引堤が行われたが，増大した流量に対して堤防嵩上げと浚渫によって対処された。この浚渫土砂は，周辺の排水不良の水田の改良さらに学校用地，グラウンド等の造成にも使用された。

鬼怒川合流点付近の3調節池は，現在，菅生，稲戸井の二つの調節池は概成，田中調節池は一部完成で工事中である。

②江戸川拡幅工事

江戸川では，計画対象流量が2.3倍になったのに伴い関宿から野田までの約20kmで，川幅が約250m程度であったのが400mに拡幅された。これにより関宿～野田間の約20km区間で400haに及ぶ用地買収と，1,600戸の家屋移転が行われた。なかでも西宝珠花村の密集地である商業地域が河川用地となり，105haの用地買収と250戸が移転対象となって大きな社会問題となった。だが，対策委員会の要望を全面的に容認するとの建設省側の対応もあり，新堤の裏側に区画整理事業を行って家屋を集団移転し，新しい街が形成された（図14.5）[9]。地元の納得の前提には，1947（昭和22）年9月大出水で利根川が東村（現・加須市）で決壊し埼玉県が大水害を受けたため，利根川治水は極めて大事な問題であると認識されていたことがある。埼玉県によって行われた土地区画整理事業が竣功したのは，53年度であった。

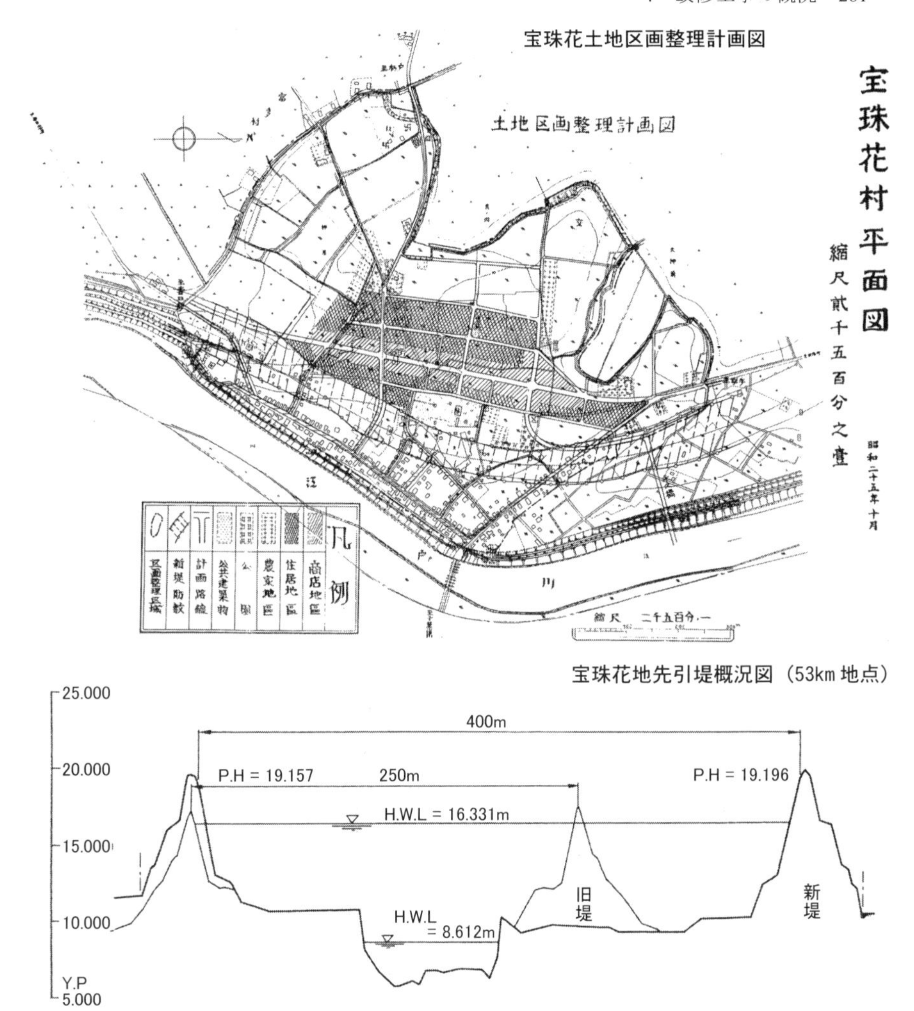

図 14. 5　江戸川宝珠花引堤・土地区画整理計画図
（出典：『江戸川・中川改修史』関東地方建設局江戸川工事事務所，1986）

江戸川上流部での拡幅（引堤）工事は 1950（昭和 25）年に着工され，67 年にはほぼ概成した。また江戸川放水路では，それまでの床固め工に代わり可動堰が築造されたが，57 年度には竣功した。

③小貝川付替

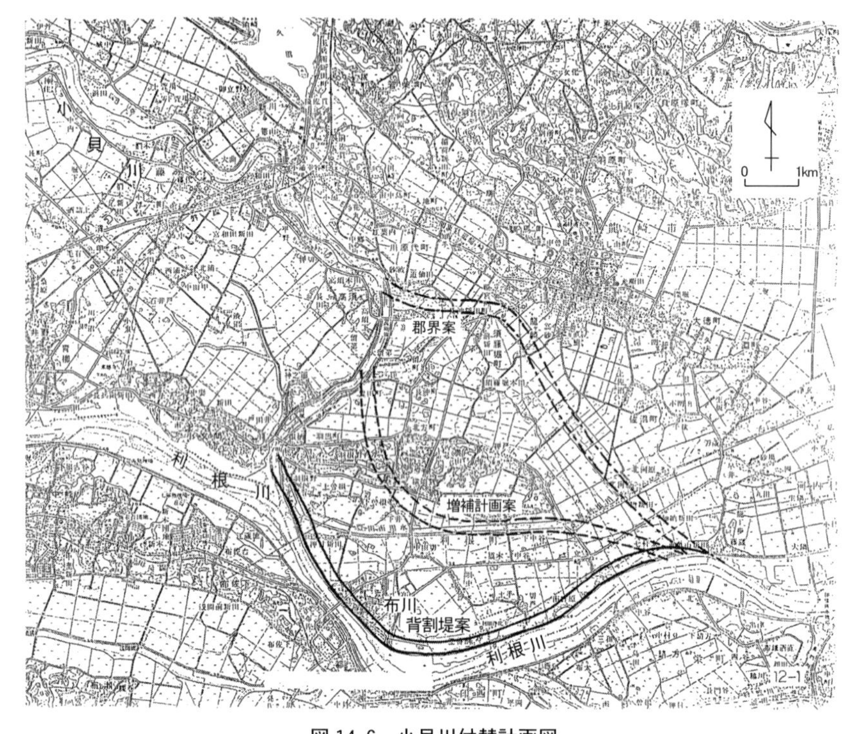

図 14. 6　小貝川付替計画図
（出典 :『利根川百年史』建設省関東地方建設局，1987 に一部加筆）

ところで，計画はされながら挫折した工事がある。増補計画で計画された小貝川付替である。布佐・布川狭窄部の下流で小貝川を合流させるものであったが，改修改訂計画では見直され，1951（昭和 26）年利根川左岸堤を背割堤として利用し下流部で合流させる計画となった（図 14.6）。52 年には国会衆議院予算委員会分科会で事業推進の努力を行うことが要求され，また同年茨城県議会では工事促進の決議が行われた。だが，この計画でも 270 戸の家屋移転が必要で，布川町では繁華街の大半が対象となる。地元では郷土防衛隊が組織され強い反対運動が展開され，53 年現地を訪れた新聞記者団が取り囲まれて軟禁されるなどの事件も生じた。結局，工事は行われず，この付替計画は 80 年に改訂された新計画で廃案となった。

この結果，「利根付小貝川」と称されていた小貝川下流部は，基本的に以前と同様の形状で利根川に合流し 1986（昭和 61）年にも決壊をみた。

④放水路

一方，利根川放水路についてみると，戦前のルート（船橋案）は見直され，台地部の延長が短く掘削土量が少ない検見川案に変更された。このルートには陸軍関係施設があり，それがネックとなって戦前では選定されなかった。新たなルートとなったが，放水路事業は今日に至るまで着工されていない。

5　改修計画の評価

1947（昭和 22）年 9 月洪水は，基準地点八斗島で 17,000m^3/s と最終的に評価された。それ以前の増補計画に比べ 7 割ほど増大するものだった。これを基本高水流量としたが，利根川河道は明治以来の改修によって平地部の必要な箇所には堤防が築かれ，整備は一応，概成していた。このため，増大量すべてを河道が負担することは困難と判断された。この結果，河道の負担能力以上の流量は，山地部のダム貯水池によって調節するとの方針となったのである。ここに，利根川治水計画にダム貯溜が本格的に導入された。具体的には，ダム築造の可能性そして上利根川の流下能力から，基本高水流量の 18%，増大量の 43%にあたる 3,000m^3/s がダムによって負担されることとなった。

一方，計画高水流量も以前の計画に比べ八斗島て 4,000m^3/s 増大した。これを利根本川，江戸川さらに放水路でどのように負担するのか，地域間で激しく議論された。結局は江戸川で 2,000m^3/s，放水路で 700m^3/s，残りは鬼怒川合流点付近の調節池も合わせ利根本川で負担することとなった。江戸川が最も多く負担するが，海への距離が近い江戸川への洪水流下が優先されたのである。

江戸川流頭部約 20km は台地が迫り，西宝珠花村の 250 戸を中心に多くの人家があり，これまで河道拡幅のための台地開削はできなかった。だが，埼玉平野が大水害を受けたことを契機に，地元の要望をすべて認めるとの建設省の対応もあり，台地開削を地元は受け入れたのである。埼玉県による区画整理事業によって家屋の集団移転が行われ，川幅が約 250m 程度であったのが 400m に拡幅され，今日の河道となった。

（注）

(1) 洪水は，波形（ハイドログラフ）であり，その波形をもったものを基本高水，その波形のピーク流量が基本高水流量である．計画高水，計画高水流量も同様である．

(2) この式の係数は降雨状況によっても変化するので，平均値とともに上限・下限の値も求めている．本文で述べている式の係数は平均値である．

(3) 下図のような考えである．

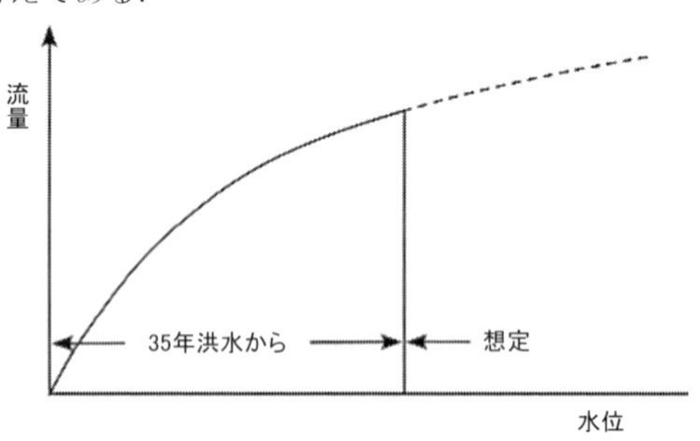

ダムによるピーク洪水調節効果

(4) 小坂　忠:『近代利根川治水に関する計画論的評価』(1995)，p.167.

(5) 小坂　忠:『近代利根川治水に関する計画論的評価』前出，p.173.

(6) 洪水は河道を流下していくうちに扁平化して，先鋭なピークをもつ波形がなだらかなピークとなっていく．このため下図にみるように，ダム地点での洪水調節ピーク流量は，下流にいくに従って減少する．沼田地点で4,000m^3/sを減少させても八斗島地点での効果は3,000m^3/sとの評価である．

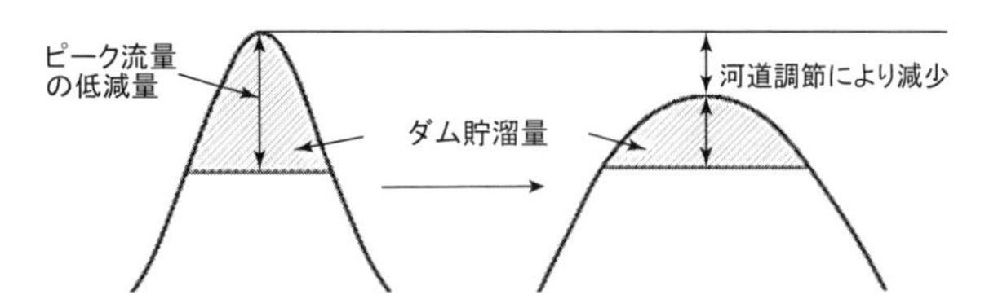

(7) 小坂　忠:『近代利根川治水に関する計画論的評価』前出，p.182.

(8) 降雨から流量を求める流出モデルの一つで，下記の式で表される．

$$Q = 1/3.6\,f\,r\,A$$

Q: 洪水のピーク流量（m^3/s）

f: ピーク流出係数

r: 洪水と到達時間内の平均有効降雨強度（mm/h）

A: 流域面積（km^2）

洪水到達速度は，地形図から標高差と流路延長を求めてルチハの式で計算された．この洪水到達速度から，流路延長に基づき洪水の到達時間を定める．

なお，戦前の鬼怒川堰堤の計画でもこの合理式が用いられた．

(9) 地元からの要望について，簡単に折り合いがつかないだろうと地元側は決めつけていたが，対策委員会との第1回目の打ち合わせのとき建設省側はすべて容認すると発言した．これに対し地元には，次のような感想が残っている．

「出席の全員がそれぞれに最大の難関事と決めてとりかかった事が余りにも簡単に終末を告げたのであるから，誰しも唖然とならざるを得なかったかもしれぬ」(「江戸川の改修と宝珠花の移転」『庄和町町史編纂資料（一)』庄和町教育委員会，1971)．

なお県営で行われた土地区画整理事業であるが，1951（昭和26）年度から53年度にかけて行われ，その事業費は約3,021万円であった．このうち記録映画作成のための25万円を村が負担した以外，すべて国費であった．

(参考文献)

小坂　忠：『近代利根川治水に関する計画論研究』(1995)．

利根川百年史編集委員会：『利根川百年史』関東地方建設局（1987)．

第15章　高度経済成長時代の河川政策

高度経済成長時代，国土の変貌，また国家予算の拡大とともに河川政策は大きな転換をみた。とくに新たな治水計画手法が導入され，それまでと大きく乖離(かいり)した治水計画が定められていった。今日の河川政策を考えるにあたり，この転換は実に重要なことであるので詳細に述べていきたい。

1　昭和30年代（1955～64年）の河川政策の到達点

昭和30年代後半は，例年のように襲われていた戦後の大水害が終了し，日本経済が本格的な高度経済成長に突入した時代である。臨海部を中心に重化学を基軸とした工業開発が進展し，1960（昭和35）年には所得倍増計画が策定されて太平洋ベルト地帯に人口は集中し始めていた。この地域では著しい都市化が生じ，過密が大きな問題となった。

この時までの治水の整備についてみると，1953（昭和28）年西日本を中心にした大水害は国民に多大な損害と不安を与えた。政府は，内閣に「治山治水対策協議会」を設置して抜本的な治水計画の検討に入り，「治山治水基本対策要綱」を策定して治水対策事業の長期投資計画を検討していった。大水害は，この後も毎年のように引き続いたため，遂に1958年，2年後の60年から治水事業五ヶ年計画の実現を図るという閣議了解がなされた。その予算規模について関係各省間で議論が行われている最中の59年，伊勢湾台風が中部日本を襲い，5千人余の死者を出す未曾有の大水害が発生したのである。

これを契機に議論は急速に進み，「治水事業十箇年計画」の投資規模が定められ，この計画を法律に基づく公式の計画とするため，1960年には「治山治水緊急措置法」が成立した。また別途「治水特別会計法」が定められ，治水事業の経理が特別会計として整理されることとなったのである。「治山治水緊急措置法」の成立は，計画的な治水事業の進展についての重要なエポックであったが，さらに61年，災害対策基本法が制定されて総合的な防災体制の確立が図られた。

一方，全国総合開発計画は1962（昭和37）年策定され，新産業都市・工業整備特別地域による拠点開発方式によって開発が促進されることとなった。そのボトルネックとして港湾・道路の交通基盤とともに，上水・工業用水を中心とする都市用水の確保が重要な政策課題となった。この当時，都市用水の需要の増大に供給が追いつかず，各地で水不足に見まわれ，また地下水過剰汲み上げによる地盤沈下が進行していた。東京では，昭和30年代，慢性的な水不足となり地盤沈下が急速に進んだが，とくにオリンピック直前の1964年夏，節減目標50%の第4次給水制限となって，東京サバクと呼ばれるほど社会に深刻な影響を与えた。

また，河川の汚濁についても戦後復興とともに進行した。1958（昭和33）年利根川水系大渇水のとき，江戸川下流で本州製紙江戸川工場からの排水で漁業被害を受けたとして漁民の激しい抗議運動が展開された。この事件を受け，58年水質保全法が公布された。また58年度から隅田川の浚渫事業，翌年度から淀川汚濁対策事業が着手された。都市河川の汚濁の防止について，公共下水道・都市下水路網の大幅な整備と工場排水の除害施設の設置とともに，河底汚濁物の浚渫，浄化水による掃流等の対策が始められつつあった。

昭和40年代に入って高度経済成長は本格化するが，それに対応すべく河川管理制度が整備されていった。

(1)「特定多目的ダム法」と「水資源開発促進法」・「水資源開発公団法」の制定

上流山間部等での多目的ダム築造が本格化するなかで1957（昭和32）年，特定多目的ダム法が制定された。多目的ダムは，複数の利用者によって共同で建設され，完成後は共同で維持管理される。しかし，建設主体，建設・管理費用分担，管理規定等について，河川法では十分対処することができなかった。この課題の解決のため，特定多目的ダム法が制定されたのである。

この法律により，多目的ダム築造は河川法に基づく河川工事であり，ダムは河川付属物であるとの法制上の根拠を与えた。多目的ダムに関する基本計画は建設大臣によって定められ，関係行政機関などに対する手続きを定めるとともに，利水事業者にはダム使用権を設定し，その財産権を明確にすることにした。また費用負担の算出方式が定められ，「特定多目的ダム工事特別会計」が設定されてダム使用権設定予定者は，この特別会計に負担金を収めることとなったのである。水利権処分については，基本計画が定められた後は建設大臣によって行われることとなり，都道府県知事の許可が原則であった体制から一歩踏み出すことになった。

さらに，1961（昭和36）年には水資源開発促進法・水資源開発公団法が制定された。社会経済の本格的な高度成長を前に，長期的かつ広域的な水資源開発計画の樹立と，それに基づく先行的な水資源の確保を目的としたものである。都市用水の需要量が著しく増大しているのは臨海部であった。その需要を確保するためには広域的な開発が必要であったが，関係する都府県・水利団体が多いため，その利害調整は大きな困難が伴っていた。その解決のため，長期にわたる水需要の予測のもとに，広域的な立場から利害調整しながら，国の財政投融資を利用して計画的に水資源開発を行う機関が必要とされたのである。そして長期的な水資源計画の下，治水も含めた多目的ダムを中心に水源確保が図られていった。

(2) 河川法の全面改正

1896（明治29）年に制定された河川法は,1964（昭和39）年に全面改正となった。68年経っての全面改正であったが，この間に社会経済，また河川の状況も大きく変り，治水・利水の両面から全面的に見直されたのである。改正の主要な課題は,「河川管理の明確化」,「水系一貫の治水計画」,「水系一貫の水利行政」,「ダムの建設・管理」であった(1)。

「河川管理の明確化」とは，河川管理の主体が国であることを明確にすることである。旧河川法では，河川法適用河川の管理主体は都道府県知事であった。改良工事，維持修繕，流水の占用などの河川利用の許可等の第一次責任・権限は知事にあり，それを国が監督する体制であった。大規模工事，他府県の利害に強く関係する管理については国が直接行うことは定められていたが，これらは特例,例外規定と位置付けられていた。その背景として，旧憲法では，地方行政庁の長である府県知事は官選知事として国の機関であったことがある。旧憲法下では,府県知事は国の機関として河川管理を行っていたのである。

しかし，新憲法による地方自治法では公選により知事は決定され，地方住民の利益を代表する立場となった。国による一元的，統一的な河川管理の根本が変化したのであり，都府県を越えた広域的な河川行政の調整に対し，重大な支障の発生が懸念されたのである。

「水系一貫の治水計画」とは，水系全体をみつめ上下流，本川・支川を一体的に考慮した治水計画策定のことである。水系ごとに工事実施基本計画を策定することが定められた。旧河川法では，治水計画を策定することについての規定はほとんどない。旧河川法制定当時の治水工事は，重要区域ごとの築堤が中心であった。いわば地先主義といってもよい。しかし，上流部でのダムによる洪水調節が重要になってくると，上下流一体的な治水計画の策定が必要とされたのである。「水系一貫の水利行政」とは，広域的な観点に立ち都府県間の調整を行う水利行政の確立である。旧河川法での水利権許可は，都道府県知事によって行われていた。このため下流部が新規用水を必要としても，水源地の上流部知事が水利権許可をしなかったら下流部の利水が不可能となるとの事態が生じていた。

水利権許可は，1957（昭和32）年策定の特定多目的ダム法，1961年策定の水資源開発公団法によって国によって行われることとなったが，これらはあくまでも旧河川法の特例として行われていた。河川法の中で正式に位置づけることが求められたのである。

「ダムの建設・管理」とは，重要構造物であるダムの建設・管理を法的に明確にすることである。利水者の財産権は，特定多目的ダム法によるダム使用権などにより認められていたが，旧河川法にとってあくまでも例外扱いであった。これへの対処である。また治水を含んでいない発電ダム，農業ダム等があったが，洪水時のダム操作に不適格のものがあり，これにより死傷者が出たとの指摘が国会で行われた。利水ダムの操作について，河川管理者の指導が求められたのである。

2　昭和40年代（1965～74年）の社会経済の概況

昭和30年代中頃から本格的に始まった高度経済成長は，1965（昭和40）年不況で一時，足踏みしたが短期間に立ち直り，太平洋ベルト地帯の臨海部における重化学工業を中心に進展していった。この高度経済成長が一つの大きな壁にぶつかったのが，1973（昭和48）年のオイルショック（石油危機）であった。これ以降，社会経済は安定成長時代に入り，人々の求める価値も心の潤い，精神的な豊かさへと移行していったといわれる。

果たして1990（平成2）年前後のバブル経済に踊った後の今日からみて，人々の価値がどこまで変ったのか大いなる疑問がある。ただオイルショックを境に，社会経済の基調が変化したことは否定できないだろう。経済は鉄鋼・石油化学・造船等の重化学工業から，自動車・工作機械・エレクトニクス等の技術集約型の機械・電気産業へと重心を移していった。

「国土づくり」においても，その基調に大きな変化が現れた。1969（昭和44）年に策定された新全国総合開発計画は「豊かな環境の創造」を旗印に，新幹線・高速自動車道等のネットワークの整備，これを基礎条件として大規模プロジェクトを実施しようというものであった。「国土づくり」の構想・計画面において，新全総ほど気宇壮大なものはないだろう。開発可能性を全国土に拡大・均衡しようとしたのであり，明治期につくられたインフラに代わり，21世紀に向かっての新たなインフラ整備が議論された。その社会背景には，経済の高度成長がある。ちなみに経済規模は，1965年からの10年ほどで，国民総生産（実質）でみると約2倍となった。

一方，オイルショック後の1977（昭和52）年に策定された三全総では，「国土の資源を人間と自然との調和をとりつつ利用し，健康で文化的な居住の安全性を確保しその総合的環境の形成を目指す」と，人間居住の総合的環境の整備が基本目標とされた。市民一人一人が日常的に接し，人々の真の豊かさ，潤いが実感できる空間が期待されたのである。

このような社会経済の進展をベースにして，昭和40年代の河川行政について「建設白書」中心にしてみていく。昭和40年代の河川行政の大きな流れは，表15.1に示す。

3　治水五ヶ年計画にみる河川計画の進展

(1) 1965（昭和40）年策定の第二次治水五ヶ年計画

①国民総生産の増大と治水投資

戦後治水行政担当者が強く要望していた長期投資計画は，先述したように治山治水緊急法に基づき「治水事業十箇年計画」として1960（昭和35）年に策定さ

表15.1　昭和40年代（1965～74年）の河川行政

河川行政	河川周辺の社会状況
第二次治水五ヶ年計画（1965）	
	公害対策基本法（1967）
第三次治水五ヶ年計画（1968）	
	新全国総合開発計画（1969）
	水質汚濁防止法（1970）
広域利水調査第一次報告（1971）	環境庁設置（1971）
第四次治水五ヶ年計画（1972）	日本列島改造論出版（1972.6）
琵琶湖総合開発特別措置法（1972）	田中角栄内閣成立（1972.7）
流況調整河川制度の創設（1972）	
広域利水調査第二次報告（1972）	
	オイルショック（1973）
水源地域特別措置法（1973）	国土庁設置（1974）
	国土利用計画法（1974）
	田中角栄首相退陣（1974.12）

れた。10カ年間の治水投資規模は9,200億円で，これを前期5カ年（4,000億円），後期5カ年（5,200億円）と2期に分けて行う計画であった。さらに，この「計画に基づく工事に関する経理を明確にするため」，治水特別会計が緊急措置法と同時に設置されたのである。この特別会計の目的は「10ヶ年計画の事業のうち，直轄事業の経理を行うことを本旨とし，合わせてその他の直轄事業，および治水事業に関する補助金の経理を行うこと」である。

1965(昭和40)年8月,この治水事業十箇年計画が改訂され,新たな治水事業五ヶ年計画が閣議決定された。これにより，治水事業十箇年計画規模を大きく上回る新たな事業計画が定められたのである。1960年以降の急激な経済の高度成長に基づく国家予算の著しい拡大により，前期5カ年では，既に計画額の18%を上回る4,317億円の投資が行われていた。治水事業十箇年計画が，国の公共投資額の増大等の社会変化に対して実情に合わなくなったのである。

この当時の治水の状況について，1965（昭和40）年「建設白書」は次のようにとらえている。

治水事業の性格については，国民の生存と産業経済の基盤を確保し，単に水害を軽減・防止するだけでなく，流域の土地利用の高度化と開発に資する最も基幹的な公共事業と認識する。これまでの治水事業の成果については，1947～63年の国民所得に対する水害被害額の比率を示して，「近年減少の一途をたどってい

表 15. 2 水害被害額の国民所得に対する比率の比較

（単位：%）

期 間	日 本	アメリカ
1949 ～ 56（昭 22 ～ 31）年	4.68	0.120
1948 ～ 57（ 23 ～ 32）年	3.78	0.117
1949 ～ 58（ 24 ～ 33）年	3.27	0.111
1950 ～ 59（ 25 ～ 34）年	3.21	0.108
1951 ～ 60（ 26 ～ 35）年	2.67	0.100
1952 ～ 61（ 27 ～ 36）年	2.40	0.072
1953 ～ 62（ 28 ～ 37）年	2.14	0.064
1954 ～ 63（ 29 ～ 38）年	1.89	－

（出典：『昭和 40 年度版　国土建設の現況』建設省）

る」と評価する。しかしアメリカとの比較でみると，まだまだ非常に劣り，さらに一層の治水施設の必要性を論じた（表 15.2）。

治水施設資産ついては，治水施設資産額と国民総生産の比較を行い，高度成長に起因した被災可能資産の急テンポな膨張に対して，治水施設資産額の伸びが劣っているととらえた。このときの氾濫の可能性のある想定氾濫区域内には，全人口の 40%にあたる約 4,000 万人が集中し，そこでの生産所得は約 9,100 億円で全国の約 44%にあたっていた。

②治水計画の新方針

高度経済成長により，国による可能投資額の増大が見込まれるなかで新たな治水事業五ヶ年計画は定められたが，その目標は「わが国の社会経済の進展に即応して国土の保全と開発を図り，国民生活の安定と向上及び産業基盤の強化に資するため，全国的にも均衡のとれた治水施設の整備強化を図る」ことである。その治水計画は次のような方針であった。

「全国的長期的な視野から，将来における治水対策上必要施設を河川の重要度に応じて均衡のとれた安全度（重要水系としては基本高水の年超過確率を原則として 1/50（確率から評価し，平均的にみて 50 年に 1 回生じる洪水……著者注）以上，その他の水系については原則として既往第 2 位の出水程度以上をそれぞれ計画の規模とする）を確保し……」。

これでみるように，河川計画の基本高水流量はこれまでのように既往の出水ではなく，年超過確率計算で求めた流量を対象とした。その大きさは重要水系については 1/50 の洪水を対象とし，その他の水系については既往第 2 位の洪水程度としたのである。

なお1965年「建設白書」は，早くも新しい長期構想の作成にとりかかっていると述べている。その目標は，国民総生産に対する被害額をアメリカ並みにすることである。全国的に均衡のとれた治水施設の整備強化を図るよう投資することにより，当時の計画の全事業完了時には，国民総生産に対する年被害額の平均比率について，ほぼ米国のそれに接近させることが可能であると判断した。

(2) 1968（昭和43）年策定の第三次治水事業五ヶ年計画

①流域の変貌と治水・利水

第二次五ヶ年計画の見直し，新長期構想の策定について1966年の「建設白書」は，高度経済成長の進展による流域の著しい変貌，それによる水害の激化，また工業用水・生活用水の急激な需要の増大からその必要性を訴える。ここに，ダイナミックに進行する高度成長による社会変化への対応が求められたことがわかる。その背後には，国家予算の急激な伸びがある。水需給については，66年度から新たに広域利水調査をスタートさせ，需給面からの計画的な対応の検討が始まった。

同白書は，新たな五ヵ年計画について，年被害額の国民総生産に対する平均比率を欧米諸国並みとする治水施設の整備を目的とする，また水資源の利用開発は，広域的な利水計画を確立し，それに基づいて開発利用していくことを主張した。

また，この1966年白書では，これまでの治水の成果について60年以降最近の5カ年の平均被害額は1,400億円を大きく下回っている，このことは，年々の気象条件に左右されながらも，治水施設の整備拡充の成果が大きいことを示すものと評価する。さらに治水施設整備の現況については，図15.1による国民総生産に対する治水粗資産額の割合で検討し，それの年々の減少を指摘し治水施設の整備拡充を主張した。

続く1967（昭和42）年の「建設白書」でも，新治水事業五ヶ年計画の策定を論じる。その計画内容について注目すべきことは，治水について「国土の利用開発に先行して行うよう努力する」と，開発に先行して整備するものと位置づけていることである。また「利水の観点にも十分配慮する」と主張された。

1968（昭和43）年3月22日の閣議了解をもって治水事業五ヶ年計画は，68年

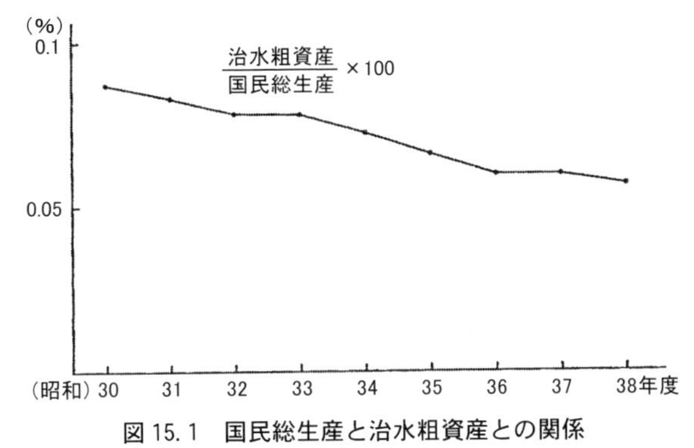

図 15.1　国民総生産と治水粗資産との関係

（注）治水粗資産は経済審議会社会資本分科会資料による治水施設ストック（1960〈昭和 35〉年価格），国民総生産は新推計（1960〈昭和 35〉年価格）.
（出典：『昭和 41 年国土建設の現況』建設省）

度を初年度とする第三次五ヶ年計画に拡大改訂された。その投資規模は前計画の 85% 増の 2 兆 500 億円である。この改訂は，高度成長による過疎過密の著しい進行による河川流域の変化に治水・利水面から対応しようとしたものである。都市化の進行について，同白書は次のようにとらえる。

「氾濫区域では人口・資産の集中があり，全国想定氾濫面積（305 万 ha で全国土の 9.9%，全国適住地面積の 37.2%）に全人口の 51.2%にあたる 5,040 万人が，国富の約半分にあたる約 47 兆 9 千億円の資産が集まった。このため（昭和）35 年と比較し氾濫区域の重要性が増したが，今後もこの傾向は続くだろう。これに対し治水施設の整備は，国富に対する治水資産に対する割合でみるように，最近は低下する傾向にある。このため『治水施設の安全度をより向上されるよう整備の促進をはかる』ことが重要である」。

第三次治水五ヶ年計画の具体的な長期構想としては次のように述べる。

「治水事業の全体構想としては将来におけるわが国の経済および国民生活の水準を前提として，これにふさわしい国土の姿をえがき，国土保全施設，水資源開発施設の調和のとれた整備が行われることを目標とし，

1，流域の人口，資産等の増大に対応して治水の安全度の向上を図る。特に，都市およびその周辺地域の河川については，積極的な治水対策を行う。

2，将来における流域の開発に伴う洪水流出量および流出土砂量の増大，異常集中豪雨等による局地的な災害等についても十分配慮する。

3，増大する水需要 に対処するため，洪水調節とあわせて水資源開発のための多目的ダムを計画する」。

③大規模プロジェクト

水資源開発もその重点目標としているのが第三次五ヶ年計画の特徴であるが，大規模湖沼開発である琵琶湖および霞ヶ浦の水資源開発に向けて実施調査に入ったのが1968（昭和43）年度である。治水の計画規模についてみると，重要水系で基本高水流量の年超過確率を1/100（確率から判断し，平均的にみて100年に1回生じる洪水）～1/200に，その他の水系については1/50以上と，これまでの計画規模よりかなり大きいものが計画の対象に置かれた。

ところで，新全国総合開発計画が閣議決定されたのは1969（昭和44）年5月30日である。これに約2カ月先立ち，第三次治水事業五ヶ年計画は策定されたのである。新全総の作業と一体で進められたのであろう。

大規模開発を目指した新全総では，河川事業についても大規模施設による整備を推進した。例えば治水についてみるならば，利根川，淀川等の大河川について水系一貫の考え方のもと，計画規模を拡大しダム等の築造による治水安全度の向上を図った。また都市部の河川については，著しい都市化の進展に対し新川開削，大型ポンプ場等による治水施設の先行的整備を図った。

水資源については，増大する水需要に対して広域的・計画的な水資源開発による安定した水供給の確保を目的とした。具体的には，首都圏では利根川水系における大容量貯水池群，河口堰，霞ヶ浦等の開発，近畿圏では琵琶湖開発を軸として圏域内河川の高度利用を図った。さらに両圏域に隣接する信濃川，富士川，新宮川，紀ノ川等の河川で水資源開発を検討するよう求めた。大規模施設による広域的水資源開発を志向したのである。

(3) 1972（昭和47）年策定の第四次治水事業五ヶ年計画

①新たな河川行政課題

1970（昭和45）年のいわゆる公害国会で公害対策基本法が改正され，水質保全法に代わり水質汚濁防止法が成立した。だが公害が広範囲に生じ社会的に大きな問題になりながらも，経済の高度成長は持続した。これに合わせ，西側世界で1968年に第2位となった国民所得（GNP）もさらに伸び，国家予算も増大した。

このため，さらに規模の大きい河川計画が検討されていった。70年「建設白書」では，治水事業について治水投資・災害復旧費の推移を示し治水粗資産（50年分の治水事業費）の国民所得に対する比率が低下しているとして，さらに強力に治水対策を講ずる必要があると主張した。

また同白書では，水資源の安定的な供給のために広域的な水管理体制の強化が主張された。水需給圏の拡大による広域的な水管理，さらにダム群，河口堰，湖沼等の水資源開発施設の有機的な連けいが求められたのである。なお前年の69年白書では，地域外も含めた多目的導水路の築造による広域的な水供給システムの確立を求める広域的利水対策の推進が主張されていた。

さらに1970年白書では，河川を環境の保全の場として取り上げた。河川に対する国民の要望は，洪水防御，水資源開発のみにとどまらず，河川本来の自然的な空間そのものを都市における人間の憩いの場として保持する必要性が高まっていると述べる。つまり，河川を自然的な空間として積極的に取り上げることを主張したのである。

さて1972（昭和47）年6月30日の閣議決定により，前計画に対し投資規模約97%増の4兆500億円からなる第四次治水五ヶ年計画が策定された。72年白書によれば，高度経済成長により一層，都市化が進行しているが，その地域の治水・利水さらに水質汚濁を中心とした環境面からの整備を目的としていることがわかる。

②治水政策の新たな段階

このときの治水計画の考え方を長期構想でみると「国土の保全，開発利用の促進，生活環境の向上」に資するための計画であり，治水整備水準の基礎である基本高水の年超過確率は，「流域の災害に対する安全度を高めるため」として次のように定められた。

直轄河川の年超過確率1/100～1/200，中小河川1/50，都市河川1/50～1/100，内水対策については1/50，洪水防御ダムについては直轄河川1/100～1/200，補助河川1/50～1/100。

またこの長期計画での計画以外に，当面の目標が定められた。例えば都市河川は，おおむね10年以内に時間雨量50mmを防御することである。この長期構想の整備水準は，1976（昭和51）年に策定された新河川砂防技術基準（案）に引き継がれていく。

ところで，治水安全度を上げる必要性について1971年白書では次のように主張した。

「わが国の社会経済が高密度に発展してきた結果，とくに利根川，淀川等の重要河川の下流部においては，人口・資産の増大が顕著であり，これに対応して，これらの河川の安全度を大幅に高める必要がある」。

白書の主張のように，1971（昭和46）年，淀川が年超過確率1/200の計画に改訂された。

第四次治水五ヶ年計画は，新全国総合開発計画と一体となって作成された第三次五ヶ年計画をさらに綿密に，かつ規模を大きくした計画と評価することができる。あたかも新全総と，それをブラッシュアップした田中角栄の『日本列島改造論』との関係を思わせる。『日本列島改造論』が出版されたのは1972年6月であり，田中角栄内閣が誕生したのは同年7月である。

なお第四次治水計画が策定された1972（昭和47）年の「建設白書」では，注目すべきことがある。これまでの白書で，治水の重要性を示すものとして常に述べられていた終戦直後の昭和20年代から1959（昭和34）年まで続いた大水害が，まったくふれられていないことである。これまでは，59年まで続いた大水害を常に前面に強く出し，戦後の治水投資によっても戦前の水準にまで戻っていないことを述べ，治水投資の必要性を主張していた。だが72年以降は，戦後の大災害を根拠においた主張はみられなくなった。河川行政担当者にとって，終戦直後の大水害の後遺症は終わり，はっきりと新しい段階（ステージ）に立ったということであろう。

このことにも象徴されるように，1972年の新長期構想の策定は，治水事業におけるエポックを示すものといってよかろう。

4　昭和40年代（1965～74年）の水資源開発

(1) 昭和40年代の水資源行政の概要

水資源開発を担当する建設省河川局から長期的な水需給の動向が公表されたのは，1971（昭和46）年4月の「広域利水調査第一次報告書」が初めてである。続いて72年12月「広域利水第二次調査報告書」が発表された。広域利水調査は

1966年度からスタートしたのであるが，全国を対象としたその成果がこれらの報告書として明らかにされたのである。

もちろん水需要については，国民所得倍増計画で1970年時点の都市用水を対象に推計されているように，これまでも行われていた。また東京都・大阪市などの大都市では，上水道の需給見通しが行われていた。これを国の立場から，供給面でも広域的な導水を含めて，具体的な施設の積み重ねにより検討が進められていったのである。

水資源行政にとって1972（昭和47）年は重要な年であった。同年6月に第四次治水事業五ヶ年計画が閣議決定されたが，第68国会では次々と水資源開発法制が整備された。まず河川法が一部改正され，流況調整河川制度が策定された。この制度は，二つ以上の河川を接続して流量を調整することによって内水の排除・水質の浄化とともに，水の供給を行うものである。

また特定多目的ダム法が一部改正され，多目的ダム築造の早期着手のため借入金導入の途が開かれた。都市用水者が費用負担を最終的に確定する以前に，治水特会の借入金によって事業着手を図るものである。水資源施設の築造は長期の施工期間を要するので，水需要の発生に先行して事業に着手する必要があると，建設省が強く要求していたものである。

そして，琵琶湖総合開発のための琵琶湖総合開発特別措置法が策定された。この法律は，琵琶湖およびその周辺の地域開発と水資源開発を一体的に進めることを目的としたものである。琵琶湖の自然環境の保全と汚濁した水質の回復を図りながら，下流部の京阪神地域の水供給と地域整備による琵琶湖周辺の住民の福祉を向上させようとした。

さらにこの法律が強い刺激となり，1973（昭和48）年水源地域対策特別措置法の成立をみた。この法律は，ダムまたは湖沼水位調節施設の築造地点周辺の地域社会の影響を緩和すること，あわせて湖沼の水質保全を目的とする。このための水資源地域の整備計画を策定し，関係住民の生活の安全と福祉の向上を図るものである。

次に1971年，72年に公表された広域利水調査報告に基づいて，当時の水資源計画をみていきたい。

表15.3　広域利水第一報告にみる全国水需要量（単位：億m³/年）

	生活用水		工業用水		農業用水		合　計	
1965（昭和40）年水需要量	68.3	(1.0)	126.9	(1.0)	500.0	(1.0)	695.2	(1.0)
（うち河川依存量）	53.5	(1.0)	71.1	(1.0)	375.0	(1.0)	499.6	(1.0)
1985（昭和60）年水需要量	201.1	(2.9)	393.7	(3.1)	583.8	(1.2)	1,178.6	(1.7)
（うち河川依存量）	181.3	(3.4)	325.5	(4.8)	454.5	(1.2)	960.8	(1.9)
1985年の新規需要量	132.8	(1.9)	266.8	(2.1)	83.8	(0.2)	483.4	(0.7)
（うち河川依存量）	127.8	(1.9)	254.4	(3.6)	79.0	(0.2)	461.2	(0.9)

（注）河川依存量とは，水需要量のうち河川から取水しているものである．需要量との差は，生活用水では井戸水等の地下水に依存しているもの，工業用水では地下水以外として回収水，海水に依存しているもの，農業用水は反復利用等によっている．（　）は1965（昭和40）年をそれぞれ1.0とした時の数値である．

(2) 広域利水調査第一次報告（1971年4月公表）

水需要について，1985（昭和60）年を目標年次に人口と製造業出荷額を指標として地域ごとに推定した。その方法は，65年時点における経済の予測値を根拠として，85年の全人口を1億1600万人，製造業出荷額を130兆円として各地域に配分した。85年の水需要量を生活用水，工業用水，農業用水ごとに，またその合計について65年の実績とともに表したのが表15.3である。これには，河川依存量（河川利用量，河川からの供給水量），またそれぞれの伸び率も示してある。

これによると，全需要量としては1965（昭和40）年に対し85年は1.7倍，河川依存量1.9倍と非常に大きな伸びを示している。農業用水が2割増となっている中で，生活用水と工業用水をあわせた都市用水の伸びが大きい。なかでも工業用水は需要量で3.1倍，河川依存量で4.8倍と極めて大きな伸びとなっている。なお新規需要量に比べて河川依存量の伸びが大きいのは，地盤沈下対策として地下水利用から河川利用への転換を図っているためである。

河川依存量として，1965（昭和40）年において工業用水の占める割合は14.2%であったものが，85年には33.9%と想定された。この結果，新規河川利用量のうち55.2%が工業用水開発となっている。まさに，用水型産業を中心とした臨海工業地帯での重化学工業立地に対応した利水計画であったのである。

この水需要量に対して供給面ではどうであっただろうか。建設省は，マクロ的検討，あわせて上流山地でのダム等の水資源開発施設について36地域，228水系を対象にダム適地調査を実施して積み上げ検討を行った。

マクロ的検討をみると，日本のダム築造可能地点の上流の集水面積は，全国土の40%程度であり，全流出量年間5,200億m^{3}のうち約40%が利用可能の上限であるとした。しかしダム高は地形・地質に制約されるため，このうち60～70%が利用可能とし，全流出量の25～30%にあたる1,300～1,400億m^{3}が利用可能の上限としたのである。

ダム等の積み上げ検討をみると，182水系760地点で水資源開発が可能とした。だが開発単価という経済性も考慮に入れ，760地点のダム等の開発施設による利水容量約180億m^{3}でもって，年間約680億m^{3}が新たに開発可能とした。つまり1965（昭和40）年時点での河川利用量約500億m^{3}を加えて，約1,200億m^{3}を利用可能量としたのである。そしてその費用は，洪水調節に要する費用も含めて約10兆円（1968年価格表示）程度とした。

しかし，これらの検討は，上流山地部でのダム等の築造による水資源開発である。中・河川部での開発，それは河口湖，河道貯溜，遊水池の多目的利用，多目的導水路網の築造であるが，それらは別途，検討中としている。

さて本報告による水需給計画をみよう。需要想定によると，新たに年約460億m^{3}の河川からの取水が必要とされているが，仮に760地点のダム等の開発施設による供給を行ったとしても，全国8地域で水不足が生じると予測した。なかでも京浜京葉地域は，利根川で新たに28カ所のダム等を築造しても年間31億m^3，京阪神地域では 淀川で23カ所建設しても年間19億m^{3}の水不足が生じるとした。この不足する地域では，域内の河川を極力開発した上で，他地域からの分水の必要性を主張した。

この結果，1985年時点で分水可能であるとしたら，京浜京葉地域を除いて一応，水需給のバランスは取れるとし，この需要をまかなうため必要なダム等は約480カ所，総事業費は約7兆円と結論づけた。なお分水しても水不足となる京浜京葉地域では，農業用水の合理化，下水処理水の再利用，回収率の向上など水の高度利用について積極的な施策を講ずる必要があるとした。

(3) 広域利水調査第二次報告（1972年12月公表）

第二次報告では，1985（昭和60）年時点での全国水需要量を表15.4のように示した。第一次報告と比較すると，総需要量では99%，河川依存量では101%

表 15.4　広域利水第二次報告にみる全国水需要量（単位：億 m³/ 年）

	生活用水		工業用水		農業用水		合　計	
1970（昭和45）年水需要量	95.7	(1.0)	174.6	(1.0)	523.6	(1.0)	793.9	(1.0)
（うち河川依存量）	63.9	(1.0)	98.3	(1.0)	403.0	(1.0)	565.2	(1.0)
1985（昭和60）年水需要量	206.6	(2.2)	370.8	(2.1)	585.5	(1.1)	1,162.9	(1.5)
（うち河川依存量）	190.7	(3.0)	320.5	(3.3)	455.6	(1.1)	966.8	(1.7)
1985年の新規需要量	110.9	(1.9)	196.2	(1.1)	61.9	(0.1)	369.0	(0.5)
（うち河川依存量）	126.8	(1.9)	222.2	(2.3)	52.6	(0.1)	401.6	(0.7)

（注）（　）は1970（昭和45）年をそれぞれ1.0とした時の数値である．

となっておりほぼ同じであるが，工業用水が若干減って生活用水が増大している。河川依存量で比較してみると，第一次報告では工業用水が全河川依存量のうち33.8%，生活用水が18.9%だったのが，第二次報告では工業用水33.1%，生活用水19.7%となっている。

水需要について第二次報告で指標としたのは，1972（昭和47）年12月に公表された建設省による新国土建設長期構想（試案）による人口数と工業出荷額である。これによると，日本の85年の総人口は1億2100万人に達すると推定され，各ブロック別の振り分けは地方圏からの人口流出をくい止め，大都市地域から地方への人口分散を助長することによって現状が維持されるものとした。

工業出荷額は，知識集約型工業等の高度加工部門主導型に転換しつつ，約241兆円（1970年価格）と，72年の約3.5倍に増大すると推定した。第一次報告に比べてかなり大きくなっている。工業出荷額のブロック配分は，大都市地域への集中抑制を強化して広域的に工業を再配置することにより，太平洋ベルト地帯とその他の地域の均衡化を図るものと想定した。

結果として，生活用水は人口，水道普及率，1人あたりの給水量の伸びによって増大した。工業用水については，工業出荷額の原単位（m³/ 日 / 億円）により推定したが，原単位からみて全国平均で回収率向上によって1970年実績より25%減少すると想定した。

これらの想定により，1985（昭和60）年での水需要量は合計年間1,163億 m³ となり70年の実績年間794億 m³ に対して369億 m³ 増加すると推定された。

一方，供給面であるが，第一次報告では山地での上流ダム等を主体にして検討された。第二次報告ではこれに加え，河口堰，湖沼開発等の中下流部での開発，さらに流況調整河川による広域的水利用の検討が行われた。調査の対象とした水系は約330水系である。結論として，約580カ所のダム・河口堰・湖沼開発等の施設の建設により，利水容量約100億 m^3 の確保が主張された。

各地域の水需要バランスについてみると，全国48地域のうち8地域が逼迫すると評価された。その不足量は，合計年間約42億 m^3 で，このうち南関東地域約20億 m^3，京阪神地域年間約12億 m^3，北部九州地域約5億 m^3 であった。

これら水需給逼迫地域では，水の有効利用，水資源の広域的運用，人口・産業の分散による水不足の解消が必要と指摘された。水の有効利用では，工業用水の回収率の一層の向上，冷却用水等への下水処理水の再利用，水洗用水等の雑用水の処理水による再利用である。

この利水調査報告は1972（昭和47）年12月公表されたのであるが，翌年はオイルショックが生じた年であり，社会経済の基調は大きく変っていった。

5　まとめ

1973（昭和48）年のオイルショックに至るまで，ひた走りに走っていた高度経済成長時代の河川事業について計画面を中心にみてきた。経済規模の拡大に伴い増大する国家財政に合わせ，治水・利水両面ともその規模を大きくしていった。もちろん，その背景には経済の高度成長に伴う社会の大きな変化があり，全国的に著しい都市化が進展していった。

治水についてみるならば，計画の対象とする洪水規模（計画対象流量）は大きくなり，大河川では遂には年超過確率1/200，つまり200年超過確率洪水（確率から評価し，平均的にみて200年に1回生じる洪水）あるいは150年超過確率洪水を対象とすることとなった。昭和30年代までは基本的に既往最大洪水，といっても近代の技術でもって観測された最大の流量であるが，これを対象としていた。しかし超過確率主義へと転換したのである。この流量規模は，既往実績よりかなり大きいのが普通であった。この方針を確定させた1972年の新長期構想の策定は，治水事業におけるエポックであった。

超過確率1/200の計画は，1971（昭和46）年に改訂された淀川から始まる。その計画は，71年に着手された大規模プロジェクト琵琶湖総合開発計画を治水面から支えるものであった。計画対象流量は，それまで53年の既往出水を対象

表 15.5　広域利水第二次報告と実績年水需要量との比較（単位：億 m^3）

	生活用水	工業用水	農業用水	合　計
広域第二次報告にみる1985年の想定水需要量（a）	206.6	370.8	585.5	1,162.9
1985年の実績水需要量（b）	143	144	585	872
(b)/(a) × 100	69%	39%	100%	75%
2010年の実績水需要量（c）	154	116	544	815
(c)/(a) × 100	75%	31%	93%	70%

に，その実績に基づいて基準地点枚方での基本高水流量 8,650m^3/s であったものが，この改訂により 17,000m^3/s となった。約1.96倍に引き上げられたのであるが，このうち 5,000m^3/s を琵琶湖・ダム群で調節し，残りは掘削によって河道を整備して流下させせようとするものであった。

つまり，計画対象流量を机上による年超過確率で求め，これを河道負担とダム等による貯水池に振り分けて河川区域内で処理しようというものである。その振り分けの状況は河川ごとに異なるが，河道で負担できないものはすべてダム等による貯水池で調節することとなる。具体的にダム等をどこに設置するのかは，将来の課題として残された。この手法は超過確率主義と呼んでよいが，それまでの実際に生じた洪水を丹念に検討し，これを基に予算等も考慮し実行性も念頭に入れながら定めていく既往最大実績主義とは，思想的に大きく異なるものであった。この超過確率主義により利根川で計画改訂をみたのは1980年である。その状況は，超過確率主義の計画手法とともに第18章で述べていく。

水資源計画についてみると，目標年1985（昭和60）年の需要量は著しく増大している。とくに都市用水，なかでも工業用水の伸びは大きい。その背景には用水を多量に必要とする重化学工業の臨海部での整備・計画があった。重化学工業立地のためには，工業用水の確保は絶対的な必要条件であった。そして増大する都市用水の確保のため，ダム・河口堰・湖沼開発等の施設の築造が必要とされた。第二次広域利水調査報告では，約580カ所の施設による利水容量約100億 m^3 の確保が主張されたのである。ちなみに，広域第二次報告による1985年の想定水需要量と，85年そして近年の2010（平成22）年の実績水需要量とを比較したのが表15.5である。広域報告による水需要量がいかに大きいか，とくに工業用水の想定水需要量が大きいかが理解されるだろう。

治水・利水のこれらの計画は，1969（昭和44）年に策定された新全国総合開発計画, 72年に出版され日本の社会に大きなインパクトを与えた田中角栄の「日本列島改造論」に呼応するものだった。治水・利水両面にわたり, 計画規模は拡げるだけ拡げられたと評価してよいだろう。

一方, 環境問題についてみるならば, 典型的な公害の一つとして水質問題があるが, 1970 (昭和45) 年の公害国会で水質汚濁防止法が成立した。一方, 河川管理においても水質汚濁は少しずつ重要となりつつあった。五ヶ年計画でみても緊急あるいは重点項目の中に, 第三次では「⑥重要地域の高潮対策, 河川汚濁対策」, 第四次では「⑥河川環境の改善」として, 最後ながら取り上げられた。

また, 1972 (昭和47) 年に成立した琵琶湖総合開発特別措置法で「水質の回復を図りつつ」水質源開発を進めることが, 次のように第一条の目的のところに謳われた。

「琵琶湖の自然環境の保全と汚濁した水質の回復を図りつつ, その水資源の利用と関係住民の福祉とをあわせ増進するため, 琵琶湖総合開発計画を策定し, その実施を推進する等特別の措置を講ずることにより, 近畿圏の健全な発展に寄与すること」。

当初の政府案では, 水質についてはふれられていず「自然環境の保全を図りつつ」となっていたのが, 衆議院の審議の中で修正されたのである。琵琶湖の水資源開発にとって水質の保全がその前提となっていたのである。

ところで, オイルショック後の1977 (昭和52) 年に策定された三全総では, 人間居住の総合的環境の整備が基本目標とされた。市民一人一人が日常的に接し, 人々の真の豊かさ, 潤いが実感できる空間が期待されたのであるが, その空間として水辺が注目されるようになった。81年河川審議会から「河川環境管理の在り方について」の答申が出されたが, これにより水と緑に恵まれた河川環境の良好かつ適切な管理を図ることが強く打ち出された。これ以降, 河川環境整備も重視されていくようになったのである。

さらに治水でも新たな動きが現れた。都市河川を対象にしたものだが, 1977(昭和52)年「総合治水対策」が河川審議会から答申された。河川流域のもつべき保水, 遊水機能の維持に努めたり, 水害に安全な土地利用を設定したりするものである。都市化が急激に進展した河川を対象に, 流域も合わせて治水を図っていこうとするものである。

（注）

(1) 山本三郎：『河川法全面改正に至る近代河川事業に関する歴史的研究』(1992), pp.319-338.

第16章　埼玉平野の都市化と治水・利水

第10章で戦前の埼玉平野の治水整備について述べてきたが，ここでは戦後の治水整備，さらに利水開発についてみていきたい。

東京に近い埼玉平野では昭和30年代から都市化が進展していき，それへの対応が必要とされていった。都市化は，台地上とともに沖積低地（氾濫原）でも進展していった。沖積低地には水田が拡がっていたが，ここが宅地や商・工業地などに転換していったのである。土地利用が水田であったら，一時的に少々，湛水しても水害とならない。だが都市的利用となると，それまでの湛水が許容できなくなり水害へと転化するのである。

ところで，水田が減少していくと，そこで使用していた灌漑用水が必要なくなる。一方，都市用水の需要が増大していった。このことを背景に，埼玉平野では灌漑用水の都市用水への転換が行われるようになった。なお農業水利団体は，1949（昭和24）年制定の土地改良法に基づき用水・排水両方を管理する土地改良区となった。

1　中川水系総合開発計画

(1) 昭和20年代の治水事業の動向

戦後，社会経済が大混乱しているなかの1947（昭和22）年9月，キャサリン台風での利根川決壊による洪水氾濫で埼玉県東部そして東京都下町は大惨状となった。その後，東京都は，戦前着工しながら中止となっていた中川放水路工事について国庫補助を得，49年度から4カ年事業として第一期工事が再開された。その計画対象流量は120m³/s (1) で，中川本川には250m³/s流下させるものだった。放水路の直上流では370m³/sであって，戦前の計画対象流量493m³/sに比べて小さく計画された。事業は,財政上の制約などもあって竣功したのは62年度だった。

一方，埼玉県では戦前の綾瀬川・芝川の放水路計画は白紙となり，新たな計画立案を策定する必要があった。1950（昭和25）年7月にも大きな湛水被害に見舞われたが，51年度に中川水系調査事務所を設置し，同年度から60年度に至る10カ年計画として中川水系総合開発計画調査（当初計画390万円，うち国庫補助50万円）に着手した。当初は治水が中心であったが，57年度からは利根特定地域総合開発計画の一環として利水調査も開始された。

中川流域には，湛水がなかなか吐けないことにより広く湿田が拡がっていた。治水計画は，土地改良による湿地の乾田化，それによる農業生産増強を大きな目的としていた。また，都市的地域の排水も課題となっていた。湛水をスムーズに排除するためには，河床の掘削，川幅の拡大など河道の整理が必要である。さらに，自然流下が困難な地域ではポンプ排水によって強制的に排除しなくてはならない。

（2）中川・元荒川改修計画

1954（昭和29）年中川水系調査事務所により，「中川本川改修計画案」「元荒川改修計画案」が策定された。中川では，元荒川が合流した直後の吉川地点より下流域約130km^{2}をポンプ排水区域，ここより上流を自然流下区域とした。その計画は，農業生産増強のため可能な限度まで流下能力を増大させることを基本としている。だが，すべてを河道に流下させるものではなく，一部の地域に水害のしわよせがこないよう，さらに下流部に洪水が集中することがないよう，ある程度，流域に湛水させるものだった[(2)]。これによる計画対象流量および流量配分は図16.1に示す。また堰などの水利施設について，自在に管理・制御できる改良を求めた。

改修計画は，吉川地点で計画流量500m^3/sとしたが，戦前の三川総合改修増補計画415m^3/sに比べ，85m^3/s増大させている。そして東京都に入ると550m^3/sとし，中川放水路（新川）に350m^3/s，中川本川に200m^3/s流下させる計画であった。さらに，中川本川下流は綾瀬川を合わせて350m^3/sとされた。当時，東京都では計画流量120m^3/sで放水路事業が行われていた。埼玉県の計画はこれに比べて230m^3/sも大きいが，河床掘削，河道拡幅，低水護岸の整備で可能と主張した。つまり，吉川地点計画流量550m^3/sは埼玉県の希望の数字であったが，これをベースにして古利根川・元荒川など支川の流量配分が行われたのである。

これらの計画の具体的内容について興味ある点をみていこう。

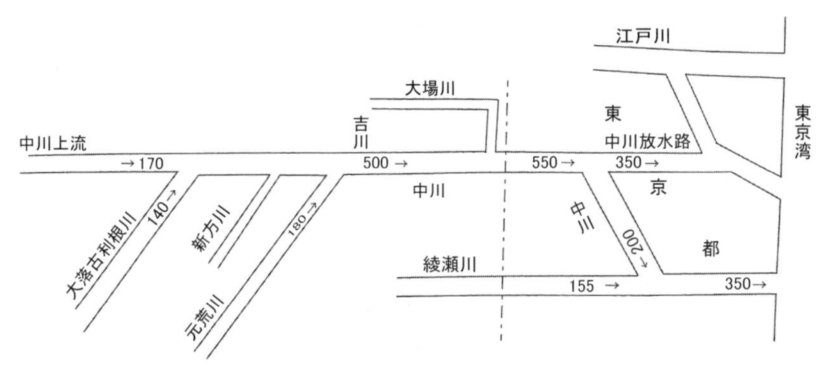

図 16. 1　埼玉県による 1954（昭和 29）年当時の中川水系計画流量配分図（単位：m^3/s）

洪水位の低下，また洪水のスムーズな流下のため，古利根川，元荒川にある溜井を本川から分離しようとした。古利根川には松伏溜井があったが，その上流で中川に流下させる古利根放水路が計画された。元荒川にある瓦曽根溜井・末田須賀溜井でも，溜井と分離し大きく迂回する新たな河道（放水路）を計画した。

さらに元荒川上流部では，ほぼ熊谷扇状地の末端付近をぐるりと回って流下する新たな放水路（大里川）を開削し，荒川に放流することを計画した。それまで星川・忍川に流れて元荒川に流下していた洪水について，荒川に流す計画としたのである。これにより，中川流域面積は 35km² 減少することとなる。

下流部の中川は，洪水継続時間が極めて長いので大場川などの支川との合流は逆水防止樋門とともにポンプ排水を行う。

権現堂堰上流の五霞村・島中川辺領・羽生領など 130km² は，掘り上げ田もある低位湿田地帯であるが，その乾田化を目標として河床低下を図る。権現堂堰は，その下流の改修とともにその高さを切り下げる。

2　戦後の改修事業

中川水系総合開発調査をベースにし，1957（昭和 32）年度から国庫補助を得て改修事業が開始された。しかし，東京都中川下流部でどれほど流下能力が可能か，埼玉県のみで定めることはできない。東京都の間で折衝が行われたが，埼玉県は吉川地点計画流量 480m³/s に対応する計画を進め [(3)]，56 年度元荒川，翌 57

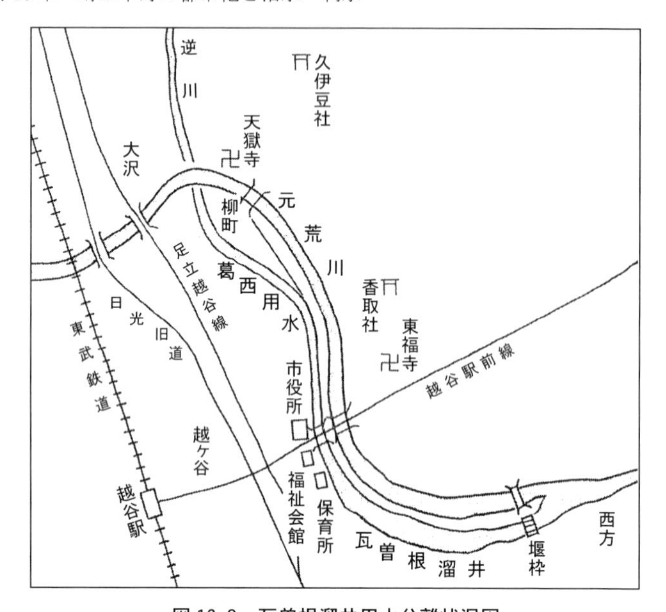

図 16. 2　瓦曽根溜井用水分離状況図
（出典：『葛西用水路史　通史編』葛西用水路土地改良区，1992）

年度から中川上流で改修事業を開始した。

(1) 元 荒 川

瓦曽根溜井，末田須賀溜井を迂回する放水路計画は実行されなかったが，瓦曽根溜井では用排水分離工事が行われた。1961（昭和36）年から66年にかけての工事で，瓦曽根溜井が元荒川本川から切り離されたのである。元荒川一面にあった堰も撤去され，逆川は元荒川を伏越させて溜井に導水された。瓦曽根溜井の水源は，逆川によって導水した古利根川（葛西用水）とともに元荒川であったが，この工事で，古利根川（葛西用水）のみとなったのである（図16.2）。また末田須賀堰でも67年，旧堰がモーター巻き揚げ式に改造された。

熊谷扇状地末端を回る大里川構想は実現しなかったが，水資源開発公団（現・独立行政法人水資源機構）によって1963（昭和38）年から実施された利根導水事業にこの構想の一部が取り込まれた。忍川合流点における元荒川計画流量105m^3/sのうち25m^3/sについて，武蔵水路を通じて流下させてポンプで荒川に放水したのである。その流量は，後年，50m³/s に増大された。

(2) 中　川

中川上流では，上宇和田の権現堂堰直上流から江戸川に合流する 1,020m の放水路（幸手放水路）工事が 1957（昭和 32）年度から 68 年度にわたり行われた。権現堂堰上流の島川の排水をよくするためである。計画流量 20m³/s であるが，その全流量の排水可能なポンプが設置された[4]。また古利根川でも，古利根堰（松伏増林）で樋管増設工事が行われた。

(3) 芝　川

一方，戦前中止となっていた芝川放水路事業が 1952（昭和 27）年再開された。だが，この計画と一体となっている綾瀬川放水路の着工の目途がたってないこともあり，また舟運の役割の減退もあって足立区を通そうとする放水路計画は大きく変更された。90 度近く河道法線は曲げられ，ほぼ東京都の境界沿いの山王入落を通って川口市領家で荒川に放水させる計画となった（第 10 章図 10.14 参照）。その長さは 6,450m であったが，綾瀬川さらに中川と連絡させようとの構想は挫折したのである。荒川と連絡する放水路（新芝川）が竣工したのは 65 年である。

(4) 中川・綾瀬川の国直轄編入と改修事業

この間，とくに 1958（昭和 33）年 9 月の狩野川台風により埼玉県・東京都は大きな内水被害を受けた（図 16.3）。このこともあり，61 年度に都県にまたがる中川・綾瀬川区域が国直轄区域に編入された。中川は，新放水路と旧中川が分流する東京都葛飾区高砂から古利根川が合流する埼玉県松伏町岩平までの 21.3km，綾瀬川は花畑川が合流する直上流の東京都足立区内匠橋から埼玉県越谷市の東武鉄道橋までの 8.9km である。埼玉県から強く要望されたが，国により都県一体的に整備しなければ治水事業は進まない，との判断があったのだろう。

国による新たな改修計画が，1963（昭和 38）年に策定された。その方針は，58 年 9 月および 61 年 6 月洪水を基本に，年超過確率 1/50 と評価する 2 日雨量 292mm を対象にして，流域の一部で湛水を許容させるものであった。計画対象流量は図 16.4 にみるが，基準点吉川で 800m³/s とされた。これは戦前の改修増

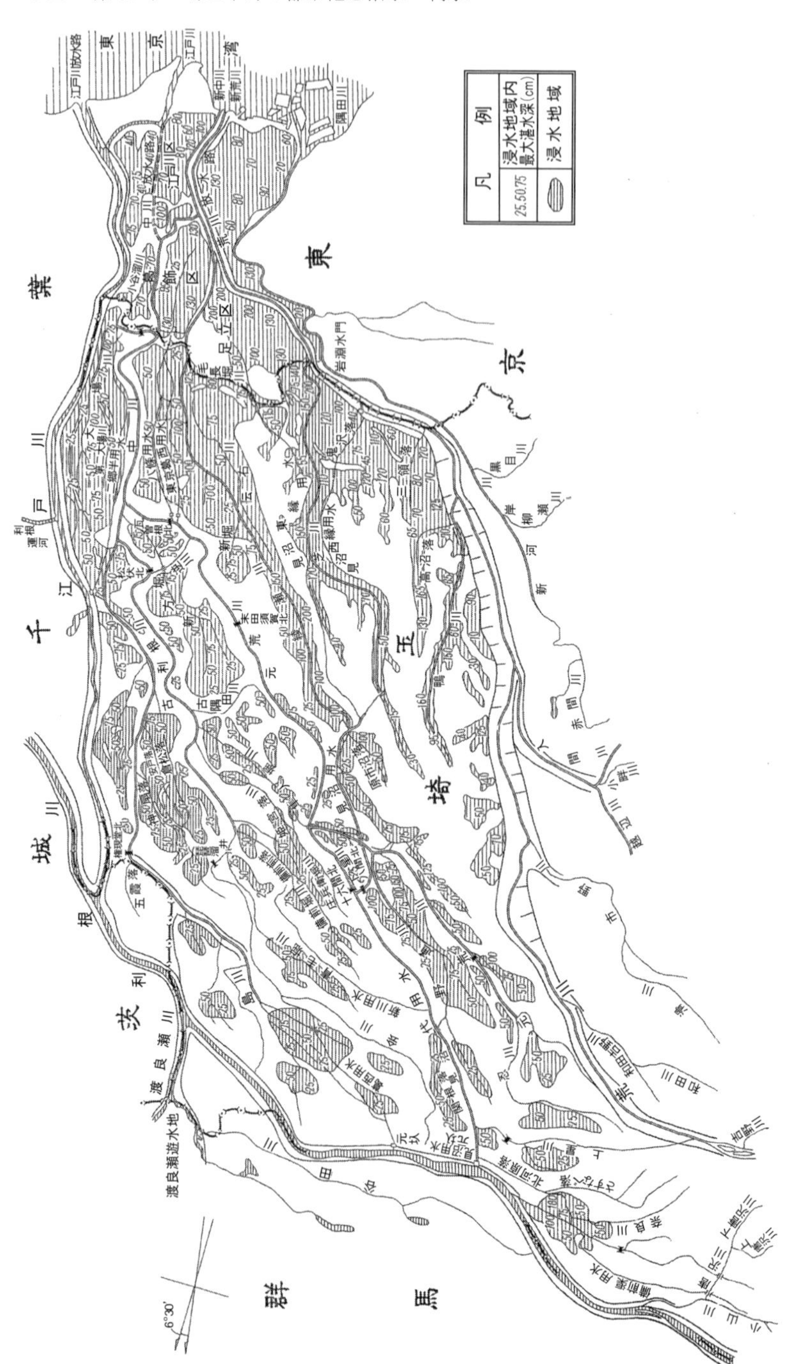

図 16.3　1958（昭和 33）年 9 月中川流域浸水氾濫図
（出典：科学技術資源局『中川流域低湿地の地形分類と土地利用』，1961）

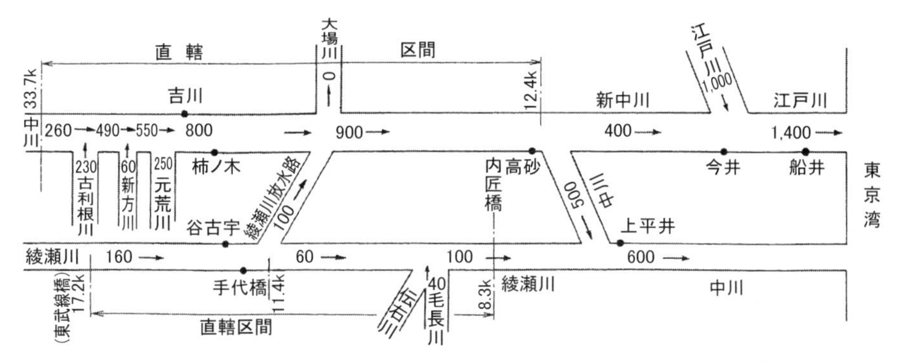

図 16. 4 1963（昭和 38）年度以降総体計画による流量配分図（単位：m^3/s）
（出典：『利根川百年史』建設省関東地方建設局，1987）

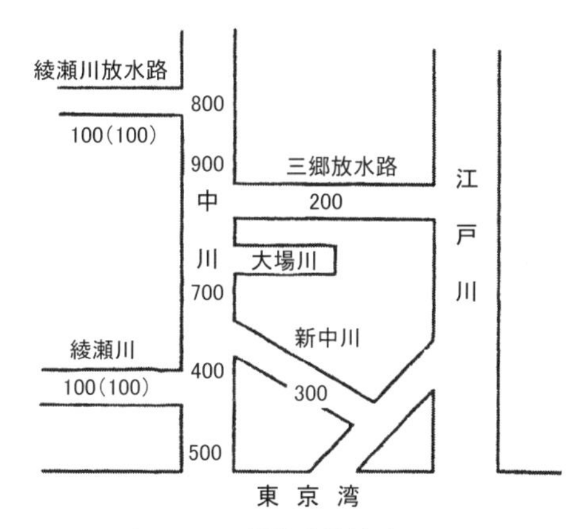

図 16. 5 三郷放水路築造による
中川下流部変更流量配分図（単位：m^3/s）
（出典：図 16.3 に同じ）

補計画の約 1.9 倍にあたる。綾瀬川は谷古宇で $160m^3/s$ とされたが，このうち $100m^3/s$ は綾瀬川放水路により中川に分流する計画であった。この分流を受けて中川は $900m^3/s$ となり，中川放水路（新中川）に $400m^3/s$，中川本川（旧中川）に $500m^3/s$ ずつ分流する計画となった。

だが，中川下流での河道拡幅は家屋が密集していて困難であるため，埼玉県三郷市で中川と江戸川とを結び，中川洪水 $200m^3/s$ を江戸川に流出させる三郷放水路を築造する計画に変更された（図 16.5）。1965（昭和 40）年のことであるが，69 年にはこの放水路および綾瀬川放水路が都市計画決定された。なお綾瀬川放水路は旧来のルートから東京外郭環状線国道 298 号線のルートを併用することとなり，上流に変更された（図 16.6）。

三郷放水路は，1971（昭和 46）年に用地買収を開始し 96 年竣功となったが，江戸川に分流させるため計画流量全量の放水可能なポンプ（排水能力 $200m^3/s$）が設置された。綾瀬川放水路は 79 年に着工，ポンプ場も含めて 99 年に竣功した。中川との合流地点には，全量を放水可能な排水ポンプ（排水能力 $100m^3/s$）が設

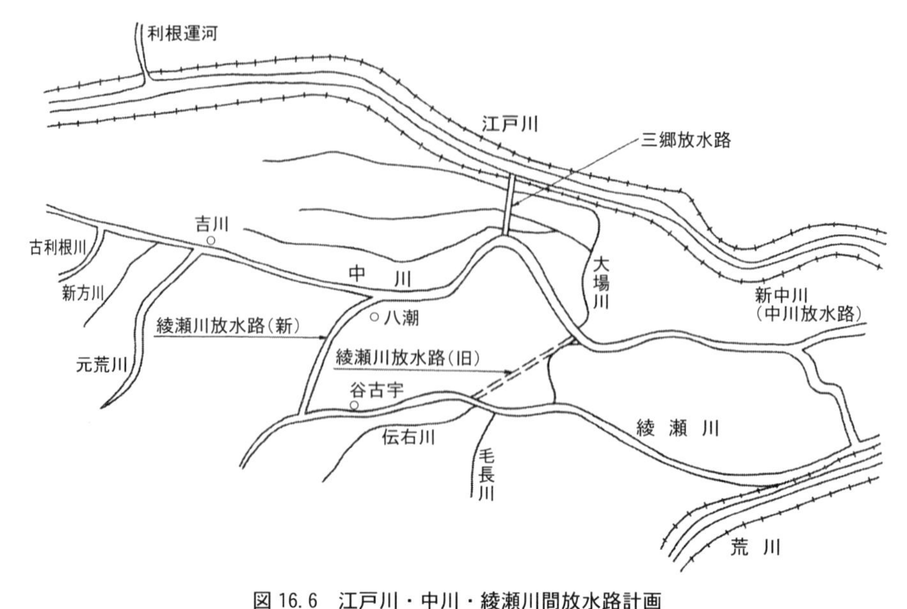

図 16.6　江戸川・中川・綾瀬川間放水路計画
（出典：『利根川百年史』建設省関東地方建設局，1987，に一部加筆）

置された。これら以外でも，埼玉平野東南部では伝右川排水ポンプなど多くのポンプが設置されていった。

なお三郷放水路は，中川下流部の水質浄化のため江戸川から最大20m³/s，逆に江戸川が渇水に見舞われたとき中川から最大10m³/s導水する役割も合わせてもっている。

(5) 総合治水対策

高度経済成長時代に全国的に都市化が著しく進展し，土地利用が水田から住宅・商業・工業地に変貌した。埼玉県下における中川・綾瀬川を合わせた流域では，1955（昭和30）年の市街地は5.2%であったが，20年後の75年には26.4%となった。一方，水田は52.2%から42.2%となった。これに合わせ計画流量も増大していったが，河道改修のみでは対処できないとしてポンプ排水が大きな役割を占めていった。高度経済成長時代の計画で注目されることは，大型の排水ポンプが設置され機械力によって強制排水する方針が導入されたことである。

しかし，それのみでは進展していく都市化に対応できないとして，さらに中川・綾瀬川では 1980（昭和 55）年度から総合治水対策が進められた。この治水対策は第 15 章で述べたように 77 年に河川審議会から答申されたもので，流域に調整地（池）・貯留池などの設置による河道への流出量の抑制，あるいは浸水予想区域図の公表などを行うものである。83 年に計画策定され，今日，進められている。

それに先立ち埼玉県は，1958（昭和 33）年大水害を被った芝川で，その上流域にある見沼田圃農地の都市化を抑制し緑地として維持する方針を明らかにした。都市化による水害の増大，そして芝川への流出量増大を抑えるためであるが，その後 65 年，この方針は「見沼田圃農地転用方針（三原則）」として実施されている。

(6) 葛西下流地区地盤沈下対策事業

1955（昭和 30）年頃から埼玉平野東部では，地下水の過剰くみ上げにより地盤沈下が始まった。75 年頃になると，越谷での最大累積沈下量は 130cm にも達した。葛西下流地区には古利根堰，瓦曽根堰，逆川・八条用水路などの重要な農業施設があったが，これらに障害が生じていた（第 10 章図 10.4 参照）。この抜本的対策として 79 年度から 97 年度にかけ，当地区で県営地盤対策事業が行われた。この事業によって，古利根堰，瓦曽根堰が改築され，現在の堰となった。もちろん可動堰である。また古利根川堤防が補強され，逆川・八条用水路をはじめとする用水路が改修された。

(7) 権現堂川調整池

権現堂川は，利根川改修事業により利根川から分離された。このうち権現堂から東の宇和田に向かう河道は，国直轄事業で行われた中川改修の付帯事業として整備され，中川の一部となった。一方，権現堂から栗橋区間は 1928（昭和 3）年廃川となった。この廃川区間の一部が 77 年から 92 年の事業により，権現堂川調整池として整備された。総貯水容量 411 万 3000m^3, 有効貯水容量 370 万 2000m^3 で，中川の洪水調節とともに埼玉県上水 0.07m^3/s，埼玉県工水 0.50m^3/s を開発するものであった。

(8) 1980（昭和 55）年の新改修計画

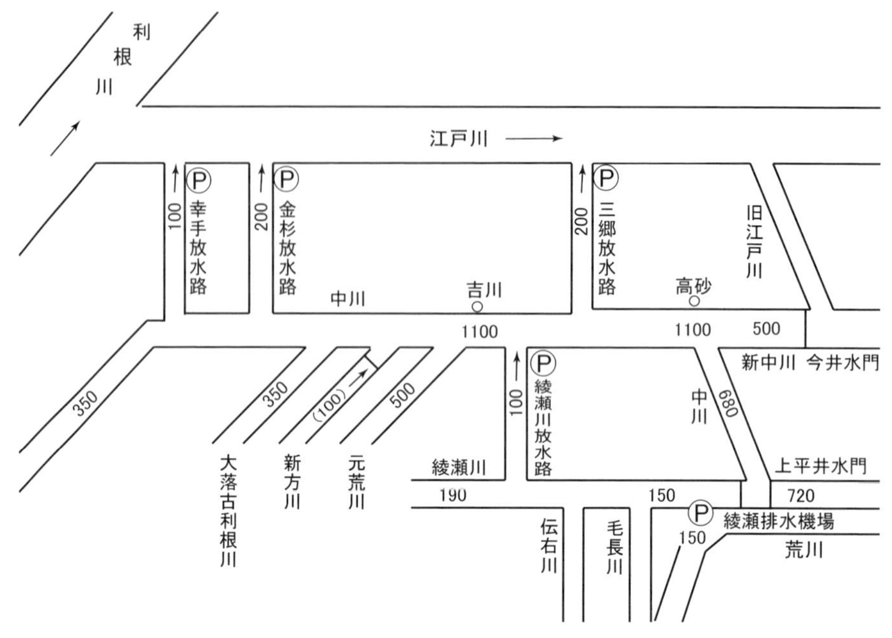

図 16.7　1980（昭和 55）年改訂の中川・綾瀬川流量配分図（単位：m³/s）
（出典：国土交通省資料より）

中川水系では，三郷放水路が築造中の1980（昭和55）年，第18章で述べる利根川とともに流量改訂が行われ新たな改修計画が策定された。年超過確率1/100の2日雨量355mmをもとに，流出計算で算出された流量で定められていった。図16.7にみるように，幸手放水路，金杉放水路で200m³/sづつ放流したのち，吉川地点で1,100m³/sとされた。実に大規模に改訂されたのである。金杉放水路は，まったく新たに開削するものである。

3　農業用水合理化事業

灌漑農地が減少すると，当然，必要灌漑用水量は少なくなる。しかし単純にそのまま都市用水に転換できるものではない。ある水田への使用水は，また下流で反復利用される。残存している下流部水田への利用のためには，水位維持や漏水対策のため水路を整備しなくてはならない。このため，漏水防止のため水路のコンクリート化，またゲートを設置して分水の適正化などを行う必要がある。これらは，農業用水合理化事業として埼玉平野で進められた。

(1) 中川水系農業水利合理化事業（第一次）

葛西用水は，見沼代用水，羽生領用水などとともに利根導水事業の一環として利根大堰に合口された。一方，川妻樋管から利根川取水していた権現堂川用水は参加しなかった。代わりに建設省により樋管の改修が行われた。だが，利根川の河床低下あるいは中川伏越しの老朽化などにより，その導水に支障が生じていた。一方，1968（昭和43）年度から葛西用水で合理化事業が行われ，余剰水が生み出された。この水を権現堂川用水区域に導水し，それまでの権現堂川用水水利権を埼玉県都市用水（上水道）に転用したのである。

合理化事業としては，葛西用水路で24.4kmのコンクリート張りによる水路事業，4カ所の水利調節ゲートの設置などが行われた。転換水量は灌漑期間平均2.666m^3/s，非灌漑期は0.5m^3/sであった。事業は1968年度開始，72年度竣功した。

この事業を模範として農林省は，1972年に農業用水合理化事業を制度化した。

(2) 中川水系農業水利合理化事業（第二次）

第一次事業で葛西用水から安定的に水を得られるようになった権現堂地区（当時の水田面積1,356ha），それに隣接している幸手領地区（1,758ha）で，第一次と異なる合理化事業が行われた（図16.8）。水路からの漏水を防ぐため水路のコンクリート張りも行われたが，支線用水路以下の用水路はすべて加圧方式によるパイプラインとしたのである。加圧のため，それぞれの地区に5カ所の揚水ポンプ場が設置された。パイプライン化により，必要なときのみ蛇口から水田に導水するのである。

この事業により，1.581m^3/sが埼玉県の都市用水（上水道）に転用された。事業は1973（昭和48）年度から85年度にかけて行われた。

(3) 埼玉合口二期事業

利根導水事業により利根大堰がつくられ，荒川に都市用水を導水する武蔵水路の築造とともに見沼代用水，葛西用水，羽生領用水などの農業用水が合口された。

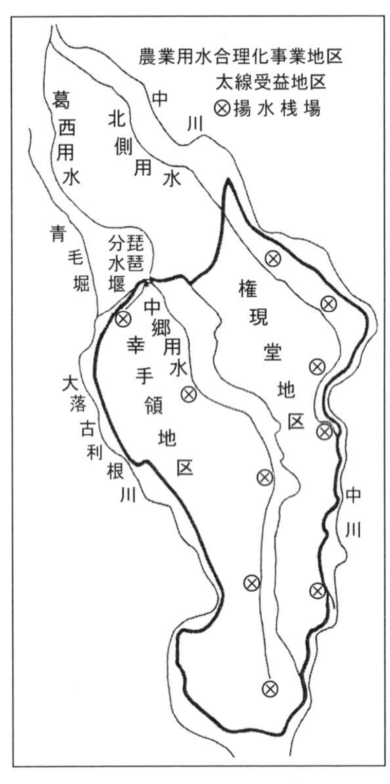

図16.8　権現堂・幸手領地区合理化事業
（出典：『葛西用水路史　通史編』葛西用水土地改良区，1992）

見沼代用水路以外の葛西用水・羽生領用水などは，新たに築造された埼玉用水路で導水されることとなった。これが埼玉合口一期事業である。合口二期事業は見沼代用水の合理化を行い，都市用水を生み出そうとするものである。

見沼代用水は享保12（1727）年開削されて以来，部分的な改修は行われてきたが，水路全体を一貫とした改修は行われてこなかった。その一部は星川と共用されていたが，利根大堰に合口されて以来，河床の低下，護岸の崩壊が生じ，施設の老朽化などにより水路・分水工の維持，配水に支障が生じていた。また，都市化による水田の転用が進みつつあり，1970（昭和45）年当時，1万7100haだった灌漑水田が1,200ha減少すると見込まれていた。

事業は88.8kmの水路の改修，22カ所の水位調節ゲートの設置などである。また生み出した都市用水利用のため，下流の西縁用水路から荒川に達する荒川連絡水道用水路が揚水ポンプ場とともに設置された。当初の都市用水への転用水量は灌漑期3.067m^3/s（埼玉県上水2.508m^3/s，東京都上水0.559m^3/s）であった。事業は，1979（昭和54）年度に着工された。

だが，1985（昭和60）年見沼代用水路から分水している騎西領用水，中島用水（黒沼用水，笠原沼用水）も合理化事業に加わり転用水量は合わせて4.263m^3/s（埼玉県上水3.704m^3/s，東京都上水0.559m^3/s）となった。用水路の改修は約140kmとなった。この変更時，元荒川にある末田須賀堰も改築された。元荒川には星川を通じて見沼代用水の一部が流入している。この関係から，二期事業に取り込まれたのである。

事業が竣功したのは，1992（平成4）年度であった。

(4) 利根中央地区農業用水再編化事業

本事業は1992（平成4）年度に着工されたが，農林水産省によって実施された利根中央農業水利事業と水資源開発公団（現・水資源機構）施行の利根中央用水事業よりなる。地盤沈下，施設の老朽化，河床低下などにより施設の機能低下が顕著となったため，新たな改修が求められていた。それに合わせ農地が減少している地域で用水合理事業を行い，余剰水を水道用水に転用するものである。

対象とする用水は，右岸側の埼玉平野では埼玉用水路で導水される葛西用水・羽生領用水・島中領用水・古利根用水，さらに江戸川から取水する二郷半領用水，金野井用水，新田用水である。江戸川取水の3用水は，河床の低下のためポンプで揚水していた。一方，左岸側は邑楽用水であるが，農地の潰廃はさほど生じていず，公団管理の邑楽用水路のみを対象に11カ所の水位調節ゲートを設置する改築が行われた。

農業用水合理化事業が行われた右岸の埼玉平野での当初の受益面積は12,710haであった。生み出された都市用水は，3.811m^3/s（埼玉県2.962m^3/s，東京都0.849m^3/s）である。

右岸側で関係する地域は次の17市町で，広い地域で事業は進められていった。

羽生市，加須市，久喜市，幸手市，春日部市，吉川市，三郷市，越谷市，草加市，八潮市，大利根町（加須市に合併），栗橋町（久喜市），鷲宮町（久喜市），杉戸町，庄和町（春日部市），松伏町，宮代町

この地域での主な事業は幹線水路30.6km，支線水路106.4kmの改修，揚水ポンプ3カ所の改築・新設，6カ所の水位調節ゲートの設置であった。江戸川から揚水ポンプで取水していた二郷半領用水，新田用水は，古利根川からポンプによって取水されることとなった。その途中に中川があるが，伏越して導水した。また一部であるが，ホタルブロック，魚巣ブロックなど環境に考慮した整備も行われた。

この事業は，2001（平成13）年度に竣功したが，琵琶（溜井）堰も改築され，今日見る葛西用水路の姿はこのとき整備されたものである。なお古利根堰，瓦曽根堰の改築，両堰をつなぐ逆川の改修は，先述したように県営地盤沈下対策事業として行われた。

表16.1　埼玉平野農業用水合理化事業による上水転用量と非灌漑期対応（単位：m^3/s）

合理化事業	転用・開発された上水量	非灌漑期補給
中川一次	2.666（埼玉県）	0.5は自流，2.166は八ッ場ダム
中川二次	1.581（埼玉県）	全量とも八ッ場ダム
合口二期	4.26　（埼玉県3.704，東京都0.559）	全量とも八ッ場ダム
利根中央	3.811（埼玉県2.962，東京都0.849）	埼玉県1.799八ッ場ダム，残り1.163は思川開発，東京都は未定

(5) 冬季通水

埼玉用水路と見沼代用水路，邑楽用水路に非灌漑期に畑地灌漑，さらに地域環境改善の目的の下に水が流されるようになった[(5)]。冬季通水であるが，水利権所管の河川管理者との間で調整が行われた。なかなかまとまらなかったが，冬季試験通水として右岸側の埼玉用水路・見沼代用水路で開始されたのは1994（平成6）年3月であった。一方，左岸側の邑楽用水路に通水されたのは2005年10月であった。

これらの通水はあくまでも試験通水であり，利根川に余裕の流水量がある時に行うとの位置づけである。期間は10月1日から3月31日までで，水量は右岸側で普通5m^3/s(うち見沼代用水路に2.5m^3/s)である。そして10月21日～11月30日，3月19日～3月31日は，フラッシュ用水としてさら5m^3/s加えて10m^3/s（6m^3/sは見沼代用水路）に流すこととなっている。

一方，邑楽用水路は10月1日から3月31日の期間，0.93m^3/sである。

(6) 農業用水合理化事業と八ッ場ダム

農業用水合理化事業が行われて余剰水が都市用水に転用されていったことをみたが，余剰水は灌漑期（4月～9月）に生み出されたものである。では，非灌漑期はどうするのか。それは，上流ダムの開発によって手当をしようとする計画だった。表16.1でみるように，埼玉平野での合理化事業での総転用水量は12.321m^3/sであった。このうち0.5m^3/sは自流による確保であったが，残りの11.8211m^3/sのうち9.809m^3/sは八ッ場ダムで，1.163m^3/s（利根川中央農業水利事業のうち埼玉県分の一部）は思川開発で手当てしていく計画になっている。その残りの0.849m^3/s(利根川中央農業水利事業のうち東京都分）は，現在，検討中となっている。

（注）

(1)『江戸川区史』（第二巻），江戸川区（1976），pp.103-1037.

(2) 計画では，おおよそ遊水量はそれまでの3分の1程度，遊水日数は2分の1程度となるとしている.

(3) 従来の埼玉県の計画は500m³/sであったので20m³/s少ないが，その上流で江戸川への放水路（幸手放水路）を計画していた．その計画流量は20m³/sで，これを考慮すると以前の計画と同じ規模となる.

(4) 幸手放水路は，その後，1991（平成3）年から99年の工事で増強され50 m³/sが計画対象流量となっている．ポンプ能力も同様に50m³/sとなった.

(5)『あゆみと明日の水』利根合口農業水利協議会（2009）.

第17章　渡良瀬川低地部の水管理

第4章では，足尾鉱毒事件との関連で渡良瀬川改修についてみてきた。1910（明治43）年4月から開始された改修事業は，1926（昭和元）年度竣功となった。この時の計画対象流量は藤岡地点で2,500m^3/sであった。その後，38年9月洪水による水害の後，山地から平地に出た地点に位置する高津戸で2,700m^3/s，藤岡で3,200m^3/sの計画となった。だが47年キャサリーン台風により計画を大きく上回る洪水が発生し，大水害を受けて計画は改訂され，高津戸3,500m^3/s，藤岡4,500m^3/sとなった。この後，年超過確率1/100の計画で見直され，高津戸地点の計画対象流量（基本高水流量）は4,600m^3/sとされ，上流ダム群で1,100m^3/s洪水調節されて高津戸地点の計画高水流量は3,500m^3/sとされた。洪水調節量のうち800m^3/sは，草木ダムで調節されることとなった(1)。ここに草木ダムが登場したのである（図17.1）。

草木ダムは，また利水も目的とした多目的ダムであって1977（昭和52）年に竣工した。その利水開発をみると，都市用水（上水7.04m^3/s，工業用水1.88m^3/s），発電（最大出力6万1800kW）とともに，不特定灌漑用水（既存の灌漑用水）の安定，特定灌漑（新規の灌漑用水）の開発を目的としていた。つまり，不特定灌漑として渇水時に用水不足に陥っていた既存の農業用水の補給と，特定灌漑として新たに4地区に灌漑用水を供給するものである。このダム築造と一体的に国営渡良瀬川沿岸農業水利事業が，71年から開始された。ここでは，草木ダムが渡良瀬川流域の農水利用に果たしている効果について述べていきたい。

1　渡良瀬川平地部の水利秩序の歴史的形成

(1) 水利施設

灌漑用の水利施設として大規模なものは，群馬県大間々町高津戸に位置する大間々頭首工，群馬県桐生市広沢町の太田頭首工，群馬県館林市大島の邑楽頭首工

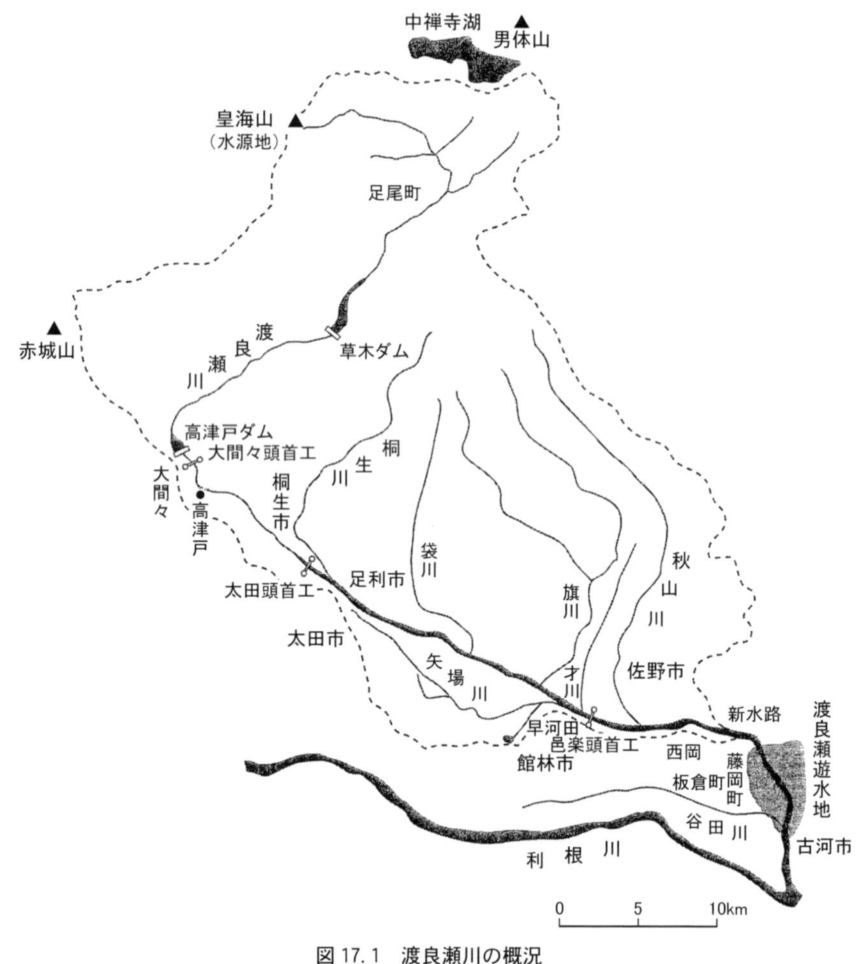

図 17. 1　渡良瀬川の概況

（注）点線は新水路流入地点の流域を表す．

がある。大間々頭首工からは岡登用水と藪塚台地の畑地灌漑用水，太田頭首工からは旧新田堀用水・旧休泊堀用水・旧矢場用水・旧三栗谷用水，邑楽頭首工からは邑楽東部用水が取水されている。それ以外に大間々頭首工と太田頭首工との間で赤城鉱油・広沢用水・赤岩堰用水・桐生市上水，太田頭首工と邑楽頭首工との間で佐野用水（ポンプ取水），邑楽頭首工から下流で大岩藤用水（ポンプ取水），頭沼用水（ポンプ取水）が取水されている（図 17.2，表 17.1）。

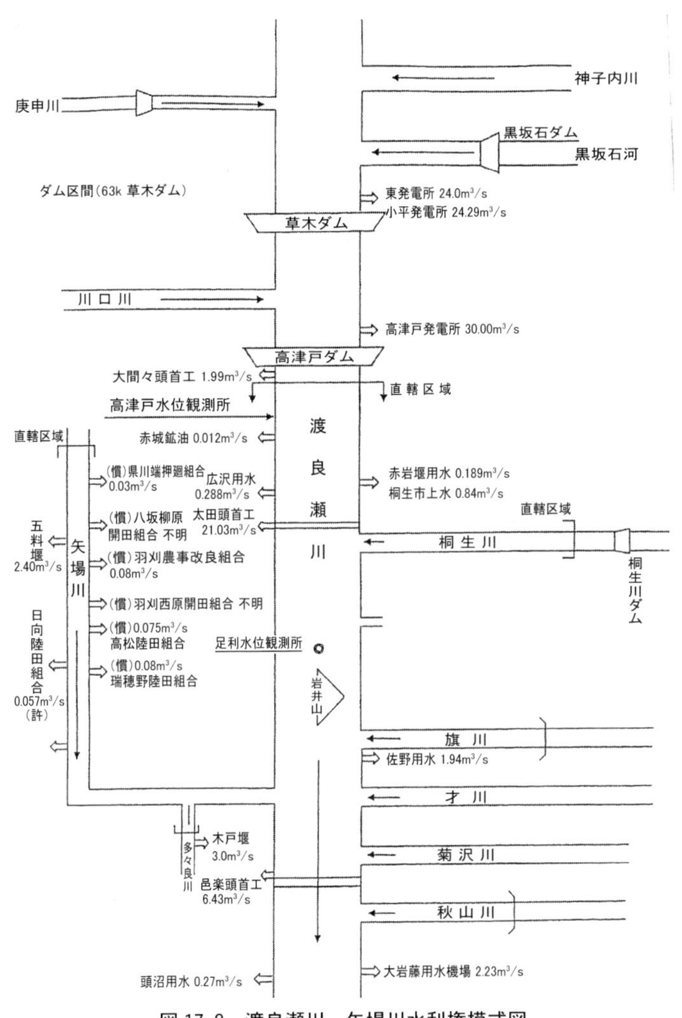

図 17. 2　渡良瀬川・矢場川水利権模式図

（出典：渡良瀬川工事事務所資料，1998 年 3 月から作成）

ここで注目しておきたいことは，大間々頭首工からの取水と，太田頭首工から取水し西部地域を灌漑する旧新田堀・旧休泊堀用水は，利根川水系の石田川あるいは最下流部で渡良瀬川に合流する谷田川に流出し，その間の渡良瀬川には還元しないことである（図 17.3）。一方，太田頭首工から東部地域を灌漑する旧矢場・

表 17. 1　渡良瀬川平地部の水利状況

水　利　権	水利権量（最大）	取 水 地 点	備　　考
岡登用水	1.99m^3/s	大間々頭首工	右岸
藪塚畑かん	（畑かん　0.98m^3/s）	同上	右岸
赤城鉱油	0.012m^3/s		右岸
赤岩堰用水	0.189m^3/s		左岸
桐生市上水	0.84m^3/s		左岸
広沢用水	0.288m^3/s		右岸
旧待堰用水	21.03m^3/s	太田頭首工	右岸
（旧新田堀用水）			
旧矢場堰用水			
（旧矢場用水・旧休泊堀用水）			
旧三栗谷用水			
佐野用水	1.94m^3/s		左岸（ホップ取水）
邑楽東部用水	3.50m^3/s	邑楽頭首工	右岸
板倉・赤羽台地新規用水	2.93m^3/s	同上	右岸
頭沼用水	0.27m^3/s		右岸（ホップ取水）
大岩藤用水	2.33m^3/s		左岸（ホップ取水）

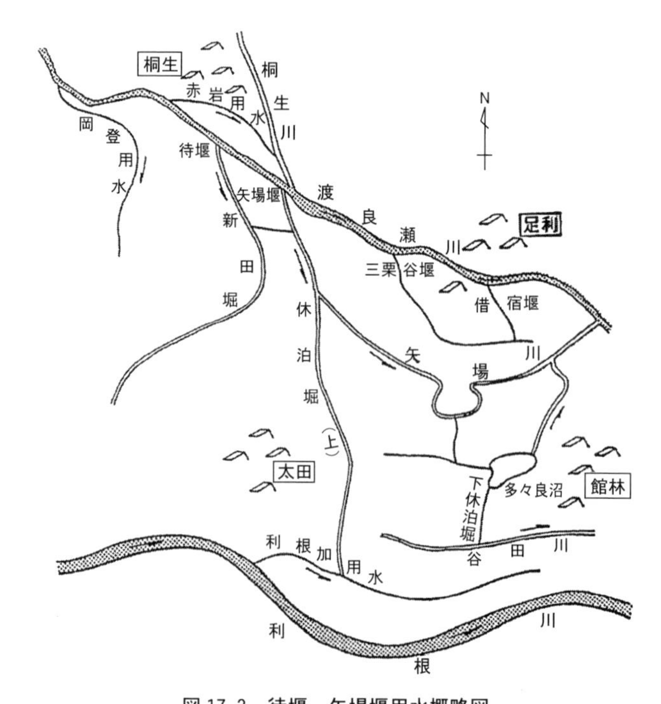

図 17. 3　待堰，矢場堰用水概略図
（出典：『利根川水系農業水利誌』社団法人農業土木学会，1990）

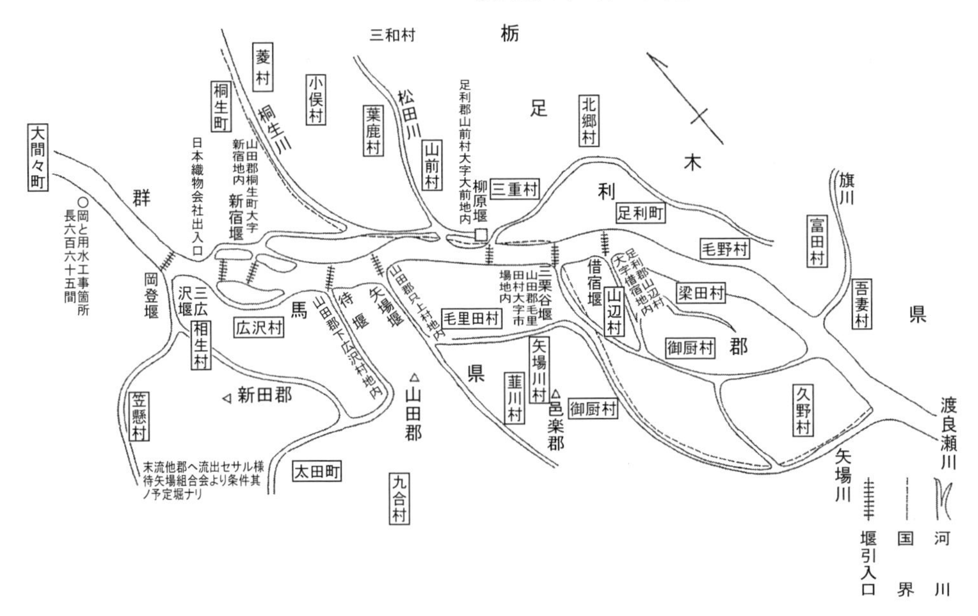

図 17. 4　渡良瀬川取水堰（明治期）
（出典：『待矢場両堰土地改良区史』待矢場両堰土地改良組合区，1996）

旧三栗谷用水は矢場川に落ち，再度，灌漑用水に利用されながら邑楽頭首工の上流で渡良瀬川に合流し，邑楽東部用水他の水源となっている。これらの落水は，最終的には利根川本川に帰っていく。

これら水利施設は，利水をめぐる厳しい地域対立の歴史で現況となっていった。まず，その歴史的形成についてみていく。

(2) 近世までの用水開発

太田頭首工は，それまでの待堰（新田堀用水），矢場堰（休泊堀用水，矢場用水），三栗谷堰（三栗谷用水）を合口したものである（図 17.4）。これらのうち新田堀用水・休泊堀用水・三栗谷用水は，戦国時代の元亀元（1570）年に整備されたといわれる[(2)]。しかし，中世の鎌倉時代末期に活躍した新田義貞・足利尊氏の本拠地を，これらの用水は灌漑している。中世には，既に成立していたと考えるのが妥当であろう。さらに休泊堀用水は，東日本最大の古墳である天神山古墳近くを流下している。新田堀用水・休泊堀用水は関東ローム層台地を開削して利根川流域にま

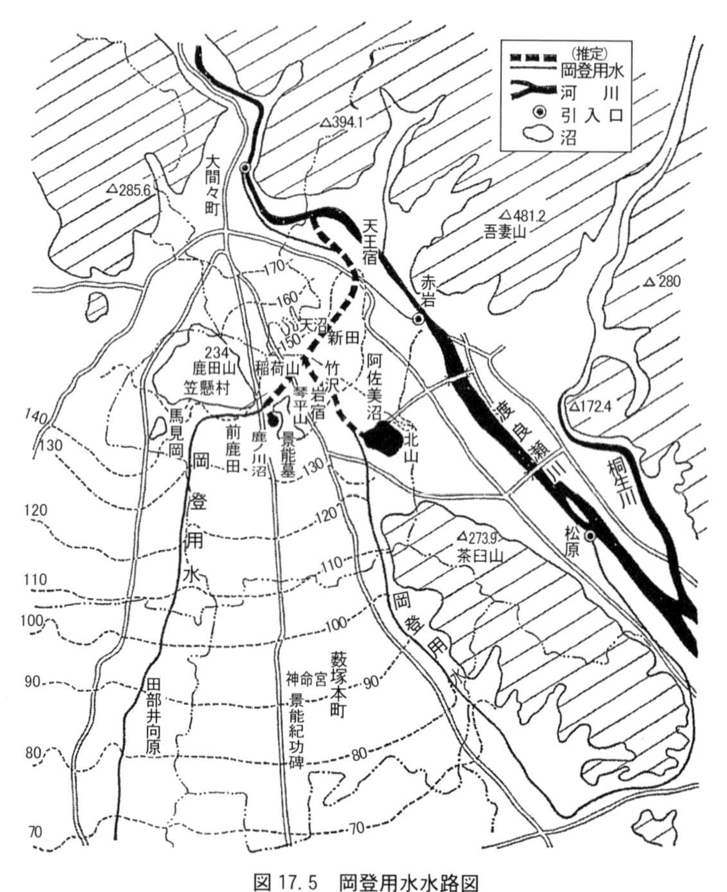

図 17. 5　岡登用水水路図
(出典 :『利根川水系農業水利誌』社団法人農業土木学会，1990)

で灌漑しているが，その開発年代は古代にまで遡る可能性が大きい。

一方，その上流に位置する岡登用水は，岡登景能によって江戸時代の寛文 12 (1672) 年，関東ローム層で覆われている大間々扇状地上の灌漑用水として開発された (図 17.5)。新田 2 万石を造成し，秋には 5 万石の収穫もあったとの記録もあり [(3)]，かなりの規模の開発が行われたことが推測される。しかし，余水が末流村民に被害を与えるとして幕府に直訴されたため，貞享 4 (1689) 年に景能は自害し，取水は取り止めとなって水路は廃溝となったという [(4)]。この廃溝について，新沢嘉芽統は，その収穫量からみて関東ローム層上で 2,000ha 以上の開田が行われたことになるから，多量の灌漑用水が取水されて下流に大きな影響を与えたため下流農民の怨みをかい，これが失職の原因ではなかったかと推測している[(5)]。

(3) 岡登用水への下流4堰の切流し権

廃溝になってから180余年後の安政3（1856）年，山田郡天王宿・下新田両村の請願により灌漑地域を狭く限定して再興された。この時「四堰渇水の節へ用水皆休可仕候事」として，下流の待・矢場・三栗谷・借宿の4堰が用水不足の時は取水しないとの一札が，館林領村々役人に差し出された[(6)]。この一札もあり，幕府の承認を受けて堰を築造し，新たな岡登用水が整備されたのである。その末流は渡良瀬川に落とすという約定であった。

その後，灌漑地域は拡大していき，1872（明治5）年には阿佐美・藪塚ほか3村の加入が認められた。だが，その時，「元館林領四堰渇水の節は，用水皆休取払可申，万一延引致候は，御勝手次第御切払可被成候，其節違失無御座候」との条件が付けられた[(7)]。下流の元館林藩四堰が渇水の時には岡登用水は取水しない，取水している場合には堰を勝手に切り払っても構わない（いわゆる切流し権）との条件である。歴史的に古く開発された下流4堰の取水権が極めて強く，上流での新規の取水は下流に悪影響を与えない範囲でと，厳しく制約されたのである。

さらに1882（明治15）年，岡登堰に対して付芝（取水量増強のための堰の天端高を高める工事）の禁止の他，下流4用水による堰・切流し口・取水口の状況確認，使用材料，修繕の時期，非灌漑期の切流解放時期，水害復旧の通知立会等の取り決めが行われた[(8)]。この時の灌漑面積は175町3反となっている。

その後，1890（明治23）年の大出水により岡登堰は決壊したが，その翌年，岡登用水組合は700間（1,270m）上流の岩盤露出部に水門を設置し，取水口を設けることを計画した。この計画に対し，岡登用水地域と同様に群馬県内にある待・矢場両堰は，「明治十五年契約の主旨に法り両堰水利土功会の指揮に従はしむる」ことを条件に認めた[(9)]。当時，待・矢場両堰の管理者は群馬県新田郡長であった。

一方，栃木県内にあり，足利染田郡長が管理者である三栗谷・借宿組合が強く反対した。その反対の理由として，多量の取水が可能な施設を上流に築いたら取水量は間違いなく拡大し，下流の既得権を危うくする。それは，安政3（1856）

年以来の灌漑面積拡大の状況をみても明らかであり，用水支配権を上流に取られてしまうから絶対に反対と主張したのである[10]。ここに群馬県・栃木県との間で水利をめぐる厳しい地域対立が生じた。なお当時の下流四堰は次のような状況であった[11]。

「 一，待堰は石堰仕立なり。

　二，矢場堰は蛇籠仕立なり。

　三，三栗谷堰は石及砂利俵仕立なり。

　四，借宿堰は石及土俵仕立なり」。

この両県対立は，結局は内務大臣の仲裁によって示談に向かい，1899（明治 32）年 4 月岡登堰組合と三栗谷・借宿両組合との合意が行われた。さらに，待矢場両堰組合と岡登堰組合との間で 1903 年，公正証書により確認のための契約書が交わされたが，この間，新たな取入口を認めた新田郡長に対し，待矢場両堰組合の農民から激しい反対運動が展開された。この契約書により，結局はトンネル口，水路，分派口の大きさ，場所等とともに，渡良瀬川渇水時における切流口の取払いと取水口水門の閉鎖による切流し権が，次のように定められた[12]。

第 14 条　渡良瀬川渇水のため，待矢場両堰組合に於いて用水不足の通知を受けたるときは，岡登堰組合は直ちに切流口を取払ひ，隧道内の水門を閉鎖し，引用水は直ちに渡良瀬川に放流する事

第 15 条　前条の切流口を取払ひ，遂道口の門扉を閉鎖するは，従来の契約とまた慣行とに基き，その執行は総て待矢場両堰組合固有の権利なるを以て，切流は期限及切流の水量その他これに関する一切の事件に付ては，岡登堰組合は毫も異義申さざる事

このように，安政 3（1856）年に始まった切流し慣行は明治後半にも約定され，明治中期（1875 ～ 98 年）には 11 回の切流しの記録が残されている[13]。既得水利権をもつ下流側 4 堰が支配的な立場にあり，その権利を前提にして新たな取水が行われた。渡良瀬川の水量が利水量に比べて少なく，何年に 1 回襲われる渇水時に深刻な農業用水不足となっていたからである。

（4）下流 4 堰の水利対立

一方，下流 4 堰の相互間でも激しい水利対立があった。とくに激しい対立が

1877（明治 10）年，待堰と矢場堰の間で生じた。このとき渡良瀬川は 50 年振りという大渇水となり，田植え用水が不足し大きな紛争となった。7 月 3 日，下流矢場堰側が上流待堰の洗堰となっている蛇籠を切ったことから，両堰の関係者が銃・鉾・抜刀，鎌・竹槍などをもって繰り出し衝突したのである。総参加者は 3 千余人に達したという。幸い 7 月 6 日には降雨があり衝突は収まり，7 月 11 日には待堰の取水門の開閉操作が定まって混乱は収束した。

この当時，両堰は連合を組んで堰管理のための費用を共同で賦課していたが，この紛争後，待堰は連合からの分離・分村願いを提出した。しかし県は認めず，県の斡旋により両堰の間で 1878（明治 11）年 4 月，「待矢場両堰水論和解取り替えの約定書」が締結された。さらに 82 年 4 月，待矢場両堰水利土功会が結成されたのである。

この後，待矢場両堰地区の用水補給のため，阿佐美沼貯水池（76 万 8000m^3）が群馬県営事業として 1939（昭和 14）年に完成した（図 17.5）。非灌漑期に岡登用水路を利用して導水し，渇水時に新田堀用水路に補給しようというものである。待矢場両堰と岡登用水との間に，一定の協調関係が築かれたのである。

なお，その待矢場両堰の直下流に位置し栃木県内を灌漑している三栗谷堰・借宿堰であるが，1913（大正 2）年に三栗谷水利組合が借宿堰用水組合を合併，さらに 1930 年代に借宿堰を廃止し，三栗谷堰に統合（合口）された。

(5) 邑楽東部用水の成立

1926（昭和元）年から始まった県営邑楽郡東部用排水改良事業の一環として，主に板倉町の穀倉地帯を灌漑するため，邑楽東部用水が渡良瀬川下流部で整備された。板倉には，標高が 10~15m と低い沖積低地が広がっている。ここでは，その条件から排水は自然に行えるものではなかった。利根川・渡良瀬川の水位が高くなったら，降雨は流出することなく低地に湛水する。広々と拡がっている板倉沼は，自然に干上がることはなかった。そのためにはポンプによる強制排水が必要であった。

1926（昭和元）年になり，郷谷・西谷田・海老瀬・大箇野・伊奈良・大島・赤羽の旧 7 村の参加で，邑楽東部農業水利改良耕地整理組合（組合員約 2,900 人）が設立され，県営用排水改良事業が着手された[14]（図 17.6）。耕地整理組合は翌

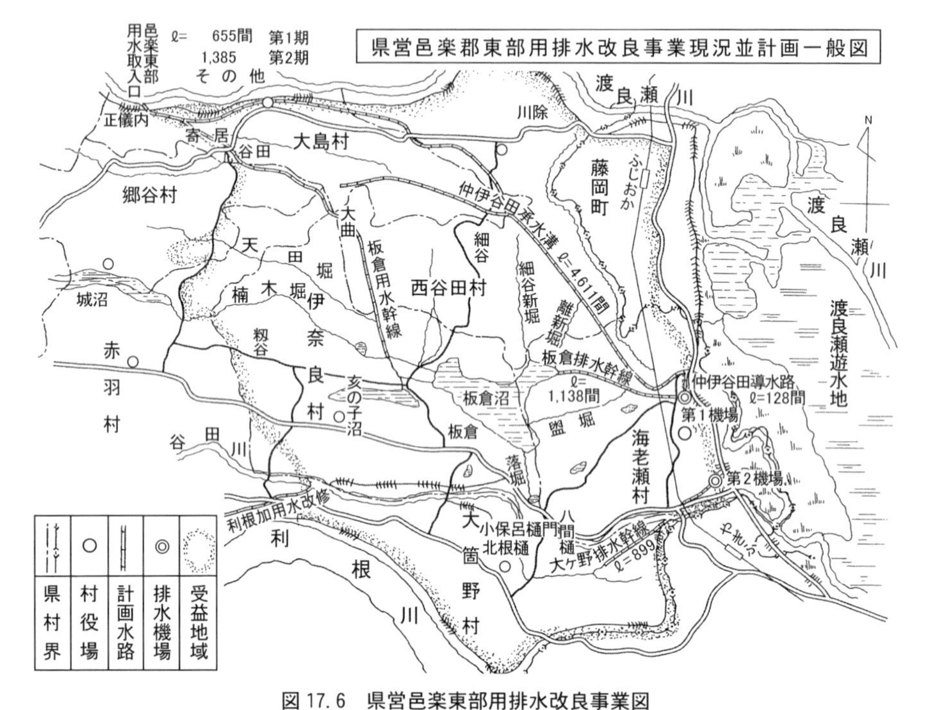

図 17.6　県営邑楽東部用排水改良事業図

（出典：吉田彦三郎編『邑楽土地改良事業史』邑楽事業改良区，1982）

27 年，邑楽耕地整理組合と名称を変更したが，排水事業として板倉排水幹線などの排水路を整備するとともに，渡良瀬遊水地への 2 カ所のポンプ場（板倉排水機……第一機場，大箇野海老瀬排水機……第二機場）が設置された。この事業で板倉沼辺の湿地はかなり水田として開発が進められたが，板倉沼はそのままとされ，用水源また排水先の役割を担った。

用水源としては，別途新たに渡良瀬川に求められ，大島地先に取水口が設置された。旧来の用水源は，待矢場両堰を取水源とし多々良沼によって補給している藤川用水からの供給（458 町歩），谷田川（176 町歩，）城沼（116 町歩）と板倉沼（467 町歩）であり，その他湧水（118 町歩）また天水（157 町歩）もあった。新用水源は，板倉沼沿岸地域に供給するもので，排水改良の結果，新たに開田する 360 町歩を合わせ，計 900 町歩を灌漑する計画であった。

渡良瀬川からの新規取水は自然流入で行うが，取水口付近の河道には木枠に石をつめた沈床のような堰で低水路のみを締切った。大島堰と呼ばれ，1930（昭和5）年に築造された。なお大島堰は最下流部にあって用水は不足しないかとの疑問があるが，上流での取水は支川袋川・旗川・才川・矢場川等を通じて多量の還元となり，その落水によって取水できる状況となっていた(15)。

1926（昭和元）年度から開始されたこの県営用排水改良事業は，34年度の完了となった。その後，戦前の1937～41年度にかけて県営板倉沼開墾事業が行われ，面積180町歩の板倉沼のうち53町歩が埋立てられ開田された。県営東部用排水改良事業の結果，板倉沼の水位が低下したことを背景として4割の国庫補助，6割の組合負担で行われたのである。さらに41～45年度の事業として，県営邑楽排水改良事業並びに仲伊谷田排水改良事業が行われて，排水路の新設とともにポンプ場（第三機場）が設置された。

2　草木ダム築造と国営渡良瀬川沿岸農業水利事業

(1)　草木ダム築造

渡良瀬川山地部に草木ダムが多目的ダムとして，1967（昭和42）年水資源公団により着工された。62年に策定された水資源開発促進法に基づく利根川水系水資源開発基本計画の中に位置付けられ，65年に基本計画決定，67年実施計画が認定されて着工となり1977年竣功した。

草木ダムは，先述したように洪水調節とともに利水開発も目的としていた。都市用水開発は，上水として東京都5.68m^3/s，埼玉県0.54m^3/s，桐生市0.52m^3/s，佐野市0.30m^3/s，また工業用水として群馬県0.60m^3/s，足利市0.30m^3/s，東京都0.98m^3/sで，合わせて8.92m^3/sである。また，逆調整池として大間々地先に高津戸ダムを設置し，最大出力6万1800kWの発電開発も行った。

さらに，渡良瀬川沿岸の既存農業水利の安定のための不特定灌漑と，藪塚，板倉・赤羽，佐野，大岩藤4地区を新たな灌漑する特定灌漑を目的としていた。不特定灌漑用水量は，灌漑期において，大間々から矢場川合流点下流の早川田までの間で平均9.86m^3/s，最大24.19m^3/s，早川田から利根川本川までの間で平均1.78m^3/s，最大3.84m^3/sであった。非灌漑期は大間々地点で平均5.08m^3/s，最大5.27m^3/s，早川田地点で平均0.51m^3/sであった。一方，特定灌漑は，灌漑期平均3.45m^3/s，非

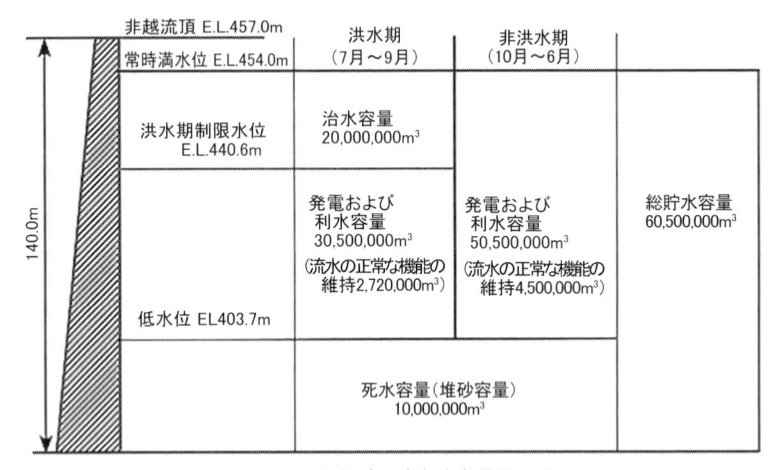

図 17.7　草木ダム貯水池容量配分図

灌漑期平均 0.76m³/s であった。これを背景として国営渡良瀬沿岸農業水利事業が展開されたのである。

都市用水と灌漑期特定灌漑用水を合計すると 12.37m³/s となるが，不特定灌漑用水は灌漑期最大 24.19m³/s となっている。渡良瀬川平地部では，不特定灌漑用水の割合が大きいことがわかる。

草木ダムの容量配分をみたのが図 17.7 である。有効貯水容量は 5,050 万 m³ で，洪水期（7 ～ 9 月）は治水容量 2,000 万 m³, 発電および利水容量は 3,050 万 m³（うち流水の正常な機能の維持のための不特定容量 272 万 m³），非洪水期は発電および利水容量 5,050 万 m³（うち不特定容量 450 万 m³）となっている。なお草木ダムの利水計画では, 確保流量（正常流量）として大間々地点で最大 24.19m³/s であった。正常流量は，ほぼ不特定灌漑用水量である。また 5 年に 1 回生じる渇水（基準年 1955 年）を対象に計画された。

(2) 国営渡良瀬川沿岸農業水利事業

渡良瀬川は，上流足尾山地が煙害により荒廃し土砂流出が激しかったこともあり，河床は長い間，上昇傾向にあったが，土砂対策が行われた結果，1949（昭和 24）年を境にして下降に転じたといわれる [16]。また 60 年代，建設材料として大量に堆積土砂が採掘され，河床低下は著しく進行していった。このため既存

表 17.2 1964（昭和 39）年現在の渡良瀬川沿岸の農業用水

	灌漑面積（ha）	取水量（m^3/s）
岡登用水	236	0.834
広沢用水	119	0.417
赤岩用水	59	3.720
待堰用水	2,827	9.250
矢場堰用水	2,996	7.781
柳原用水	322	0.723
三栗谷用水	1,417	4.000
邑楽東部用水	942	3.500
頭沼用水	50	0.270
新久田用水	75	0.150
計	9,043	30.645

（出典：『利根川水系農業水利誌』社団法人　農業土木学会，1990）

の農業取水堰が不安定となって，その維持管理に多大な費用と労力を要していた。例えば待堰は 1955 年に改築したのであるが，10 年後には約 1m 低下した。一方，矢場堰は 67 年の出水によって破壊されてしまった。当時，農業取水施設の全面的な見直しが求められていたのである（表 17.2）。

渡良瀬川沿岸水利改善促進協議会が，地元関係者によって 1964（昭和 39）年に設立された。その陳情により農林省関東農林局によって 66 年から 69 年にかけて実施調査が行われ，71 年から国営渡良瀬川沿岸農業水利事業の開始となったのである。

この事業計画について，渡良瀬川からの取水のみに絞ってみると以下のようである（図 17.8）。

農業用取水口としては，3 カ所で堰の統合（合口）が行われた。上流部の第一合口としてトンネルタイプの大間々頭首工を築造し，岡登用水と新規藪塚畑地灌漑用水を取水する。中流部は第二合口として，待堰，矢場堰，三栗谷堰を統合して太田頭首工を築造し，旧 3 堰の用水を取水する。下流部に第三合口として邑楽東部用水取水地点に邑楽頭首工を築造し，既存用水と新規板倉・赤羽台地畑地灌漑用水を取水する。さらに，佐野地区の 856ha を受益地とし，灌漑用水である佐野用水を旗川合流点下流でポンプ取水する。また，秋山川合流点下流で 627ha を受益地とする大平町・岩舟町・藤岡町内の水田・畑地灌漑のため，ポンプ取水するものである。

図 17.8　渡良瀬川沿岸農業水利事業概況図
（出典：『利根川水系農業水利誌』社団法人農業土木学会，1990）

国営渡良瀬川沿岸農業水利事業の完成は，1983（昭和 58）年であった。それに先立ち草木ダムは 77 年に完成し，79 年 4 月から管理に入った。

3　渇水時における草木ダムの機能の評価

両事業の完成以降，渡良瀬川の渇水はどのような状況であったのか。また，草木ダムはその渇水においてどのような役割を果たしたのか。近年の大きな渇水であった 1994（平成 6）年，96 年，2001 年の渇水について具体的に検討しよう。

(1) 1994（平成 6）年の渇水

1994 年 7 月 22 日，桐生市は渡良瀬川からの取水制限を 10％とし，同時に元宿浄水場で夜間の水圧を低下させた。8月17日には最高取水制限が30%にまで達し，奥利根を含めた群馬県内の8ダムの貯水量は29%に落ち込んだ。この時点で，今後まとまった降雨がなければ，下旬にも貯水量がゼロになるとの見通しであった。また，30%以上に減圧すれば水の出が悪くなるほか，プールの使用中止などの措置が必要となると予測されていた。しかし，19日，20日にまとまった降雨があり，21日の時点で30%取水制限が解除された。その後，晴天続きで流量が減少し，30日には再び取水制限20%となったが，農作物や一般家庭への大きな影響はみられなかった。

(2) 1996（平成8）年の渇水

1996年7月30日には10%，8月1日は20%，8月9日からは30%の取水制限が実施された。さらに，94年渇水時より草木ダムの貯水量が低下してきているため，8月21日から過去最高の40%，8月23日から農業用水について60%の取水制限が実施された。一方，草木ダムの貯水量は8月19日に過去最低の492万m^3（貯水率16%）となり，8月23日には396万m^3（13%）となった。この渇水の影響によって，新田町（現・太田市）と薮塚本町（現・太田市）の全小中学校9校と新田町民プールが閉鎖，桐生市や薮塚本町の噴水もストップした。

また，太田頭首工から取水する待矢場両堰土地改良区は，8月16日の30%制限段階から田畑に順番に水を均等配水する「番水」を始めた。新田堀,大谷幹線・休泊堀用水系，矢場幹線の三つの水系に分けて，1日から2日ペースで順繰りに水を流したが，水が行き渡らないうちに次の用水系に回ってしまうことがあった。下流の邑楽町などでは出穂期の水田に水が行き渡らず，稲の葉がよじれるとの影響が出た。そして，農業用水が60%に取水制限された23日から，稲作農家の間では水利用を巡って「水争い」が起こった。同様に岡登用水，邑楽東部用水地区でも番水が行われた。ポンプで揚水する大岩藤用水，佐野用水でも取水制限が行われた。

このように，1996（平成8）年の渇水は農作物や一般家庭に大きな影響を与えたが，9月6日から7日，9日から10日にかけてまとまった降雨があり状況は改善した。

表17.3　1994（平成6）年　草木ダム補給量が高津戸流量に占める割合

	高津戸流量 (m³/s)	自然流量 (m³/s)	草木ダムからの補給量（m³/s）	草木ダム補給量が占める割合（%）
4月1旬	10.89	10.48	0.41	4
2旬	12.48	11.84	0.64	5
3旬	12.74	10.45	2.29	13
4旬	9.95	9.10	0.85	9
6旬	9.51	7.15	2.36	25
5月4旬	23.72	21.61	2.11	9
6月1旬	21.57	21.42	0.15	1
2旬	14.90	11.97	2.95	20
3旬	22.79	13.29	9.50	42
4旬	23.22	14.26	8.96	39
5旬	20.70	11.50	9.20	44
6旬	25.93	12.70	13.23	51
7月1旬	20.13	9.60	10.53	52
2旬	16.50	9.46	7.04	43
3旬	15.62	5.63	9.99	64
4旬	14.09	12.06	2.03	14
5旬	63.05	58.03	5.02	8
6旬	12.56	11.68	0.88	7
8月2旬	13.29	11.36	1.93	15
3旬	16.36	6.08	10.28	63
4旬	11.92	10.63	1.29	11
9月1旬	11.66	10.92	0.68	6
6旬	118.23	116.53	170.00	1
10月5旬	26.62	15.29	11.33	43
6旬	13.83	11.54	2.29	17

(3) 2001（平成13）年の渇水

草木ダムからの放流により大きな渇水問題は生じなかった。

(4) 渇水時の草木ダムの効果

これらの渇水に対し，草木ダムはどのような役割を果たしたのだろうか。大取水堰である太田頭首工の取水状況から評価していく。太田頭首工の取水量に対し，草木ダムからの補給がどれ程の役割を果たしたのか検討し，評価していくのである。

この分析の出発点となるのは，平地部出口の高津戸流量である。国土交通省渡良瀬川河川事務所により観測されたデータを半旬（5日）ごとに整理し高津戸流量としたが，この高津戸流量には，草木ダムからの補給量が含まれる。草木ダム

表 17.4 1996（平成 8）年 草木ダム補給量が高津戸流量に占める割合

	高津戸流量 (m³/s)	自然流量 (m³/s)	草木ダムからの補給量（m³/s）	草木ダム補給量が占める割合（%）
5 月 6 旬	9.36	6.85	2.51	27
6 月 1 旬	12.09	5.45	6.64	55
2 旬	16.30	5.45	10.85	67
3 旬	17.62	5.81	11.81	67
4 旬	18.84	6.52	12.32	65
5 旬	19.80	18.06	1.83	9
6 旬	18.39	15.97	2.42	13
7 月 1 旬	22.17	10.63	11.54	52
2 旬	17.04	15.76	1.28	8
3 旬	15.44	11.00	9.99	64
4 旬	16.68	10.89	5.79	35
5 旬	16.60	12.56	4.04	24
6 旬	16.66	10.58	6.08	36
8 月 1 旬	12.67	8.48	4.19	33
2 旬	12.69	5.81	6.88	54
3 旬	11.06	4.89	6.17	56
4 旬	8.11	4.06	4.06	50
5 旬	6.07	4.93	1.14	19
9 月 1 旬	7.24	5.03	2.21	31
10 月 1 旬	13.71	13.58	0.13	1
2 旬	20.51	20.43	0.08	0

からの補給量は草木ダム管理所から入手し，高津戸流量から草木ダム補給量を差し引いたものを大間々頭首工から取水した後の自然流量とした。

これにより，渇水時において高津戸流量に占める草木ダム補給量のウエイトを評価した。1994（平成 6）年渇水では，高津戸流量において 7 月 3 旬に最大 64%が草木ダムからの補給量（表 17.3），96 年渇水では 6 月 2 旬と 3 旬に最大 67%が草木ダムからの補給量（表 17.4），01 年渇水では 8 月 1 旬に最大 58%が草木ダムからの補給量となっている（表 17.5）。

さらに，太田頭首工について，その取水実績は渡良瀬川河川事務所から入手した。高津戸地点から太田頭首工区間においては，大きな支川の合流はない。また桐生市上水（水利権 0.83m³/s），赤岩堰用水（水利権 0.189m³/s），広沢用水（0.288 m³/s），赤城鉱油（0.012m³/s）と合わせて 1.329m³/s の水利権があるが，相対的に小さい。残念ながら，これらの取水実績の資料を入手できなかったため，高津戸～太田頭首工間の取水を「無視したもの」，さらに「全量取水したもの」の二つ

表17.5　2001（平成13）年　草木ダム補給量が高津戸流量に占める割合

	高津戸流量 (m³/s)	自然流量 (m³/s)	草木ダムからの補給量（m³/s）	草木ダム補給量が占める割合(%)
5月1旬	7.50	7.22	0.28	4
3旬	7.98	6.64	1.34	17
4旬	8.41	6.31	2.10	25
5旬	9.57	9.84	0.03	0
6月5旬	24.92	13.47	11.45	46
6旬	34.92	24.70	10.22	29
7月1旬	25.13	20.18	4.95	20
2旬	15.83	10.29	5.54	35
3旬	15.28	8.58	6.70	44
6旬	15.97	9.20	6.77	42
8月1旬	16.29	6.86	9.43	58
2旬	15.46	8.13	7.33	47
4旬	13.40	8.40	5.00	37
9月1旬	57.53	56.35	1.18	2
3旬	447.42	289.07	158.35	35
4旬	58.03	48.51	9.52	16
5旬	33.92	23.67	10.25	30
6旬	28.44	19.02	9.42	33
10月1旬	23.58	22.39	1.19	5
3旬	74.24	73.57	0.67	17
4旬	23.10	22.90	0.11	0
5旬	19.05	18.76	0.29	2

を想定して，太田頭首工からの取水に対する草木ダムのウエイトを評価した。

「無視したもの」とは，高津戸地点の流量がそのまま太田頭首工まで到達すると想定し，その後太田頭首工からの取水は自然流量を最初に取水し，不足した場合は草木ダムから補給すると想定して草木ダムの役割を評価したものである。その結果をみると，1994年渇水では7月3旬で58%が草木ダムから補給量であり，また8月3旬で42%となっている（表17.6）。96年渇水では，6月4旬と8月3旬で46%が草木ダムからの補給量であり，8月4旬で42%となっている（表17.7）。01年渇水では，8月1旬で34%が草木ダムからの補給量であり，8月2旬では22%となっている（表17.8）。

一方，「全量取水したもの」とは，高津戸地点の流量のうち水利権量1.329m³/sが取水され，その残りが太田頭首工に達すると想定した。そして，太田頭首工からの取水は自然流量を最初に取水し，不足した場合は草木ダムから補給すると想

表 17.6 1994（平成 6）年 草木ダム補給量が太田頭首工取水量に占める割合（1）

	太田頭首工取水量 (m³/s)	自然流量 (m³/s)	草木ダムからの補給量（m³/s）	草木ダム補給量が占める割合（%）
4 月 1 旬	0.05	10.48	0.00	0
2 旬	0.05	11.84	0.00	0
3 旬	0.05	10.45	0.00	0
4 旬	0.06	9.10	0.00	0
6 旬	2.43	7.15	0.00	0
5 月 4 旬	4.32	21.61	0.00	0
6 月 1 旬	7.14	21.42	0.00	0
2 旬	7.97	11.97	0.00	0
3 旬	9.35	13.29	0.00	0
4 旬	12.22	14.26	0.00	0
5 旬	14.83	11.50	3.33	22
6 旬	14.82	12.70	2.12	14
7 月 1 旬	14.29	9.60	4.69	33
2 旬	13.72	9.46	4.26	31
3 旬	13.39	5.63	7.73	58
4 旬	11.37	12.06	0.00	0
5 旬	10.52	58.03	0.00	0
6 旬	9.93	11.68	0.00	0
8 月 2 旬	10.00	11.36	0.00	0
3 旬	10.40	6.08	4.32	42
4 旬	6.99	8.40	5.00	37
9 月 1 旬	7.05	10.92	0.00	0
6 旬	2.01	116.53	0.00	0
10 月 5 旬	1.49	15.29	0.00	0
6 旬	1.51	11.54	0.00	0

（注）高津戸～太田頭首工間での取水はまったく行っていないと想定.

定した。その結果は，1994 年渇水では，7 月 3 旬で 68%が草木ダムからの補給量であり，8 月 3 旬で 54%となっている（表 17.9）。96 年渇水では，8 月 4 旬で 61%，8 月 3 旬で 60%が草木ダムからの補給量であり，6 月 4 旬 57%となっている（表 17.10）。01 年渇水では，8 月 1 旬で 47%，8 月 2 旬で 35%が草木ダムからの補給量であり，7 月 3 旬では 30%となっている（表 17.11）。

これらのことにより，渇水時，太田頭首工から安定的に農業用水を取水するには，草木ダムが大きな役割を果たしていることがわかる。2001 年渇水では被害は生じなかったが，94 年，96 年では草木ダムがありながら混乱が生じた。草木ダムがなかったら，さらに大きな渇水被害が生じたであろう。一方，これらの渇水時，岡登用水が不利に取り扱われることはなかった。つまり歴史的に優位に立

表 17.7　1996（平成 8）年　草木ダム補給量が太田頭首工取水量に占める割合（1）

	太田頭首工取水量 (m^3/s)	自然流量 (m^3/s)	草木ダムからの補給量（m^3/s）	草木ダム補給量が占める割合（%）
5 月 6 旬	6.16	6.85	0.00	0
6 月 1 旬	6.53	5.45	1.08	17
2 旬	8.16	5.45	2.71	33
3 旬	9.15	5.81	3.34	37
4 旬	11.98	6.52	5.46	46
5 旬	13.66	18.06	0.00	0
6 旬	16.43	15.97	0.46	3
7 月 1 旬	17.12	10.63	6.49	38
2 旬	13.50	15.76	0.00	0
3 旬	13.41	11.00	2.41	18
4 旬	13.68	10.89	2.79	2
5 旬	11.57	12.56	0.00	0
6 旬	11.86	10.58	1.28	11
8 月 1 旬	9.73	8.48	1.25	13
2 旬	9.69	5.81	3.88	40
3 旬	9.01	4.89	4.12	46
4 旬	6.98	4.05	2.93	42
5 旬	4.26	4.93	0.00	0
9 月 1 旬	6.56	5.03	1.53	23
10 月 1 旬	2.95	13.58	0.00	0
2 旬	2.44	20.43	0.00	0

（注）高津戸～太田頭首工間での取水はまったく行っていないと想定.

つ下流の取水者が，上流における取水者に対して堰の切流しを行うほど厳しい地域対立を含む水利秩序が，草木ダムの完成によって大きく変貌していったのである。

4　新たな水管理

国営渡良瀬川沿岸農業水利事業は 1983（昭和 58）年に完成したのであるが，その後の社会経済の変化は甚だしい。農地のかなりが，宅地・工場・商業施設へと変貌していった。また環境問題が一層，前面に出てきて，豊かでうるおいのある身近な生活空間の創出が求められていった。当然，新たな水管理はこれらの要求を満たすよう配慮すべきであろう。これまでの生産のための水利（農業用水，鉱工業用水，発電用水），生活するための水利（水道用水，発電用水）に加えて，

表 17.8 2001（平成 13）年 草木ダム補給量が太田頭首工取水量に占める割合（1）

	太田頭首工取水量 (m^3/s)	自然流量 (m^3/s)	草木ダムからの補給量（m^3/s）	草木ダム補給量が占める割合（%）
5 月 1 旬	1.022	7.22	0.000	0
3 旬	3.220	6.64	0.000	0
4 旬	4.036	6.31	0.000	0
5 旬	4.724	9.54	0.000	0
6 月 5 旬	14.406	13.47	0.000	0
6 旬	11.970	24.70	0.000	0
7 月 1 旬	12.386	20.18	0.000	0
2 旬	11.082	10.29	0.792	7
3 旬	10.354	8.58	1.774	17
6 旬	9.415	9.20	0.215	2
8 月 1 旬	10.374	6.86	3.514	34
2 旬	10.468	8.13	2.338	22
4 旬	9.672	8.40	1.272	13
9 月 1 旬	7.952	56.35	0.000	0
3 旬	2.202	289.07	0.000	0
4 旬	6.075	48.51	0.000	0
5 旬	2.434	23.67	0.000	0
6 旬	2.362	19.02	0.000	0
10 月 1 旬	2.364	22.39	0.000	0
3 旬	2.456	73.57	0.000	0
4 旬	2.504	22.90	0.000	0
6 旬	2.482	18.76	0.000	0

（注）高津戸～太田頭首工間での取水はまったく行っていないと想定.

生活にうるおいを与える水利用，つまり環境用水の整備が大きな課題となっている。ここでは，渡良瀬川水系においてこの課題に取り組んでいる先進的な事例を紹介する。今後の水管理の方向性について貴重な示唆を与えると考えている。

(1) 館林・城沼の浄化用水

城沼は広さ 0.50km^2，貯水量 46 万 m^3，深さ 0.9m で，館林の洪積台地の侵食谷であり東西約 3.8km，南北約 0.22km に広がる細長い沼である（図 17.9）。昔はモクズガニ，キンブナといった生物や水生植物が豊かであった。

しかし，城沼に注ぐ鶴生田川の水質が近年の都市化に伴い著しく悪化したことによって，水質汚濁・悪臭の発生といった問題が深刻化してきた。その鶴生田川の水質は，県内ワースト 1，2 を争うほどの状況であった。この鶴生田川と城沼

表 17. 9　1994（平成 6）年　草木ダム補給量が太田頭首工取水量に占める割合（2）

	途中での取水量 (m³/s)	太田頭首工取水量 (m³/s)	小　計 (m³/s)	自然流量 (m³/s)	草木ダムからの補給量 (m³/s)	補給量が占める割合（%）
4 月 1 旬	1.329	0.05	1.379	10.48	0.000	0
2 旬	1.329	0.05	1.379	11.84	0.000	0
3 旬	1.329	0.05	1.379	10.45	0.000	0
4 旬	1.329	0.06	1.389	9.10	0.000	0
6 旬	1.329	2.43	3.759	7.15	0.000	0
5 月 4 旬	1.329	4.32	5.649	21.61	0.000	0
6 月 1 旬	1.329	7.14	8.469	21.42	0.000	0
2 旬	1.329	7.97	9.299	11.97	0.000	0
3 旬	1.329	9.35	10.679	13.29	0.000	0
4 旬	1.329	12.22	13.549	14.26	0.000	0
5 旬	1.329	14.83	16.159	11.50	4.659	31
6 旬	1.329	14.82	16.149	12.70	3.449	23
7 月 1 旬	1.329	14.29	15.619	9.60	6.019	42
2 旬	1.329	13.72	15.049	9.46	5.589	41
3 旬	1.329	13.36	14.689	5.63	9.059	17
4 旬	1.329	11.37	12.699	12.06	0.639	6
5 旬	1.329	10.52	11.849	58.03	0.000	0
6 旬	1.329	9.93	11.259	11.68	0.000	0
8 月 2 旬	1.329	10.00	11.329	11.36	0.000	0
3 旬	1.329	10.40	11.729	6.08	5.649	54
4 旬	1.329	6.99	8.319	10.63	0.000	0
9 月 1 旬	1.329	7.05	8.379	10.92	0.000	0
6 旬	1.329	2.01	3.339	116.53	0.000	0
10 月 5 旬	1.329	1.49	2.816	15.26	0.000	0
6 旬	1.329	1.51	2.839	11.54	0.000	0

（注）高津戸～太田頭首工間で，その区間の水利権量 1.329m³ すべて取水されていると想定.

にきれいな水を取り戻すために，河川環境整備のための浄化導水事業が 1988（昭和 63）年度から開始された。竣功は 1994（平成 6）年度だが，その前年の 93 年度から国では『清流ルネッサンス 21』が開始された。

『清流ルネッサンス 21』は，正式名称を「水環境改善緊急行動計画」といい，水質汚濁が著しく生活環境の悪化や上水道への影響が顕著な河川・湖沼で，とくに水質改善に対する市町村の熱意が高く解決のために積極的に取り組む姿勢のある河川が対象となる。城沼への導水事業は，この行動計画の対象事業に組み込まれたのである。

導水事業内容は次のとおりである。

表 17.10　1996（平成 8）年　草木ダム補給量が太田頭首工取水量に占める割合（2）

	途中での取水量 (m³/s)	太田頭首工取水量 (m³/s)	小計 (m³/s)	自然流量 (m³/s)	草木ダムからの補給量 (m³/s)	補給量が占める割合 (%)
5 月 6 旬	1.329	6.16	7.489	6.85	0.639	10
6 月 1 旬	1.329	6.53	7.859	5.45	2.409	37
2 旬	1.329	8.16	9.489	5.45	4.039	49
3 旬	1.329	9.15	10.479	5.81	4.669	51
4 旬	1.329	11.98	13.309	6.52	6.789	57
5 旬	1.329	13.66	14.989	18.06	0.000	0
6 旬	1.329	16.43	17.759	15.97	1.789	11
7 月 1 旬	1.329	17.12	18.440	10.63	7.819	46
2 旬	1.329	13.50	14.829	15.76	0.000	0
3 旬	1.329	13.41	14.739	11.00	3.739	28
4 旬	1.329	13.68	15.009	10.89	4.119	30
5 旬	1.329	11.57	12.899	12.56	0.339	3
6 旬	1.329	11.86	13.189	10.58	2.609	22
8 月 1 旬	1.329	9.73	11.059	8.48	2.579	27
2 旬	1.329	9.69	11.019	5.81	5.209	54
3 旬	1.329	9.01	10.339	4.89	5.449	60
4 旬	1.329	6.98	8.309	4.05	4.259	61
5 旬	1.329	4.26	5.589	4.93	0.659	15
9 月 1 旬	1.329	6.56	7.889	5.03	2.859	44
10 月 1 旬	1.329	2.95	4.279	13.58	0.000	0
2 旬	1.329	2.44	3.769	20.43	0.000	0

（注）高津戸～太田頭首工間で，その区間の水利権量 1.329m³ すべて取水されていると想定.

事業区間　城沼首洗堰～多々良沼ポンプ場

事業期間　1988（昭和 63）年度～ 94（平成 6）年度，総事業費約 23 億円

事業概要　浄化用水導入　導水路 L=800m，最大導水量 0.5m³/s

ポンプ場（2 台）1 式

直接浄化施設　2 カ所（鶴生田川，加法師川）

植生浄化　1 式

浄化用水は，太田頭首工から取水した水が落水となって多々良川を流れ，多々良沼に注いだ後，ポンプを用いて導水するものである。直接的な目的は城沼下流の農業用水の需要を満たすためであるが，その途中で鶴生田川と城沼の浄化も行うのである。このポンプの管理は，以前は県の土木事務所河川課が行っていたが，2002（平成 14）年 10 月から館林市市民環境部環境課（館林市役所）が行っている。その用水の導水量は，年間表約 500 ～ 750 万 m³（1 日平均 1 万 4000 ～ 2 万

表17.11　2001（平成13）年　草木ダム補給量が太田頭首工の取水量に占める割合（2）

	途中での取水量（m³/s）	太田頭首工取水量（m³/s）	小　計（m³/s）	自然流量（m³/s）	草木ダムからの補給量（m³/s）	補給量が占める割合（%）
5月1旬	1.329	1.022	2.351	7.22	0.000	0
3旬	1.329	3.220	4.549	6.64	0.000	0
4旬	1.329	4.036	5.365	6.31	0.000	0
5旬	1.329	4.724	6.053	9.54	0.000	0
6月5旬	1.329	14.406	15.735	13.47	2.265	16
6旬	1.329	11.970	13.299	24.70	0.000	0
7月1旬	1.329	12.386	13.715	20.18	0.000	0
2旬	1.329	11.082	12.411	10.29	2.121	19
3旬	1.329	10.354	11.683	8.58	3.103	30
6旬	1.329	9.415	10.744	9.20	1.544	16
8月1旬	1.329	10.374	11.703	6.86	4.843	47
2旬	1.329	10.468	11.797	8.13	3.667	35
4旬	1.329	9.672	11.001	8.40	2.601	27
9月1旬	1.329	7.952	9.281	56.35	0.000	0
3旬	1.329	2.202	3.531	289.07	0.000	0
4旬	1.329	6.076	7.405	48.51	0.000	0
5旬	1.329	2.434	3.763	23.67	0.000	0
6旬	1.329	2.362	3.691	19.02	0.000	0
10月1旬	1.329	2.364	3.693	22.39	0.000	0
3旬	1.329	2.456	3.785	73.57	0.000	0
4旬	1.329	2.504	3.833	22.90	0.000	0
6旬	1.329	2.482	3.811	18.76	0.000	0

（注）高津戸～太田頭首工間で，その区間の水利権量1.329m³すべて取水されていると想定．

m³）である。

（2）板倉町谷田川への観光放流

谷田川は鶴生田川の末流で，利根川と渡良瀬川にはさまれた低湿地を流れている。流路はおよそ22kmであるが，その間の標高差はわずかに5～6mに過ぎない典型的な平地河川である。かつては，ナマズ，ドジョウ，ウナギなどの川魚漁が盛んで,川には漁師の舟がいくつも並んでいたという。この谷田川で,2001（平成13）年度から「揚舟ツアー」という観光事業が実施されている。2002年度は，春5月1日～6月29日，秋9月6日～10月26日で実施され，約1,300人の観光客が訪れた。

揚舟は，かつて水害常習地帯であった板倉町で，湛水に備えて準備されていた

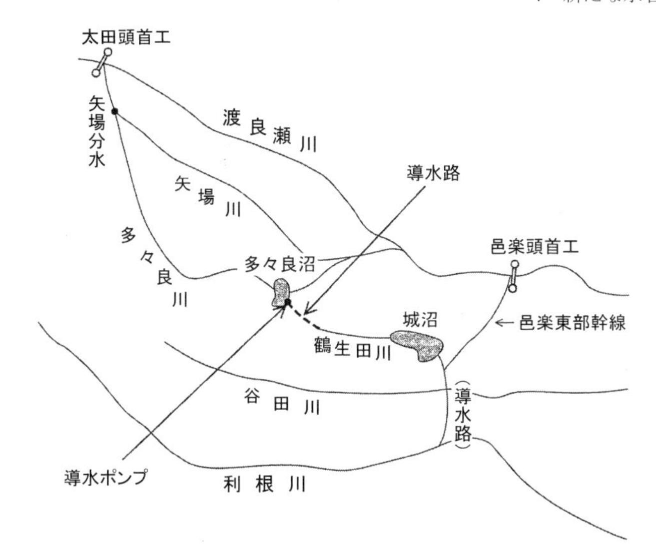

図 17.9　多々良沼と城沼関連概況図（作成：滝沢花織）

ものである。その揚舟を観光手段に利用したのである。コースは，群馬の水郷公園船着場から八間樋頭首工までの区間で，1 日 6 便運行され約 40 分間周遊する（図 17.10）。

ここで注目すべきことは，谷田川の水量確保の方法である。ツァーが行われる 4 ～ 10 月の間は八間樋頭首工を締切って水位を上げているが，自然状況のままでは水質が悪いためレクリエーションを楽しむ場としては都合が悪い。そこで重要な役割を果たしたのが，邑楽頭首工からの導水である。灌漑期に 0.9m^3/s ほど楠木承水溝を通して谷田川支川・鶴生田川に流下させ，結果的に浄化用水の役割を果たしている。

実質的に観光放流となっていると考えてよいが，水源施設としてその水利権は，草木ダムにより手に入れた板倉・赤羽の特定水利権 2.93m^3/s の一部を利用している [17]。水利権者は，板倉台地土地改良区（理事長・板倉町長，水利権量 1.14m^3/s），赤里台地土地改良区（理事長・館林市長，水利権量 1.79m^3/s）で，水利権確保のための草木ダム等の築造分担費，また年々の管理費は板倉町，館林市の行政経費から支払われている。

この特定水利権は，板倉町の板倉台地，館林市の赤里台地の畑地灌漑を目的と

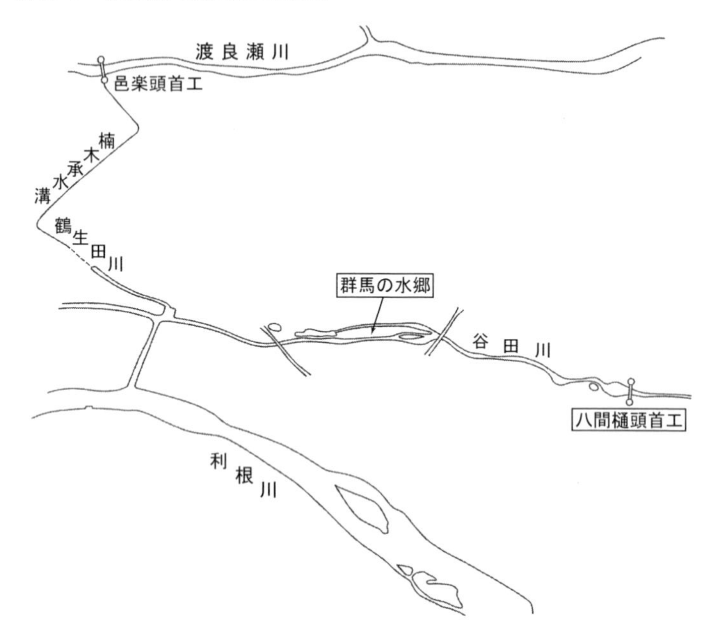

図 17.10　渡良瀬川・谷田川の関係概況（作成：滝沢花織）

したものであったが，畑地開発はその後行われていない。この水利権が，谷田川の浄化用水や揚舟ツァーに有効に利用されているのである。農業用水として確保したものが，実質的に地域用水となっているのであるが，その水利費は行政経費の中から支払われている。この実状をふまえ，さらに積極的に地域用水として位置づけていくべきと考える。

（注・参考文献）

(1) 利根川百年史編集委員会『利根川百年史』（関東地方建設局，1987年，p.929）による．この計画に見直されたのが何年かは，明確ではない．草木ダムの基本計画が決定したのは1965（昭和40）年であるので，これ以前だろう．

なお，1965年策定の工事実施基本計画では，高津戸地点の基本高水流量は4,300m^3/s，うち草木ダムで800m^3/s 調節されて計画高水流量は3,500m^3/s となっている．

(2)『待矢場両堰土地改良区史』待矢場両堰土地改良区（1996），pp.19–21.

(3) 新沢嘉芽統監修：『水利の開発と調整』（上巻），時潮社（1978），p.612.

(4)『待矢場両堰土地改良区史』前出，pp.196–197.
(5)『水利の開発と調整』(上巻)，前出，pp.610–613.
(6)『待矢場両堰土地改良区史』前出，pp.196–197.
(7)『待矢場両堰土地改良区史』前出，pp.198–199.
(8)『待矢場両堰土地改良区史』前出，pp.199–202.
(9)『水利の開発と調整』(上巻)，前出，pp.617–620.
(10) 同上
(11) 同上
(12)『待矢場両堰土地改良区史』前出，pp. 202–207.
(13)『利根水系農業水利誌』社団法人農業土木学会（1987)，p.153.
(14) 吉田彦三郎編：『邑楽土地改良事業史』邑楽事業改良区（1982).
(15)『水利の開発と調整』(上巻)，前出，pp.528–529.
(16)『利根水系農業水利誌』前出，p.736.
(17) 邑楽土地改良区によると，放流量は 0.9m^3/s であり，そのうち 0.48m^3/s（不特定用水)，0.42 m^3/s（特定用水）と整理している.

第18章　1980（昭和55）年利根川改修計画

1949（昭和24）年に策定された利根川改修改訂計画は，上流山間部でのダム築造，下流部での放水路が完成する前の80年に改訂された[(1)]。それまでは，計画を上回る大洪水が生じたのに伴い改訂となったが，今回は新たに確立された計画手法に基づいて改訂されたのである。

この間，社会経済状況は大きく変っていった。1949年当時は敗戦からそう遠くなく経済は低迷していたが，1960年代からの高度経済成長を経て日本は世界有数の経済大国となり，治水への投資額は著しく増大していた。この社会経済の大きな変化を背景に，治水計画の考え方は大きく変更したのである。

この変更の経緯については第15章でみてきたところであるが，ここでは具体的内容について，計画の基本となる「洪水処理計画を策定する場合の基本となる洪水」，つまり基本高水の決定方法からみていく。基本高水とは波形をもつ洪水であり，そのピークが基本高水流量である。ダムで洪水を調節する場合，ピーク流量のみではなく洪水のボリュームが必要となる。このため治水計画策定の基本とする洪水は，波形を含めた洪水としたのである。

1　治水計画策定方針の変更

(1) 1958（昭和33）年策定の河川砂防技術基準（案）にみる基本高水の決定方法

次のように定められた。

「基本高水は既往洪水を検討し，最大の既往洪水，事業の経済効果，ならびに計画対象地域の重要度を総合的に考慮して決定する」。

このように，既往最大洪水，事業の経済効果，対象地域の重要度を総合的に考慮して決定することになっている。しかし，解説でみるように，この三つの中でも「最大の既往洪水を重視するものとする」と定められた。既往最大洪水が大きな位置を占めたのである。

経済効果についてみると，「治水事業の経済効果は主として同地域内の洪水被害額とし（中略），事業の経済効果が事業費に対して，できるだけ大きくなるように考慮する」と定めている。経済効果は洪水被害軽減額によると定めるのであるが，「開発効果が治水計画ときわめて密接な関係にある場合は，これも考慮する」と解説した。被害軽減額のみならず，開発効果がある場合はこれも経済効果として組み入れようとしたのである。

基本高水決定のもう一つの柱である重要度についてみると，「対象地域のダメージポテンシャル（最大の被害を生ずると想定される洪水氾濫区域中の被害額），被害の実態，および民生安定などを考慮すること」と解説し，重要度に応じて河川を年超過確率で次のようにランク付けた。

A級	1/80 ～ 1/100
B級	1/50 ～ 1/80
C級	1/10 ～ 1/50

年超過確率1/100とは，平均的にみて100年に1回これを超える洪水が発生するとのことである。この年超過確率の逆数が，超過確率年である。年超過確率1/100の超過確率年は100年であり，A級とは，80年に1回ないし100年に1回生じる洪水を基本高水流量とするとのことである。

この基準（案）で年超過確率という新しい概念が導入されたが，まだまだ既往最大洪水のウェイトは大きい。この意味で既往最大実績主義といってよい。ただしこの時，既に年超過確率で策定された河川があった。1957（昭和32）年に改訂された九州の白川で，この考えが適用されていたのである。

白川では，1953（昭和28）年の大水害ののち改訂されて基本高水流量2,500 m^3/s とされたが，53年洪水は3,300m^3/s と推定されていた。だが，年超過確率1/80の規模が妥当として既往洪水より低い2,500m^3/s を基本高水流量と定めたのである。しかし当然，それ以上の洪水の出現が現実的に考えられる。その洪水に対しては，越流しても大丈夫なような築堤で対処するとした。また，堤防の余裕高いっぱい流下する流量を3,300m^3/s とした。

白川が流れる熊本市街地では，家屋が密集していたため河道の拡幅計画が極めて困難だった。このため，このような計画としたのだが，既往最大の流量規模より小さい流量を計画対象とするため年超過確率の考えが使用されたのである[(2)]。

(2) 1976（昭和 51）年新河川砂防技術基準（案）にみる基本高水の決定方法

次のように定められた。

「計画の規模は一般には計画降雨の降雨量の年超過確率で評価するものとし，その決定に当たっては，河川の重要度を重視するとともに，既往洪水による被害の実態，経済効果等を総合的に考慮して定めるものとする」。

このように新基準では，既往洪水による被害の実態，経済効果等をも総合的に考慮するが，河川の重要度を重視するものと定めた。重要度が前面にでているのである。この重要度は「河川の大きさ，その対象とする地域の社会的経済的重要性，想定される被害の量質及び過去の災害の履歴などの要素を考慮して定めるもの」と説明される。「社会的経済的重要性」にみられるように，非常に幅の広い概念から定められるものである。

この重要度に応じて河川は，超過確率年に基づいて次のようにランク付けされた。

既往最大洪水量に重きをおいた旧基準と異なって，年超過確率による評価がと

河川の重要度	計画の規模(計画降雨の降水量の超過率年*)
A 級	200 以下
B 級	100 ～ 200
C 級	50 ～ 100
D 級	10 ～ 50
E 級	10 以下

* 超過確率年とは年超過確率の逆数.

くに重いウェイトを占めるようになった。超過確率洪水主義といってよいだろう。確率として評価する水文量は降雨量にまとめられた。先述した白川では，既往洪水から確率評価されていたのだが，計画の対象とする降雨が計画決定の基本に置かれたのである。なお経済効果は被害軽減額がその対象となり，旧基準でふれられていた開発効果については何ら述べられていない。

2　基本高水（流量）の決定手法

ところで年超過確率が 1/100 を越えると，観測されている既往最大洪水量を上回るのが一般的である。ではどうやって求めるのか。1976（昭和 51）年新河川

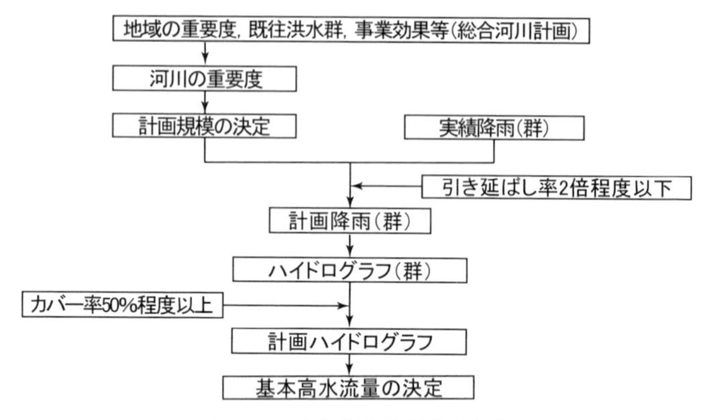

図18.1　基本高水流量決定方法
（出典：1976年策定の『河川砂防技術基準（案）』）

砂防技術（案）は次のように説明している（図18.1）。

「河川の重要度から年超過確率を定め，それに基づき計画降雨量として総降雨量を定める。たとえば200年超過確率洪水でみてみよう。日本には，200年にわたり観測された流量とか雨量の資料はない。とくに流量資料はなく，長くても100年ぐらいの雨量データがある程度である。これを統計数学的確率評価手法により，200年に1回生じる1日とか3日の総降雨量を求める。だが同じ総降雨量でも，降雨パターン（雨の降り方，同じ地域でも降雨ごとに降り方は異なる，また地域がちがうと異なる）によって流量は異なる。これについては，観測されている既存の降雨パターンの中から，代表するもの（代表降雨パターン）と判断したいくつを選び出し，それに基づき流量を求める」。

降雨パターンとしては，このように実績降雨を用いるが，実績降雨量は計画降雨量に比べて小さいのが一般的である。実績降雨量を計画降雨量にまで引き伸ばすのであるが，余りにも実績降雨量が小さいものを引き伸ばすと，例えば時間雨量200mmという実現象として考えられない降雨パターンが現れる。このため，引き伸ばし率が約2倍以下となる実績降雨パターンを選定して計画降雨（群）とする。約2倍以下とはいえ，実績降雨によって引き伸ばし率は異なるが，それらは同等のもの，同じ重みをもつものとして取り扱う。

この計画降雨から流出モデル（数式でつくられている）で流量を算出し，基準地点のハイドログラフ（流量波形，ピーク流量と洪水の波形がわかる）群を作成する。しかし，この中で最も大なるピーク流量を基本高水流量とするのではない。算出したハイドログラフ群のうち,中位流量以上のものを採用するのである。ピーク流量値を大きい順に並べたハイドログラ群の中で，ピーク流量値がどの程度充足するかを現したものが，カバー率である。例えば，10洪水中6洪水をカバーできる（下から数えて6番目のピーク流量）のであれば，カバー率60%となる。カバー率50%とはちょうど中間のピーク流量である。

この手法について，以下のような基本的問題がある。

・統計数学的に求めた計画降雨が正しいかどうか（例えば50年の雨量データしかないのに，それから求めて200年に1回生じる降雨量とするのが正しいのか)。
・流出モデルが適当かどうか。
・代表降雨パターンが気象学的に妥当かどうか。
・実績降雨を引き伸ばしすることにどのような意味があるのか，また引き伸ばし率が異なるものを同等に同じ重みで取り扱ってよいか。
・カバー率がどのような意味をもつのか。

計画降雨に基づいた超過確率手法による治水計画は，1971（昭和46）年に改訂された淀川から本格的に始まった。淀川では，基準地点枚方でそれまで53年に生じた8,650m^3/sを基本高水流量としていたが，確率的に200年に1回生じる洪水として，それまでの約2倍にあたる17,000m^3/sが基本高水流量となった。この新計画に基づき，大規模プロジェクト・琵琶湖総合開発などが行われた。近年,地元知事の反対によって築造が凍結となった大戸川ダム（滋賀県）も，この計画で登場したものである。

3　利根川流量改定

利根川では，超過確率主義に基づいて1980（昭和55）年に改訂された。利根川新治水計画（以下「80年計画」という）であるが，河川砂防技術基準（案）とは若干異なる手法で定められた。「総合確率法」と呼ばれる方式である。その特徴について，基準点である八斗島地点を対象にその算出方法も含めて以下，整理して述べる[(3)]。

(1) 基本高水流量の決定

ⅰ降雨から流量に転換する流出モデルとしては，貯溜関数法を用いた。貯溜関数法とは，流域・河道に貯溜された量から流出量を求めようとするものであり，貯溜は降雨によってもたらされる。その基本式は次のようである。

$$S=Kq^{p} \quad dS/dt=r_e-q$$

S= 流域の貯留量（mm）
q= 直接流出高（mm/h，流量を流域面積で割った値）
r_e= 有効降雨高（mm/h）
t = 時間
K，P は定数（流域ごとに定めなくてはならない）

ⅱ計画降雨の継続時間は三日雨量で行い，1901（明治34）年から74（昭和49）年の74年間の資料に基づき，その流域平均三日総降雨量を確率評価手法により年超過確率で評価した。ちなみに，八斗島地点での流域平均三日雨量の最大は47年9月洪水の317.6mmで，最小は41年7月の101.5mmであって3倍以上の開きがある。これらをまったく同等に生じるものとして，確率評価に用いた。なお，74年間のデータに基づく200年超過確率降雨は319mmであった。

ⅲ流域モデルとしては，54の小流域と19の河道に分割した（図18.2）

ⅳ降雨パターン（代表降雨）として，1937年7月から74年8月に到る流域平均三日雨量100mm以上の31の既往降雨を採用した。

ⅴ流出モデルの定数については，1958年9月洪水（八斗島地点での洪水ピーク量9,250m^3/s），58年8月洪水（8,330m^3/s）を基に定めた。

有効降雨（地下に浸透したり樹木に付着したりする降雨等を除いて，洪水となって流出する降雨）は，1次流出率（降雨のうち即座に洪水となって流出する流域面積の割合），飽和雨量（地下に浸透したり樹木に付着したりして河道に流出しない降雨量），飽和流出率（流域がすべて飽和した後の河道への流出率）から定められる。これらは，次のように第四紀火山群地帯と非第四紀火山群地帯に分類して求めた。

地　　質	一次流出率	飽和流出率	
第四期火山岩地帯	0.50	—	飽和状態に達しないものとする
非第四期火山岩地帯	0.50	1.00	

図 18. 2　流域分割図

（出典：小坂　忠『近代利根川治水に関する計画論的研究』，1995）

非第四紀火山群地帯の飽和雨量は不明であるが，モデルが実績に合うようそれぞれの洪水ごとに求めていったものと推定される。その結果，非第四紀火山岩地域の飽和雨量は全流域一定とし，58 年出水では 42.85mm，59 年洪水では 53.92mm を用いた。47 年 9 月出水では，その平均値である 48mm を用いた。

(ⅵ)流出モデルにおいて，本支川について河道氾濫を考慮した。これは，他の水系ではみられない特徴的なことである。具体的には，本川では計画堤防高相当流量（計画されている堤防の天端高さまで達して流下する量）までは河道内を流下し，それ以上の流量は堤防を越水氾濫して氾濫域に湛水するものとした。そして氾濫流は，河道内流下量が計画堤防高相当流量以下となったら樋門・水門を通じて河道に戻るものとした（図 18.3）。越水氾濫としたのは，八斗島上流における

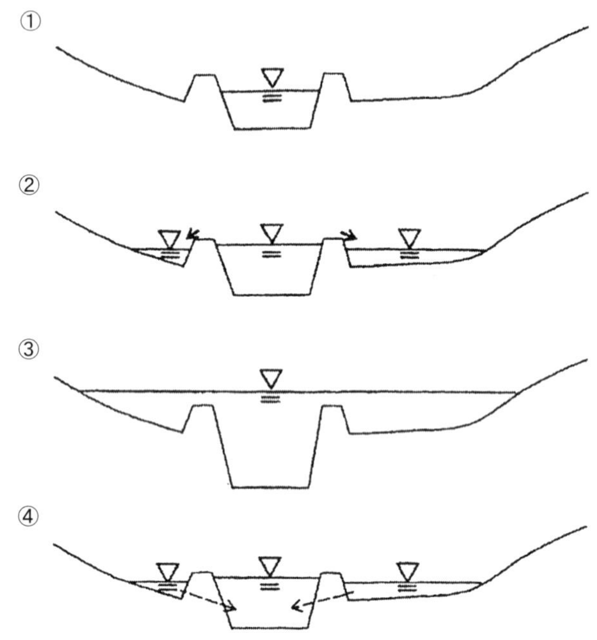

図 18. 3　流出モデルにおける 80 年計画の河道の取り扱い方
（出典：小坂　忠『近代利根川治水に関する計画論的研究』，1995）

利根川堤防が主に石張堤によって施工されていることからの判断である。

一方，支川では土堤で築かれているので，河道流量が計画堤防高相当流量に達したとき破堤氾濫し，河道と堤内地を一体となって流れて堤内氾濫域がなくなった所で河道に戻る，あるいは合流点で本川に合流すると設定した。

上流山間部での河道計画では、その対象とする洪水は年超過確率 1/30 とか 1/50 とか下流平地部に比べてかなり小さいので，それに基づく計画堤防高相当流量以上の洪水がきたら氾濫する。その氾濫を加味したのである。

因みに，昭和 40 年代までの検討ではすべての流量に対し氾濫は考慮せず，すべて河道内を流下するものとしていた（図 18.4）。　このモデルでは，47 年 9 月洪水は八斗島地点で 26,000m^3/s と算出されていた。

ⅶ年超過確率流量は河川砂防技術基準（案）に述べられている方式ではなく，図 18.5 のように異なる方式で算出した。

流域平均三日総降雨量 100mm, 200mm, 300mm, 400mm, 500mm それぞれでもっ

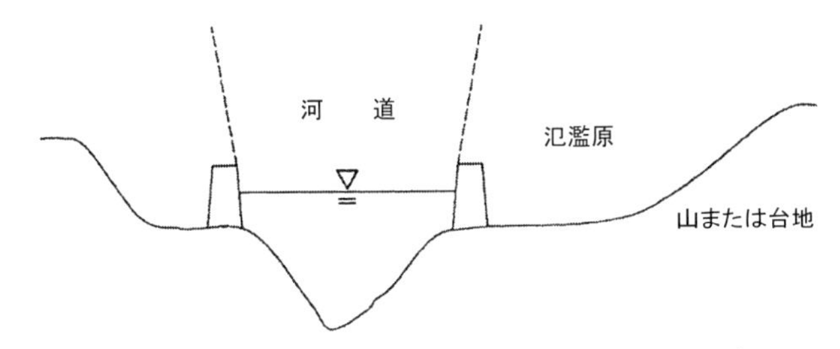

図 18.4 流出モデルにおける従来の河道の取り扱い方
(出典：小坂 忠『近代利根川治水に関する計画論的研究』, 1995)

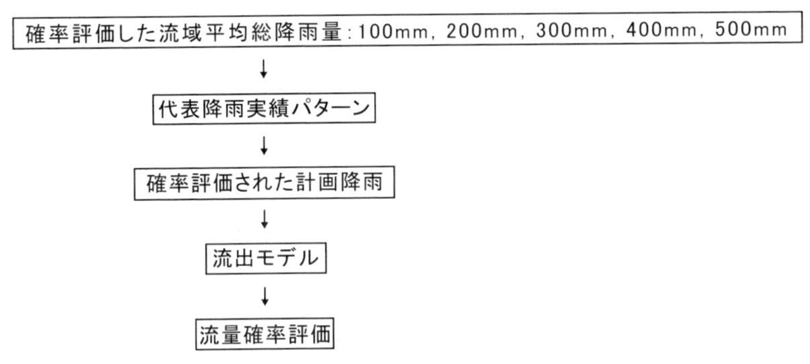

図 18.5 利根川方式による年超過確率流量の算出手法

て31の実績降雨パターンを用い，実績三日降雨量が小さかったら引き伸ばし，大きかったら引き縮めて流域の計画降雨とする。例えば実績降雨量が250mmであったら，400mmを計画降雨量とする場合は引き伸ばし，200mmとする場合は引き縮める。そして流出モデルを用いて流量を算出する。そうすると図18.6のように，降雨パターンごとに総降雨量・流量関係が求まる。

その後，あるピーク流量についてすべての降雨パターンで，そのときの総降雨量を算出する。その流量が10,000m^3/sであるならば，例えば降雨パターンaならば総降雨量200mm，降雨パターンbならば250mmと算出される。それらの総降雨量を，それぞれ年超過確率で評価する。降雨パターンごとに，例えば降雨パターンaならば1/30, 降雨パターンbならば1/40と確率評価手法により年超過確率が求まるが，その平均値を10,000m^3/sの年超過確率とするのである。これにより，流量ごとの年超過確率が求められる。その後，図18.7のように流量・確率

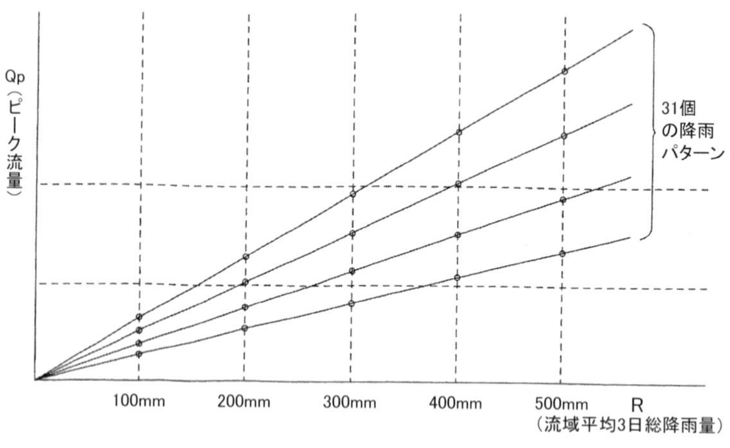

図 18. 6　ピーク流量算出概念図

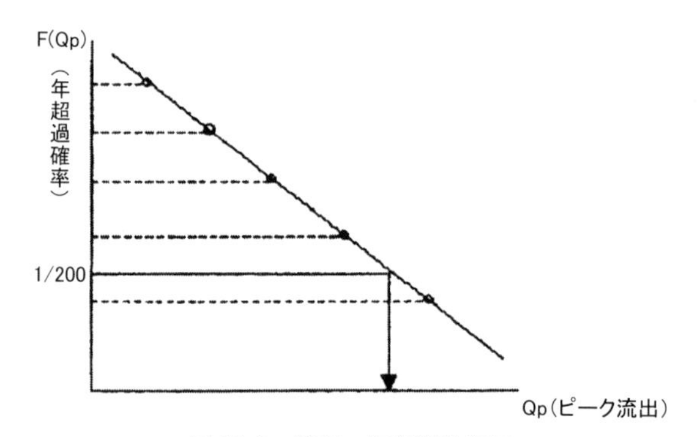

図 18. 7　流量・年超過確率図

（出典：『第30回河川整備基本法検討小委員会参考資料』国土交通省，2005）

図を作成して，例えば1/200の年超過確率洪水を求めていくのである。

ⅷ八斗島地点での200年超過確率流量は，降雨の確率評価手法として回数確率法，グンベル法，岩井法によって求めると，それぞれ21,200m^3/s，21,600m^3/s，21,100m^3/sとなった。この結果，200年超過確率流量は21,200m^3/sとした。一方，17,000m^3/sと評価されていた47年9月洪水について，作成した流出モデルで算出すると22,000m^3/sとなって，200年超過確率流量より少し大きくなった。このため22,000m^3/sを八斗島地点の基本高水流量とした。結果的に，既往最大洪水を流出モデルで算出した流量が基本高水流量となったのである。

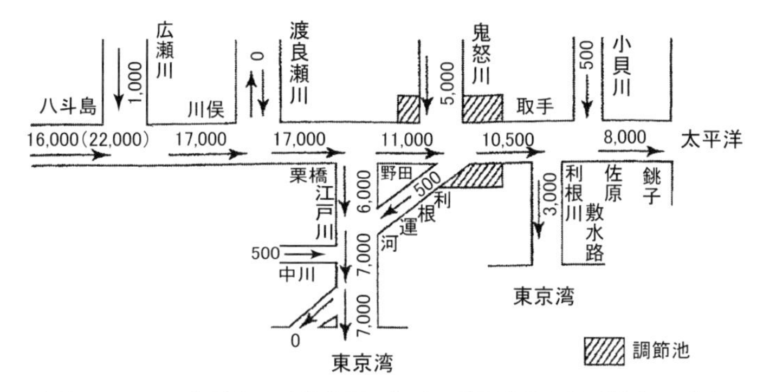

図 18. 8　1980 年改訂の改修計画における計画流量配分（単位：m^3/s）

（注）八斗島（22,000 m^3/s）は基本洪水流量であり，6,000 m^3/s を上流ダム群で調節する計画.

(2) 計画高水流量の決定

ⅰこれまでの計画策定のとき検討されていた福川合流点より上流の平地部河道での遊水は，考慮外に置いた。このため与えられた八斗島地点計画高水流量に対し，流下するかどうかが，この区間の河道の課題となり，不等流計算 (4) で河道の疎通（流下）能力を算定した。

ⅱその他の現況河道の疎通能力も不等流計算で評価した。その結果，八斗島から江戸川分派点までは，現況において 10,000 ～ 16,000m^3/s 程度の疎通能力であった。一方，高水敷を片側最低 50m 確保し，河床を水理的に合理的な範囲で掘削した河道を計画河道としてその疎通能力を算出したところ，八斗島から江戸川分派点までの限界疎通能力は 16,000 ～ 17,000m^3/s となった。

ⅲ渡良瀬遊水地への逆流は 0m^3/s とし，また渡良瀬川からの合流量は，渡良瀬遊水地により調節されるとして 0m^3/s とした。これは，以前と同様である。一方，広瀬川，石田川等八斗島から栗橋にかけて流入する中小支川の合流量は 1,000m^3/s と評価された。このことも考慮して，八斗島の計画高水流量は 16,000m^3/s と定め，これら中小支川合流後に位置する川俣地点そして栗橋の計画高水流量は 17,000m^3/s とした（図 18.8）。

ⅳ八斗島地点の基本高水流量 22,000m^3/s と計画高水流量 16,000m^3/s の差である 6,000m^3/s は，上流ダム群で調節することとした。そのダムの必要貯水量について概算したところ，約 5 億 9000 万 m^3 となった。既設 5 ダムおよび工事中の八ッ場ダムの治水容量を除くと，新たに必要な治水容量は約 2 億 6000 万 m^3 となった。

ⓥ栗橋地点の計画高水流量 17,000m^3/s のうち，関宿下流の利根本川には 11,000m^3/s，江戸川には流頭部から 6,000m^3/s 分水する計画となった。また，利根運河（派川利根川）からは従来と同様 500m^3/s 分派し，その合流点下流の江戸川は 7,000m^3/s が計画高水流量となった。これらの計画流量に対し，江戸川では河道内の低水路幅を 30 ～ 50m 拡げることで確保できるとした。

ⓥⓘ鬼怒川合流量は，既に 1973 年に改訂され 5,000m^3/s とされていた。これが踏襲されたが，田中・菅生・稲戸井の 3 調節池で調節され，従来と同様に利根川への合流量は 0m^3/s とした。一方，小貝川の合流量はそれまでの 0m^3/s から 500m^3/s とした。

ⓥⓘⓘ利根川放水路は，小貝川合流前で東京湾に向け開削される。その直前の計画高水流量は 10,500m^3/s であるが，従前と同様に 3,000m^3/s 分派する計画とした。この後，利根川には小貝川から 500m^3/s 合流し，太平洋への放水量はそれまでの 5,500m^3/s から 8,000m^3/s に増大した。この増大に対しては, 低水路幅の 100m 拡幅, 河床浚渫で対応できるとした。

4　地域間調整

利根川で新たな治水計画策定が進められたのは，昭和 40 年代である。その当時のモデルで，1947（昭和 22）年 9 月洪水は八斗島地点で 26,000m^3/s と算出されていた。また八斗島地点の計画高水流量は，従来と同様 14,000m^3/s が妥当とされ，12,000m^3/s を上流山間部で洪水調節する方針であった。上流で大貯水池をもつダム地点となると沼田ダムが再浮上するが，群馬県は沼田ダム築造は困難であると真っ向から反対した。

また利根川放水路について，予定地域の開発が大いに進み，その実現が困難視され，利根川下流と江戸川で負担しようと検討されていた。放水路計画を放棄するこの方針についても，その計画流量がダムで負担される可能性があるとして群馬県は強く反対した。群馬県は負担の公平化を主張したのである。

このような群馬県からの主張も踏まえ，新たにモデルをつくり算定し直して基本高水流量を 22,000m^3/s とした。従前の改修改訂計画に比較して八斗島地点で

表 18.1 利根川直轄河川改修費都県別分担率（単位：%）

	群 馬	栃 木	埼 玉	東 京	千 葉	茨 城
利根川上流	(19.60)		(29.45)	(21.06)	(13.69)	(16.20)
(烏川下流部含む)	19.81		31.46	22.82	9.28	16.63
利根川下流					(51.45)	(48.55)
					53.51	46.49
江戸川			(32.96)	(42.26)	(24.42)	(0.36)
			35.78	36.86	27.14	0.22
渡良瀬川下流	(32.67)	(67.33)				
	42.00	58.00				
渡良瀬調水池	(21.58)	(51.72)	(17.02)			(9.68)
			13.11	23.99	36.53	26.37
田中ほか2遊水池					(0)	(0)
					48.55	51.45
全体	(9.18)	(6.12)	(19.88)	(18.55)	(23.96)	(22.31)
	7.98	2.16	20.50	18.48	28.59	22.29

（注）（ ）は 1957（昭和 32）年分担率を示す.
（出典：『利根川百年史』関東地方整備局，1987）

表 18.2 利根川上流多目的ダム建設事業費治水費都県別分担率（単位：%）

	群 馬	栃 木	埼 玉	東 京	千 葉	茨 城
現行分担率	15.56	2.80	23.55	20.11	19.81	18.17
改定分担率	9.92	1.44	24.86	22.40	23.98	17.40

（出典：表 18.1 と同じ）

5,000m^3/s 増大した。このうち上流ダム群で 3,000m^3/s 調節，下流河道で 2,000m^3/s 負担する改修計画となった。なお，利根川直轄河川改修費と利根川上流多目的ダム建設事業費（治水費）の国費を除いた都県別分担分も改訂され，表 18.1，表 18.2 のようになった。群馬県，栃木県の山地部をもつ県の負担率が下がっていることがわかる。

5 まとめ

1949（昭和 24）年に策定された改修改訂計画が，47 年 9 月洪水という実際に生じた洪水を基に作成されたのに対し，80 年計画では年超過確率との概念が導入され，降雨から洪水に転換する流出モデルが重要な役割を果たした。そのモデルの信頼性は基本的な課題である。

流出モデルの定数を同定するのに用いた洪水は 1958（昭和 33）年 9 月と 59 年 8 月の洪水だが，どちらとも八斗島地点での最大流量は 10,000m^3/s 弱であり，上流部で氾濫はほとんど生じていない。このモデルで算出された 47 年 9 月洪水は 22,000m^3/s であって，これを基に基本高水流量は決定されたが，49 年当時の評価である 17,000m^3/s に比べ約 30％の 5,000m^3/s も大きい。

その理由の一つとしては，流出モデルにおいて河道断面として計画堤防断面を用い，計画堤防高担当流量までは河道内から氾濫することなく流下することとしたことが考えられる。実際の 47 年 9 月洪水では上流部で氾濫しピーク流量は低減していたと推測されるが，計画堤防が完成したらそのかなりが流下してピーク流量は増大するとの説明である。ただし，これで 5,000m^3/s 増大の理由がすべて説明できるかどうかは不明である。当然のことながら，計画堤防が設置されない状況では氾濫のため流量は当然小さくなるが，どれほど小さくなるのかは求められていない。

烏川合流点から福川合流点に至る間の河道での遊水は，考慮されなかった。このため，この間で合流する広瀬川・石田川等の中小河川からの合流量として 1,000m^3/s が加わった。49 年計画では，この区間での遊水によるピーク流量減少と中小河川合流量はほぼ同じくらいと評価され，実質的な合流量は 0m^3/s とされていた。確実に 0m^3/s となる保証はないとして，このような判断となったのだろう。

ダムについて，さらに必要な貯溜量を約 2 億 6000 万 m^3 としたが，その実現性については，新規ダム群を烏・神流川流域に重点的に配置する方針としているが，具体的にどのように考えていたのか明らかではない。49 年計画では，ダムによる洪水調節可能性についてダム名をあげ，その実現性につて詳細に検討されていた。

ところで，流出モデルで算出した流量の確率評価について，その流量をもたらす 31 の降雨パターンの三日総降雨量を確率評価し，その確率の平均値を年超過確率とした。そのため，三日総降雨量 317.6mm の 47 年 9 月洪水も，総降雨量が 100mm 程度の洪水も同等の重みをもつものとなる。また，ある洪水では，降雨の引き伸ばし率が 3 倍も 4 倍にもなっている。それが妥当かどうか。また，その平均値を年超過確率としているが，それが果たしてどのような意味をもつのだろう。

（注）

(1) 1949（昭和24）年の改修改訂計画が完成されることなく，この時，改訂されたのは，奈良俣ダムが1973年度に着工されながら，「工事実施基本計画」に位置付けられていなかったため，位置付けるようとの要請があったといわれる．

(2) 松浦茂樹：『近代治水計画思想の変遷についての覚え書－計画対象流量を中心にして－』(1983)．

(3) 参考資料

小坂　忠：『近代利根川治水に関する計画論的評価』(1995)，p.167.

『第30回河川整備基本方針検討小委員会参考資料』国土交通省（2005)．

(4) 不等流とは，対象とする区間で同時刻に同流量が流れるものである．

第19章　2005（平成17）年度利根川河川整備基本方針策定と見直し－八ッ場ダム問題を中心に－

1　河川整備基本方針に基づく計画の見直し

河川法が1997（平成9）年に改訂され，「計画高水流量その他当該河川の河川工事の実施についての基本となるべき事項」を定める「工事実施基本計画」に代わり，「計画高水流量とその他当該河川の河川工事及び河川の維持についての基本となるべき方針に関する事項を定める」河川整備基本方針を策定することとなった。利根川では，2005年度に策定されたが，それにあたり治水計画の見直しが行われた(1)。

まず,1980（昭和55）年に改訂された既定計画（80年計画）の妥当性の検証が,その後に蓄積された水文資料をベースに行われた。八斗島地点では，1943年から2002年の60年間の実績流量データに基づき，年超過確率流量の検討が行われた。確率分布評価手法として，指数分布法，岩井法，クオンタイル法など七つの方式で確率評価したところ，200年超過確率流量として20,200～30,300m^3/sの流量が算出された。

この検証により，1980年計画の22,000m^3/sは妥当であると判断された。一方，計画高水流量について，現況河道での処理可能な流量として八斗島地点で16,500m^3/sとされた。80年計画に比べて500m^3/s増大したのである。その分だけ上流ダム群での洪水調節量が減少となる。八斗島地点より下流では，既定計画と同様に広瀬川・石田川等の中小河川からの合流量は1,000m^3/s，渡良瀬川からは0m^3/sとして，栗橋地点での計画高水流量は17,500m^3/sとした（図19.1）。

既定計画に比べ500m^3/sの増大であるが，このうち江戸川流頭部からの分派量は7,000m^3/sと,80年計画より1,000m^3/s増大させた。だが,利根運河からの分派量,中川からの合流量は0m^3/sとしたため，利根運河合流点から河口部で旧江戸川へ1,000m^3/s分派するまでの区間で江戸川計画高水流量は7,000m^3/sと，既定計画と同じであった(2)。

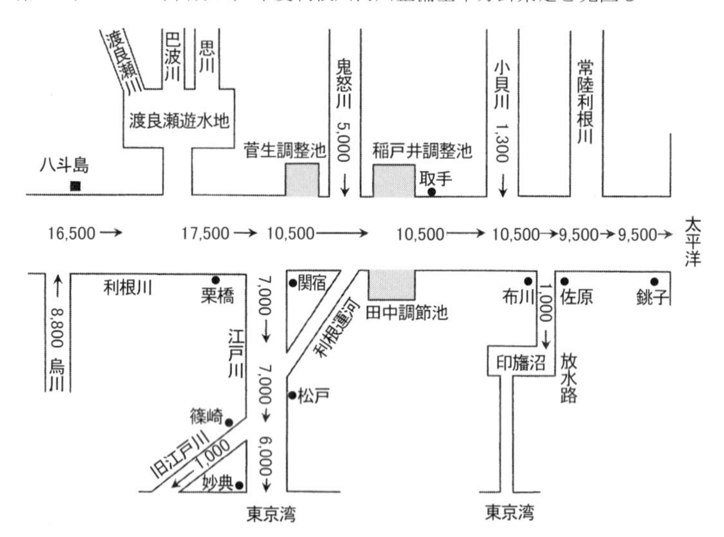

図19.1　2005年度河川整備基本方針による計画流量配分（単位：m^3/s）
（注）八斗島（22,000 m^3/s）は基本高水流量であり，5,500 m^3/sを上流ダム群で調節する計画．

一方，分派後の利根川本川は10,500m^3/sと既定計画より500m^3/s減少した。鬼怒川・小貝川の合流量は，田中調節池など三つの調節池で調節されるとして以前と同様に合流量は0m^3/sとし，布川地点での利根川本川計画流量は10,500m^3/sとされた。既計画では，小貝川からの合流量として500 m^3/sカウントしていたが，新計画では調節されて影響を与えないとされたのである。東京湾に抜く放水路は，布佐・布川狭窄部の下流から印旛沼を通る計画となり，分派量は3,000m^3/sから1,000m^3/sと減少された。この結果，太平洋への流出は80年計画の8,000m^3/sから9,500m^3/sへの増大となった。

80年改訂のとき都県に対し，平地部の計画高水流量は限界いっぱいの流量であると説明されていたが，栗橋より上流の上利根川，江戸川上流部，さらに利根川下流部で計画高水流量は増大されたのである。その対処方法は，「環境等を配慮しながら必要な河積（洪水を安全に流下させるための断面）を確保する」と述べられているのみで，具体的にはわからない。

放水路は，布佐・布川狭窄部の下流から導水される計画となった。1938（昭和13）年の増補計画から，布佐・布川狭窄部が洪水疎通の支障となるため，その上流部で導水する計画であったのが変更されたのである。この結果，80年計画で

8,000m³/s であった布佐・布川狭窄部の計画高水流量は 10,500m³/s と 2,500m³/s 増大となった。だが，どのように整備するのかは述べられていない。

また，洪水調節施設についてみると，八斗島上流では 500m³/s ほど洪水調節量が減少することとなったが，利根川流域全体では概ね 3 億 5000 万 m³ がさらに必要とされた。このとき完成されていた 13 施設では約 4 億 9500 万 m³ の洪水（治水）容量が確保され，八ッ場ダムを含め 4 施設 1 億 1900 万 m³ が事業中とされた。

2　民主党政権下での見直し作業

2009（平成 21）年 9 月，政権が民主党に代わり，そのマニフェストに記されていた通り，八ッ場ダム中止が国土交通大臣により表明された。その後，有識者会議などが設置され，これまでの計画の見直し作業が行われた。結果として，8 割方完成している八ッ場ダム築造の継続は妥当であると国土交通省は評価し，11 年 12 月，政府は築造継続を決定した。この経緯の中で，新たな流出モデルの作成，これに基づく基本高水流量の検証が国土交通省によって行われた。

(1)　新たな流出モデルに基づく基本高水流量の検証

新たな流出モデルは，既定モデルと同様に貯溜関数法が用いられた [(3)]。八斗島上流の流域と河道は 39 の小流域と 20 の河道に分割され，その定数の同定は，近年の 30 年間（1978 ～ 2007 年）の中から，八斗島地点で年最大流量の平均値 3,500m³/s を上回る 15 の洪水を用いて行われた。その定数の再現性の評価は，近年 30 年間で 5,000m³/s を上回る洪水を用いて行われた。

この検討を行うにあたり，降雨をどのように採るのかが大きな課題となっていた。既定モデルでは，入力である有効降雨（地下に浸透したり樹木に付着したりする降雨等を除いて，洪水となって流出する降雨）について「約五千平方キロメートルと広大な八斗島から上流部の五十四流域をすべて「一次流出率」を〇・五で，「飽和雨量」を四八ミリで計算している」が，おかしいとの指摘がなされていた [(4)]。これに対し新モデルでは，新たに有効降雨モデルを作成した。それは，既往の 15 出水の総雨量と総直接流出量を用いて，第四紀火山岩類の流域では一次流出率のみ，それ以外の流域では飽和雨量，一次流出率，飽和流出率から算出するものだった。基本的には，前計画と同じ方式であった。

河道は，2006（平成18）年から10年までに測量した断面に基づいて検討された。ここで重要なことは，既定モデルのような氾濫を考慮せず，前章の図18.4のような河道を想定したものだった。このモデルにより，47年9月洪水は約21,100m^3/sと算出された。

また年超過確率流量は，既定モデルと同様な方法で行われた。1926（昭和元）年から2007年に至る八斗島地点上流域平均3日雨量100mm以上となる62洪水の降雨パターンを用い，流域平均三日降雨量としては100mm，200mm，300mm，350mm，400mm，500mm，600mm，700mm，800mm，900mm，1,000mmの11のケースで，引き伸ばしたり，引き縮めたりしてそれぞれの流出量を求め，その後，確率評価を行った。この結果，200年超過確率は22,200m^3/sとなった。なお80年計画と同様な方法で，1924年から2007年間の八斗島上流域の流域平均雨量100mm以上となる降雨群から年超過確率降雨量を求めていったら，200年超過確率雨量は354mmとなったとしている。

既定モデルによる算出量と比較すると，1947（昭和22）年9月洪水では22,000m^3/sが21,100m^3/s, 200年超過確率流量では21,200m^3/sが22,200m^3/sとなった。

この後，国土交通省は日本学術会議に「河川流出モデル・基本高水の検証に関する学術的な評価」を依頼した。日本学術会議は「検討等分科会（委員長小池俊雄東京大学院教授)」を設置して検討を行い，2011年9月1日，流出モデルは妥当と評価し，47年9月洪水流量の推定値21,100m^3/s，200年超過確率洪水流量22,200m^3/sは妥当と判断した[(5)]。

(2) 考　　察

①新流出モデル

筆者は，新流出モデルが妥当かどうか少なからぬ疑問をもつ。出水直後に17,000m^3/sと評価された1947（昭和22）年9月洪水について，22,000m^3/sとした80年計画の既定モデルでは計画堤防高相当流量までは河道内を流下し，それ以上は氾濫するとした。つまり増大した5,000m^3/sは，上流山間部で計画堤防が築造された後には，それまで氾濫していた流量のかなりが河道を即座に流下することによって生じるとの理屈である。

しかし新モデルでは，これとは異なり現況河道を用いて行っている。だが，17,000 m^3/s と比べ，算出した推定値は 21,000 m^3/s と 4,100 m^3/s 増大しているが，その説明はなされていない。1947（昭和 22）年当時と比べ，築堤などにより河道は整備されて河道流下量が多くなったから八斗島のピーク流量は増大した，とするならば説明がつく。しかし，前計画が策定された 1980 年以降，そのように上流部で築堤などの河道整備が大々的に行われたとは，寡聞にして知らない。また，下流での河道の整備等が完了しないうちに上流で築堤などを行い，その結果，下流の洪水ピーク量が増大したとなれば，河川工学の原理原則に反する。

増大した一つの大きな理由としては，流出モデル作成上の問題があげられる。新モデルでは，近年 15 洪水に基づいて流出モデルの定数を定めているが，これら洪水量の最大のものは八斗島地点で約 10,000m^3/s である。それらの洪水であったら，河道外に氾濫することはほとんどない。つまり，氾濫しない洪水を対象に係数を同定してモデルは作成されたのである。

筆者は，貯溜関数法について，小さな洪水で同定した定数を用いて大きな洪水を算出すると，実績よりもかなり大きめに出たとの経験をもつ。それは，大きな洪水になると流域の小河川および本河道で氾濫して，流域・河道の貯溜量と流出量の関係が変り，貯溜量に基づく流出量が小さくなるからと基本的に考えている。小さな洪水でモデルの定数を同定したら氾濫が考慮されず，そのモデルでは氾濫しないものとして流出量が算出される。このため，氾濫が生じるような大洪水に対しては，実際よりも大きな洪水流量が算出されるのである。新流出モデルは，氾濫を考慮にいれた 1980 年計画既定モデルからの後退を感じる。

②学術会議回答

この氾濫を考慮しない新モデルについて学術会議回答は，「河道域の拡大と河道貯留が洪水ピーク流量に与える影響を分析し」，「河道域の拡大と河道貯留によって，八斗島での実績流量が計算洪水流量より低くなることが示唆された」と述べている。河道域を拡大したモデル，つまり河道氾濫を考慮したら，下流の洪水量は小さくなると示唆するのである。そして「10,000m^3/s 程度のチェックのみでは，昭和 22 年の 20,000m^3/s 程度の洪水に対して適用可能かどうかの確認はできていないことを付記する」と述べている。

この評価を素直に判断するならば，定数を定めた実績洪水よりも 2 倍近い洪水の算出については，定数が妥当かどうかよくわからないということである。しかし学術会議回答は，結論として，1947（昭和22）年9月洪水量は「八斗島地点における昭和22年の既往最大推定値は，21,000mm^3/s の −0.2%～ +4.5%の範囲」つまり約21,000m^3/s としている。その妥当性について，京都大学モデル，東京大学モデルを用いてもこのようになったからとしているが，両モデルとも八斗島地点において最大約10,000m^3/s の実績洪水で定数を同定しており，学術会議が検証したモデルと基本的に同じである。正当性について，何ら補強したことにはならない。

このように，日本学術会議回答では1947（昭和22）年9月直後に判断された17,000m^3/s が，なぜ約21,000m^3/s になったのかは何ら説明されていない。ただモデルで計算したらこうなったというのみである。計算結果が正しいと主張するならば，4,100m^3/s 増加した理由について具体的にどこそこの河道を整備し氾濫が生じなくなったとかのように，実証的に説明する必要がある。あるいは17,000m^3/s は間違いであると認定し，その理由を説明する必要がある。

③総降雨量と有効降雨

200年超過確率洪水についての算出手法についての疑問は，第18章で述べたと同様であるが，今回は総降雨量600mm から1,000mm までも用いて算出している。こうなると，例えば総降雨量100mm の降雨に対し，時間強度30mm のものは総降雨量1,000mm に引き伸ばすと時間強度は300mm となる。現実的には考えられない降雨となる[(6)]。このような手法がどのような意味をもつのか疑問である。

なお，有効降雨の算出方法はとくに問題はない。1947年9月洪水のような大洪水の場合，降雨のピークに達する前にかなりの降雨があり，飽和雨量には既に達しているのが一般的であって，洪水のピーク流量には飽和雨量はさほど影響を与えないと判断している。

3　河川整備計画と目標流量

1997（平成9）年に改訂された河川法では，河川整備方針とともに河川整備計画を定めることになっている。河川整備計画とは，国土交通省によると河川整備方針に即して中期的な整備の内容を定めるもので，「一般的に，計画対象期間を

表 19.1　洪水調節施設による洪水調節効果量 [*1]

降雨パターン [*2]	①洪水調節施設 [*3] による効果量（m^3/s）	②①のうち八ッ場ダムによる効果量（m^3/s）
1947（昭和 22）年 9 月	3,580	100
1948（昭和 23）年 9 月	4,250	730
1949（昭和 24）年 8 月	3,540	1,760
1958（昭和 33）年 9 月	5,540	1,450
1959（昭和 34）年 8 月	2,840	1,460
1982（昭和 57）年 7 月	3,820	790
1982（昭和 57）年 9 月	4,070	1,300
1998（平成 10）年 9 月	4,670	1,820

＊1「利根川の基本高水の検証について（平成 23 年 9 月　国土交通省）」を基本に，県管理ダムの効果等を見込めるように設定.

＊2　表 19.2 にみる 10 洪水のうち，1981 年 8.21 洪水および 2007 年 9.5 洪水の降雨波形について，八斗島地点の流量を河川整備計画相当の目標流量である 17,000m^3/s とするためには超過確率が 1/200 年（336mm/3 日）以上の雨量となるため，上記 8 洪水により八ッ場ダムの検証における複数の治水対策案の検討を行うこととする.

＊3　既設 6 ダム（相俣ダム，藤原ダム，薗原ダム，奈良俣ダム，矢木沢ダム，下久保ダム），八ッ場ダム，烏川調節池，利根川上流ダム群再編，霧積ダム，四万川ダム，道平川ダム.

(出典：『八ッ場ダム建設事業の検証に係る検討報告書（素案）概要版』国土交通省関東地方整備局，2011)

およそ 20 ～ 30 年間をひとつの目安として策定される。いわゆる直轄管理区間の河川整備計画では，戦後最大洪水等を安全に流下させることを目標として，目標流量を設定していることが多い」とされている。日本学術会議から流出モデルは妥当との回答が出たのち，利根川では八斗島地点において 17,000m^3/s が河川整備計画相当の目標流量とされた [(7)]。

この流量をもとに，河道改修を中心とした案，既存ストックを有効利用した案など八ッ場ダムを含まない計画案と比較した結果，コスト的に八ッ場ダム築造を継続したものが最も妥当として八ッ場ダム築造継続を決定した [(8)]。その検討の中で，17,000m^3/s に対する八ッ場ダムによる洪水調節効果を新モデルに基づき 8 つの降雨パターンについて，表 19.1 のような評価を行っている。

この洪水調節効果量は，霧積ダムなどの県管理のダムを含んだものであり，まだ工事が行われていない烏川調整池 [(9)]，利根川上流ダム群再編も含まれている。なお流出モデルによって算出された対象洪水の規模は，表 19.2 のようであった。

表 19. 2　10洪水の実績降雨および実績流量 (注)

洪　水　名	八斗島上流 流域平均3日雨量 (mm/3day)	八斗島地点 実績ピーク流量 (m^3/s)
1947（昭和22）年9月	308.6	21,096
1948（昭和23）年9月	206.6	7,711
1949（昭和24）年8月	201.0	9,683
1960（昭和33）年9月	172.3	9,504
1961（昭和36）年8月	207.8	8,701
1981（昭和56）年8月	235.5	7,164
1982（昭和57）年7月	221.6	8,220
1982（昭和57）年9月	213.9	8,005
1998（平成10）年9月	186.0	9,710
2007（平成19）年9月	265.4	8,126

（注）実績ピーク流量とは新モデルで算出された流量である.
（出典:『八ッ場ダム建設事業の検証に係る検討報告書（素案）概要版』前出）

河川整備計画では，八斗島下流においておおよそ14,000m^3/s程度を河道で対応する流量としているので，3,000m^3/sを八斗島上流で調節すれば辻褄が合う。表19.1にみるように，効果量が検討された8洪水に対して1959（昭和34）年8月洪水（パターン）では不足しているが，他は3,000m^3/s以上の効果量となっている。

この中で注目すべきことは，1947年9月洪水において八ッ場ダムによる効果量は100m^3/sと極めて少ないことである。この洪水のピーク流量は，新モデルでは約21,000m^3/sとされているので，目標流量17,000m^3/sに対し他の洪水が大幅に引き伸ばしされているのに比べ，引き縮めが行われている。その引き縮め率で戻すと，21,000m^3/sに対しては124m^3/sの効果となる。47年9月洪水では，八ッ場ダム上流に八斗島地点のピーク流量に影響を与えるような降雨はなかったことを示している。さらに47年9月洪水に対して，八ッ場ダムは必要ないことを示している。

また48年9月，58年9月，82年7月型の出水でも八ッ場ダムがなくても3,000m^3/sの洪水調節は可能となっている。

4　整理と考察

本書では，5章に分けて1900（明治33）年の近代利根川改修事業から八ッ場ダム築造をめぐる今日の問題まで治水計画をみてきた。その中で八ッ場ダム築造に対してポイントとなる点を整理し，かつ考察を行う。

ⓘ1947年9月洪水後の49（昭和24）年の改修改訂計画策定まで，水害を実際にもたらした洪水に基づいて策定された。49年の改修改訂計画では，基準点八斗島地点の最大流量は47年9月洪水から17,000m^3/sと判断され，これに基づいて計画が策定され，八斗島地点の計画高水流量は14,000m^3/sとされた。残りの3,000m^3/sは，上流山間部でのダム群で調節されることとなった。上流ダム群は，具体的に検討され，その一つとして八ッ場ダムが計画された。

ⓘⓘ1980年の新たな計画では，降雨量から流量に転換する流出モデルを用いて策定された。これで算出された流量を年超過確率で評価し，河川の重要度をベースに計画すべき年超過確率を定めて基本高水流量を決めていくものである。利根川では，200年超過確率洪水よりも流出モデルで算出された47年9月洪水の方が大きかったので，この流量22,000m^3/sが基本高水流量とされた。このうち6,000m^3/sが，上流ダム群で調節される計画であった。

ⓘⓘⓘこのように，利根川でも超過確率洪水主義に基づいて洪水が算出されたが，当初の流出モデルでは47年9月洪水は八斗島地点で26,000m^3/sと算定され，実績よりも大幅な超過となった。

この後，氾濫を取り入れた新たなモデルが構築された。上流部本川では石張堤を想定した計画堤防が築造された後の河道が使用され，その天端までの流下量，つまり計画堤防高相当流量までは河道を流下し，それ以上の洪水は堤内氾濫するものとした。このモデルにより47年9月洪水の八斗島最大流量は22,000m^3/sとなったのである。それでも17,000m^3/sに対し5,000m^3/sも大きい。モデルの信頼性についてよくわからないが，利用した河道は計画河道である。将来的に築堤により整備した河道によって流下能力が増大することにより八斗島地点の流量は大きくなるとのことで，ある程度の説明はつく。

ⓘⓥ1949（昭和24）年の改修計画改訂まで，八斗島から福川合流点までの本川河道での遊水によるピーク流量低減が評価されていた。それが80年計画以降ではまったく考慮外に置かれた。

ⓥ2006（平成18）年度策定の河川整備基本方針で，新たな水文資料を追加し80年計画の見直しが行われたが，八斗島地点の基本高水流量22,000m^3/sは

妥当と評価された。一方，八斗島地点の計画高水流量は500m^3/s増やされ，16,500m^3/sとなった。

ⓥⓘ民主党政権の誕生により，マニフェストに記述されていた八ッ場ダム築造中止が大きな社会問題となり治水計画の見直しが行われた。新たな流出モデルが作成されたが，このモデルによる47年9月洪水の八斗島地点流量は21,100m^3/sと算出された。

このモデルは現況河道を使用したもので，かつ氾濫は考慮されていない。発生した洪水は，すべて河道を流下するものとの設定である。しかし，八斗島上流における築堤状況からみてこの設定は果たして妥当だろうか。このモデルについては懐疑的である。既往モデルでは，氾濫を考慮に入れたモデルが策定されていた。なぜ氾濫を考慮外に置いたモデルを作成したのか，計画手法として後退ではないかと考察される。

ⓥⓘⓘ河川整備計画において，その目標基本高水流量は八斗島地点17,000m^3/sとされ，新モデルに基づいて治水計画が検討された。その結果八ッ場ダム築造継続が最も妥当と評価された。その検討による洪水調節効果量をみると，既設上流ダム群および八ッ場ダム・烏川調整池等などにより3,000m^3/sの洪水調節が期待された。47年9月洪水に対しては，八ッ場ダムによる効果量は上流ダム群等による洪水調節量3,580m^3/sの内わずか100m^3/sで，八ッ場ダムはなくてもよい評価となった。同様な検討を行えば，基本高水流量22,000m^3/sに対しても47年9月洪水の降雨パターンでは八ッ場ダムは必要ないということが推論される。

しかし河川整備計画では，八つの降雨パターンの洪水のうち4つが必要と評価された。これらはいずれも新モデルによって算出されたものだが，4つの降雨パターンの実績ピーク流量は10,000m^3/sに達しないものである。それを17,000m^3/sになるよう流域平均3日雨量を引き伸ばしたものである。

この引き伸ばしに，どのように意味を見い出しすべきであろうか。つまり計画論として，実際に生じた洪水と仮想した洪水とを同等に同じ重みで考えるべきであるかどうかである。もちろん，引き伸ばした降雨が絶対にあり得ないとは誰も断言することはできないが，計画論として実際に生じた洪水を重視すべきと考える。

では今後の八ッ場ダム問題をどのように考えていくのか，それは次章で述べていきたい。

（注）

(1) 参考資料 :『第30回河川整備基本方針検討小委員会参考資料』国土交通省（2005）.

(2) 既定計画では，江戸川ピーク時に中川から500m^3/s合流させる計画であったが，河川整備基本方針では0m^3/sとなっている．その理由はわからない.

(3) 参考資料 :『利根川の基本高水の検証について』国土交通省（2011）.

(4) 東京新聞2010年3月7日の記事.

(5)『回答　河川流出モデル・基本高水の検証に関する学術的な評価』日本学術会議（2011）.

(6) 実際の計算上では，最大の時間雨量に上限を設けるなどの処置が取られているかもしれないが，筆者には不明である.

(7) 17,000m^3/sは1947（昭和22）年9月洪水の直後，その洪水の最大流量とされていたものである．だが，なぜこれを目標流量にしたのかはよくわからない.

(8) 参考資料 :『八ツ場ダム建設事業の検証に係る検討報告書（素案）概要版』国土交通省関東地方整備局（2011）.

(9) 烏川の利根川本川合流点の上流にある広い河原に，遊水池を設置する計画.
49年度の改修改訂計画策定の際，この広い河原でかなりの遊水があったのではないかと議論されていた.

第 20 章　今後の展望

ここでは今後の展望として，利根川治水，八ッ場ダム，埼玉平野の整備などについての私の考えを述べていきたい。

1　利根川治水についての私の考え

私は，長い間，江戸・東京および埼玉平野の水害について調べてきた。近世後期から今日までの水害についてみると，天明 6（1786）年，1910（明治 43）年，1947（昭和 22）年が大きかった。天明 6 年は，天明 3 年の浅間山噴火により利根川河床が大きく上昇したところに出水して氾濫した。この洪水は，水害からみて江戸下町を襲った最も大きいものと判断されるが，埼玉平野の水害からみて渡良瀬川からの出水が大きかったと考えている。

1910（明治 43）年洪水は，利根川上流山間部に 1 週間にも及ぶ大豪雨があり，その洪水ピークの大きさは，烏川が利根川に合流する直後の八斗島で 10,000m^3/s と推定されている。この大きさの流量が，長期間継続したのである。47 年洪水は，上流山地の豪雨により八斗島地点で 17,000m^3/s と推定された。だが第 19 章で述べたように，八ッ場ダム上流域ではあまり降らなかった。

天明 6(1786) 年から考えて約 250 年が経とうとしている。この期間の洪水をベースにして治水計画を行うことが第一と考えている。八ッ場ダムからこの 3 つの大洪水を判断すると，天明 6 年洪水はほとんど関係なく，1910（明治 43）年洪水のような長時間の出水では洪水に顕著なピークが出現せずダムの効果は限定される。47 年出水では，その流域に豪雨がなかった。つまり八ッ場ダムによる下流平野部の洪水調節効果は，期待されないのである。

この評価は，降雨パターンを引き伸ばして流出モデルによって洪水を算出する方法とは根本的なところで異なっている。過去に生じた洪水をベースにしての判断である。つまり計画方法論として高度経済成長時代に確立した手法ではなく，既往降雨，既往洪水をベースに置いて策定すべきだと考えている。

第18章等で述べてきたように，高度経済成長時代の手法は，計画降雨を出発点として年超過確率によって計画対象洪水を求めるものだった。この手法は，一般の市民にとって実にわかりにくいものである。私は東洋大学国際地域学部で教鞭をとったとき，この手法を何とか理解してもらおうと10年近くいろいろな方法で学生たちに説明した。その結論は，どのように説明しても理解してもらえないとのことだった。頭が柔軟な学生に対してもこのようである。この経験から，一般の市民が理解するのは到底無理だろうと判断している。

当然のことながら，治水事業は市民の安全を守るために行われる事業であり，一般の市民の理解があってはじめて事業は推進されていく。その計画は，市民が理解できるものであることが必要と考える。そのためには，やはり過去に実際に生じた洪水をベースに計画を進めることが出発点と考える。実際に生じた洪水であるならば，市民は感覚としてわかり理解してくれるだろう。このことから，観測あるいは文献によって推定される既往最大をベースに計画すべきだと考えるのである。

既往最大洪水量をそのまま，あるいは例えばそれの2割増しの流量を対象にする。そしてそれは，大体，何年に1回生じる洪水と評価される等の説明があれば理解されやすいだろう。さらにその流量に対し，具体的にどのような施設で対処すべきか，事業費も含めてきちんと説明すべきことは当然である。利根川では，1949年改訂まで大水害の直後に計画の検討が行われていたので，現実性があるかどうか熱心に議論されていた。現実性のあることは，計画の出発点である。

ところで，ダムによる洪水調節について整理すると，それは洪水のピーク流量を一時的に溜めてピーク流量を小さくすることである。豪雨後，ダムから放流されるが，それにより洪水期間は長くなる。ダム治水は，図20.1にみるように下流部の洪水を長期化させるのである。このため，長期間の洪水にも堪えるしっかりした堤防の存在がダム治水の前提である。

堤防は，その地点の計画高水流量に対する計画高水位に余裕高を加えて高さが決められる（図20.2）。2012（平成24）年矢部川の柳川で水害が生じたが，このときは計画高水位以下の水位で堤防が決壊した。このような堤防であったら，ダム治水により洪水が長期化されると一層，危険となる。利根川での1910年洪水は，

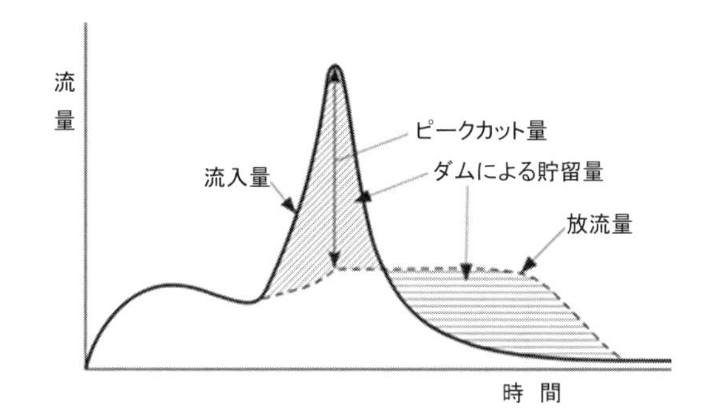

図 20.1 ダム貯溜による洪水の長期化概念図

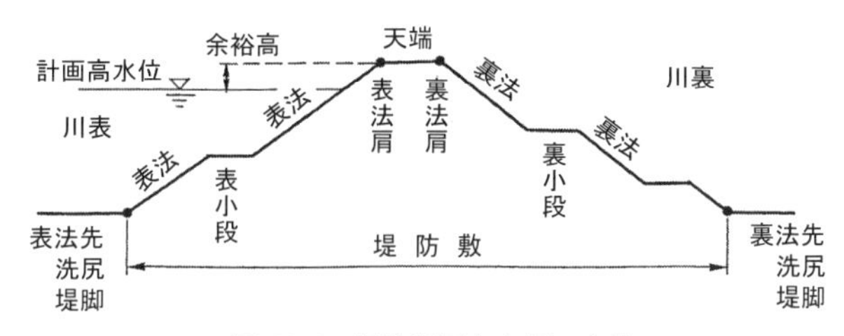

図 20.2 堤防断面と各部の名称
（出典：鮏川 登ほか『河川工学』鹿島出版会，1992）

1 週間近く 10,000m^3/s 前後の出水が続いたと想定されるが，そのような長期間出水に対して果たして堤防が堤体漏水などに耐えられるかどうか，十二分に検証しておく必要がある。

現在，首都圏氾濫区域堤防強化対策として日本の中枢である東京への氾濫を防ぐことを目的に，深谷市小山川合流点から下流の江戸川合流点までの 49.5km の利根川右岸堤，さらに江戸川右岸堤の堤防強化（川裏の勾配を 7 割と緩やかにする）が進められている。新たな用地買収が必要なため，その完成には長期間を有するが，それまでに 1910（明治 43）年大出水規模の長期間洪水が出現しないと考えることはできない。

2 八ッ場ダム築造についての私の主張

八ッ場ダムを洪水調節に用いるのではなく，利水専用ダムとし，利水の安全度を上げ，さらに埼玉平野などの環境用水の確保に利用すべきというのが私の主張である。利根川での利水安全度が低いことは，第13章，17章で述べてきた。また，この主張の背景には，高度経済成長時代に策定された計画に固執するのではなく，21世紀の今日，新しい理念を入れて見直すべきとの思いがある。

(1) 八ッ場ダム計画と築造の経緯

八ッ場ダムは，多目的ダムとして1967（昭和42）年事業着手された。計画はかなり以前から検討されながら，この年まで着手されなかったのは，吾妻川の酸性問題があったからである。草津温泉から強度の酸性水が流出し，ダム本体の材料であるコンクリートに支障が生じる恐れが懸念されたのである。その中和施設とともに，中和反応して生じる物質を堆積させるための品木ダムが完成したのは65年である。この後，事業着手に向けて動き出した。

それから半世紀近く経とうとするが，未だ竣功とはなっていない。約340戸の水没家屋があり，またそこには長い歴史をもつ川原湯温泉があって，村をあげての築造反対運動が長く行われ，着工にはなかなか至らなかったのである。ダム容量配分は図20.3に示すが，総貯水量1億750万 m^3，有効貯水量9,000万 m^3，うち非洪水期（10月6日～6月30日）は9,000万 m^3 すべてが利水利用，洪水期（7月1日～10月5日）は6,500万 m^3 が洪水調節，残りの2,500万 m^3 が利水利用となっている。利水容量のうち既得利水（流水の正常な機能の維持のための正常流量）を安定させるための不特定容量は，非洪水期402万2000 m^3，洪水期131万3000 m^3 であって極めて小さい。

新規利水開発は表20.1となっている。都市用水のみの開発であって，開発総水量は22.209m^3/sであるが，このうち12.629m^3/sが非灌漑期のみの開発となっている。その中で9.25m^3/sが埼玉県の開発量である。第16章で埼玉平野での農業用水合理化事業について述べたが，この事業により灌漑期に確保した水量に対し非灌漑期の手当をしたのである。一方，開発総水量22.209m^3/sの残りの9.58m^3/sが通年の新規開発であるが，このうち50％強にあたる5.22m^3/sが東京都水道用水となっている。

利根川の利水計画の渇水基準年は，第13章でみたように1955（昭和30）年であった。その後見直され，18（大正7）年から64年の47年間の流況に基づき，年超過確率1/5（平均的にみて5年に1回，生じる）の渇水を対象とするとして基準

図 20.3　八ッ場ダム貯水池容量配分図

表 20.1　八ッ場ダム新規利水開発量（単位：m^3/s）

区分	事業主体名	現開発量		
		通　年	非灌漑期	計
水道用水	群馬県	—	2.00	2.00
	藤岡市	0.25	—	0.25
	埼玉県	0.67	9.25	9.92
	東京都	5.22	0.559	5.779
	千葉県	0.99	0.47	1.46
	北千葉広域水道企業団	0.35	—	0.35
	印旛郡市広域市町村圏事務組合	0.54	—	0.54
	茨城県	1.09	—	1.09
	小計	9.11	12.279	21.389
工業用水	群馬県	—	0.35	0.35
	千葉県	0.47	—	0.47
	小計	0.47	0.35	0.82
合　計		9.58	12.629	22.209

年は 60 年となった。これに伴い補給必要量は 1 億 1900 万 m^3 から 2 億 8000 万 m^3 となり，新たな不特定容量が必要とされたのである [1]。

(2) 利水専用ダムへの転換

八ッ場ダムの治水効果については疑問をもち，必要でないと考えている。だが，渇水になって河川の水量が減ったとき溜めこんでいた貯溜水を放流するのであるから，利水には間違いなく効果がある。

嶋津輝之が厳しく指摘しているが，今日，確かに水需要量はそれほど伸びず，あるいは減少に転じている。その理由は，節水機器の普及，節水意識の高まりによる1人1日水使用量の減少，全国的な人口減少により関東地方といえども人口の伸びの低下等による。八ッ場ダムが築造に着手した1967（昭和42）年頃と様変りである。67年当時は高度経済成長の真っ盛りで，昭和30年代後半東京サバクといわれたほど水不足に悩んでいた。水の確保こそが地域発展の重要な政策課題であったのである。八ッ場ダム計画に利水開発を期待した当時，判断は間違いだったと断じることはできないだろう。

社会状況が大きく変化した今日，また地元との補償問題がほぼ解決し巨額の費用でもって築造が進められている現在，八ッ場ダム築造を中止するのではなく，その役割を根本から見直す必要があると考えている。第11章で述べたが，主に電力開発の点から始められた戦前の奥利根ダム開発は，灌漑用水そして都市用水の確保が加わり，戦後には洪水防御が取り込まれていった。社会の進展と深く関連し，奥利根ダムプロジェクトは成長していったと評価した。同様に，八ッ場ダムプロジェクトも新たな理念を入れ込んで，いかに成長させていくのかが重要な課題と考えている。

現計画では，洪水期に6,500万m^3が治水用とされているが，これをすべて既得利水安定のための不特定容量にすべきと考える。その目的は，一つは利水の安全度をあげることである。利水計画は10年に1回生じる渇水に対処して計画することになっているが，これまでの利水計画を見直すと，利根川ではこれより低い安全度と考えられる。近年では1994（平成6）年に全国規模の渇水が生じ，利根川水系でも渇水となった。このとき埼玉県では7月下旬から9月にかけて最大30%の取水制限が行われた。幸いにも，生活に思ったほどの影響は現れなかったが，それは地下水を利用したからである。このため埼玉平野では，面積約330km^2，最大4.8cmの地盤沈下が生じた。利根川利水にとって，その安全度向上は必要と考える。新規利水についても，その必要量の見直しとともに安全度の再評価を行うべきと考えている。

今一つは，21世紀にふさわしい新たな水利用を推進することである。新たな水利用とは，地域に潤いとやすらぎを与える環境用水，あるいは地域用水である。第16章で利根大堰から取水する農業用水路に対し，非灌漑期に試験通水であるが地域用水として最大10.93 m^3/s流していることを述べた。この通水について，八ッ場ダムを利用して，さらに広い地域に拡大あるいは安定的に流下させるべきと考える。利根川を中心に豊かな水循環を求めるものだが，埼玉平野の水循環については節を改めて述べていく。

なお治水容量を利水容量に振り返る際，費用負担をどうするのかとの課題がある。原則的に，利水容量は利水者が，不特定容量と治水容量は国・地方による公共が負担することになっている。これまでの治水容量に対し，利水安全度の向上，環境用水・地域用水の確保のための不特定容量への変更であるから，公共が同様に負担することとなる。そして費用分担は従来と同様である。

また現計画では，洪水期なると洪水調節を行うため常時満水位に比べて約27mも水位を下げる。この結果，水辺の景観を著しく悪化させ観光面からの魅力は致命的なものとなるだろう。洪水調節容量を利水のための不特定容量にすると，渇水時には当然，水位は下がるが，その下がり方は緩慢である。また渇水が生じないときは高い水位を保つことができる。水辺の景観からみても，環境面での効果は極めて大きい。

3　環境と治水

河川法は1997（平成9）年改正され，河川管理の目的として河川環境が加えられ，「洪水，高潮等による災害の発生が防止され，河川が適正に利用され，流水の正常な機能が維持され，及び河川環境の整備と保全がされるように総合的に管理すること」とされた。つまり，治水，利水と河川環境は河川管理上，同じレベルの目的となったのである。環境は，治水・利水事業のついでに行うものではなく，ある場面ではトレードオフ関係となった。環境を前面に出したプロジェクトも，河川法に基づく河川事業として行われることとなったのである。

河川管理では，それ以前から環境が重視されつつあった。1981（昭和56）年，河川審議会から「河川環境管理の在り方について」が答申され，水と緑に恵まれた河川環境の良好かつ適切な管理を図ることが強く打ち出されていた。この後，

1990（平成2）年河道をコンクリートで固めない「多自然型川づくり」, 91年「魚がのぼりやすい川づくり」, 93年河川水質の改善に取り組む「清流ルネッサンス事業」などによる川づくりが行われてきた。河川法改正以降では，2002年からは「自然再生事業」などが行われ，河川環境事業は推進されている。

河川環境を整備するとは，人々を河川に招きよせることである。人々を河川に近づけることであり，河川を知ってもらうことである。人々に河川を知ってもらうことは，治水にとっても重要なことである。

(1) 渡良瀬遊水地のその後

渡良瀬遊水地は，谷中村強制買収などにより広い空間が拡がっていたが，戦前の増補計画で洪水調節を計画的に行うため調節池とすることが定められた。計画は，最終的には1949（昭和24）年策定の改修改訂計画で三つの調節池を設置することが決められた。調節池にするため越流堤築造を中心とする工事が63年に着手し, 97(平成9)年に完了した。洪水時のみ越流堤を通じて貯溜させるものだったが，それ以前の1976年，新たに渡良瀬遊水地総合開発事業が着手されていた。

その最初の事業とし，第一調節池で面積約4.5km^2，貯水容量2,640万m^{3}の貯水池築造が行われた。小山市，野木町，茨城県，埼玉県，千葉県，東京都の都市用水最大2.501 m^3/sの開発を目的としたものである。この工事は2002（平成14）年度に完了したが，それに続く総合開発事業は，03年度に中止となった。その後, 12年遊水地はラムサール条約（「水鳥の生息地として国際的に重要な湿地に関する条約」）に登録された。総合開発事業の継続に対し強い反対運動が展開されていたが，高度経済成長のような都市用水の急激な需要の見込みがなくなり中止となったのである。その代わり，注目されたのが水鳥の生息地としてであり，その確保を求めることとなったのである。そこに，プロジェクトの成長をみることができる。

(2) 首都圏外郭放水路

中川では，1980（昭和55）年，年超過確率1/100の計画が策定された。基準点吉川の計画高水流量は1,100m^3/sとなり，幸手放水路の計画流量は50m^3/sから100m^3/sに増大され，新たに計画流量200m^3/sの金杉放水路が築造される計画となった(第16章図16.7参照)。ところが幸手放水路,金杉放水路に手を着ける前に,首都圏外郭放水路なる長さ6.3kmのトンネル(地下)河川が,事業費2,310億円(当初予算額1,110億円)でもって築造された。トンネルの深さは地下50mで，古利根川，倉松川，中川などから洪水を落とし込み，200m^3/sを大型ポンプ4台で江戸川に放水させるものである。1992(平成4)年度から14年の工期で2006年度竣功となった。

2015年6月，現地で初めて見たとき正直，驚いた。事業費が一桁間違っているのではないかと目を疑った。これだけ巨額の事業費を注ぎ込んで排水路(トンネル河川)をつくったことに驚愕したのである。その事業費は，あまりにも巨額として批判され見直しが行われた当初の新国立競技場の予算額2,520億円とほぼ同じである。

川は洪水を流すのみの空間ではなく，人々に潤い，やすらぎを与える空間である。自然との共生，親しみのある環境などを整備し，日常的に人々と接しようとの目的で，1990(平成2)年からは多自然型川づくりが行われている。地下深く人目にふれることなく洪水だけを流すトンネル放水路は，これとまったく逆の施設である。

既に三郷放水路，幸手放水路などポンプで江戸川に流出させる放水路はつくられている。これら放水路は，江戸川まで地上に水路をつくりポンプで汲み上げる。地表に水面が新たにつくられたが，それを環境面から整備することは可能である。そしてポンプで汲み上げる高さ(揚程)は，水面の高さと江戸川水位で定められるから限られている。

一方，外郭放水路は地下50mのところから汲み上げるので，その揚程ははるかに大きい。それだけ，巨大なポンプが必要であり，また動かすための燃料代は高くなる。因みに，外郭放水路ポンプ1台の1時間当たりの運転費は30万円と聞く。4台フル回転したら1時間当たり120万円である。運転管理費として毎年1億円予定していると聞く。

中川上流部で放水路がさらに必要であったなら，計画通りに幸手放水路の能力を増大させることが先決だろう。あるいは，計画に明記されている金杉放水路の着工が先決だろう。トンネル河川は，山地など地形の制約により他に手段のないところ，あるいは東京都内のように完全に都市化され，新たな用地の確保が極めて困難なところでつくられてきた。水田地帯が拡がっているところで，わざわざ驚くべき巨額の事業費で水辺空間をもたないトンネル河川をつくる必要などまったくないと考える。私の技術思想とは，大きく異なる排水路づくりである。今日，これだけの事業費をかけて年間1億円の維持管理費を要するトンネル河川をつくろうとする真っ当な河川技術者はいないと断言してよい。

埼玉平野の治水整備を考えたら，これだけの事業費があったら利根川・江戸川の堤防増強が先決だろう。利根川・江戸川が氾濫したら激しい濁流が襲ってくる。それに比べ，堤防が低い中川からの氾濫はじわっと水位が上がってくる。氾濫形態が大きく違い，湛水害の質はまったく異なるものである。

なぜ，このような事業が着工されたのか。着工された1992（平成4）年度はバブル経済が崩壊し，景気の下支えのために政府による公共事業が大きく伸び，はじめて30兆円を超した年である。つまり景気の下支えとして，即座に執行できる（予算消化できる）公共事業が求められていた。これが背景にあったと考えている。

今日，河道外で河川工事を行うとしたら，用地買収さらに埋蔵文化財の調査が必要であり，予算があっても年ごとの工事量は限られる。一方，トンネル工事はそのようなことは必要ではない。トンネルを掘ることによって地上の建物への影響が考えられるが，地下50mであったらそんな心配はない。さらに外郭放水路は主に国道16号線の下につくるのであるから，地上の土地所有者に了解を得る必要はない。予算消化には格好の構造物である。

首都圏外郭放水路は，バブルを象徴する構造物といってよい。事業案内パンフでは，世界も注目する世界最大級の地下放水路と自負しているが，私には「土木屋の，土木屋による，土木屋のための事業」に思えてならない。この事業が開始された1992（平成4）年度は官庁再編以前の建設省の時代であって，担当事務所は江戸川工事事務所であった。つまり建設工事を行うことを目的とする組織体であった。しかし，官庁再編により国土交通省となり江戸川河川事務所となった。今後は，工事費消化が優先することのない河川管理を期待したい。

なお，現在の中川改修計画は図20.4のようになっている。吉川地点での計画高水流量は，以前の1980（昭和55）年計画と同様に1,100m^3/sとなっているが，その上流で幸手放水路，首都圏外郭放水路，金杉放水路の3放水路で570m^3/sを

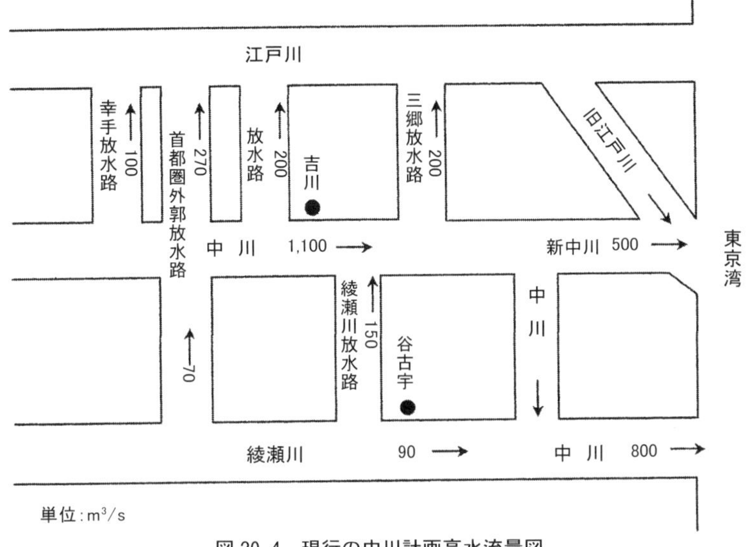

図 20. 4　現行の中川計画高水流量図
（出典：国土交通省資料）

江戸川に放流することとなった。ただし綾瀬川から 70m³/s 分流させることとなっているので，これを差し引くと 500m³/s の放流であるが，80 年計画より 200m³/s の増大である。一方，計画降雨は 80 年計画と同様，年超過確率 1/100 である。なぜこのように増大したのか。市街化が進んだから増大したとの説明である。

4　埼玉平野の水循環の改善

埼玉県では，都道府県の中で最も河川密度が高いことがあって「かわの国埼玉」を標榜して環境面を考慮した川づくり，そして地域づくりが行われている。清らかな水辺は，地域環境を豊かにする。その意義は大いに認め，一層推進してほしいが，そのためには豊かで清らかな水が絶対に必要である。

(1)　浄化用水の導入

埼玉平野では，その流域が都市化された中小河川で高度経済成長時代に水質悪化が進行した。なかでも綾瀬川は，国直轄河川の中でワースト 1，2 を争う河川であった。近年，少しよくなったが，灌漑期の5月から10月にかけては比較的よく，それ以外の非灌漑期は悪い。それは，灌漑期は水量が多いからで，利根大堰から導水した利根川の水が大きな役割を果たしている。

綾瀬川では現在，さらに水質改善を目指して下水道整備，家屋ごとの合併浄化槽の設置，浚渫などの河道内での事業が進められている。さらに，2003（平成15）年からは浄化用水として荒川の水をポンプにより導水している。水量を増やすことによって水質をよくし，また生物の生息・河川景観の保全，親水性の向上などを図るもので，芝川・伝右川・毛長川にも導水されている。それらの水量は綾瀬川も含めて最大3m^3/sとなっている。

この導水を，費用のかかるポンプを用いることなく埼玉平野規模で推進したい。利根大堰から利根川の水を導水し，見沼代用水路・葛西用水路等の既存の農業用水路を利用すれば，埼玉平野東部の河川にはほとんど流せる（図20.5)。現在，これらの用水路には灌漑期にはかなりの水が流れているが，非灌漑期は水量が乏しい。例えば見沼代用水路には，灌漑期には最大40.017m^3/s（うち農水37.472m^3/s，埼玉県上水1.986m^3/s，東京都0.559m^3/s）が流下しているが，非灌漑期はわずか上水のみの2.545m^3/sしか流下していない（図20.6）[(2)]。

利根川の水量に余裕があるとき，地域の環境用水として積極的に水を流したい。先述したように，利根大堰から見沼代用水路・葛西用水路などに水量としは最大10m^3/sであるが，非灌漑期に試験的に導水されている。これをさらに八ッ場ダムを利用して水量を増やし，安定的に行いたい。

ところで，現在，利根川の水が武蔵水路を通じて荒川に流下し，秋が瀬取水堰から最大23.4m^3/sほど新河岸川・隅田川に放水されている。平均的には約10m^3/sと聞くが，実に大きな水量である。元々は，高度経済成長時代，水質が極めて悪化した隅田川の浄化を目的としていた。だが，隅田川の水質改善は大いに進んでいる。この状況下，全量でないにしてもかなりの水量を武蔵水路そして見沼代用水路・葛西用水路などに流し，それから古利根川・元荒川・綾瀬川に分水し，うるおい豊かな河川環境の創造に使いたい。

一方，利根大堰上流の小山川・福川などの平野西部の河川については，利根川から導水しても再び，利根川に帰っていく。水質を悪化させない限り，下流域には悪影響をほとんど与えない。積極的に推進すべきである。

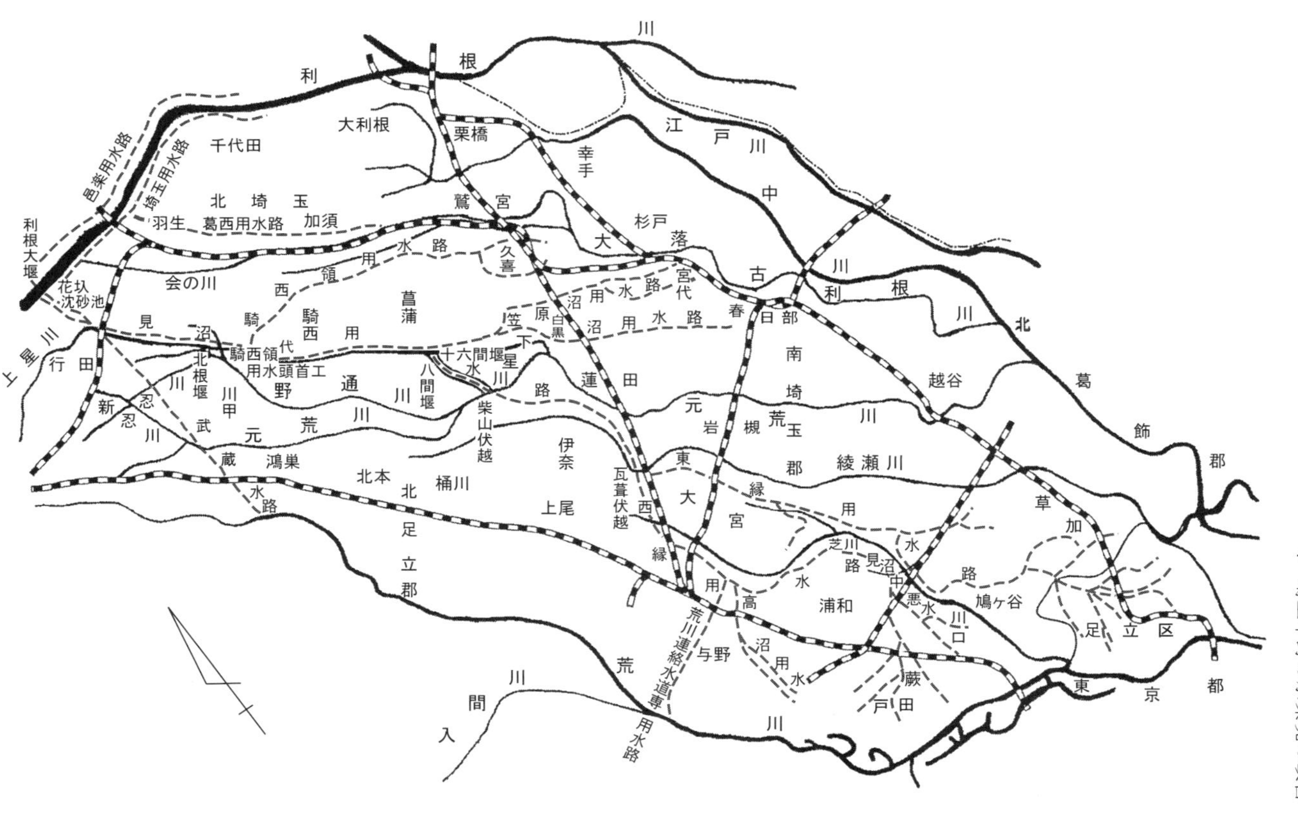

図 20.5　埼玉平野中央部河川・利根大堰関連用水路

（出典：『見沼代用水開発のしおり』水資源開発公団埼玉合口二期建設所，を修正）

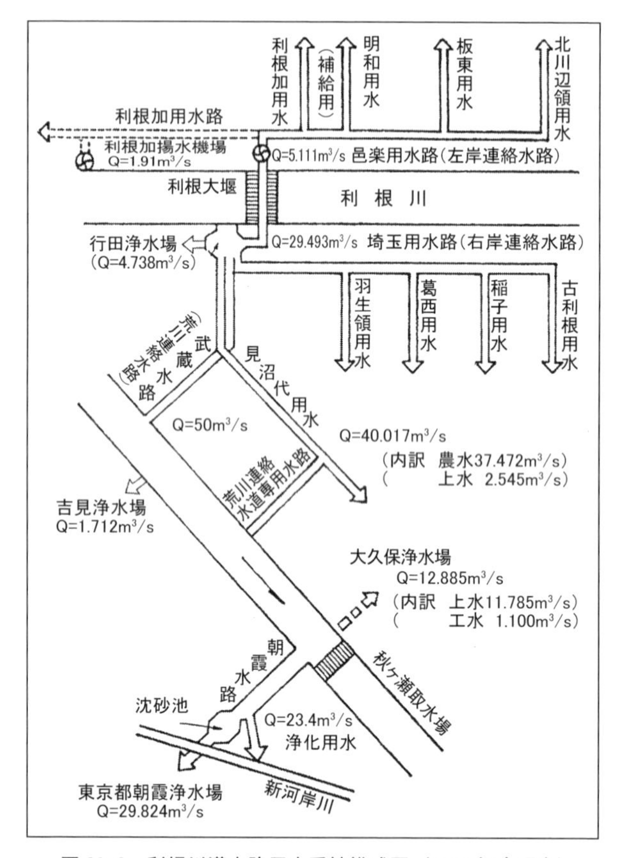

図 20. 6　利根川導水路用水系統模式図（2015 年度現在）

（注）見沼代用水の上水は，開発水量としては毎秒 4.263m³ をもっている．

(2) 都市と水辺

埼玉県下には近世，川越城・岩槻城・忍城の三つの城があり，将軍のお膝元・江戸に近く，幕府にとって重要な役割を有していた。これら 3 城は，街道とともに河川舟運で江戸と直結していた。また城下町には，ふんだんと水辺があった。以前，東京・大阪など全国の城下町について水辺がどれほどあるのか調べたことがある（図 20.7）[(3)]。明治 10 年代から 20 年代にかけて陸軍によって測量されたわが国最初の近代地図（迅速図）をベースに計測したが，平均して市街地の中で 10.9%が水辺であった。東京･大阪の二大都市は，その平均値付近に位置していた。

つまり市街地の約11%が水辺であり，まさに「水に浸かった都市」と表現してよいものだった。しかし，その同じ区域での現況を調べたところ,全国平均で7.6%となっていて，3.3ポイント減少していることがわかった。

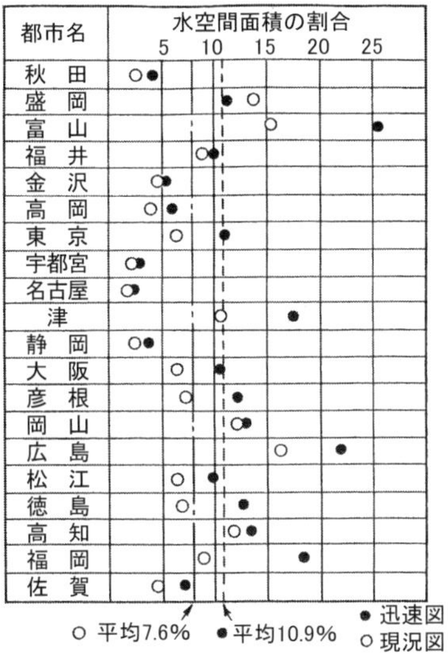

残念ながら県下の3城下町は調べなかったが，同じような状況，あるいは水辺減少はさらに顕著だと思われる。世界の各地で「水辺の復活」が唱えられている今日,もったいないことをしたものである。韓国では,ソウルの中心街にあった清渓川（チョンゲチョン）が2003（平成15）年から05年の工事により劇的に復活した。一時期，水質汚濁が進行し水路に蓋がかぶせられ，その上に高速道路がつくられたが，それらはすべて取り除かれた。さらに近くを流れる漢江からポンプで導水し，アシなどの植生も配置して約8kmの見事なせせらぎが整備されたのである。ソウル市民の憩いとともに，新しい名所として観光客を惹きつける場となっている。

都市名　水空間面積の割合　5　10　15　20　25
秋田　盛岡　富山　福井　金沢　高岡　東京　宇都宮　名古屋　津　静岡　大阪　彦根　岡山　広島　松江　徳島　高知　福岡　佐賀
○ 平均7.6%　● 平均10.9%　● 迅速図　○ 現況図

図 20.7　水空間面積の割合の変遷
（出典：松浦茂樹・島谷幸宏『水辺空間の魅力と創造』鹿島出版会，1987）

ここで都市における水辺の意義を考えてみよう。ビル・ゲイツ率いるマイクロソフト社の研究所には，その敷地内に広い水辺がつくられている。研究に疲れた頭脳を休め，新たな活力を与える，あるいは新しい発想を得るのに水辺が極めて重要な役割を果たしているのである。水辺と頭脳，それは孔子がいったという次の言葉によく現れている。

「五日一風，十日一雨，知者楽水，仁者楽山（五日に一度は風の強い日で，十日に一度は雨が降る。知者は水を楽しみ，仁者は山を楽しむ)」

「知者は水を楽しむ」とは，頭脳の働きが水と深くかかわっていることを明示している。知識産業とか，インテリジェント都市が強く主張されている現代，水辺を中心にした地域づくり，都市づくりを推進していきたい。21世紀の成熟した社会にあって水を全面に出した整備を図っていきたい。埼玉平野はそのポテン

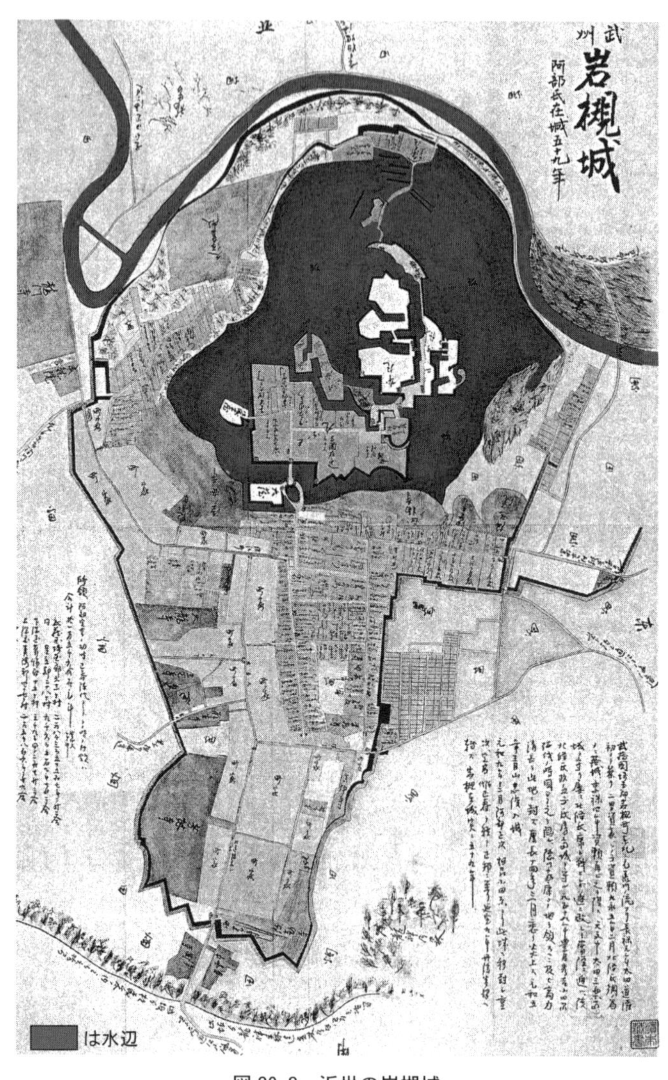

図 20. 8　近世の岩槻城
（出典 :『新編埼玉県史　図録』埼玉県，1993）

シャルを十分もっている。

水辺を中心とした地域づくりの核となる都市として，岩槻（図 20.8）・忍（図 20.9）・川越の 3 城下町を期待したい。水神様・船着き場・堰など，今は取り除

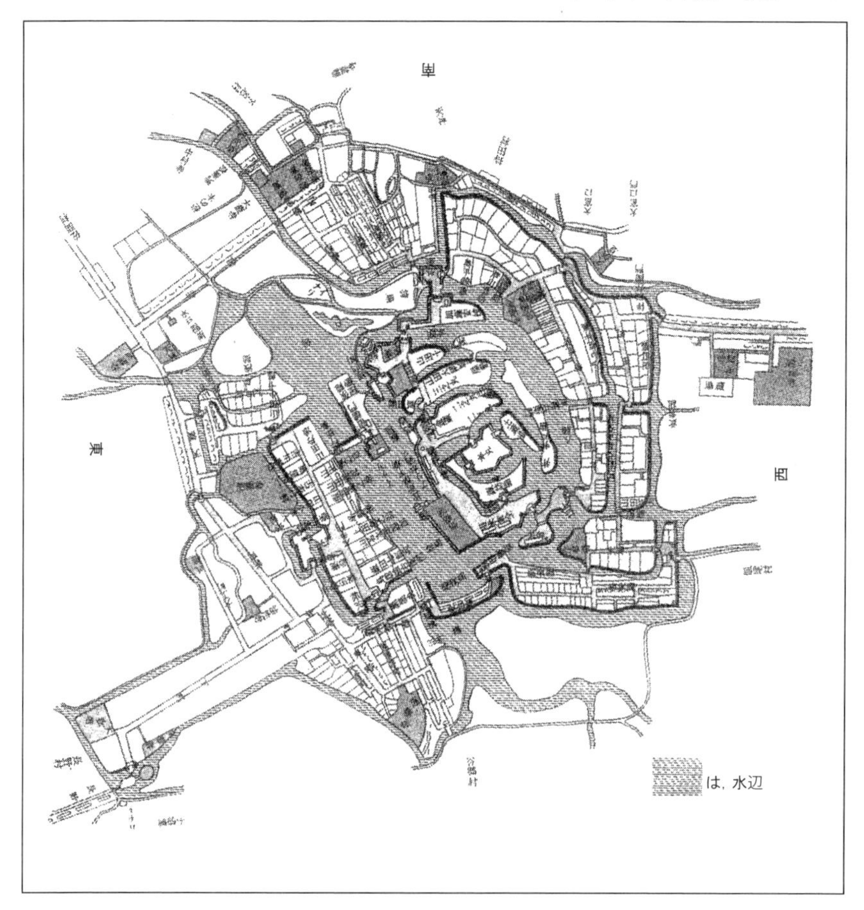

図 20.9　近世末期の忍城
（出典：『行田市史　下巻』行田市，1964）

かれているとしても多くの人々と水辺とのかかわりの痕跡がある。それらの再整備は，蓄積された時間の復活である。人々は，その周辺を自分のペースでゆったりと歩き，歴史（時間）の重みを感じていく。さらに，心をなごませる水の流れがあり，その水と洲には植物・動物がいて多様な自然を楽しませてくれる。あるいは船遊びを考えてもよい。船に乗るのは小一時間がちょうどよい。河の中からその周辺を楽しんでいく。それには，清浄で豊かな水量が必要である。

元荒川に豊かな水量が流れるとなると，岩槻城周辺の水辺環境を大いによくすることができる。また行田の忍城には，酒巻導水路あるいいは武蔵水路から分水して流すことができる。それにより，浮城といわれる忍城があった行田市内の水辺再生を図ることができる。さらに行田周辺を考えるならば，埼玉県発祥のふるさとである「さきたま古墳群」周辺に環境用水を流すことを主張したい。近年の研究により「さきたま古墳群」周辺には豊かな水辺があったことが明らかになっている。忍城また「さきたま古墳群」周辺に水を流しても，武蔵水路に帰るのだから水の消費とはならない。

5　超過洪水対策を考える

(1) 氾濫域の変貌

超過洪水とは，現在の堤防等の治水施設の能力を超えた洪水，将来的には計画を上回る洪水のことである。仮に年超過確率 1/200 の計画が遠い将来，完成したとしても，1/200 を超える洪水は論理的に予測できる。それ以上の洪水の出現にどのように対処するのか。

物理的に対処しょうとの施策が，河川審議会の答申「超過洪水対策及びその推進方策に」に基づき，1987（昭和 62）年度から始まっている。直轄特定高規格整備（スーパー堤防）事業である。堤防幅を 200 ～ 300m にし，越流しても壊れない堤防をつくる事業である。利根川でも，深谷市の小山川合流点から銚子の河口部までの河道延長 169km の左右岸がその対象区間となったが，マスコミから完成までに一千年かかる事業と揶揄された。また，民主党政権による「事業振り分け」では必要ないものとされた。

現在，利根川では「事業振り分け」以前から行われていた 1 カ所を除いて実施されていないが，全国では 120km が事業対象区間とされ，都市基盤整備と一体となって堤防沿いの市街地区域の嵩上げ等が行われている。未だ点に留まっていて，線的に整備されるのには実に超長期の年月を要するだろう。完成の目途が立たないものを計画と呼んでよいのかとの思いもあるが，この事業を使って防災拠点がつくられているところもある。使いようによっては，市街地環境の改善とともに地域の防災能力の向上にも役立つ面があるかもしれない。

埼玉平野への氾濫を考えるならば，その氾濫状況は 1910（明治 43）年洪水（中

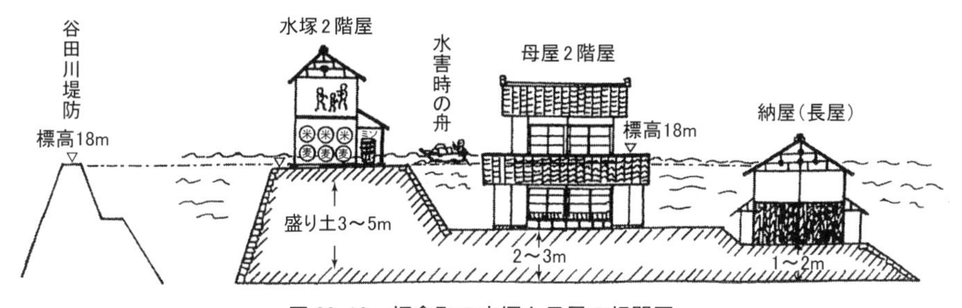

図 20. 10　板倉町の水塚と母屋の相関図
（出典：『板倉町史　別巻四』板倉町，1980）

条堤決壊），1947（昭和 22）年洪水（加須市新川通りの決壊）の分析がベースになるが，その当時と氾濫地の状況は大きく異なっている。堤内地にあった控堤は撤去されたり，放置されたりして用をなさなくなっている。中条堤は，47 年洪水でも押し寄せてきた内水の流下を止めたが，現在では一部除去され，堤防を横断する道路に設置されていた陸閘（洪水が押し寄せてきたとき閉じるゲート）の機能が失われている。また，47 年洪水では荒川が熊谷市久下地点で決壊したが，その氾濫水は備前堤で食い止められた。地元による必死の水防活動によってであるが，その後の備前堤上・下流部の都市化の進展からみて，今日，このような水防活動が期待できるのか大いに心配である。

利根川左岸に位置する群馬県板倉町は，渡良瀬川からの氾濫もあり水害常習地帯であった。住民は母屋を地上げし，また盛土して高くした土地に水塚を設置して氾濫に備えていた（図 20.10）。47 年洪水では渡良瀬川が氾濫し水害となったため，この後も水塚がつくられていった。だが，その後，氾濫がなかったこともあり，今日，水塚は消滅しつつある（図 20.11）。住民側の氾濫の備えが変化しつつあるのである。

(2) 超過洪水への基本的考え方

では，どれほどの洪水を堤防等の施設内に押し込めたらよいであろうか。裏返せば，どの程度の頻度の氾濫を許容していくのかである。私は 2003（平成 15）年に「今日，人々の平均寿命が伸びたといっても約 80 年である。この人生期間の中で氾濫に結びつくような洪水をどれほど経験すべきか。このヒューマンス

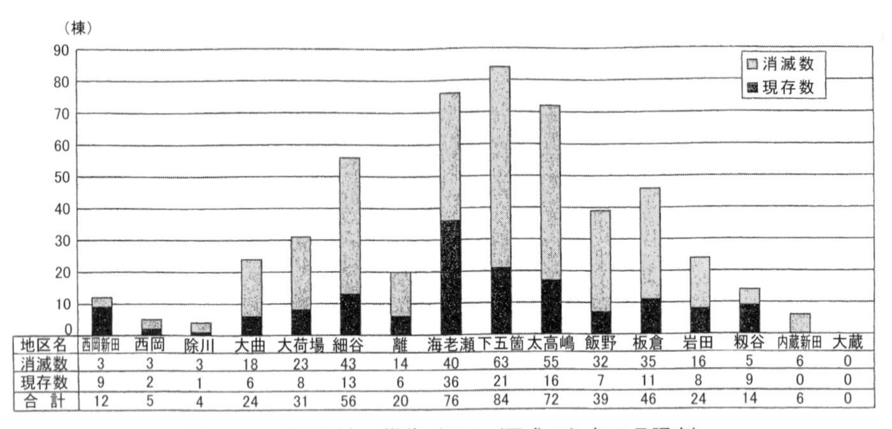

地区名	西岡新田	西岡	除川	大曲	大荷場	細谷	離	海老瀬	下五箇	太高嶋	飯野	板倉	岩田	籾谷	内蔵新田	大蔵
消滅数	3	3	3	18	23	43	14	40	63	55	32	35	16	5	6	0
現存数	9	2	1	6	8	13	6	36	21	16	7	11	8	9	0	0
合　計	12	5	4	24	31	56	20	76	84	72	39	46	24	14	6	0

図 20.11　水塚所有の推移（2001〈平成 13〉年 7 月調査）
（出典：『水防建築「水塚」調査報告書』板倉町教育委員会，2004）

ケールとの兼ね合いの中で水防活動とも関連させながら考えるべきであろう」と述べた[(4)]。この考えは，現在でも変りない。つまり，自分は氾濫地域に住み氾濫に備えなくてはならないとの意識はもって生活するのは，洪水氾濫が人生に 1 回くらい生じるかもしれないというのが妥当ではないかと考えている。例えば 200 年に 1 回生じる洪水を施設で処理するとするならば，人々は自分の人生のうちで氾濫することはないだろうと考えるだろう。そうなると氾濫をまったく考慮しない生活，さらに地域整備が進むだろう。この結果，一たび氾濫したらその被害は膨大なものとなる。

一方，当然，氾濫に備えた施設整備も行わなくてはならない。超過洪水対策の基本は，計画的にどのように氾濫させるかである。氾濫しても地域に被害をできるだけ生じさせないような施設の設置である。1997（平成 9）年の河川法改正で河畔林制度が設けられたが，堤防沿いの河畔林（水害防備林）は堤内に溢れる洪水のエネルギーを緩和するのみではなく，洪水内の土砂をそこに沈殿させる。このことにより，氾濫水の質が異なってくる。また，計画的氾濫は，土地利用の規制・誘導などと密接に関連するが，これらは行政的には河川部局のみによっては完結できず，他の部局との連携が必要となる。

埼玉平野のみでなく，低地部では大型ポンプによる強制排水の役割が大きくなっている。中川から江戸川への放水には，三郷ポンプ場などの巨大なポンプ場が設置されている。ここで重要なことは，江戸川の水位が高いときは放流に制限がかかることである。例えば，中川流域に50年に1回位の大豪雨があった時，江戸川でも大きな出水が予想されるが，水位が高い間は放流には制限がかかる。江戸川の水位が極めて高くなるような大豪雨の際，三郷ポンプ場などの排水ポンプに限界があることは十分，認識しておく必要がある。また，排水ポンプをいざ必要なとき故障が生じて動かせなかったことが時々，報道されている。その日常的な維持管理は重要である。

ところで，氾濫に対する住民側の活動として水防がある。洪水時には堤防から氾濫しないように見回り，あるいは補強を行うが，堤防が高く巨大化することにより人力のみでは対応が困難になっている。機械力を用いた対応をしっかりと準備する必要があるだろう。

豪雨による洪水が，地震それに伴う津波などと根底的に異なるのは十分予測できる時間があることである。東日本大震災をもたらした大地震は予測することができず，津波は地震発生後，30分くらいで襲ってきた。これに比べ，気象科学の発達により洪水はかなり前から予報でき，その襲来に準備する時間がかなりある。しっかりとした避難体制の整備で被害を減少させることが可能であるが，避難の基本は行政任せにするのではなく，自らの生命・財産は自分で守るというのが出発点であることを肝に銘じておきたい。

6　舟運への期待

戦前，利根川では舟運路の整備が熱心に推進され，着工間近であったことを第12章で述べてきた。関東大震災時，救援に舟運が重要な役割を果たしたことがその背景にあった。またヨーロッパで，運河を開くなどして舟運路の整備が進められていることに強く刺激されていた。

1921（大正10）年に着工されたライン・マイン・ドナウ運河が約70年を経て1992（平成4）年に完成したように，ヨーロッパでは河川舟運は今日でも一定の役割を担い，環境にやさしい輸送機関として注目されている。数日間にわたる内陸舟運による観光が脚光を浴びているし，また人口密集している都市から，汚濁物，危険物を運び出すのに，それ専用の船が使われている。観光についての魅力は第4節でも少し述べたが，汚濁・危険物の都市からの搬出，大災害時での救援ルートとしての可能性を十分，検討する必要がある。

7　鬼怒川決壊に想う

本書の執筆中の2015（平成27）年9月10日，鬼怒川で堤防が決壊し，約40km^{2}に湛水して約4,400棟の床上浸水，約6,600棟の床下浸水が生じ社会に衝撃を与えた。関東地方において，この規模の大河川で堤防決壊したのは1986（昭和61）年の小貝川以来である。鬼怒川に至っては49年以来である。今後，現行計画の検証が進められていくであろうが，この決壊について，感じたことを少し述べていきたい(5)。

今回の鬼怒川決壊は，午後1時頃という昼間に生じ，その直後の状況がテレビ放映された。長年，河川調査を行っている私には，昼間に決壊が生じ死者まで出したことに釈然としない思いをもっている。洪水対策に直接かかわる機関として二つある。一つは河川管理者である。鬼怒川決壊地点では国土交通省が河川管理者である。もう一つは，水防管理団体である。主に市町村がその任にあたり，市町村長の指揮下にあるのが地域住民からなる水防団である。河川の見回りは両者が行うが，河川管理者は堤防等の河川施設の安全のため，水防団は地域の安全のために行うのが原則的立場である。そして地域に避難勧告・指示を行うのは市町村長である。

市町村長の役割は極めて大きいが，そこには地域は地域ごと（集落は集落ごと）に守ってきたとの歴史的背景がある。中国では水防活動は国が前面に出て行うが，日本では市町村長が自らの地域を守るとの第一次的な責任を負っているのである。当然のことながら，地域が地元の河川についてよく知っているとのことを前提に水防活動は行われる。その水防活動に，河川管理者は重要な情報を提供する責務を負い，避難判断水位，危険箇所などが通報される。

今回の決壊で違和感をもったのは，決壊を防ぐ水防活動がまったく行われていなかったことである。鬼怒川のような大河川であったら，堤防を越える洪水に対し土のうなどを積んで必死になって活動が行われたのち万事休して決壊する，少なくとも見回りして越流の危険を感知していたが間に合わず決壊する，このように理解していた。

なぜだろうか。自らの地域は自らが守るという水防活動が弱体化したのだろうか，あるいは形がい化したのだろうか。河川管理者の情報提供に不都合があったのだろうか。洪水観測を行っている河川管理者であったら，かなり早くから堤防が危険になるかどうかはわかるだろう。連絡体制に不備があったのか，あるいは生かされなかったのだろうか。

決壊箇所周辺の地域に，決壊前に避難指示が出されていなかったことが大きな問題となった。常総市長は謝罪したが，周辺からの情報が生かされなかったことは残念である。ともあれ，地域住民の安全に大きな責任をもつ市町村の本当の力量が問われるのは危機管理のときである。想定外をなくす事前の準備が，最も重要であることは論をまたない。

ところで，決壊後しばらくして避難指示が出され，かなりの人たちが自宅を離れて避難したと思われるが，その避難行動中に被害に遭わなかったのは不幸中の幸いではなかったかと考えている。車で避難する人たちがかなりいたが，運よく濁流にのみこまれることはなかった。

一般論として，決壊前であったら高台等に避難しておくことは重要であるが，決壊したら氾濫水がくる前に避難できるとの確証がない限り，外に出るよりも2階に避難していた方が安全と考えている。2階のない方は近くの2階建ての家に一時，身を寄せさせてもらうのがよい。今回は昼間だったから氾濫の状況はよく理解できたが，夜だったら大きな困難が伴っていたのは想像に難くない。

さて，決壊地点を中心に新たな改修計画が策定されると思われるが，「水防に強い川づくり」が重要ではないかと考えている。「水防に強い川づくり」の第一は，地域住民に川を知ってもらうことである。そのためには，通常時に人々を川に近づけることが大事である。つまり，人々をひきつける魅力をもつ「川づくり」が重要である。その他，水防活動の拠点づくりなどが考えられる。

（注）

(1) 利根川百年史編集委員会『利根川百年史』関東地方建設局（1987）による．

その後，正常流量（確保流量）が2005（平成17）年度見直され，栗橋地点で灌漑期（3～10月）120m^3/s，非灌漑期（11～2月）80m^3/sとなった（『第28回河川整備基本法方針検討小委員会』国土交通省，2005）．この変更により，渇水基準年を1960年のままとしたら必要不特定容量は減少することとなると思われるが，具体的にどれほど不足しているかは把握していない．因みに，利根川河口堰地点の正常流量（維持流量）は30m^3/s，江戸川水閘門では9m^3/sであって，従来と同様である．

(2) 埼玉県上水は，農業用水合理化事業として埼玉合口二期事業で開発されたものの一部である．この事業では，埼玉県上水は3.704m^3/s開発されたが，今日水需要が発生していないため1.986m^3/sしか取水されていない．東京都上水0.559m^3/sも合わせて合口二期事業では4.263m^3/sの上水が開発されたが，非灌漑期は八ッ場ダムで手当てする計画となっている．

(3) 松浦茂樹・島谷幸宏：『水辺空間の魅力と創造』鹿島出版会（1987），pp.1–29.

(4) 松浦茂樹:「『近代治水』と『氾濫方式』」，高橋　裕編:『地球の水危機』山海堂（2003），pp.285–292.

(5) 1923（大正12）年に決定された当初計画から今日の計画までの変遷については，「鬼怒川近代改修計画から『2015年台風18号水害』を考える」（『季刊河川レビュー』No.168，新公論社，2015）で整理している．

附章　戦国末期から近世初期にかけての利根川東遷

利根川東遷とは，それまで東京（江戸）湾に流出していた利根川の流水を銚子から太平洋へ放出させたことをいう。元々，太平洋へは鬼怒川・小貝川を合わせた常陸川が流下していたが，その河道に利根川の流水を人工的に流下させたのである。常陸川筋は，中利根川・下利根川とも呼ばれている。

図附.1は，近代改修が行われる以前の近世中頃（天明3〈1783〉年以前）の河道概況を示している。新川通りが利根川本川で，本郷地点で大支川・渡良瀬川を合流させたのち栗橋の下流の川妻で利根川は赤堀川・権現堂川に分かれる。権現

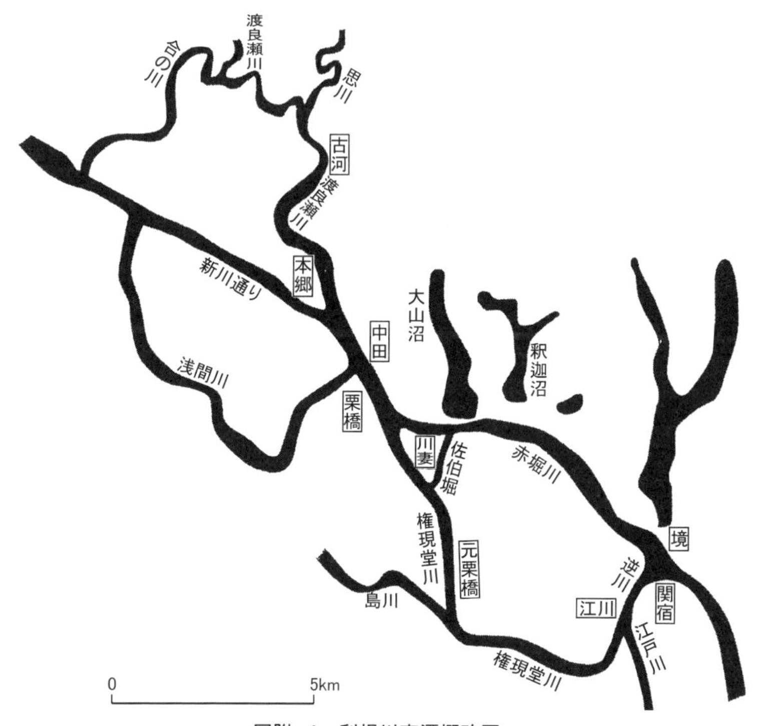

図附.1　利根川東遷概略図

表附.1　利根川東遷年表

年	事　　項
天正年間（1573 ～ 92 年）初期	・権現堂堤築造
文禄 3（1594）年	・会の川締切
元和年間（1615 ～ 24 年） ≀ 正保年間（1644 ～ 48 年）	・新川通の開削と増幅 ・赤堀川の開削（7 間）と増幅（3 間） ・浅間川の高柳地点での締切 ・佐伯堀の開削
慶安年間（1648 ～ 52）	・江戸川の開削
承応 3 年（1654）	・赤堀川をさらに3間の拡幅ないし3間の幅で深く掘られ る．この後，通常時，水が流れるようになった．
元禄 11（1698）年	・赤堀川の川幅 27 間（49m），深さ 2 丈 9 尺（8.7m）
宝暦 3, 4（1752，53）年	・島川流域の羽生領から排水のため赤堀川拡幅が要求される．
天明 3（1783）年	・浅間山大噴火（この降砂が利根川河道に流入．この後，利根川河床は上昇して利根川河道は一変する）
文化 6（1809）年	・赤堀川が拡幅されて 40 間（73m）となる（上利根川洪水の中・下利根川への本格的な流入はこれ以降）
天保 9（1838）年	・浅間川締切
天保 12（1841）年	・合の川締切
天保 14（1843）年	・赤堀川の拡幅工事
明治 4 年（1871）年	・赤堀川呑口の拡幅工事
明治 42 ～昭和 5（1909 ～ 30）年	・近代改修事業（この後，上利根川の大洪水が中利根川に流下するようになる）

堂川は，江川で江戸川と逆川に分かれる。逆川は赤堀川につながり，さらに中利根川に連絡する。

図附.1 でわかるように，利根川と常陸川（中利根川・下利根川）の流水の連絡は，主に 2 カ所で行われた。一つが，赤堀川によってである。赤堀川の最上流部にあたる川妻地点は，ローム層台地が開削されて整備された。ここが利根川東遷の主舞台であった。利根川上流部の大洪水が氾濫することなく赤堀川を通って中・下利根川に流下したのは，1935（昭和 10）年の洪水が最初である。利根川東遷は赤堀川開削のみからみても，300 年以上かけて行われた大プロジェクトである。この間の東遷年表は表附.1 に示してある。

他の一つが逆川を通じてである。逆川河道の勾配は，関宿から江戸川流頭部に向かって下っているが，権現堂川の洪水のうち江戸川に呑み込まれなかった流量は，逆川河道を流れ，赤堀川の洪水と一緒になって中利根川に流下していった。

また，江戸川の上流部は利根川東遷と深く関係をもちながら人工的に開削されてつくられたものである。同様に，権現堂川も権現堂堤の築造によって整備され

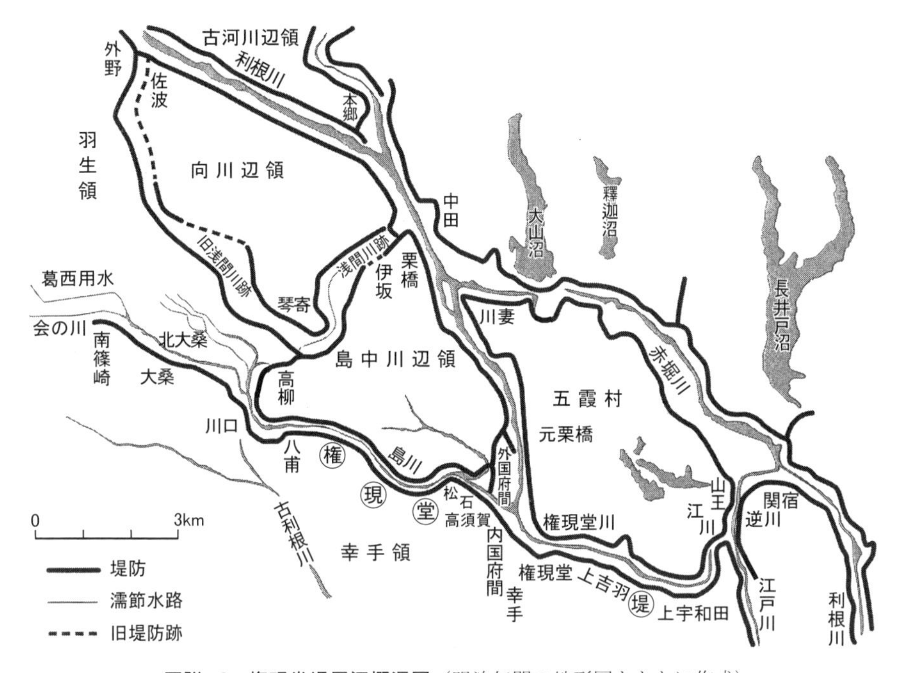

図附.2　権現堂堤周辺概況図（明治年間の地形図をもとに作成）

たものである。私は，権現堂堤築造が利根川東遷の実質的な第一歩と考えているので，権現堂堤築造から述べていきたい。

1　権現堂堤の築造

(1) 改修以前の権現堂堤

近代改修以前の権現堂堤を見よう（図附.2）。権現堂川は江川で江戸川に合流するが，その右岸，つまり南側の堤防が権現堂堤である。この堤防は，権現堂川に沿いほぼ西（上流）に向かって上宇和田・上吉羽から権現堂に至り，この地点で島川が合流する。権現堂川はここで大きく北北西の方向に向きを変え，元栗橋から栗橋に遡っていく。一方，権現堂堤は，島川右岸に沿って西北西の方向に松石・八甫を経て川口に至る。川口では，佐波・外野から琴寄・高柳と南下してくる旧浅間川（古利根川）と葛西用水（会の川）が合流していた。葛西用水は会の川河道を利用して享保 4（1719）年整備されたが，川口地点で会の川（葛西用水）は旧浅間川と合流し，島川はここから分派していたのである。なお図附 .2 では，琴寄から北東に伊坂へと向かう浅間川跡があるが，後に整備されたものである。これについては後述する。

会の川と葛西用水が合流するのは川口上流の南篠崎であるが，権現堂堤はこの南篠崎地点の直上流まで続く。江戸川分流地点から 5,895 間（約 10.6km）の長さの大規模な堤防であり，地域にとって実に重要な施設であった。これによって幸手領を中心とする下流地帯が防御されたのであるが，利根川東遷に極めて大きな影響を与えた。

権現堂堤が築かれた時期は明確ではない。文政年間（1818 ～ 30 年）に成立した『新編武蔵風土記稿』では，天正 4（1576）年と記述されている。一方，『八甫村諸記録』には「宝泉寺脇利根川，天正弐年ニ御築留御普請有リ」とあり，八甫地点での天正 2 年の築堤が記されている [1]。この記述は，佐波から流下していた利根川（浅間川筋）を八甫地点で築堤により締切ったことを示している（図附 .3）。この堤防は蛇田堤といわれ，権現堂堤の一部といわれている。このように，天正年間初期に権現堂堤は築造されたといわれているが，これらの記述を信頼したとしても，一度に一気にすべてが築造されたかどうかは，よくわからない。

権現堂堤の築造によって，川口地点下流の古利根川への利根川洪水の流下が抑えられた。当時の河道状況から推定すると，利根川は会の川筋，浅間川（古利根川）筋を通って流下していたと考えられるが，権現堂堤によって止められたのである。この堤防により，利根川流水は南下が抑えられ，島川筋に沿って東へ向かった。

また，ここには渡良瀬川も流下してくる。渡良瀬川は，栗橋から南西に旗井・伊坂・高柳へと続く流路（図附 .2 では浅間川跡）を流れていたのが，栗橋から権現堂に向かう権現堂川筋に移ったといわれる。一方，権現堂地点から下流をみると，上吉羽から南下する旧河道があり，利根川が現・島川筋に沿って流れる以前，この旧河道には渡良瀬川が流下していたと推測されるが，いつ締切られたのか明らかではない。この旧河道は，北葛飾郡杉戸町の堤根で古利根川に合流していた。権現堂堤はこの旧河道を締切ったことになる。

締切られた後の渡良瀬川そして利根川は，上宇和田から庄内古川（古川筋）を南下したのだろう。庄内古川は，後世の江戸川下流部である太日川と繋（つな）がる。権

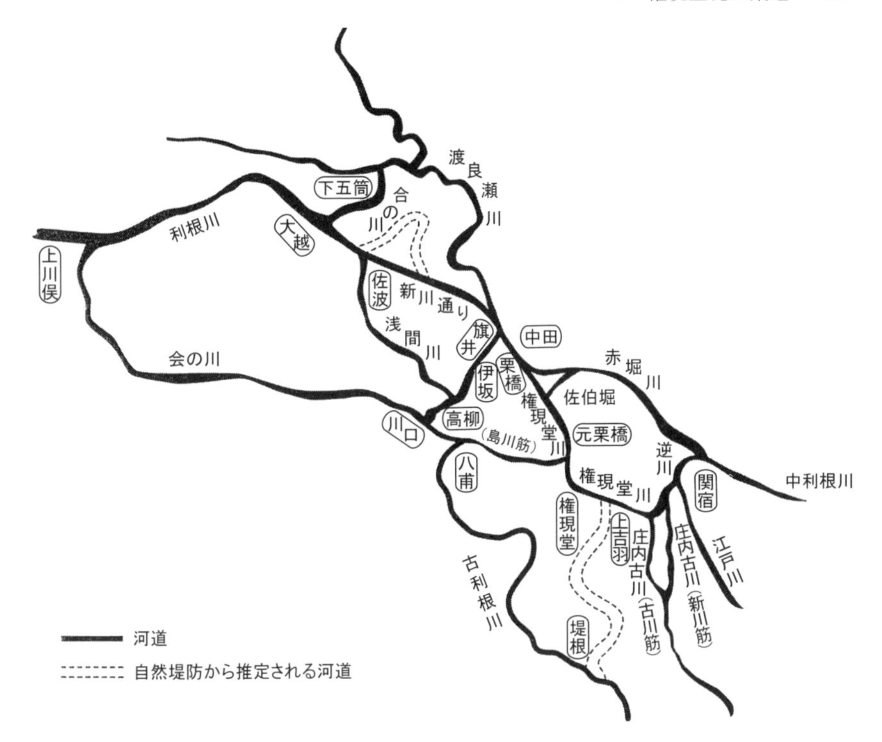

図附.3　利根川の歴史的河道変遷概況図

現堂堤築造による古利根川筋から庄内古川筋への変更は，利根川東遷の出発点と考えてよいだろう。

(2) 権現堂堤の役割

権現堂堤周辺の地形について明治年代の地形図でみると，島川と権現堂川が合流する権現堂を境にして大きく変る。その西方，つまり上流側では広い沖積低地が拡がっている。一方，東方の下流側では，権現堂堤の対岸は台地である。すなわち，ここの河道は台地と堤防に囲まれていて，利根川洪水はここに押し込まれたと考えてよい。そして，沖積低地が拡がるその上流部は大遊水地帯であったと判断している。図附.2では，外国府間～高須賀間は日光街道が通る堤防によって締切られているが，この状況となったのは1885（明治8）年である。それ以前，この無堤区間で利根川洪水は島川に沿って逆流していた。

権現堂堤の対岸では島川左岸にも堤防がみられるが，権現堂堤に後れて整備されたものである。築堤当時，権現堂上流で大遊水地帯をつくり，その下流部で狭い権現堂川河道に押し込む状況だった。この権現堂堤により，その南側の幸手領が堤内地となって利根・渡良瀬川洪水から防御されることとなったのである。繰り返すが，その北側は堤外地であって，利根・渡良瀬洪水が氾濫する区域であり，出水の都度，大氾濫して，限られた流量のみが権現堂下流の権現堂川に流下していった。大氾濫地域となった島中川辺領・向川辺領では，広い輪中堤をつくって開発・整備が進められた。その上流の羽生領も含めて，当地域の排水は長い間の課題だったのである。

2　赤堀川開削を中心とした栗橋周辺部の河道整備

(1) 会の川締切り

会の川について『新編武蔵風土記稿』は，「元利根川の支流なり、古上新郷と上川俣村の境より利根川を分流し，羽生領の中を東流し，川口村の東にて東南二派に分かれ，その東するものは今の島川に合し，南するものは今の古利根川是なり」と述べている[2)]。川俣で利根川が分流し川口で島川筋と古川筋に分派しているとするのだが,会の川が有力な利根川の流路であったことがわかる。本流であった時期もあるだろう。

徳川家康が関東に入国したのは天正 18（1590）年であるが，それから間もない文禄 3（1594）年，忍城松平忠吉の付家老・小笠原吉次によって羽生領上川俣で会の川が締め切られた。当時の状況について『群馬県邑楽郡誌』は，「文禄以前に於いては上利根の水，川股の締切にて三派に分る。一は上野国邑楽郡に向ひて谷田川と合流し，一は埼玉県埼玉郡加須方面に行き今合（会）川の址あり。一は既に現本流の方向に向ひしものヽ如し。かくしてこヽに川俣を生ず」と，文禄以前には川俣で利根川は三派に分かれていたことを述べている[3)]。

また，締切り以前の会の川分派地点の状況が，絵図として残されている（図附.4）。江戸時代の後年に写されたものだが，絵図によると東利根と南利根（会の川）に分かれており，その会の川への分派口には大きな洲が見られる。会の川へ利根川は流入しにくい形状であり，文禄 3 年当時，主流は会の川筋ではなかっ

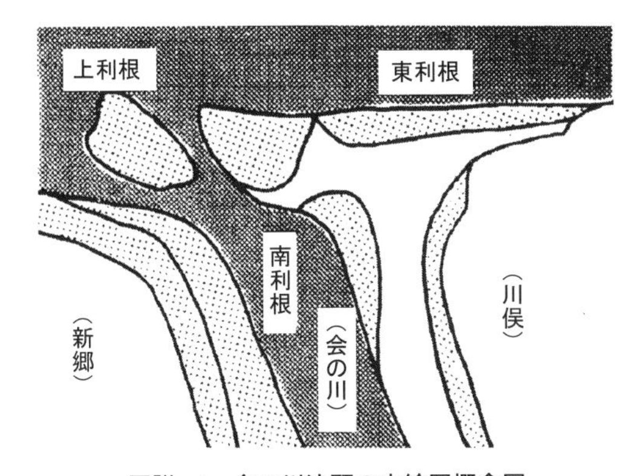

図附 . 4　会の川流頭の古絵図概念図
（出典 :『中川水系人文（中川水系調査報告書 2)』埼玉県，1993）

たと推定されている。またここは，土砂が堆積する地点であったと考えられる。

さて文禄 3（1594）年の会の川締切りであるが，翌 4 年対岸の上野国で，西は古戸村（妻沼の対岸）から合の川添いの下五ヶ村（現・板倉町下五箇）にかけての約 8 里 17 町（約 33km）の間に，高さ 15 ～ 20 尺（4.5 ～ 6m），敷（堤防基底部）15 ～ 16 間（27 ～ 28.8m），馬踏（天端幅）3 ～ 5 間（5.4 ～ 9m）の当時としては大堤防である文禄堤が築かれた[(4)]。この堤防は，さらに渡良瀬川沿いに続き，館林領を囲んで築かれたのである。

当時，館林領主は徳川四天王の一人・榊原康政であり，まったくの新築ではなく既存の増築であったにせよ，領内整備のために築かれたのである。一方，右岸・武蔵国側には築造の記録が見当たらない。しかし沖積低地の大きさからして，対岸と少なくとも同程度の堤防はあったとみるのが必然だろう。

このように文禄 3・4（1594・95）年と 2 カ年で，左岸・右岸で大きな河川工事が行われている。当時の大藩である忍領・館林領が，まったくの連携なしに個別に行ったとは考えられない。これらの工事に先立ち，忍城預りとして城主が松平家忠であった天正 18（1590）年から翌年にかけ，代官・伊奈備前守忠次がたびたび忍領を訪れている。『家忠日記』には，次のように記されている[(5)]。

「天正十八年

十二月二十一日　伊熊蔵長野まで越し候て会いに越し候。

天正十九年

一月七日　伊熊蔵同心ふる舞候。
閏一月二十六日　伊奈熊蔵忍領竿打ニ熊谷まで越し候。音信候。
二月二十八日　しかうより越し候伊熊蔵朝めしふる舞候。夕めし富三右所ニ候。
三月六日　熊谷西堤五十間つき候。
三月十三日　朝まで雨降り。伊熊蔵熊谷より越し候て，恕総にて夜はなし候。
三月十四日　松井八左衛門所ニ，熊蔵ふる舞候」。

「熊谷西堤五十間つき候」とあるので，荒川整備との関連で伊奈忠次の来訪と思われるが，荒川整備でもこのように忠次は深くかかわっている。当時，忠次は関東平野整備の総元締といってよく，会の川締切も徳川家中枢の指導のもとに行われたと判断するのが妥当だろう。

なお注目したいことは，会の川締切り地点である上川俣のすぐ上流で，忍（おし）と館林とを結ぶ街道，いわゆる日光脇往還（日光裏街道）が通っていることである。家康入国当時，館林には10万石の榊原康政が，忍城（行田市）には同じく10万石の松平忠吉が配置された。入国当時，この二人以外で10万石以上を与えられたのは，上野国箕輪の井伊直政（12万石），上総国大多喜の本多忠勝（10万石）のみである。当時，館林と忍がいかに重要視されていたのかがわかる。それを結ぶ街道が，川俣で利根川を渡っていたのである。文禄3年の会の川締切りは，この街道の整備と深いかかわりがあったのかもしれない。分流地点の直上流では出水時，分派の影響で乱流となり，河岸に洗掘などの支障を生じさせる。

(2) 近世前期の新川通り・赤堀川の開削

元和7（1621）年，川辺領を横切り佐波地先から栗橋に至る延長4里（8km），幅7間（13m）の新川を開削して利根川を渡良瀬川に合流させた，というのが通説である。新川通りと呼ばれる直線河道がこれである。この新川通りの延長上に，同じ元和7年，赤堀川が開削された。

利根川と常陸川を結ぶ赤堀川は，近世前期の元和7（1621）年，寛永2（1625）年，そして承応3（1654）年にかけ，33年の間に3回に分けて少しずつ台地開削・河道拡幅，そして水深の増大が行われた。元禄11（1698）年には，通常の水で川幅27間（49.1m），深さ2丈9尺（8.7 m）となっていたといわれる。

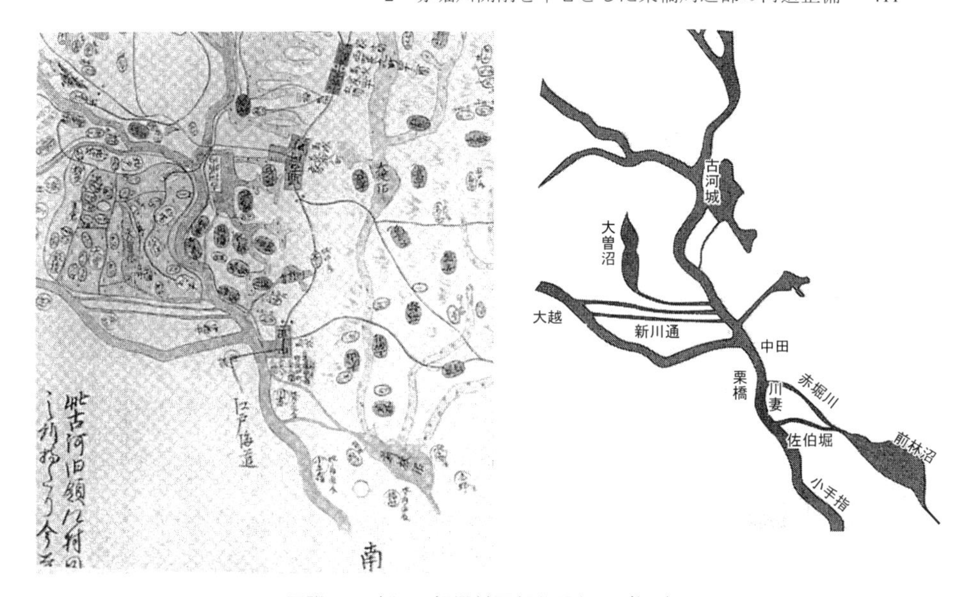

図附.5　古河旧領郷村図部分図および概略図
（出典：鷹見泉石関係資料「古河旧領郷村図」部分，古河歴史博物館蔵）

①古河旧領郷村図からみる新川通り・赤堀川

古河藩の家老・鷹見泉石が書き写した古河旧領郷村図がある（図附.5)。この絵図に泉石は，「正保元年利隆公襲封なふの時，分知之残一三万五千石之内，古河領一二万石之図也」と記している。正保元（1644）年，土井利勝の死去により利隆が継いだが，その時の藩領図というのである。正保元年でなくても，それより遠くない時代を現しているだろう。

この絵図では，利根川は大越から栗橋まで大きな流れとなり，栗橋直上流で渡良瀬川が合流している。その後,権現堂川筋を流れているが,この河道以外に「前林沼（釈迦沼)」とつながる二つの水路が描かれている。北が赤堀川，南が佐伯堀と判断してよいだろう。赤堀川･佐伯堀は，幕府が作成を命じた「正保国絵図」には描かれていないので，今日まで残されている絵図面では，赤堀川・佐伯堀が描かれた最古の絵図と考えられる。佐伯堀は，権現堂川筋の小手指から赤堀川の釈迦新田に通じる水路で，元和9（1623）年開削・整備されたとの記録がある[(6)]。

また，古河川辺領と向川辺領の間を流れる新川通りは，2本の河道で描かれている。先述したように，新川通りは元和 7（1621）年に開削されたというのが通説であるが，鷲宮針ヶ谷家に伝わる『莿萱氏系図』（はりがや）では「元和二年春，弥兵衛村より今の栗橋八万社の脇まで敷三間，長弐千間余二筋通し，此中に幅七間の筋を残したるものなり」と述べられ，元和 2（1616）年，敷（川底）3 間（5.5m），長さ 2,000 間余り（約 3.6km）の水路 2 筋が開削されたと記述されている[7]。古河旧領郷村図でも 2 筋の水路が描かれていた。この水路が元和 7 年，さらに整備された可能性が大きい。

②元和 7（1621）年の河道整備

利根川は，文禄 3（1594）年の会の川締切り後，浅間川筋が主流となった。浅間川は間口・高柳間を通り，その後，古利根川筋は既に締切られていたので川口から東に，現在の島川筋に向かい八甫を通って権現堂から権現堂川筋を流下していたと考えてよいだろう（図附 .6）。図附 .5 をみると，この流れが高柳から反転し栗橋直上流で渡良瀬川を合流している。高柳・琴寄・伊坂と続く河道は旧渡良瀬川河道であり，地形的には伊坂から高柳へと勾配は下がっているが，それを逆流しているのである。

この河道を吉田東伍『利根川治水論考』は逆川と呼んでいる。この河道がいつ頃成立したのか。『莿萱氏系図』では元和 7 年，御奉行・大河内金之丞と手代・冨田吉右衛門（伊奈家重臣）によって高柳と間口の間の十王で締切られたと述べている[8]。この締切りにより浅間川は反転し，栗橋に向かったのである。合わせて八甫の宝泉寺脇で，八甫から権現堂に至る旧会の川（現・島川筋）の河道が締切られたことを述べている。八甫から権現堂に向かう流れはなくなったのである。

この元和 7（1621）年とは，赤堀川が開削された年と同じである。手代・冨田吉右衛門は，元和 7 年の赤堀川開削のとき「伊奈備前守様内　冨田吉左衛門様」（『赤堀川開削由緒書上』）[9]，あるいは「伊奈備前守内冨田助右衛門殿」（『懐中緒用之覚書』）[10] とある冨田と同人物と考えてよいだろう。つまり赤堀川を最初に開削した人物と，高柳で浅間川を締切り旧渡良瀬川筋に反転された人物とは同じである。このことから，新川通りの開削を含め，これらは一体的に行われたことがわかる。

なお，八甫より下流の旧会の川筋に島川が羽生領の悪水流し（排水路）のため

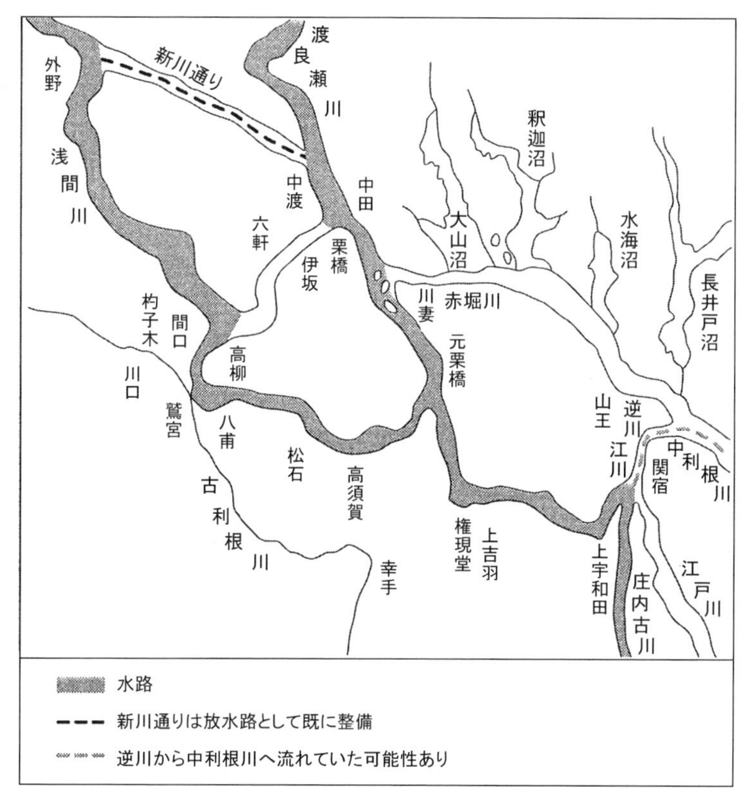

図附.6　元和7（1621）年の河川改修直前の水路想定図

の水路として新たに整備されたのは，羽生領の悪水流し（排水路）として万治3（1660）年という。この万治3年は，本川俣から利根川の水を導き幸手領のための幸手領用水が成立したときである。この幸手領用水が享保4（1719）年に葛西用水へと発展するのであるが，万治3年以前は杓子木から浅間川の水を引いていた。引水のための浅間川への伏込みは，八甫から権現堂に向かう流れがなくなった2年後の元和9年に行われたとされている[11]。

③新川通り・赤堀川開削の目的

新川通りそして赤堀川の開削について，その目的を考えてみよう。文禄年間（1592～96年）の会の川締切り，また文禄堤の整備により，その下流部では通常の水のみならず洪水の流下も増大した。これへの対策として，北方の合の川と南の浅間川との間に新川通り，さらに新川通りの延長として赤堀川が開削されたと判断する。つまり埼玉平野に大きな害を与え，その整備に支障となる洪水を常陸川筋に流下させようとしたのである。

新川通りについてみよう。『莿萱氏系図』が述べているように，元和 2（1616）年に幅 7 間（12.7m）を残して川底 3 間（5.5m）の二つの水路が開削された。この水路には，通常の水を流そうとしたのではなく放水路として洪水のみを流そうとしたのである。そして，通常の水は浅間川を流下させ，元和 7 年には高柳から反転し栗橋で利根川に合流させようとした。

それは，河道を直線化すると水の流れが早くなる，そうなると河道の重要な機能である舟運に支障が生じる可能性がある。それを恐れて，船が通る水路は残し，それとは別に洪水に対処する放水路つまり新川通りを開削したのである。この地域の舟運についてみると，北条氏照花押の史料でみるように，天正年間（1573～92 年）に八甫を中心に後北条氏所属と思われる 30 艘の商船のことが述べられている [12]。また家康入国以降も，上野国・武蔵国を流域とする上利根川は江戸とを結ぶ実に重要な水路であり，足尾御用銅の運搬ルートであった。

赤堀川も同様であった。権現堂川は大きく蛇行しているが赤堀川は直線上である。この河道に，通常時に水が流れるようになったのは承応 3（1654）年に行われた 3 回目の開削工事（三番堀）以降である。赤堀川は権現堂川と逆川の延長に比べて約半分で，勾配は倍となる。下手をすると赤堀川に流水が集中するとともに流速が早くなり，その上流も含めて安定した水位が保てない可能性がある。そうなれば舟運機能に重大な支障を生じさせる恐れがある。権現堂川の舟運機能の維持を重視し，「そろりそろり」と様子をみながら赤堀川は開削されていったのである。

元和 9（1623）年といわれる佐伯堀の開削も，洪水を常陸川筋に流す一環の工事として行われたのであろう。だが十分，放流できず，やがて自然廃川となった。

ところで，新川通りがいつ通常の水が流下する河道になったのかは明らかでない。だが，板倉の荻野家に残っている元文 2（1737）年の文書「乍恐書付を以奉御内見候（利根・渡良瀬両河調）」では，「利根・渡良瀬川落合申候南北ハ武蔵国之内ニ御座候処，南方ハ新川と申候，此所先年ハ利根川之川原ニ御座候」と，新川が以前は利根川の河原であったと紹介されている。新川とは，その位置からして新川通りと推定されるが，そこがいつまでかはわからないが，通常時は水が流れていない川原，つまり洪水のみが流れる放水路だったことがわかる。翻って，元文 2（1737）年には水が流れていたことを示している。なお宝永元年（1704）の出水の翌年，新川通りは増幅されたといわれる[13]。これ以降，通常においても水は流れるようになったのかもしれない。

一方，浅間川，そしてその対岸にあり武蔵国と上野国の国境を流れる合の川が締切られたのはかなり遅く，天保年間（1830 ～ 44 年）である。

(3) 日光街道の整備と利根川東遷

元和 7（1621）年は，日光街道の整備にとっても大事な年であった。日光街道は，いうまでもなく江戸と徳川政権の聖地・日光とを結ぶ幕府にとって重要な街道であった。家康が日光東照宮に葬られたのは元和 3 年であるが，この年，将軍・秀忠の日光社参が行われた。また寛永 13（1636）年，日光東照宮が竣功した。その街道筋であるが，元和 2（1616）年に「関東一六渡船場の通行人改め」が定められた時，その渡船場の一つとして栗橋と房川渡が含まれていた。ただし，この当時，栗橋は下総国猿島郡五霞（現・茨城県猿島郡五霞町）の元栗橋であった。翌元和 3 年の秀忠社参の時は，元栗橋にあった栗橋城から古河に至ったと推測される。

この元栗橋に入るのには，権現堂川を通らねばならず，かなりの幅の河道を渡る必要があった。この河道は，利根川と渡良瀬川の合流したものである。当時，赤堀川は開削されていないから，ここを渡れば古河まで再び河川を渡ることなく行くことができる。これが古い時代からの街道であった。

だが，この街道を放棄して（新）栗橋（現在の栗橋）から権現堂に到る権現堂川の右岸堤に新たな街道が移されたのである。ここが日光街道となり，元栗橋の住民が移転して新栗橋が宿場町となった。そして，利根川を舟で対岸の中田に渡ることとなった。新栗橋に移ったのは元和 7（1621）年といわれ，翌年 4 月，秀忠は日光社参の際，「板東太郎利根川初て御船橋掛」と，船橋を用いて利根川を渡ったことが記されている[14]。その後，寛永元（1624）年に栗橋に関所が設置され，この関所によって人々の移動を管理したのである。

元和 7（1621）年とは，先述したように新川通り，赤堀川が開削・整備された年である。つまり，これらの河川改修と一体となったプロジェクトとして街道整備は行われたのである。元栗橋を通る旧来の街道筋であったら，権現堂川と新たな水路となった赤堀川の2河川を渡ることとなるが，それを避けるため新栗橋へ移転したと考えることができる。その前提として，元栗橋を通っていた旧街道に支障が生じていたのかもしれない。この旧街道のある五霞の地形は，広く洪積台地が拡がっているが，関東造盆地運動の影響で標高が低い。元栗橋にあった栗橋城は，その周辺より高い土地にあるが，1910（明治43）年大出水時，2mから3mほど浸った。利根川の大洪水時，広く湛水する地域を通っていたのである。

元和7（1621）年の河道整備により，八甫から権現堂の現・島川筋の流れは締切られ，利根川本川筋は浅間川を高柳で反転して栗橋に出，そこから権現堂に向かって権現堂川を南々東に流下した。新たな街道はこの権現堂右岸堤との兼用であり，大きな堤防が築かれ，天明6（1786）年の大洪水までこの区間で決壊したことは知られていない。外国府間と高須賀には築堤されなかったが，この無堤区間では出水があったときは舟で渡っていた。

江戸と日光を結ぶ日光街道の整備は，文禄3（1594）年千住大橋の架橋，慶長2（1597）年千住宿の宿駅指定，慶長7年の粕壁宿の新宿取り立てなど早くから行われた。その後，日光東照宮が造営された元和3（1617）年から参勤交代が制度化された寛永年間（1624～44年）にかけて本格的に整備された。武蔵国では千住，草加，越谷，春日部，杉戸，幸手を通って権現堂川右岸堤を進み，栗橋で利根川を渡る。可能な限り自然堤防上の微高地を通っているが，春日部を過ぎたあたりから北は低地を通る。このため，この地域での安定した街道整備には治水が必要不可欠な条件であり，幕府にとって重大な関心事であったのである。因みに，二代将軍秀忠が元和3年4月に社参した時には，千住・草加間で諸道具を運んでいた足軽13人が洪水によって死亡した。当時の日光街道は，利根川出水に対し，このような状況であった。

3　江戸川開削を中心とした関宿周辺の河道整備

(1) 庄内古川と逆川

①庄内古川

先述したように，権現堂川は上宇和田から庄内古川（古川筋）を流下する状況

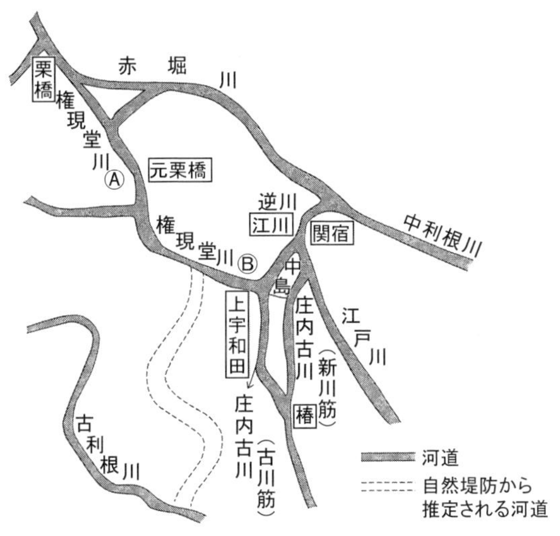

図附 .7　関宿周辺歴史的河道概況図

となったが，その後，上宇和田から江川に北上させられた（図附 .7）。この流路は，関宿から流下する逆川とつながる。上宇和田から江川へのこの流路は，わずかかもしれないが地形的に北から南に傾いている。ここは，自然地形に反して人工的に整備されたのである。その距離は約 1.5km である。この流路が後に江戸川とつながっていくが，それ以前は庄内古川（新川筋）を流れていた。

この庄内古川（新川筋）は椿で古川筋に合流するものだが，権現堂川の最下流部で庄内古川は古川筋から新川筋に移ったのである。ただし全量が一どきに，すべて新川筋に流れるようになったのかどうかは定かではない。この新川筋は，その自然堤防の発達から小規模であるとされている[15]が，新川筋がどのような過程を経て整備され，権現堂川とつながったのかはよくわからない。また，古川筋がいつ締め切られたのか，元和 4（1618）年以前との説，寛永年間（1624 ～ 44 年）との説があるがよくわからない。ただし正保元（1644）年の幕命によって作成された「正保武蔵国絵図」（独立法人国立公文書館内閣文庫蔵）には，この古川筋は新川筋・江戸川とともに描かれている（図附 .8）。

武蔵国と下総国との国境は中世まで古利根川筋であったが，寛永年間（1624 ～ 44 年）に庄内古川（古川筋，下流は太日川）と変った。その後，延宝年間（1637

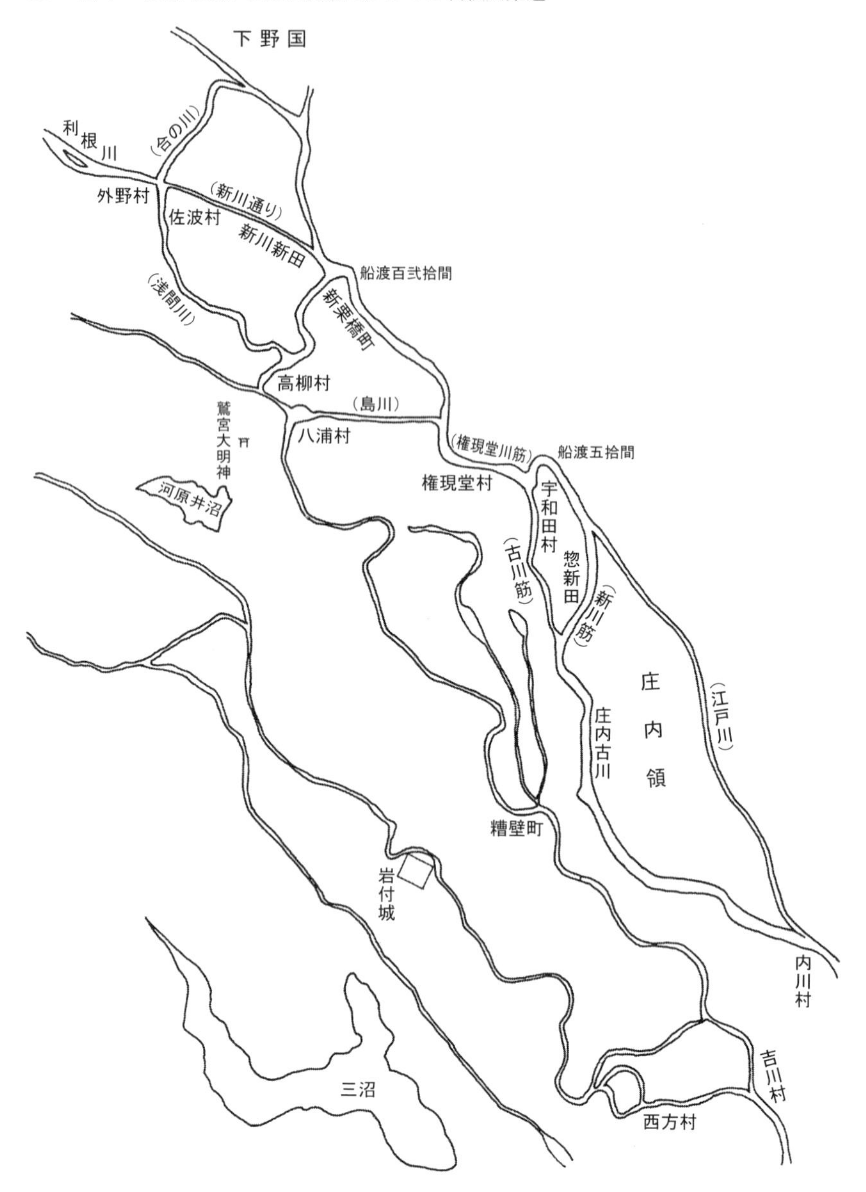

図附.8　正保武蔵国絵図

（注）（　）内は説明のため記入．他は絵図の主要な部分を書き写した．
（出典：「正保国絵図（1640年代）［武蔵国］」，『利根川百年史』建設省関東地方建設局，1987，に一部加筆）

～81年）ごろ庄内古川（新川筋）に変り[16]，明治時代の初めまで，ここが武蔵・下総の国境であり，江戸川と武蔵国境（新川筋）までの下総国は庄内領と呼ばれていた。時期的にいつかははっきりしないが，新川筋は有力な流れとなっていたと理解される。

②逆川（さかさがわ）

江川と関宿間にあるのが逆川であるが，その整備年代として寛永11（1634）年，寛永12年，寛永18年，寛文5（1665）年の説がある。要するに明確ではない。

ところで，村山慈朗が中世の五霞町山王台地付近の河道状況を図附.9のように想定している[17]。この図には，大山沼・釈迦沼などの五霞台地北方に水源をもつ「庄内古川」がある。五霞町山王台地と関宿台地（関宿城博物館の直南方の台地）の間には低地（逆川河谷）があり，ここを北から南に向けて流下しているが，両台地間の距離は約625mとしている。村上は，この低地には更新世（約200万年前から約1万年前まで）に「原逆川」が存在したが，更新世後半にこの流れは常陸川筋に変っていった。しかしその後，完新世（約1万年前から今日まで）に入ると，古代・中世と時代が下っても常陸川筋への河道とともに逆川筋を流下する河道が存在したとしている。つまり，村上に従えば，古代・中世から常陸川と庄内古川はつながっている。

村上の研究により，逆川が台地を人工開削してつくられた河道でないことが明確となった。村上がいうように大山沼・釈迦沼などを水源とする流れが自然に逆川筋に流下しなくても，地形的に少し手を加えれば確かに関宿から南流する「庄内古川」が整備されたとしてもおかしくない。さらに，栗橋から権現堂へ南下する渡良瀬川（図附.9，10では利根川も合流している）は，図附.10に想定するような新河道を権現堂から上宇和田まで整備して，この「庄内古川」に流下していったと考えてもおかしくない。さらに16世紀初頭の庄内古川の源流部を図附.11のように考えれば[18]，権現堂川は庄内古川（新川筋）にも容易に連絡する。ただし，「庄内古川」の流れは自然地形からみると関宿から江川に向かっていて，その逆の流れ，つまり江川から関宿に向かう流れがあったかどうかは定かではない。

(2) 江戸川開削と中島用水の整備

①江戸川開削

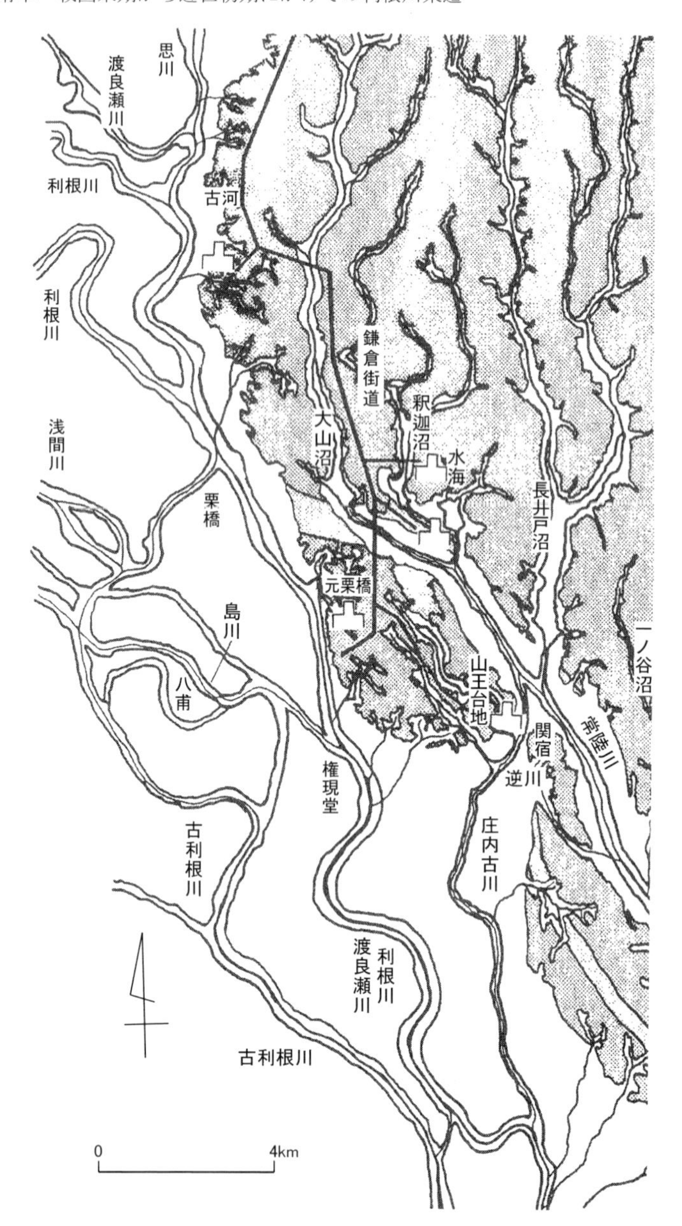

図附.9　中世の河道概況図

（出典：村上慈明「総和村および周辺地域における河川の変遷について」『そうわ町史研究』第5号，総和町教育委員会，1999）

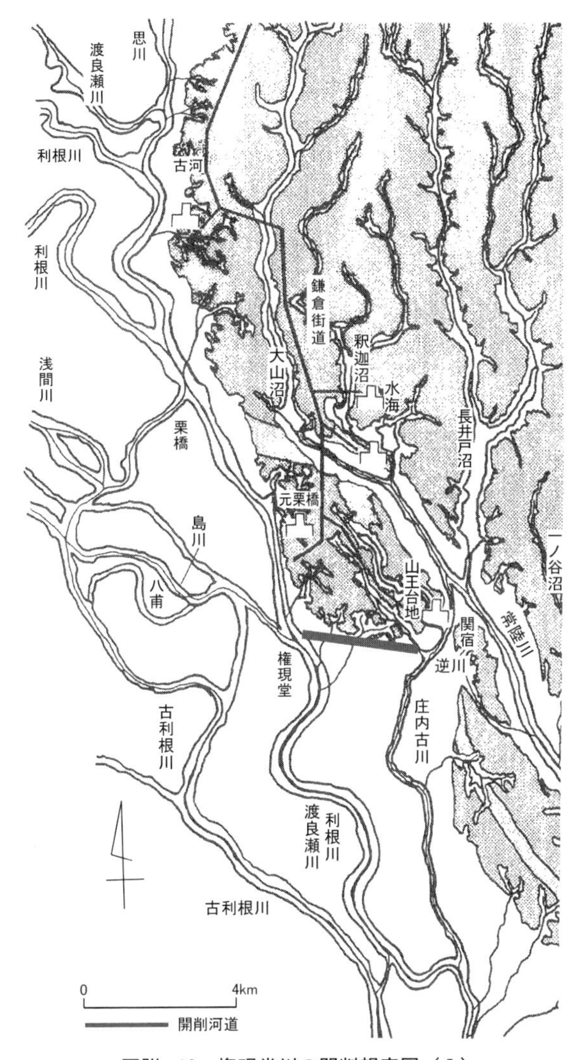

図附.10　権現堂川の開削想定図（I）
（出典：図附.9の部分図に一部加筆）

江戸川として関宿から金杉に至る18kmの新河道が整備されたが，このうち12kmが関東ローム層台地上であり，台地を開削して整備されたのである。ただし既存の深い谷を利用したのであって，比較的固いローム層・砂層からなる台地

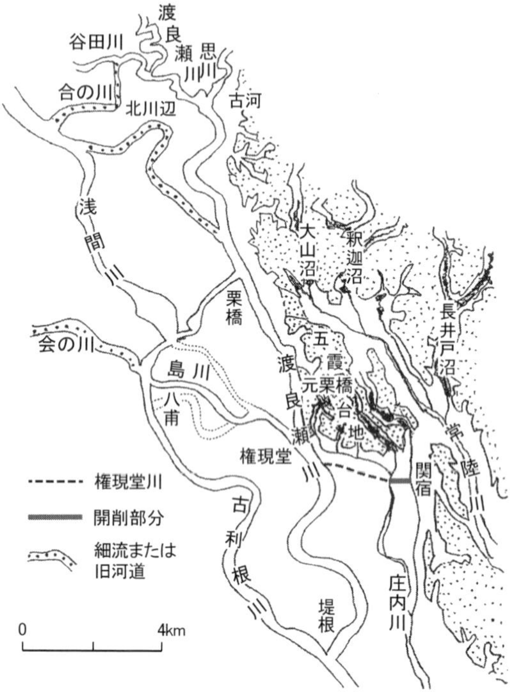

図附 . 11　権現堂川の開削想定図（Ⅱ）
（出典：澤口　宏「東遷に至る利根川の河道変遷」『季刊　河川レビュー』No.159，新公論社，2013，に一部加筆）

を掘削したのは，関宿・宝珠花間で約 2km，金野井・野田間で約 3km の約 5km である（図 1.6 参照）。それでも台地部掘削量約 135 万 m^3，うちローム層・砂層部の固い土の掘削量は約 80 万 m^3 とされている。

図附 .12 は，寛永 10（1633）年に作成された寛永国絵図をもとにしたとされる「下総一国之図」で，赤堀川は描かれていない。関宿城周辺をみると，江戸湾に流下していく庄内古川と，太平洋に流出する常陸川がほぼ同じ大きさで描かれている。ただし庄内古川が新川筋であったのか，古川筋であったのかはわからない。この図からは，赤堀川通水以前の近世初頭，既に常陸川へ流下するしかるべき河道があったことが推測される。その河道から新たな流路・江戸川が整備されたのである。利根川と常陸川がいつつながったかについては，後に再び述べる。

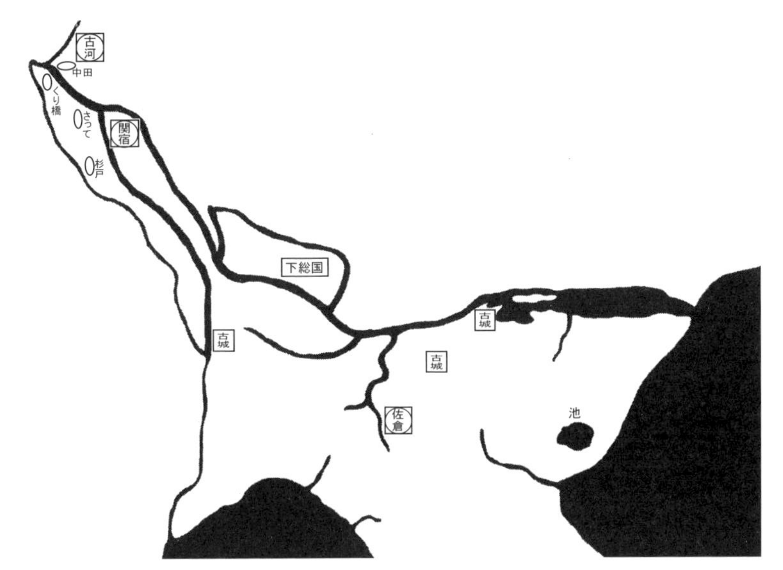

図附.12　寛永10（1633）年日本六十余州国之切絵図　下総一国之図
（出典：川村博忠編『寛永十年巡検国絵図日本六十余州国』柏書房，2002，をもとに作成）

江戸川開削は，親野井，宝珠花，金野井が東西に分割された大規模な工事であった。これによって権現堂川の流水は江戸川に流入することとなったのである。

この工事は長い期間にわたって行われたが，実際の工事期間ははっきりしない。近世中期・後期のいくつかの資料が残されているが，未だ確定されてはいない。着工として最も早い年として寛永3（1626）年があり，竣工の最も遅い年として慶安3（1650）年の説がある(19)。この期間に工事が行われたのは間違いないだろう。

庄内領に小流寺があるが，小島庄右衛門によって開基・開山されたこの寺の由来を記した「小流寺縁起」が，明暦3（1657）年に執筆された。執筆者は庄右衛門かその縁者とされているが，庄右衛門は関東郡代伊奈忠治の有力家臣とされ，江戸川開削にも深くかかわっていた。この「小流寺縁起」に江戸川の開削として，寛永17（1640）年に着工，その期間は「越十有余年成」とある。これによれば，竣工は早くても慶安3（1650）年となる。

ところで，正保年間（1644～48年）に始まりその完成が明暦年間（1655～58年）とされる正保国絵図には，江戸川は書かれている。下総国図には新川と書かれ（図附.13），武蔵国図には庄内古川（新川筋）より細く描かれている（図附.14）。こ

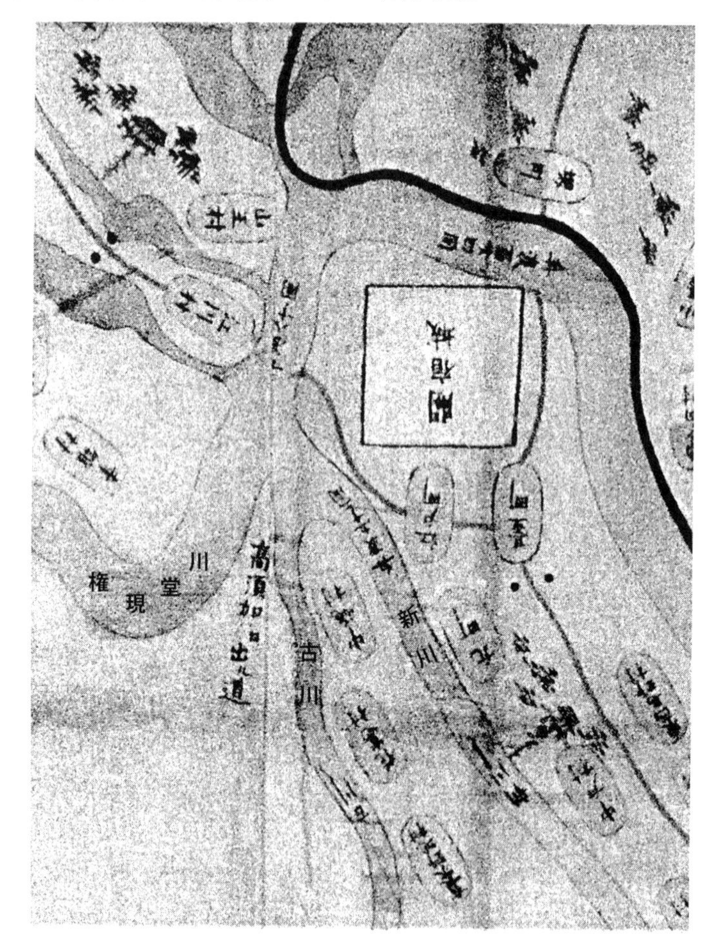

図附 .13「正保下総国絵図写」（独立行政法人　国立公文書館内閣文庫蔵）の関宿周辺図
（出典 :『幸手歴史物語　川と道』幸手市教育委員会，2002，に一部加筆）

れらの絵図から，開削される以前は庄内古川（新川筋）が主流であったと想定される。一方，赤堀川は描かれていない。赤堀川は正保年間，通常時にいまだ水は流れれていなかったので描かれていなかったと考えられているが，江戸川が描かれているのは既に通常時にも水が流れていたことを現しているのだろう。

慶安 3（1650）年，伊奈忠治の家臣により江戸川と庄内古川の間，つまり庄内領で検地が行われたとの記録が残されている[20]。このことから，慶安 3 年とは

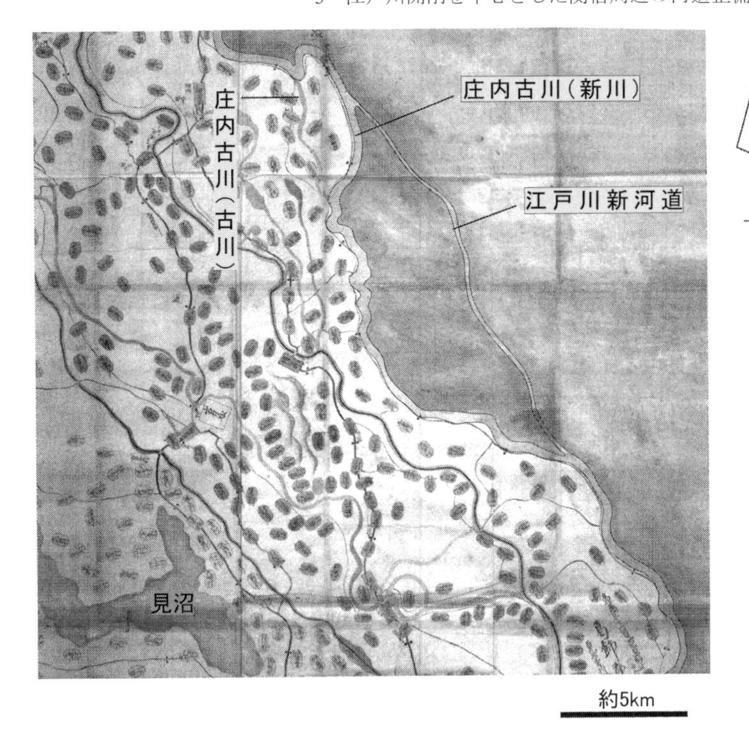

図附．14「正保武蔵国絵図」部分にみる庄内古川と江戸川新河道
（出典：橋本直子『耕地開発と景観の自然地理学』古今書院，2010）

開削工事のみではなく，その周辺の整備を含めた事業が完了した年と考えた方が理解しやすい。なお江戸川に水を流入させた時期について，幕末の安政 4（1857）年の史料「江戸川御掘割之節上花輪外壱ヵ村手控写書上」（野田市茂木家）には「正保四年亥六月二日新川口明与認候」と記され[21]，正保 4（1647）年との記録が残されている。正保 4 年から 200 年以上経った幕末の記録だから，どこまで信頼できるかの問題はあるが。

ともあれ，この大工事について，その期間がはっきりしないこと自体が興味深い。この工事に関連して複雑な要因が絡んでいたと思われる。

②中島用水路の整備

江戸川は，寛永 6（1629）年，伊奈忠治によって行われた荒川付替とも関連している。荒川付替は，熊谷中心街から少し下流の久下地点で行われ，通常時，そ

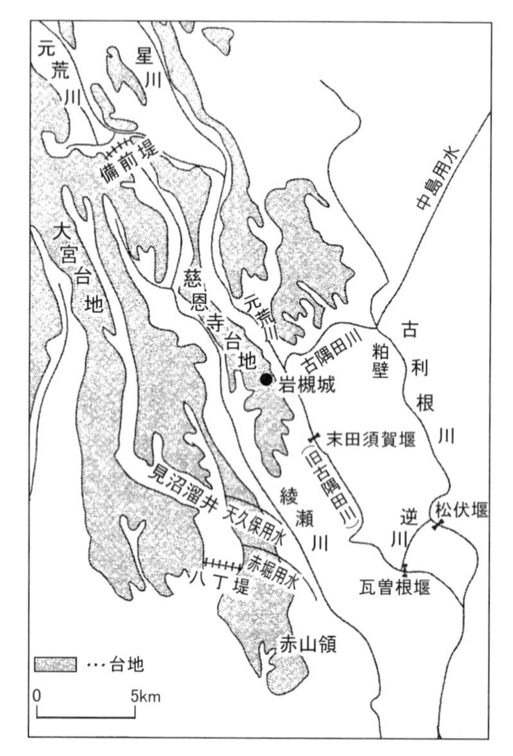

図附.15　瓦曽根堰周辺概況図

れまで元荒川に流下していた流れが現在の荒川筋に流れることとなった。元荒川の下流には瓦曽根堰,末田須賀堰がある。とくに瓦曽根堰からは,埼玉平野東南部,さらに今日の東京葛飾区にまで広く灌漑を行っていた。この灌漑体系に，元荒川の流量が大きく減少する荒川付替はもろに影響する。この代替用水として，江戸川最上流部の中島地点から新たに用水を導入したのである。その整備は，荒川付替と同時期に行われたと考えるのが妥当だろう。

江戸川からの導水といったが，当時，江戸川はまだ開削されていないと考えられるから，庄内古川（新川筋）からの導水である。幸手領八丁目（現・春日部市）で古利根川に落とされ，その下流の松伏と増林にある松伏増林堰から元荒川までの用水路（逆川,鷺後用水路）を開削して瓦曽根堰へ導水したのである（図附.15)。中島から古利根川までの用水路は，中島用水路といわれた。

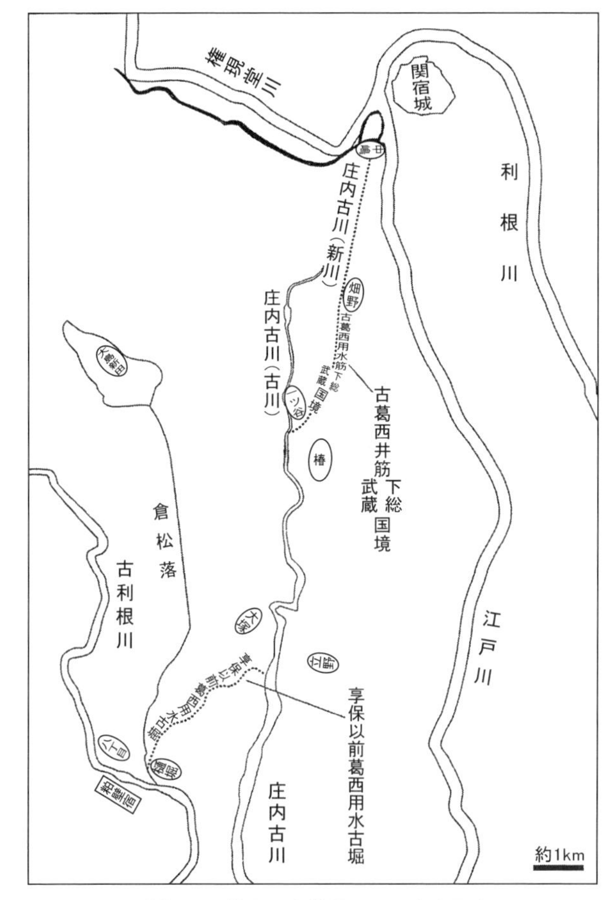

図附.16　葛西用水絵図にみる中島用水
（出典：橋本直子「江戸川からみた利根川東遷」
『季刊　河川レビュー』No.159，新公論社，2013）

この中島用水路の位置ははっきりとしていないが，橋本直子は図附.16のように推定している。庄内古川（新川筋）から椿地点で庄内古川（古川筋）と合流し，立野で今日の葛西用水古堀に入り，八丁目で古利根川に合流するルートである。江戸川との関連で注目すべきことは，中島から立野まで江戸川開削以前の主流であった庄内古川（新川筋）を流れていることである。当時の埼玉平野を流れる利根川の主流はこのルートであったと考えれば，古利根川への導水は葛西用水古堀

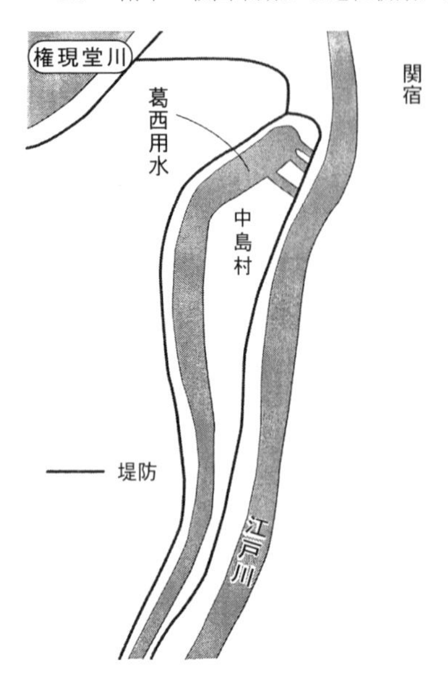

図附.17　中島付近の「葛西用水」の圦樋の様子
（出典：「幸手領村々絵図」『幸手市史　通史編Ⅰ』幸手市教育委員会，2002，を概略トレース）

のみを整備したこととなる。

近世初期において，大々的な用水路開発ではなく葛西用水古堀のみが整備されたと推察するのは妥当と考えている。その後，新たに開削された江戸川が本川となり，庄内古川（新川筋）は中島用水路となったのである。延宝年間（1673～81年）作成とされている「幸手領村々絵図」では取水口が図附.17のようになっていた。なおこの用水路は，宝永2（1705）年の大出水で中島地点の取水口が埋没した後，享保4（1719）年利根川上川俣に新たな取水口を設置しここから導水することとなった。

（3）正保年間（1644～48年）の関宿周辺の河道状況

先にみた「正保武蔵国絵図」（図附.14）では，江戸川は庄内古川（新川筋）より細く書かれている。一方，「正保下総国絵図写」（図附.13）では，両川同じような川幅であって，江戸川の流頭部は「舟渡五十二間」と書かれている（図附.18）。「舟渡五十二間」を通常時に水が流れている川幅と考えたら95mとなり，かなり大きな川幅である。これら武蔵国と下総国の正保国絵図に書かれている舟渡（川幅）を整理したのが，表附.2である。利根川上流の平塚で130間（236 m），栗橋で117～120間（213～218m）となっているが，関宿城の西側の逆川（さかさがわ）で80間（145m），さらに北側の境につながる河道は124間（225m）となっている。

川幅のみでみていったら，関宿周辺で本川はどこかよくわからない。さらに正保国絵図と同時期に幕府に提出された「下総国世喜宿城絵図」（図附.19）がある。この図に関宿城周辺の河道状況が詳しく書かれている。この「世喜宿城絵図」は，牧野佐渡守親成が関宿城主であった正保4（1647）年から明暦2（1656）年に描かれたもので，この図に貼紙でもって河幅・水深が書かれている。このため牧野

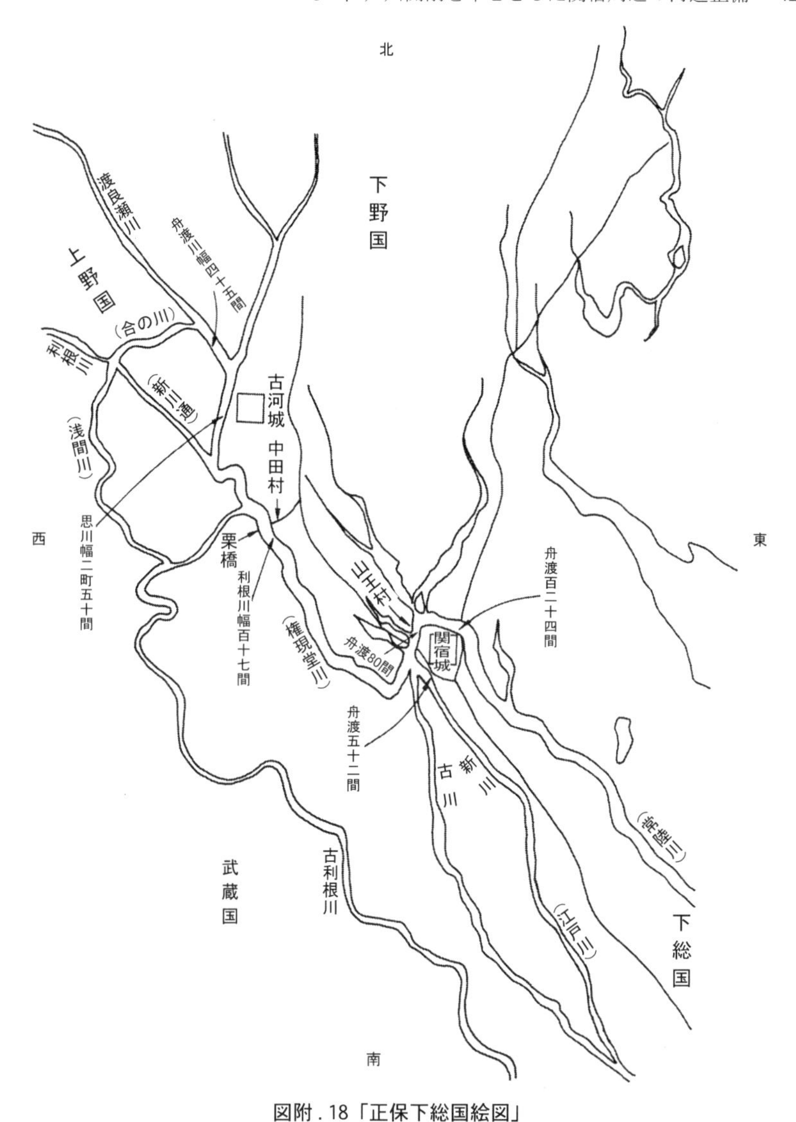

図附．18「正保下総国絵図」

(注)(　)内は説明のために記入．他は絵図の主要な部分を書き写した．
(出典：「正保国絵図 (1640年代) [下総国]」，『利根川百年史』
建設省関東地方建設局，1987，に一部加筆)

表附.2　正保国絵図にみる舟渡（川幅）

河川（地点）		①正保国絵図（武蔵国）		②正保国絵図（下総国）	
利根川	（平塚）	130間	（236m）		
〃	（栗橋）	120間	（218m）	117間	（213m）
〃	（逆川）			80間	（145m）
〃	（境）			124間	（225m）
〃	（有識）			130間	（236m）
〃	（銚子）			8町	（873m）
渡良瀬川				45間	（82m）
〃	（古川）			2町50間	（306m）
江戸川	（関宿）	50間	（91m）	52間	（95m）
〃	（流山）	50間	（91m）	50間	（91m）
〃	（松戸）	60間	（109m）	60間	（109m）
〃	（市川）	45間	（82m）	50間	（91m）

佐渡守が関宿城主であったときの河道状況であったとは即座に判断できないが，関宿城周辺の河道変遷を考える際，重要な資料であることは間違いない。赤堀川が描かれていないから，承応3（1654）年以前の状況を現していると考えることもできる。

この絵図では，関宿城の東西に河道が描かれている。西は利根川，東は利根古河（川）と書かれているが，利根古河は途中で切れている。利根川と記されている河道は，逆川（さかさがわ）とほぼ同じ区域である。江戸川も書かれている。これらの川幅，水深を整理したものが表附.3である。

驚くべきことは，利根川（逆川（さかさがわ））の川幅が120～160間（216～288m）と広く，また利根古河分岐点付近を除いて水深が2間半から3間半（4.5～6.3m）とかなり深いことである。江戸川の川幅120間（216m）と比べて考えるならば，利根川（逆川）が本川であったと考えてもおかしくない。少なくとも，利根川（逆川）を流れ常陸川に流下する有力な派川があったと読み取れる。水は，果たしてどのように流れていたのだろうか。

ここで確認しておきたいことは，利根川（逆川）は地形的に関宿から江戸川流頭部に向かって，つまり北から南に向かって傾斜していることである。その勾配は緩やかだっただろうが，これを前提として考えていく。

さて，これらの絵図から，南から北に，つまり江戸川流頭部から関宿へ地形に

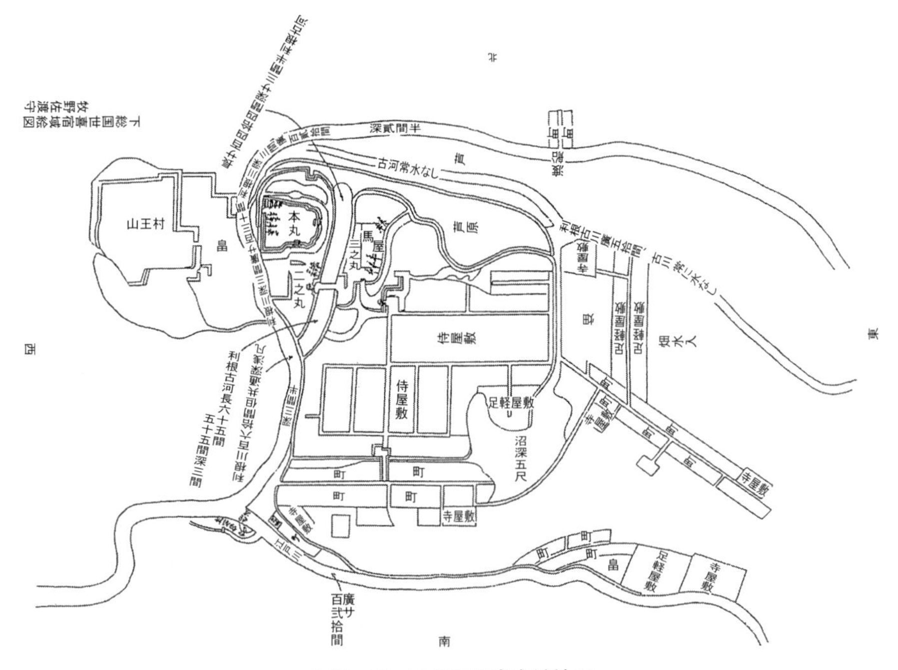

図附 .19　下総国世喜宿城絵図
(出典 :『利根川百年史』建設省関東地方建設局，1987)

反して通常時に江戸川と同様な規模，あるいはそれ以上の規模の河川があったと判断せざるを得ない。そして，ここが人工的に整備されたことは間違いないだろう。だが通常時の流水は別にして，洪水には水のみでなく土砂が含まれていて，流速が遅くなったところに土砂は堆積する。このことから，当然，利根川(逆川)は容易に土砂が堆積する場所である。利根古河分岐点付近は浅瀬と記されているので，土砂が堆積したのだろうと推測できる。だが，他の箇所は水深がかなりある。

通常時，一時的にも地形に反するこの流れが可能だとしたら，二つの条件が考えられる。一つは，洪水に含まれる土砂は，その上流河道で堆積し，この地点まで流下してこなかったことである。もう一つは，堆積した土砂を人力で除去したことである。『徳川実記』には，寛文元（1661）年6月，関宿から江戸までの江戸川の浚渫が大番依田貞清などへ命じられたことが記されているが [22]，浚渫が

表附．3　「下総国世喜宿城絵図」に示された利根川と古利根川

		地　点		広さ（川幅）	水　深
利根川	A	江戸川分岐点から利根古川まで		記載なし	3 間半　(6.3m)
	B	利根古川分岐点付近		160 間　(288m)	遠浅
	C	山王からの沼の落合から本丸南部付近		130 間　(234m)	3 間　(5.4m)
	D	本丸北部付近の湾曲部付近		120 間　(216m)	3 間　(5.4m)
	E	東流する河道		記載なし	2 間半　(4.5m)
利根古川		呼称・地点	長さ	広さ（川幅）	水　深
	a	利根古河・二の丸東側	65 間　(117m)	25 間　(45m)	3 間　(5.4m)
	b	利根古川・本丸東側	144 間　(259.2m)	20 間　(36m)	3 間半　(6.3m)
	c	古河・東流する河道南部	記載なし	記載なし	古河常に水なし
	d	利根古河	記載なし	50 間　(90m)	記載なし

（正保絵図「下総国世喜宿城絵図」から作成）

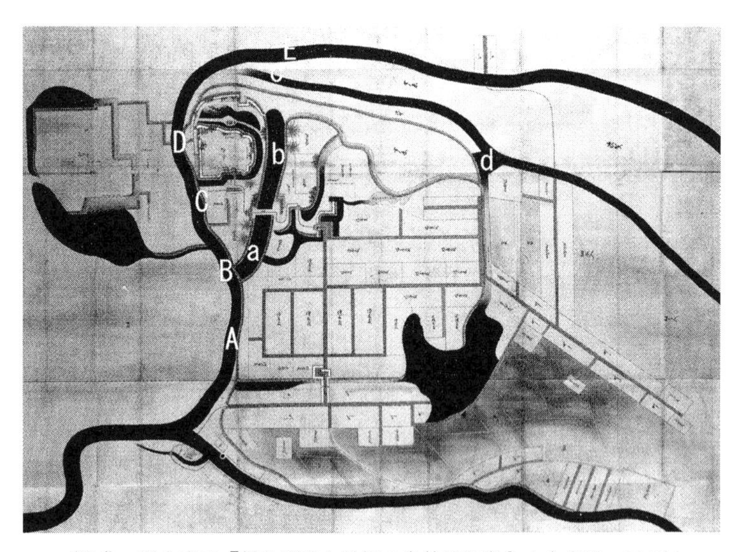

（出典：橋本直子『耕地開発と景観の自然地理学』古今書院，2010）

たびたび行われたことがうかがわれる。

なお，栗橋上流の利根川でも「逆川（さかさがわ）」があった。浅間川の一部であるが，先述したように渡良瀬川の旧河道を利根川が利用し，地形勾配と逆の流れとなっていた。それは，元和 7（1621）年に整備されたと考えられるが，長い期間，河道となっていた。このことから関宿周辺でも，地形勾配に反して大きな河道が整備されても不思議ではない。だが，栗橋上流部では，同時に整備された新川通りを洪水が流下することによって，渡良瀬川旧河道での土砂の堆積は大きくなかったと考えられる。これに比べ，関宿周辺ではどうだっただろうか。土砂の堆積はかなりあったと思われるが。

利根川東遷，また江戸川開削にとって，近世前期の関宿周辺の河道状況は実に興味深いが，これ以上はわからない。今後の課題である。なお第7章で述べたのだが，天明3（1783）年の浅間山大噴火により利根川河床が著しく上昇したのちの近世末期では，上利根川・渡良瀬川の流水は，通常時は赤堀川に7割，権現堂川に3割に流れ，赤堀川の流れは，その後，逆川に7割，中利根川に3割の分流であった。結局，上利根川・渡良瀬川の流量のうち中利根川に流下するのは2割程度で，残りは江戸川に流れた。一方，洪水時は赤堀川と権現堂川へ5割ずつ，その後，赤堀川の洪水はそのまま中利根川へ，権現堂川の洪水は一定量は江戸川に流れるが，それ以上は逆川を通って中利根川へ流下していった。

4　利根川東遷・江戸川開削の目的

(1) 利根川東遷の目的

これまでいわれていることを整理すると次のようになる。

○舟運路の確保……常陸川（中利根・下利根川）を遡って関宿から江戸川に入り，江戸に至る舟運路の確保である。舟運路として河道をつなげるとともに通常時の流量を増大させることにより，常陸川筋の舟運機能を発揮させようとのことである。なお舟運として，武蔵国・上野国を流域とする上利根川と江戸を結ぶルートも，足尾銅を運搬するなど重要であった。

○洪水防御……利根川・渡良瀬川の洪水を常陸川に流下させる。防御の対象として埼玉平野，日光街道，江戸下町がある。

○河川を防御線とする……北方の雄藩・伊達家への備え，あるいは関所を設け人・物資の移動をチェックする。

私は，赤堀川開削を中心とする利根川東遷は舟運に考慮しつつ，上利根川・渡良瀬川の洪水を常陸川筋に流下させることと考えている。つまり治水のためである。これによって守る地域は，埼玉平野である。なかでも，徳川政権にとって重要な日光街道の安全確保であったと判断している。江戸に幕府を開いた徳川政権は，江戸を新たに日本の政治の中心とするため五街道を中心に新しい陸路体制を整備していった。江戸を中心とした国土経営を行うのに，それは必要不可欠のことであり，政権にとって重要な政策課題であったのである。また寛永6（1629）年に行われた荒川の久下付替も，中山道整備が主目的と判断している[23]。さらに，近世初めに台地を開削して行われた鬼怒川・小貝川付替の直接的な目的も，水戸街道の整備と考えている[24]。

一方，江戸の防御は考慮しない。それは，江戸の水害を分析すると，近世中頃まで，この地点より上流で利根川は決壊し江戸を襲っているからである[25]。権現堂堤が，江戸を守る「御府内囲堤」といわれるようになったのは天明3（1783）年の浅間山大噴火以降で，それも地元によって主張された[26]。

舟運については先述したが，今一度整理すると，上利根川・渡良瀬川と江戸とを結ぶルートが江戸に足尾銅を運ぶルートでもあり，幕府にとって重要であった。そのルートは，浅間川ないし渡良瀬川から権現堂川さらに江戸川（庄内古川）を通るものであった。赤堀川は3回に分けて少しずつ開削されたが，赤堀川に通常の水が流れると権現堂川の流量が減少する。赤堀川の勾配は権現堂川に比べきつく，赤堀川の水はそのまま常陸川筋に流下してしまい，江戸川（庄内古川）への流下量の大きな減少が懸念される。それまでの舟運への重大な支障が予期されるのである。赤堀川開削は，慎重に行わざるを得なかっただろう。

一方，利根川舟運には下利根・中利根を遡って関宿から江戸川に入るルートもある。ここは，東北地方の廻米ルートとの主張があるが，寛文11（1671）年，河村瑞賢によって海路である東廻り航路（海上を通って江戸湾に入る）が整備され，ここがメインルートとなった。利根川を遡るルートは，海上がしけによって長く通航が不能となったとき臨時的に行われるものだった。ただし，中・下利根川および鬼怒川流域の物資輸送には重要な役割を果たしていた。一方，上利根川では，中山道との交差地点にある倉賀野河岸に信濃・越後の物資も運びこまれていた。上利根川舟運の後背地の方がはるかに広かったのである。

なお，承応3（1654）年の3回目の赤堀川開削は，東廻り航路整備以前のことであり，権現堂川から逆川（さかさがわ）・中利根川筋の流れが土砂の堆積によって減少したため，中利根川への流量を増やすことが目的だった可能性もある。3回目のこの開削によって初めて赤堀川に通常時，水が流れたのであるが，河幅10間のうち3

間ほど縦に掘られたことからの推測である[27]。一方，横に広げて13間にしたとの資料もある[28]。

(2) 江戸川開削の目的

江戸川開削の目的は何だったのだろうか。台地上を18kmにもわたりローム層を掘削し，親野井，宝珠花，金野井を東西に分割して行われた実に規模の大きい工事である。「小流寺縁起」では，3代将軍徳川家光の裁可によって着工されたと述べられている。つまり，国家プロジェクトとして行われたのである。

「正保武蔵国絵図」で江戸川は庄内古川（新川筋）より細く書かれているように，開削された当時の河幅は庄内古川（新川筋）の方が広かっただろう。この当時，庄内古川（新川筋）が主流であり，ここは舟運路でもあった。ただし久保純子が自然堤防の発達より推定しているように，この河道は規模的に大きくなかった[29]。ここに呑みきれない洪水を流すために，つまり洪水を流す放水路として江戸川は開削されたと考えている。上利根川での新川通り（放水路）と浅間川（舟運路），赤堀川（放水路）と権現堂川（舟運路）と同じ関係である。しかし，その後，江戸川は舟運路としても支障がないと判断され，庄内古川（新川筋）が締め切られることとなったのだろう。そして庄内古川（新川筋）は，農業用水路である中島用水路として整備されたのである。

赤堀川開削と異なるのは，開削により赤堀川に流下させると，そのまま常陸川に流下して上利根川・渡良瀬川と江戸とを結ぶ舟運路に重大な支障が懸念される。一方，江戸川は，開削された河道は下流で庄内古川と合流し，太日川（庄内古川下流部）に繋（つな）がり，江戸との連絡には支障がない。

『幸手市史』は，『竹橋余筆』を根拠に，万治4（1661）年江戸川最上流部の関宿関所付近で長さ186間（335m），堀口12間（22m），敷5間（9m），深さ9尺5寸（3m）の新堀が江戸の町人らの請負で開削されていることから，江戸川の拡幅工事の可能性を指摘している[30]。実に興味ある指摘である。このとき庄内古川（新川筋）が締切られ江戸川一筋となり，通常時・洪水時を問わず江戸川にのみ水が流れていったことを想定してもおかしくない。

さて江戸川開削の目的について，「小流寺縁起」は庄内古川沿いの水害防御・耕地開発であるように述べられている。結果として，このようになったことは間違いないだろう。しかし，将軍家光の裁可によって国家プロジェクトとして開始された工事である。小規模の地域の問題ではなく，国家的に重要な課題に対処しようとしたと考えるのが妥当だろう。国家的な課題，それは日光街道整備，その一環としての洪水防御以外には考えられない。日光街道整備のために，洪水を流す放水路として整備されたと考えている。

5　戦国時代後半の河道整備

(1) 権現堂堤築造と時代背景

先述したように，戦国時代後半の天正 4（1576）年に権現堂堤は築かれ，さらにその 2 年前の天正 2 年に権現堂堤の一部にあたる蛇田堤により南下する古利根川筋が締切られたといわれる。当時，武蔵国と上野国の境界を流れる合の川への分派もあったであろうが，この古利根川筋には，利根川流量のかなりが流下する。それを締切ったのである。その締切りには，かなりの労力を必要としたことは間違いない。この権現堂堤によって，渡良瀬川・利根川と庄内古川が繋がる権現堂川が整備された[31]。

権現堂堤の築造目的として，その堤内地である幸手領の開発，また舟運による上利根川・渡良瀬川と庄内古川・太日川との連絡が考えられる。さらに，この築造を時代背景から考えてみよう。

小田原に拠点を置く後北条氏が，じわじわと関東中央部に勢力を拡げ，古河・栗橋・関宿周辺の古河公方の領地に勢力を伸ばしたのは天文 15（1546）年の川越夜戦以降である。この戦いに勝利した後，永禄 7（1564）年に岩槻城が後北条家の支配下に入った。その後，北条氏康の子・氏照が永禄 11（1568）年元栗橋にある栗橋城に入り，関宿城に陣取る簗田氏と対峙した。この後，上杉謙信の関東進出，上杉氏と後北条氏との間での越相同盟の成立とその崩壊，武田信玄の武蔵国襲来など複雑な過程を経るが，天正 2（1574）年，反北条家の重要な拠点である関宿城が落城したのである。この天正 2 年こそ，蛇田堤により古利根川が締切られたといわれる年である。

関宿城は，「一国に匹敵する」とまでいわれる重要な拠点であった。それは，この地が交通の拠点であったからであろう。その交通として，当然，舟による水上交通の便があげられる。天正 4 年の氏照花押の史料として，次のような「北条氏照判物写」（会田文書）がある[32]。

「船　壱艘

右氏照被官船也、従㆓佐倉㆒関宿，自㆓葛西㆒栗橋往復不㆑可㆑有㆓相違㆒候，若横合之輩有㆑之者，為㆑先㆓此證文㆒可㆓申被㆒、後日乃状始㆑件」

このように，後北条氏所属の船が佐倉から関宿まで，また現東京都葛飾区葛西から栗橋まで往復していたことを述べている。舟運の中継地として関宿は大いに栄えたのである。葛西から栗橋（当時は現在の元栗橋）までのルートは，権現堂川とその下流部にあたる庄内古川であることは間違いないであろう。関宿から佐倉のルートは常陸川である。問題は，権現堂川と常陸川が繋がっていたかどうかである。

(2)「下総之国図」と東遷

権現堂川と常陸川との連絡について考えるのに極めて重要な絵図がある。「下総国之図」（船橋市西図書館蔵）である（図附 .20）。この図では，宇和田周辺から 3 本に分かれて西南に向かう河道があり，やがて小渕で古利根川に合流している。そして，もう一つが北方の関宿に向かい常陸川に流下している。

この絵図には，元和年間（1605 ～ 24 年）以降に開削・整備された赤堀川，江戸川，日光街道は記載されていない。一方，戦国期の城郭はほとんど描かれており，村落名，国・郡境の配置等から元和年間以前の近世初頭の絵図と考えられている[33]。だが，享保 14（1729）年以後に描かれた歴史地図の可能性が高いと否定する意見もある[343]。私には，どのような経緯で書かれたのか判断する能力はないが，後年に描かれたとしても近世初頭の意義のある情報ではないかと考えている。

宇和田周辺から西南に向かう 3 本の河道が同時期に存在したことは河川地理学的にみて想定しにくいが，時期を異にしてこの河道が存在したことは十分考えられる。一方，関宿に向かう河道である。赤堀川開削が行われる以前，利根川・渡良瀬川合流後の権現堂川は既に関宿城の西北を通り常陸川に繋がっていたことを示す。このことは，先にみた寛永 10（1633）年に作成されたという「下総一国之図」と同様である。ただしこの図には日光街道が描かれているから，「下総国

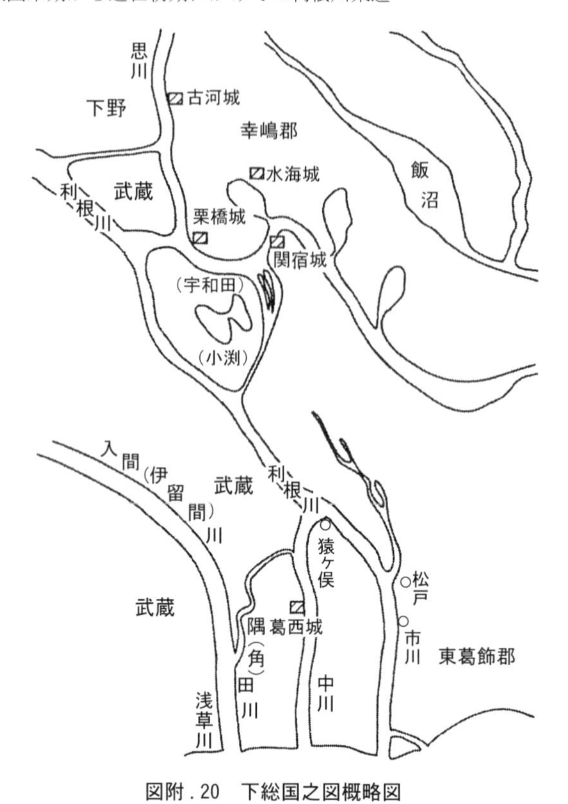

図附.20　下総国之図概略図

之図」の方が古い可能性が大である。

(3) 戦国期の利根川水系と常陸川の連絡

この「下総国之図」から考えるに，さらに古く戦国時代には関宿周辺で既に権現堂川と常陸川は繋(つな)がっていたのではないかとの想定も現実味を帯びてくる。権現堂堤築造の目的として，利根・渡良瀬川流量の一部を常陸川に流下させることもあったと考えるのは，まったく無謀とは判断されない。古利根川を締切ったといわれる天正 2（1574）年以前の古河公方の時代，舟運機能の一層の充実を目指し，権現堂堤の前身となる堤の築造によって渡良瀬川を庄内古川・太日川と連絡させるとともに，その一部を常陸川に流下させたことは十分，考えられるのである。

栗橋から権現堂に至る渡良瀬川河道も，この時，人工的に整備されたかもしれない。これにより，古河・元栗橋・関宿が水路で結ばれる。さらに，天正2年の古利根川締切り，そして権現堂堤の整備は，渡良瀬川とあわせて利根川の水も常陸川に流下させることであった可能性は十分あると考えている。

戦国時代，既に利根川水系と常陸川水系とはつながっていたとの主張をみると，その根拠の代表的なものとして，先述した天正4年の「北条氏照判物写」（会田文書）以外に以下のことがあげられている。

○『家忠日記』

天正20（1592）年，松平家忠が忍（行田）から常陸川沿いの小見川に移動した。その時のルートは，新郷（埼玉県羽生市上新郷）で乗船し，矢はき（茨城県坂東市矢作），かないと（茨城県稲敷郡河内町金江津）を経て上代（千葉県香取郡東庄町窪野谷の神代）に到着した。ただし船でずっと下ったのか，途中，船から降り陸上を通ったのかはわからない。

○北条氏照宛の「足利義氏遺臣等連名書状写」

天正11（1583）年8月大出水について，関宿・高柳（旧栗橋町），柏戸（旧北川辺町）の堤防が決壊したことが述べられている[35]。高柳・柏戸は，その位置からして利根・渡良瀬川の洪水によってである。それと並べて関宿が述べられている。洪水が，逆川筋を通って常陸川へ流下していったことは十分想定される。

○幕末安政4（1857）年の「江戸川御掘割之節上花輪外壱ヵ村手控写書上」（野田市茂木家）

安政4年の書上には，次のような文章がある。

「天文十丙午年新川堀，今古川といふなり，其後寛永十七年辰年，江戸川堀関宿番所前上口拾九間二尺，其外今上村迄上口弐拾六間，敷十三間ニ堀ル，金野井台迄三ヵ年ニ掘申候，春冬今上村より都合度堀申候」

江戸川開削について寛永17（1640）年に開始されたことを述べたものだが，その文章の前部分に，天文10（1541）年新川が掘られ，「今，古川」といわれていることが記されている[36]。当時，関宿周辺は古河公方の勢力下にあったが，この時代に新川が開削されたという。この新川はどこか，橋本直子は庄内古川（新川筋）とし，関宿よりさらに上流部にある大山沼などを水源とし，逆川（さかさがわ）筋を通って北から南に流れたと認識する。大山沼などからの水は，また常陸川にも流下することから，この河道の整備により，常陸川と利根川水系（当時の河道状況からみて渡良瀬川下流か）が連絡したとしている。

一方，この新川開削を図附.19にみる関宿城東の利根古河とする主張がある。伊藤寿和は，寛政3（1791）年の『横田所左衛門家財録』の中の「往古利根川ト唱，（中略），天文年中関宿城脇字楢山下疎通，天正年前利根川疎通与申伝候也」の記録とも合わせ，天文年間（1532～55年）にこの利根古河が開削されたとしている[37]。この考えに従うと，水は南から北に向かって流れたことになる。勾配が緩やかとはいえ，地形に反して流れたことになる。

戦国時代，既に利根川水系と常陸川水系とはつながっていた可能性は大いにあると考えている。先にみた村上慈朗による関宿周辺の中世河道推定図が妥当とすれば，地形的には図附.10, 11にみるように，権現堂川と大山沼を水源とし関宿城の西を流れる河川とを結ぶ新河道を整備したと考えるのが最も理解しやすい。付け加えるならば，上流に向かってさらに河道を掘削し，権現堂川の流水の一部を常陸川に流したと考えても構わない。そのためにはかなりの人力が必要であり，またその河道の維持には堆積する土砂の除去を行う必要がある。その工事は当然，城の整備と同時に行われたのであろう。

戦国期の古河公方・後北条家の時代の関宿城の位置は明確にされていないが，近世の位置はわかっている。天正18（1590）年徳川家康の関東入国後，関宿城に配置されたのは家康の異母弟・松平康元であり，その後，明治維新を迎えるまで藩主はたびたび変っていったが，関宿城は存続した。この関宿城は低地を土盛りして築かれている。そのためにはかなりの土を掘削・運搬して整備されたであろう。近世初頭，城づくりと一緒に堀さらに河道などが当然，整備されていったのだろうが，その資料は残されていない。

ただ『幸手市史』には，後北条家の時代の城普請について次のような記録がある[38]。

・天正4（1576）年　関宿城修復のための大普請人足として，井草郷百姓らに3人10日分の出役を命じる。

・天正5（1577）年　北条氏照，網代・台両宿の町人衆に山王山砦の南構の小堀に舟橋を架けることを命じる。

・天正13（1585）年　北条氏政，関宿酒井曲輪普請を太田・恒岡両人に命じる。

・天正17（1589）年　北条氏政，関宿築堤のため200人の労働力提供を命じる。

6　戦国期から近世初期の埼玉平野の整備

ここでは，利根川東遷と関係の深い埼玉平野の整備について述べていく。

(1) 古河公方と岩槻城・江戸城

戦国時代の幕開けとなる大乱として応仁の乱（1467 ～ 77 年）が有名であるが，それに先立つ 13 年前の享徳 3（1454）年，関東では 28 年にもわたる享徳の乱が勃発した。この乱で，鎌倉での戦いに敗れた足利成氏が根拠地としたのが下総国古河で，成氏は古河公方と称せられた。これ以降，後北条家に敗れるまで古河公方はこの地にあって関東北部を支配下に置いていた。

古河は，渡良瀬川と思川が合流した直下流にあり，しばらく下ると利根川に合流する。利根川は，当時，隅田川・中川・太日川を通じて江戸湾に出る。その河口には石浜・浅草・行徳などの港があり，そこから，西日本と連絡する太平洋海運の東の終着駅・品川と交流していた。古河城は，渡良瀬川河岸にある平城で，河港の機能ももっていた。この河港が，利根川・渡良瀬川を通じて全国と連絡していたのである。事実，古河公方は品川の有力商人と深いつながりをもっていた。奥深い内陸部に立地しながら，舟運により各地と連絡し，古河は関東を睥睨（へいげい）する位置にあったのである。さらに古河公方が，常陸川と直結しようとしたことは当然，想定される。

さて，古河公方に対抗する関東管領家の有力な武将が太田道真・道灌父子であった。その前線基地として築かれたのが岩槻（付）城であり，江戸城である。岩槻城は太田道灌の父・道真によって長禄元（1457）年に築かれたといわれるが[39]，その位置は慈恩寺台地の尖端で，現在の元荒川沿いにある。ここ近くでは当時，古隅田川に水が流れていた。古代・中世の武蔵・下総国の境は図附 .21 にみるが，古隅田川が国境線となっている。古い時代，古隅田川が利根川の有力な流れであったためである。

その後，現在の古利根川筋が主流となったが，岩槻城築造当時，古隅田川は主流ではなかったかもしれないが，かなりの水量のある河川であったと想定されている。つまり岩槻城は，古河から江戸湾につながる舟運路の要に位置するのであ

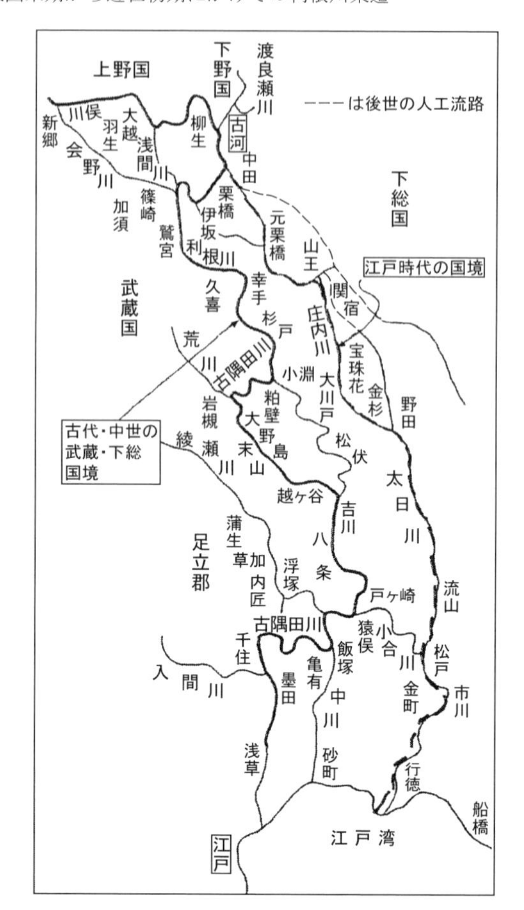

図附.21　埼玉平野東部における利根川の変遷
（出典：『利根川百年史』建設省関東地方建設局，1987，に一部加筆）

る。そして，同じく長禄元年に道灌によって築かれた江戸城は，浅草などの利根川河口港と品川港との中間に位置する。つまり，古河と江戸湾との連絡を断つために岩槻と江戸に築城したのである。

(2) 徳川家康関東入国と領地経営

安定した政権維持には，確固とした経済基盤が必要である。天正 18（1590）年関東に入国した徳川家康は，埼玉平野の開発・整備を進めていった。それを現地で指導したのが，関東郡代を代々襲いでいった伊奈氏である。とくに初代・備前守忠次と，忠次の次男で3代・半十郎忠治の活躍がめざましいが，二人の果たした役割には基本的に大きな相違がある。

埼玉平野には，「備前」と名の付く水利施設が少なからず残っている。例えば，綾瀬川の最上流に位置している備前堤，利根川支川烏川の下流部から取水し埼玉平野上流部を灌漑する備前渠，久喜・白岡周辺の排水を行う備前堀などである。だが，忠次が行ったのは，後北条家の時代までに整備されながら豊臣秀吉による小田原攻めの戦乱によって荒廃した施設の修復ないしその増強が基本であったと考えている。後世，それが家康入国時に忠次によって整備されたと伝えられるようになったのだろう。

埼玉平野は家康関東入国までにかなり開発が進められ，忍城（行田市）・岩槻城などに戦国武将が居住していた。石田三成により，小田原北条討伐の一環として忍城の水攻めが行われたとき，武士・百姓・町人など総勢3,740余人が城に立て籠もったという。また約14kmにわたる築堤工事はわずか5日間で完成したといわれているが，立て籠もった人以外に工事のための徴用すべき農民が，その周辺にかなりいたことを示している。既にかなりの人々が埼玉平野には住んでいたのであり，その生活を支える基盤は整っていたのである。

小沢正広の研究による[(40)]と，初代忠次の時代に整備されたのは，既存の集落があった自然堤防上の未墾の畑地ないしその周辺の湿地帯であった。それに比べ，3代忠治の時代は，中世に集落がなかった後背湿地や沼沢地の中心部で大々的に進み，その耕地のほとんどが水田であったという。

河川・水利開発を進めていくには，河川・土地のもっている自然条件，さらにそれまでの開発状況をしっかりと認識する必要がある。忠次が家康に従い関東に入国したのは天正18（1590）年，死去したのは慶長15（1610）年であって豊臣家が滅亡した年である。この間，関ヶ原の戦いなど全国的な大きな戦いがあったが，埼玉平野ではこの時までに復旧を完全に終え，その自然条件の把握の下，新たな構想に従って開発が展望できる時代となったのである。それを関東郡代として推進したのが，三代半十郎忠治であった

忠治によって利根川水系の大規模な河川開発，交通路の整備さらに新田開発が進められていく。荒川の付替であり，利根川の東遷であり，中山道・日光街道の

整備である。また見沼溜井の築造が知られている。

7 おわりに

最後に触れておきたいことは，河は生きているということである。河には洪水のたびに大量の土砂が運搬され堆積する。それによって河道は大きく姿を変え，また堤防は破壊される。開削あるいは整備された時期がなかなか特定できないのは，ある意味当然だろう。開削したのち土砂堆積によって流れが止まった河道に対し，暫くして再整備することはたびたび生じたであろう。そして，再整備した年を開削年と記憶されることはしばしばあったであろう。同様に，破壊された堤防の復旧年を築造年と記憶されることは，何ら不思議なことではない。河道の開削あるいは堤防築造の年の評価には，この認識を十分もって行うことが重要であることはいうまでもないことである。

(注)

(1)『葛西用水史資料上』葛西用水土地改良区（1998），p.61，pp.69–70.
(2)『大日本地誌体系　新編武蔵風土記稿　第十巻』雄山閣（1996），p.91.
(3)『群馬県邑楽郡誌』群馬県邑楽郡教育会（1917），p.12.
(4)『群馬県邑楽郡誌』前出，p.17.
(5)『羽生市史　上巻』羽生市役所（1971），p.276.
(6)「新川開鑿当時ノ日記」(元和村小林賢太郎氏所蔵書類),『埼玉県北埼玉郡史』復興版)，埼玉県北埼玉郡役所（1987），p.360.
(7)『葛西用水史資料上』前出，p.61.
(8)「江戸期『莿萱氏系図』古利根川抄」,『葛西用水史　資料上』前出，pp.66–67.
(9) 根岸門蔵：『根川治水考』(1908)，pp.110–111.
(10) 大谷貞夫：「近世における関宿周辺の治水事情」,『房総の近世Ⅰ』財団法人千葉県史研究財団（2002），pp.5–21.
(11)『葛西用水史　通史』葛西用水路土地改良区（1992），p.264.
(12)『埼玉県史　第 4 巻』埼玉県（1934），pp.476–477.
(13) 河田　羆：「利根川流域治革考」,『史学雑誌』第 43 号（1893).
(14)「鷲宮社領郷主莿萱氏系図」,『埼玉県叢書　第 4 巻』(新訂増補), 国書刊行会（1971),

p.81.
(15) 久保直子：「利根川中下流域における歴史時代の河道変遷」，『国立歴史民俗博物館研究報告』第118集（2004）.
(16) 原 太平：「幸手領・惣新田地域の開発・整備からみた利根川東遷」，『季刊 河川レビュー』No.159，新公論社（2013），p.57.
(17) 村上慈朗：「総和町および周辺地域における河川の変遷について」，『総和町研究』第5号，総和町教育委員会（1999）.
(18) 澤口 宏：「利根川中流部の河道変遷」，『河道変遷と地域社会』東洋大学地域活性化研究所（2009）.
(19) 地元に残された資料を丹念に検討した猪俣 寛は，江戸川開削は寛永17（1640）年に開始され同20年には河道の一応の完成をみた後，正保4（1647）年に新流入口が開かれて江戸川の通水となり，慶安3（1650）年に検地によって新田開発の石高が決められたとしている．また，新田開発は開削された江戸川沿いの谷津田としている．（猪俣 寛：「寛永期の江戸川開鑿について」，『野田市史研究』第14号，2003）
(20)『江戸川!』春日部郷土資料館（2004）.
(21) 橋本直子：『耕地開発と景観の自然環境学』古今書院（2010），p.12.
(22)『幸手市史 通史編Ⅰ』幸手市教育委員会（2002），p.379.
(23) 松浦茂樹：『国土の開発と河川』鹿島出版会（1989），pp.59-74.
(24) 水戸街道が，取手，藤代，牛久と現在の国道6号線沿いに通るようになったのは，天和から貞享年間（1681～88年）にかけてである．それまでは図附.22にみるように，我孫子から布佐に出，ここで常陸川（現・利根川）を舟で布川に渡り，川原代で小貝川左岸堤を利用し牛久に至るものだった．国道6号線沿いに比べ，大きく迂回している．水戸に御三家の一つ，水戸徳川家が封じられたのは慶長14（1609）年である．これ以降，水戸と江戸と結ぶ水戸街道は重要になっていった．この街道にとって，小貝川を合流して流下する鬼怒川の洪水は大きな脅威であったと推測される．鬼怒川洪水は，大量の土砂を含んでいる．この脅威を避けるため，近世初頭，鬼怒川・小貝川の分離・付替が行われたのだろう（第6章図6.1参照）．この分離・付替は，徳川政権にとって重要な水戸街道整備と一体になって行われたと考えている．
後年，大きく迂回するルートを短縮する国道6号線沿いのルートとなった．利根川，小貝川を渡るが，いずれも渡し舟が使用された．
(25) 松浦茂樹：『国土の開発と河川』前出，pp.39-58.
(26) 天明3（1783）年の浅間山大噴火後，天明6年，享和2（1802）年と権現堂堤が決壊し江戸下町までも含む大きな被害を出した．享和3年以降，幕府の費用によって権

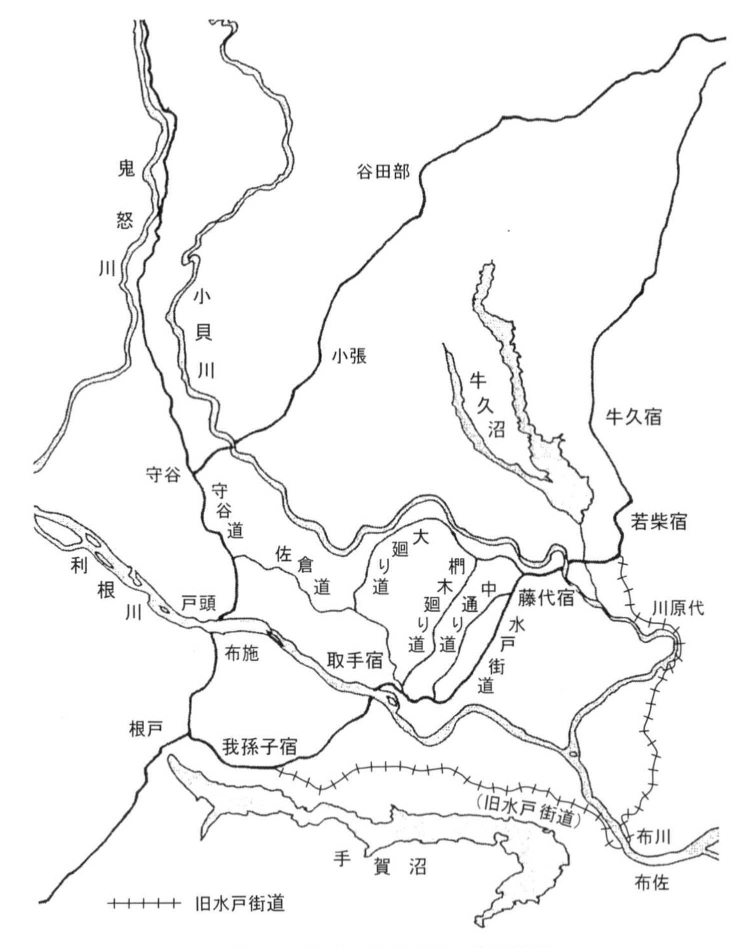

図附 . 22　取手・藤代周辺の水戸街道
（出典 :『取手市史　通史編Ⅱ』取手市教育委員会，2002）

現堂堤は強化されていき，地元住民は「御府内囲堤」と呼ぶようになった．詳細は，拙論「利根川東遷の歴史」,『河道変遷と地域社会』東洋大学地域活性化研究所（2009）.

(27) 下総国葛飾郡川妻村「元禄十一年九月　赤堀川開削由緒書上」,『新編　埼玉県史　資料編 13』埼玉県（1983），pp.290–291.

(28) 島上和平 :「寛政五年　治河元言上乃案」,『新編　埼玉県史　資料編 13』，pp.293–295.

(29) 久保直子:「利根川中下流域における歴史時代の河道変遷」前出.

(30)『幸手市史 通史編 I』前出, p.379.

(31) 権現堂から上宇和田にいたる権現堂川が人工的に整備された可能性が大きいことは, 村山慈明の研究に基づくものである. 村上は, 中世の河道を図附.9のように推論している. だが, 利根川と庄内古川を結ぶ河道は既に古くからあり, 戦国時代から行われた再整備により台地際に移されただけかもしれない. 秋池 武は, 古代から中世にかけての利根川流路について図附.23のように推定している(秋池 武:利根川流域における角閃石安山岩転石の分布と歴史的意義. 群馬県立歴史博物館紀要, 第21号, 2000).

6世紀に初めと中頃にかけて榛名山が大爆発したが, その時に生じた軽石(角閃石安山岩)の堆積状況から推定されたものである. 軽石は流下することにより礫となり, 当時の利根川の河道筋に堆積する. これにより古代の河道筋が理解できるとするのである. 当然のことだが、転石は上流から下流に流れていき, 下流にいくに従って小型化する. 下流に到達するのには時間が要するので, 附図.23にみる河道が, 噴火が生じた6世紀, あるいは古代に堆積したものだとは即座には判断できない.

一方, 附図.23には、この軽石を利用した古墳も記されている。権現堂川左岸の五霞町にある穴薬師古墳, 庄内古川から約1km離れた台地上の杉戸町にある目沼3号古墳にもこの転石が利用されている. このことから, この古墳が位置する周辺までは古墳時代に河道は既にあって, 軽石が流下してきている可能性は大きいと判断される. つまり, 現在の権現堂川筋そのものではないだろうが, その近いところに利根川の有力な流れがあったと想定されるのである. もちろん, この転石がさらに遠方から徒歩で運ばれてきたことも考えられるので, 間違いなく存在したとは断言できないが.

(32)『埼玉県史 第4巻』埼玉県(1934), pp.476-477.

(33)『幸手市史 通史編 I』前出, pp.358-387.

(34) 千鳥絵里:「下総之国図」に関する基礎的研究」, 日本女子大学史学研究会:『史艸』第46号(2005), pp.164–260.

(35)『幸手市史 古代・中世資料編』幸手市教育委員会(1995), pp.575–577.

(36) 橋本直子:『耕地開発と景観の自然環境学』前出, p.12.

なお橋本は, 丙午は天文15(1546)年であり, その他の史料ともあわせ天文15年が正解としている.

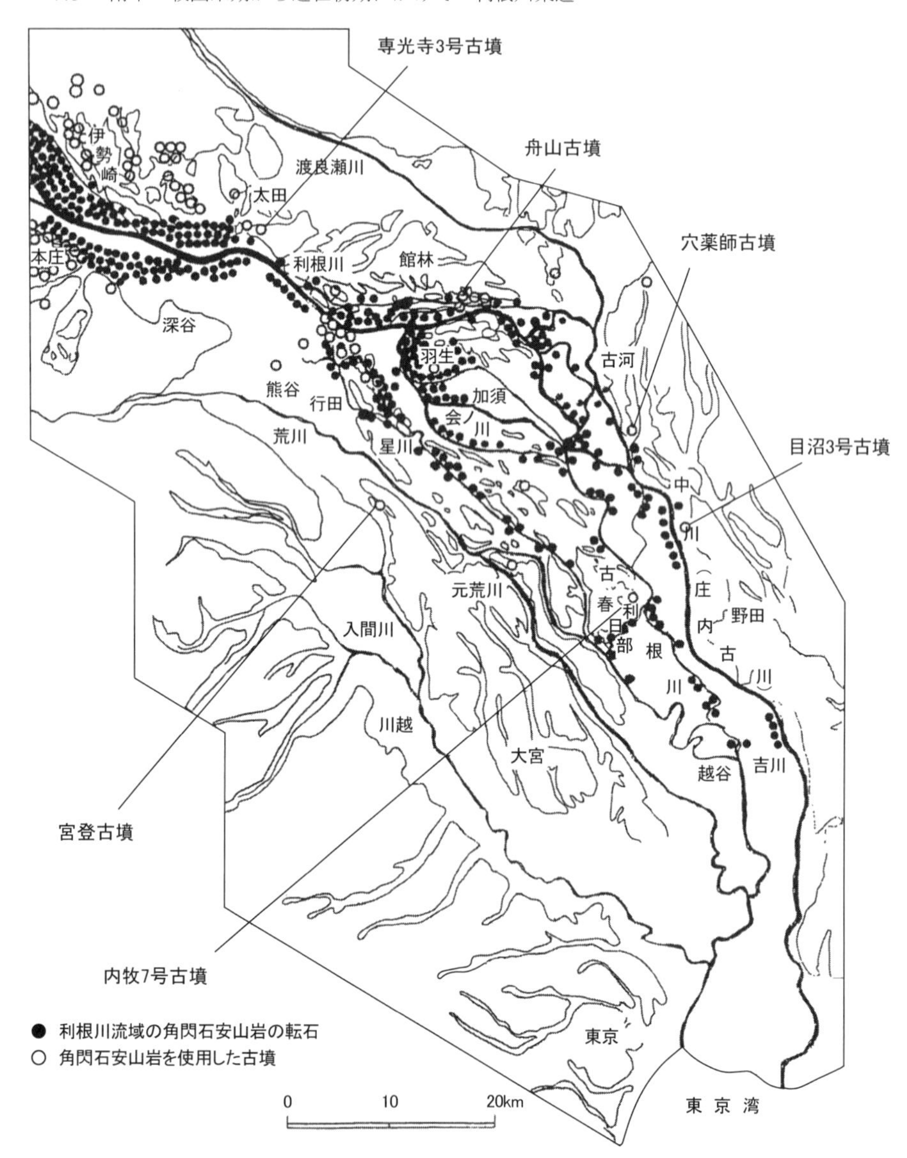

図附.23　榛名山噴火の転石と古墳分布

（出典：秋池　武「利根川流域における角閃石安山岩転石の分布と歴史的意義」，『群馬県立歴史博物館紀要』第21号，2003，部分図に一部加筆）

(37) 伊藤寿和:「下総国関宿町に関する歴史地理学的研究」,『紀要　文学部』日本女子大学 (2006).
(38) 新井浩文:「戦国期の城と水運」,『第59回文化財講習会資料』埼玉県教育委員会ほか (2014).
(39) 成田氏が築城, それを道灌が支配下に置いたとの説もある.
(38) 小沢正広:「近世初期武蔵国東部における伊奈氏の新田開発政策」,『埼玉地方史』第2号, 埼玉県地方史研究会 (1976).

あ と が き

私の実家は，埼玉県熊谷市の荒川扇状地上にある。このため，私にとって最も身近な河川は荒川であった。40数年以上も前の話だが，これだけの理由で修士論文の課題は荒川とした。しっかりとフィールド調査を行い，川のもつ自然条件を理解したいとの思いが強く，現地にはたびたび出向いた。今からみるとよく頑張ったと思うが，上流の二瀬ダムまで自宅から自転車に乗って2日泊まりで行った。また隅田川河口まで，何回かにわたり自転車と歩きで現地を見た。

研究の具体的課題としては，自然条件をベースに歴史的に人々がどのように川と付き合ってきたのか，つまり荒川流域での「地域社会と河川の歴史」とした。なぜ歴史的なアプローチをしたのか，歴史がわかってはじめて現状が理解できるとか，歴史を理解することによってはじめて今後の方向性が明らかになるとか，理屈はいろいろとあげられるのだが，最も大きな理由は歴史が好きだったことであったのは間違いないだろう。

研究方法の中心は，図書館に通い郷土史を読み，その理解の下に現地に行ってヒヤリングし考えることだった。また資料として議会史を読んだり，明治時代の新聞を探したりした。河川研究についての私の方法論は，この時，身に付いたと考えている。

ところで，荒川を調査すると当然，利根川とかかわってくる。行田・鴻巣など埼玉平野北部は，荒川とともに利根川洪水にも襲われている。利根川の歴史的治水秩序にとって重要な施設として中条堤があり，本書でも詳しくふれたが，その上流部には荒川洪水も氾濫していた。調査をする中で，中条堤についての図面がたくさん残されていることも知った。また議会史をみていくと，利根川についていろいろと議論されているが，北川辺領（古河川辺領，現在の加須市）の築堤をめぐる議論が目についた。ここは，足尾鉱毒問題と密接な関係があると聞かされていた。

だが，時間の制約もあり，利根川についての研究は進められなかった。中条堤については，その上流部が利根川にとって極めて重要な大遊水地帯であり，1910（明治 43）年の大論争がもとで利根川治水計画から消え去っていったと指摘するのみであった。

1973（昭和 48）年度に建設省に入省した。河川技術者として，現場で実際の河川づくりにたずさわってみたいとの思いからであった。奈良・広島などで実務についたが，そのうち研究も行ってみたいとも思い，土木研究所にも勤務した。ここで利根川についての勉強できる時間がもて，近世初頭の利根川東遷について，今からみたら不十分なものであったが，初めて整理した。その成果は，『国土の開発と河川』（鹿島出版会，1989）に掲載されている。

1999（平成 11）年度から，縁あって東洋大学国際地域学部に勤務した。思えば，26 年間の建設省勤務であった。最も強く記憶に残っているのは，所長として務めた淀川ダム統合管理事務所時代の経験である。この事務所は，淀川水系のダム管理を担当し，洪水管理が重要な任務であった。出水時にダムをどのように操作するのか，まさに危機管理が業務の中心であった。組織のリーダーとして，その任に当たったが，危機に面したときリーダーとしてどのように立ち向かうのか，実によい経験をさせてもらった。日々，河川技術者の仕事をしていると，心から感じられた。

また，土木研究所都市河川研究室長として，河川環境研究に着手したのも思い出深い。1980 年代中頃は，河川環境は治水に付加されるもので，河川事業において環境整備が中心になることは絶対にないといわれていた。しかし，環境整備が間違いなく重要になると考え着手した。日本で初めて本格的に河川環境研究に取り組んだのは，我々であると自負している（「河川環境研究事始め」，『水利科学』第 55 巻第 3 号）。

当時の国土庁，また建設本省でも短期間勤務したが，この時どうにも我慢できなかったのが長時間労働であった。国会待機ということで遅くまで残されることがあったが，それでなくても上司が帰らないから残ったということもしばしばあった。考えてみて欲しい。40 歳過ぎたおじさんたちが，何も仕事がないのに夜 10 時，11 時まで机の前に座っている。おぞましい漫画ではないのか。こんなことに，自分の大事な人生の時間が取られてたまるかと思った。さらにいえば，意味もなく長時間勤務を強いるこんな所に身を置いていたら，命が危険になると本気で思った。実際，長時間勤務が体に合わず命を落としていった人もいた。仕事場が生活のすべてあり，長時間労働（作業）を行える体質（集中的な仕事は行えない）の連中が生き残っていく職場であったと思っている。考える力は必要ではない，長時間勤務を厭わない体力，長時間勤務を喜々としてできる体質が重要なのであった。

私にとって，落ち着く時間は河川の現場を歩いているときだった。河川には，独特の匂いがある。その匂いがたまらなく好きだと思ったことがある。一方，ゴルフをすることもなかった。ゴルフをしなかったら，仲間に入れてもらえないともいわれたが，そんな時間があったら物を書いていたいと思った。次第に，物を書いているときが最も落ち着くように感じられるようになった。テーマは次から次と現れる。週休2日となり，ゴルフ・酒席などで群がることをせず，時間を上手に工面すれば少しは時間が取れる。

また，当然のことながら組織の中にいると，私個人の考えと違う方針のもとで動いていくこともたびたびある。現場実務を知る一人の河川技術者・河川研究者として，社会に発言することも必要ではないかと思った。さらに，研究のための自分の時間が是非とも欲しかった。その状況下で，東洋大学国際地域学部勤務への誘いを有難いと思い応じた。

東洋大学勤務となったその翌年の2000年，『戦前の国土整備政策』（日本経済評論社）を刊行した。大正から昭和戦前までの国土整備について興味をもち，いくつかの論文を書いていた。それらを整理し，また新たに付加して書籍としたのだが，ここで「奥利根河水統制計画」も述べている。本書でも，第11章で「戦前の奥利根河水統制計画」を述べているが，既著をベースに書き直したものである。

さて，『戦前の国土整備政策』の「あとがき」で，「人生2期作との言葉を聞くが，この著作は1期作の卒業論文である」と述べた。この言葉に当時の意気込みがよく現れている。2期作目として新たな出発である。教授として，教育に力を入れるのは当然であるが，長い夏休み・春休みなどがある。行政にいた時に比べ，自分の研究時間は取れるだろうと大いに期待していた。

東洋大学国際地域学部は，当時，群馬県板倉町にあり，すぐ近くに渡良瀬遊水地があった。この遊水地は，周知のように足尾鉱毒事件とともに語られることが多い。また利根川合流点に近く，利根川東遷とも密接に関連する。渡良瀬遊水地の理解はなかなか困難だろうと感じていたが，「地域社会と河川のかかわり」を研究テーマにしている私にとって，地域社会とのかかわりで渡良瀬遊水地を研究することは，進めなければならない当然の課題であった。早くも就任して間もなく，「渡良瀬遊水地の成立」について書いてくれとの依頼があった。

足尾鉱毒問題について，重要なクライマックスである川俣事件が生じたのは1900（明治33）年2月13日であった。利根川河畔で，東京に向かう被害民たちと警官隊と衝突した事件であるが，2000（平成12）年はそのちょうど百周年にあたっていた。地域では，その記念のための行事がいくつか進められ，関心が高まっていた。その中で研究を開始したが，暫くして（財）渡良瀬遊水地アクリメーションから共同研究を行わないかとの誘いを受け，「渡良瀬遊水地成立史編集委員会」を設置して進めていった。その成果は，2006年『渡良瀬遊水地成立史』として刊行された。『渡良瀬遊水地成立史』は「通史編」と「史料編」よりなるが，正月を挟んで冬休みすべてを「史料編」の校正に当てた。その校正は，今思い出してもぞっとするほどのきつい作業であった。多くの史（資）料集を何気なく使わせてもらっているが，その背後にこのような根気のいる作業が行われているのを初めて知った。一方，これで史（資）料集を使わせてもらう資格を得たような気持ちになった。

足尾鉱毒問題について，その後も独自に研究を進め，足尾山地の煙害，被害民の北海道移住の調査を行い，2015（平成27）年『足尾鉱毒事件と渡良瀬川』（新公論社）の刊行をもって一応の区切りとした。本書でも第4章で足鉱毒事件を取り扱っているが，さらに詳細に，あるいは足尾山地の煙害，被害民の北海道移住について興味のある読者は，拙著『足尾鉱毒事件と渡良瀬川』を読んでいただきたい。

一方，（財）リバーフロント整備センターから荒川についての共同研究を行わないかとの誘いを受けた。東京都下の荒川下流が中心であるが，私には中条堤など埼玉平野の治水問題も検討してくれとの要請であった。早速，郷土史を中心に資料を収集していったが，修士課程で勉強してから30年弱が経っている。この間，郷土史研究は大いに進み，以前と比べようがないほど多くの成果があることに驚きながら基礎資料を集めていった。そして現地を歩きながら調査を進め，2005年同センターから『荒川下流誌』の刊行となったが，この時の研究をベースに2010年『埼玉平野の成立ち・風土』（埼玉新聞社）を上梓した。また，中条堤についてはさらに詳細な調査を進め，2014年『水と闘う地域と人々－利根川・中条堤と明治43年大水害－』（共著）（武蔵文化研究会）として発刊した。

さて，東京（江戸）湾に流れ出ていた利根川を銚子から太平洋へ放出させる東遷事業は，実に興味ある研究テーマであった。研究がほとんど行われていなかった近世中・後期については，新たな資料を得て考察を進め，一応の結論を得た。一方，近世初頭については，何回も見直しを迫られた。これで終わりと思っても新たな課題が次々と生じ，その都度，書き直した。そして一人での調査には限界を感じ，専門の異なる方々と利根川研究会を組織して研究を進めていった。その成果としては，2009年『河道変遷と地域社会－利根川東遷を中心に－』（東洋大学地域活性化研究所），2013年「特集利根川東遷」『季刊　河川レビュー』（新公論社）などがある。

行政の世界にいたこともあって，河川に関する法律，制度などにも興味をもち，その成立過程を研究していった。道路法，港湾法などの公共物に関する他の法律と比較することも行い，河川法の特徴を勉強していった。河川法は国の権限が非常に強い性格をもっているが，その経緯を理解していった。その成果は，2010年『沖野忠雄と明治改修』（土木学会）に「第Ⅰ編　河川行政・制度の進展」として述べている。沖野忠雄とは，明治改修を技術陣のトップとして指導していった人物であり，本書でもたびたび登場している。2004年，土木学会に小委員会を組織して研究を進めていったが，この著書のなかで私は「利根川近代改修」「渡良瀬川近代改修」を記述している。本書での第1章から第8章は，この時の研究をベースにしているものが多い。

2009（平成21）年9月，政権は民主党に移ったが，八ッ場ダムが大きな問題となった。本書でも述べたが，水没地域に多くの人々が住み，歴史ある温泉があってその補償に長い時間がかかり，やっとそれが解決したところに民主党政権により中止が打ち出されたのである。私は，建設省にいた当時，八ッ場ダムについてはまったく関与してこなかった。だが，利根川の治水・利水については興味をもち長い間，勉強してきて，従来の計画通り進めようとする国土交通省とは異なる見解をもっていた。一人の河川技術者・河川研究者として意見を述べたいと考え，論文として 2010 年 8 月「利根川利水計画の出発点」(『水利科学』第 54 巻 3 号)，2012 年 4 月「戦後の利根川治水計画の変遷－八ッ場ダムの歴史的経緯－」(『水利科学』第 56 巻 1 号）を発表した。また埼玉新聞でも私の主張を述べ，求められたら出向いて講演もした。さらに，国会衆議院国土交通委員会に参考人として呼ばれ，意見を述べた。

私の主張は，本書でも述べたが，八ッ場ダムを治水に利用するのではなく利水専用にし，利水安全度を上げるとともに，21 世紀の水利用として環境用水の確保に利用すべきとのことである。周知のように，現在，従来の計画通り進めるとの方針で工事が行われているが，私の考えはダムの運用についてであり，将来，見直される可能性もあると期待している。

ところで，八ッ場ダムに対する私の意見の反応として驚いたのは，ある建設反対運動組織に属している運動家から「八ッ場ダムは御用学者までも反対している」と，私を御用学者だと WEB 上で述べられたことである。なぜ私が御用学者と評価されたのか，それは建設省技官の経歴があるからだろう。私は，現場経験のある一人の河川技術者であり，河川研究者である。その経験は非常に大事だと自負しているが，現場経験をしようと思ったら，行政が河川を管理している今日，行政組織の中に入るしかないだろう。その経歴があるから，こいつは御用学者と匿名でもってレッテル貼りする。匿名で出す WEB の怖さを知ったが，日本の社会の息の詰まる閉塞性をみたような気がする。

実は，私の経歴からレッテル貼りされたことが以前にもあった。日本では，プロの技術者として，自分の足で立ち，自分の頭で考え発言する，このような人間の存在を認めないのだろうか。果ては，技術者の存在そのものを認めないのだろうか。

レッテル貼りして，運動を進めるのに何の意味があるのだろうか。反対運動あるいは，その組織の知的レベルはこの程度だと思うのが最も心が落ち着くが，自分たちの主張を社会に拡げようと本当に思ったら，そんな専門家を大事にすべきだろう。そして議論をすべきだろう。レッテル貼りなど，決して行ってはならないことだ。

研究の出発点は，当然のことながら事実の把握である。その事実をベースに解釈していくが，事実とは何かの判断は実は難しいことである。私の足尾鉱毒事件研究は，田中正造を中心に置いた通説の多くを否定している。また，従来の研究の出発点となっていることが多い荒畑寒村著『谷中村滅亡史』を資料として用いていない。近年，出版された『藤岡町史資料編　谷中村』などの資料を調べていくと，『谷中村滅亡史』の記述で明らかに間違っている内容が多く見かけるからである。

『谷中村滅亡史』は，荒畑20歳の時に出版されたものだが，荒畑は谷中村に長く留まって生活をしていた訳ではない。田中などから聞いたり与えられたりした資料をもとに，実に短期間に書き上げたものである（平民書房より，1907年8月25日付で刊行されたが，同年7月29日のことまでが記述されている)。その性格は，政治的プロパガンダと考えてよいだろう。それを理解した上で読んでいくべきと考えている。拙著『足尾鉱毒事件と渡良瀬川』について,『谷中村滅亡史』とともに読んでいただければ幸いである。

今日，足尾鉱毒問題に先人たちが反対したことを，誇りとしている地域がかなりある。それは悦ばしいことで何ら異議をもつものではないが，ある時，公的機関から刊行された鉱毒問題資料集で，極めて重要ながら，その地域に都合の悪い資料が掲載されていないことに気がついた。その資料はないものとされたのである。他の地域から，その資料を発掘したのだが，何とも残念な思いがした。地域が矛盾をもつのは当然ではないのか。それを含めて地域，そして足尾鉱毒問題を理解すべきと考えるのだが。

また，鉱毒事件に関するある著書について，当時の新聞記事を用いて記述してあり全面的に信用していたが，確認のために原資料に当たってみた。そうしたら著者の都合の悪い資料は無視されていたことを知った。その資料を入れると，渡良瀬遊水地の水没者が政府から棄民扱いにされたとのその著者の論調に矛盾が生じることとなるからである。事実をどのように解釈するかは，個々に違いは生じるのは当然であるが，重要な事実を知っていて無視するのはルール違反ではないだろうか。その著者は，研究ではなく社会運動論として著作していると主張するだろう。だとしたら，当時の新聞記事を利用しもっともらしく客観性を感じさせるような書き方はすべきでない。その著書を資料として，新たな著作が生まれている。

既存の論文・文章をもとに，本書をまとめようと机に向かった最初の日は2015年1月2日であった。その前年から，何とか書き始めたいと念じていたが，その気にならず，新たな年を迎えやっと気合を入れて最初の一文を書いたのが正月早々のこの日であった。一文を書くと，頭が次第に書く方向に準備されていく。2015年は，本書の出版を中心に物書きをしていこうと決めることができた。

もちろん，この年のすべての時間を本書に費やしたのではない。6月に『足尾鉱毒事件と渡良瀬川』の出版となったが，その最後の校正のため時間が取られた。また「記紀からみた古代の国土づくり」などの文章を書いていったが，本書の執筆を第一に置いた。既存の文章の整理ではなく，まったく新たに書き進めたのは第10章，第16章に纏(まと)めた埼玉平野の近代治水・利水についてである。八ッ場ダムを理解しようと思ったら，埼玉平野で行われた農業用水合理化事業の把握は絶対に必要であった。

整理を進めていく一方，出版社を探さなくてはならない。500ページ近い本書を刊行してくれる出版社があるかどうか，大いに心配したが，古今書院と話がまとまったのは10月である。本書は，地形図など多くの図面を使用しているが，地理が専門の古今書院から出版できたことを大いに満足している。

先に，人生2期作ととらえ，第1期作の卒業論文は『戦前の国土整備政策』と述べた。その関連でいえば，本書は第2期作の卒業論文である。また，修士論文以来，課題としていた「地域社会と河川のかかわり」の集大成と考えている。集大成であるため，既著に掲載した内容を再び取り上げたものもある。とくに「明治期の東京港計画」は，1989年刊行の『国土の開発と河川』（鹿島出版会）をはじめいくつかの既著に書いている。読者の中には，また同じことを書いていると思われる方がいらっしゃるであろうが，本著の構成上，ご容赦願いたい。

刊行した今後をどうするのか，果たして第3期目があるかどうかである。知力・体力がどれほど残っているのかとの基本的問題があるが，少しかじったばかりで放ったらかしにしている国土史のテーマがある。また，自然条件の理解のもと，社会基盤（インフラ）整備の専門家として新たな視点で日本史が理解できるのではとの妄想を抱いている。大学をリタイアしてから,『古事記』,『日本書紀』,『続日本紀』などをじっくり読んでいったが，実に面白い。久しぶりに無我夢中で読んでいった。以前のような分析力はなくなったが，それに代わり少しは人生経験を積んできているだろう。それをベースにしながら，新たなテーマに挑んでいけたらと考えている。

当然のことながら，本書の成立に至るまでには多くの方々のご指導とご協力があった。余りにも多くいらっしゃるのですべての方々の名前を記すことはできないが，故人のみを挙げるとすると小出 博先生，栗原東洋先生，山本三郎先生，飯田隆一先生のお顔が浮かんでくる。小出先生からは自然の見方。学問の厳しさ，栗原先生からは歴史的に地域を考える醍醐味さ，山本先生からは戦後の河川行政の歴史，飯田先生からは工学の奥深さを教わった。4人の先生はじめ，ご指導・ご協力をいただいた皆様方に心から感謝を申し上げます。

最後に，本書刊行にあたり，松尾 宏氏にお世話になった。松尾氏は,『水と闘う地域と人々－利根川・中条堤と明治43年大水害－』の共著者だが，古今書院を紹介していただいたのも松尾氏である。また，図面作成にも協力いただいた。さらに，出版事情の厳しい中，古今書院の橋本寿資社長および編集部の長田信男氏には本書に興味をもっていただき，両氏のご理解のもとに出版となった。松尾・橋本・長田の三氏に深く感謝する次第である。

以下，各章ごとに初出論文・既著を記す。初出は,『水利科学』（水利科学研究所，現在は日本治山治水協会）での掲載が多くある。長年にわたり拙論を快く掲載していただいたことに改めて感謝いたします。

〔第1章〕

・「利根川近代改修」『沖野忠雄と明治改修』，土木学会，2010

〔第2章〕

・「明治前期の河川行政・河川事業」『沖野忠雄と明治改修』前出

〔第3章〕

・山本三郎・松浦茂樹「旧河川法の成立と河川行政」『水利科学』第40巻第4号，1996
・「利根川近代改修」『沖野忠雄と明治改修』前出
〔第4章〕
・「足尾鉱毒事件と渡良瀬遊水地の成立」『国際地域学研究』第5号，東洋大学国際地域学部，2002
・「足尾鉱毒事件と渡良瀬遊水地の成立（Ⅱ）」『国際地域学研究』第7号，2004
・「足尾鉱毒事件と渡良瀬遊水地の成立（Ⅲ）」『国際地域学研究』第8号，2005
・「足尾鉱毒事件と渡良瀬遊水地の成立（Ⅳ）」『国際地域学研究』第9号，2006
・「足尾鉱毒事件と渡良瀬遊水地の成立（Ⅴ）」『国際地域学研究』第10号，2007
〔第5章〕
・「利根川近代改修」『沖野忠雄と明治改修』前出
〔第6章〕
・「利根川近代改修」『沖野忠雄と明治改修』前出
〔第7章〕
・「利根川近代改修」『沖野忠雄と明治改修』前出
〔第8章〕
・『水と闘う地域と人々』第一章，第二章，第三章，第四章，第五章，2014
〔第9章〕
・「戦後の利根川治水計画の変遷」『水利科学』第56巻第1号，2012
〔第10章〕
・「埼玉平野の近代治水整備」『水利科学』第59巻第5号，2015
〔第11章〕
・「奥利根におけるダム開発の歴史（Ⅰ）」『水利科学』第40巻第1号，1996
・「利根川利水計画の出発点」『水利科学』第54巻第3号，2010
〔第12章〕
・「わが国における近代の河川舟運（Ⅰ）」『水利科学』第39巻第5号，1995
・「わが国における近代の河川舟運（Ⅱ）」『水利科学』第39巻第6号，1995
〔第13章〕
・「奥利根におけるダム開発の歴史（Ⅱ）」『水利科学』第40巻第2号，1996

・「木曽川低水管理の歴史」『水利科学』第 51 巻第 6 号，2008

・「利根川利水計画の出発点」『水利科学』第 54 巻第 3 号，2010

〔第 14 章〕

・「戦後の利根川治水計画の変遷」『水利科学』第 56 巻第 1 号，2012

〔第 15 章〕

・「高度経済成長時代の河川政策」『国際地域学研究』第 13 号，2010

〔第 16 章〕

・「埼玉平野の近代治水整備」『水利科学』第 59 巻第 5 号，2015

〔第 17 章〕

・「渡良瀬川平地部の水管理の歴史と展望」『水利科学』第 50 巻 4 号，2006

〔第 18 章〕

・「戦後の利根川治水計画の変遷」『水利科学』第 56 巻第 1 号，2012

〔第 19 章〕

・「戦後の利根川治水計画の変遷」『水利科学』第 56 巻第 1 号，2012

〔第 20 章〕

・「渡良瀬川平地部の水管理の歴史と展望」『水利科学』第 50 巻 4 号，2006

・「板倉町と水辺」『国際地域学研究』第 12 号，2009 年

・「鬼怒川近代改修から『20015 年台風 15 号水害』を考える」『季刊河川レビュー』No. 168，2015

〔付章〕

・「利根川東遷の歴史」『河道変遷と地域社会』東洋大学地域活性化研究所，2009

・「権現堂築造・日光街道整備からみた利根川東遷」『季刊河川レビュー』No.159，2013

・「関宿から利根川東遷を考える」『水利科学』第 59 巻第 1 号，2015

用 語 解 説

・悪水

地域にとって害となる水，大雨で地域に溜まった水，あるいは洪水氾濫した水。

・洗堰

堰の上を常時流水があふれ流れる（越水する）堰。堰とは，河川から農業用水，工業用水，水道用水などの水を取るために，河川を横断して水位を高くする施設のこと。

・維持用水（流量）

本文の 261 頁を参照のこと。

・一次流出率

降雨のうち即座に洪水となって流出する流域面積の割合。

・圦（入）樋

堤防に設置された樋門。

・右岸

上流から下流を見て，右側が右岸である。左側は左岸である。

・馬踏

堤防の天端のこと。

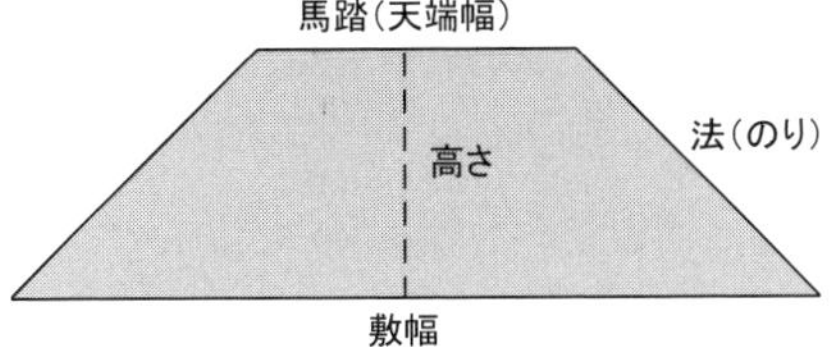

・越水（氾濫）

堤防を越してきた洪水、およびその洪水の氾濫。

・御雇い（外国人）技師

明治の初頭，西欧技術の導入のため政府により雇われた外国人技術者，治水関係ではオランダから招聘された。

・外水

地域の外部から流れてきた洪水のこと。外水被害とは，外水により発生する被害のこと。

・確保流量

本文 263 頁を参照のこと。

・河床

河道において流水に接する川底の部分をいう。

・河床勾配

河床の傾きのこと。

・霞提

堤防が連続していない開口部をもち，洪水の時にはここから洪水の一部が流出し一時的に氾濫させておく堤防。

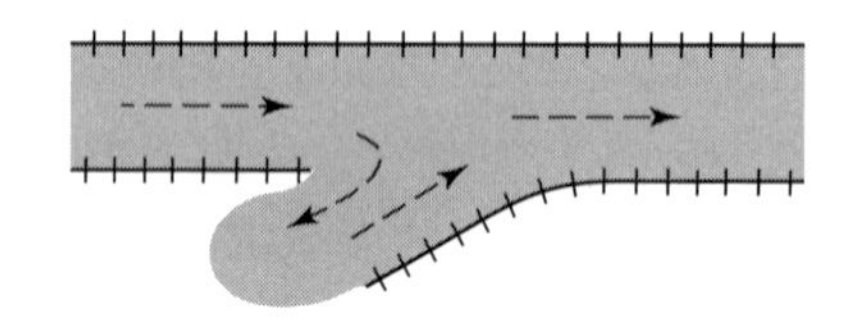

・渇水

河道の流量がきわめて少ないこと。厳密には渇水流量とは，1 年を通じて 355 日はこれを下回らない流量。

・河道

堤防と堤防で囲まれ，洪水が流れる空間である。また，澪筋として使用されることもある。

・河道拡幅

川の幅を広げること。

・河道調節

広い河道を流下しているうちにピーク流量は減少していく。この現象のことである。

・河道法線

河道の平面形のこと。

・上利根川，中利根川，下利根川

上利根川とは，渡良瀬川合流部直下流から上流の利根川。中利根川は，江戸川を分流した後から（千葉県）布佐・（茨城県）布川の狭窄部までの区間。それより下流を下利根川という。上利根川と中利根川の間は，赤堀川と呼ばれていた。

・可動堰

出水時などに人為操作によって動かすことのできる堰。動かすことのできないのは固定堰である。

・慣行水利権

「水利権」を参照のこと。

・感潮区間

潮の干満の影響が現れる河道区間。

・関東ローム層台地

約 200 万年前から約 1 万年前が更新世（洪積世）であるが，この時代に関東平野周辺の火山による火山灰が堆積してできたのが関東ローム層であり，赤土となっている。この関東ローム層からできている台地。

・基本高水（流量）

治水計画を策定する際の基本となるダム調節前の洪水。洪水は，時間ごとに洪水量は変化する波形（流量ハイドログラフ）であり，そのピーク流量が基本高水流量である。「洪水」「計画対象流量」を参照のこと。

・逆水（樋）門

逆流を防ぐための（樋）門。

・逆調整池

水力発電のためのダムからの放流は，時間によって大きな変動がある。それを均して変動のない流れにするため，発電所より下流部に設置される貯水池。

・逆流，順流

水は地形の高いところから低いところに向かって流れるが，大水（洪水）により河川の水位が高くなったとき，地形の高いところに向かい，地形に逆らって流れる。この流れを逆流という。一方，地形の高いところから低いところに向かって流れるのが順流である。

・狭窄部

川幅がせばまった区域のことで，一般的には洪水の流れの障害となる。

・計画高水位

治水計画において定められた計画高水流量に対する水位のこと。この水位に基づき，余裕高を加えて堤防の高さは決められる。「堤防」を参照のこと。

・計画高水流量

「計画対象流量」を参照のこと。

・計画対象流量

治水計画を策定する場合，どれほどの流量を計画の対象とするのか決める必要があるが，その流量である。ダム調節が治水計画に入ってくると，ダム調節をしない場合を基本高水流量，調節した場合を計画高水流量と定義している。なお流量とは，川を流れる水の量のことで，その単位は川のある地点で1秒間に流れる流量「m^3/s」あるいは「立方尺 / 秒」で表す。

・計画低水位

河川計画において定められた通常時の水位。

・計画流量配分

河川計画において，計画として河道に流れる洪水（計画高水）のピーク流量（計画高水流量）を各地点で定めたもの。

・合口（堰）

複数の取水口を統合し，一つの取水口とすること。そのための堰を合口堰という。

・洪水（出水）

台風や前線の発達によって流域に大雨が降ると，その水が川に流れ込み川の流量が急激に増水する。このような現象を洪水または出水（しゅっすい）という。

一般的には，川から水があふれて氾濫（はんらん）することを洪水と思われていることが多いが，氾濫を伴わなくても大雨により普段に比べ河道の流水が多い場合，河川管理上，洪水と呼んでいる。

洪水は，時間ごとに流量が変化する波形（ハイドログラフ）である。

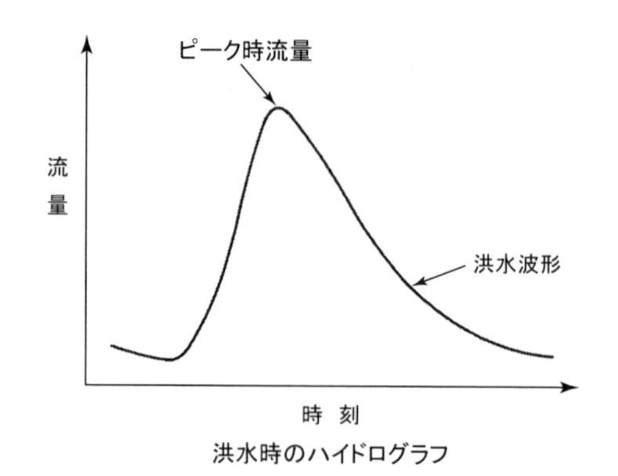

洪水時のハイドログラフ

・高水工事

洪水防御のための工事，治水工事と同意義である。

・洪水ピーク（流）量

上流で降雨があると河道内の洪水は次第に大きくなり，ピークに達してその後小さくなる。ピークに達したときの洪水をピーク（流）量という。

・更正係数

観測された流量を，真値に近い流量に戻すために用いる係数。

・閘門

水位差のある二つの水面間に船を通させるための施設。水面調整のため，上下流の水門（ゲート）よりなる。

・固定堰

出水時などに人為操作によって動かすことのできない堰。動かすことのできるのは可動堰である。

・左岸

上流から下流を見て，左側が左岸である。右側は右岸である。

・自然堤防

河川の氾濫により，河川流路の両側に土砂が堆積してできた帯状の微高地。周囲の低地（後背湿地）より高燥のため集落が立地し，畑・桑畑・果樹園などに利用されてきたところが多い。

・自然流入（排水）

自然条件に従って，高い水位から低い所へ流れること。

・出水

洪水と同意義。

・捷水路（ショート・カット）

河川が大きく曲がりくねって水の流れにくい部分をまっすぐに（ショートカット）して下流に流しやすくするために付け替えること。ショートカットした水路（河川）を捷水路（しょうすいろ）という。

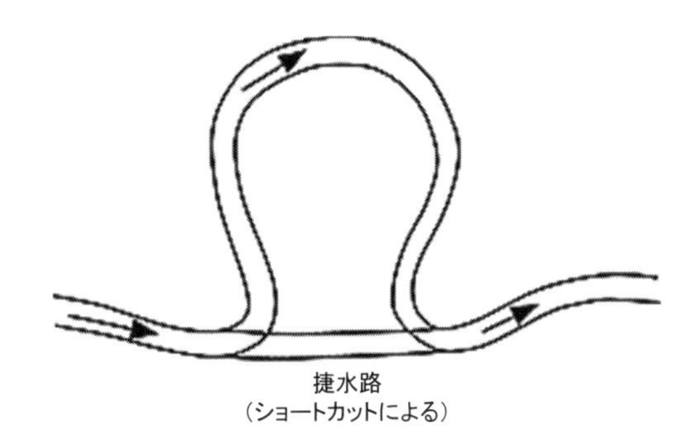

捷水路
（ショートカットによる）

・蛇籠（じゃかご）

竹や柳，鉄線で編んだ円筒形の籠に，河原の石や人工的につくった石を詰めたもの。

・順流

「逆流」の項を参照。

・人工流入（排水）

ポンプによって，自然条件に反して流れること。

・水位・流量曲線

水位と流量の関係を現している曲線。水位がわかれば，それに対応した流量がわかる。

・水防活動

洪水被害から自らの地域を守るための地域の活動。河川の巡視等，水防団が主体になって行う。

・水文量（資料）

降雨（雪）量，河川流量，蒸発量，地下浸透量など水に関したデータ。

・水利権

水を利用する権利。1896（明治29）年に河川法が制定されたが，この河川法により認められた水利権を許可水利権，それ以前から既に利用されていて，河川法で許可を得たとみなされる水利権を慣行水利権と区分けしている。

・ストーニー式ゲート

可動堰の1種。鋼鉄などでできた扉体（ゲート本体）側ではなく，ゲート本体が上げ下がりする戸溝側にローラーを設置したゲート。

・正常流量

本文の262頁を参照のこと。

・背割堤

スムーズに合流させるための堤防。導流堤とほぼ同意義。「堤防」を参照のこと。

・扇状地の扇頂，扇端

山地から平野へ川が流れ出たところに土砂が堆積してできた扇形の地形が扇状地である。その扇状地が始まる頂点を扇頂という。またその末端が扇端である。洪水は山地から平野部へ流れ出す時に勢いが小さくなるため，石を運ぶ力も弱くなる。このため山地の麓付近で，水と一緒に流れてきた土砂や砂礫が同心円状に堆積して，扇形の地形をつくる。

・粗朶（そだ）

切り取った木の枝・葉。

・疎通（流下）能力

河道が洪水時にどれだけの水量を流すことができるのかのことで，一般に河川の各地点を 1 秒間に通過できる水量「m^3/s」で表す。

・治水安全度

どれほどの洪水規模に対して安全かを表す指標。一般的には，何年に 1 回発生する洪水に対して安全かで評価する。

・沖積低地

洪水が氾濫する地域で，約 1 万年前以降の沖積世（完新世）に堆積してできた低地。

・超過洪水

計画を上回る洪水。

・調節池

流水を調節するための池。ダム貯水池もその一つである。

・沈床

河床の洗掘を防ぐための設備，粗朶沈床は，粗朶よりつくられたものである。

・突出し，突堤

川を流れる大水（洪水）から河岸や堤防を守るために，洪水の流れる方向を変えたり，洪水の勢いを弱くすることを目的とし，河道の中に設けられる設備が水制である。突出しは，その一つで，土，あるいは杭が堤防から河道の中に突き出されている。突堤とは，堤防のように高くなった突出しである。

・堤敷（ていじき）

堤防のある敷地。

・低水（ていすい）

ほぼ通常時の河の水。厳密に低水流量とは，1 年を通じて 275 日はこれを下回らない流量。また低水位とは，1 年を通じて 275 日はこれを下回らない水位。

・低水工事

低水路整備（河身改修）と山地での砂防工事よりなる。

・低水路

河道が洪水時のみ水の流れる部分（高水敷）と通常時に流れる部分とを区分して改修されている場所で，通常時に水の流れている水路。

・堤内地，堤外地

堤防により洪水氾濫から守られて土地。一方，堤外地とは，平常時や洪水時に河川の流水が流れたり氾濫する土地。堤防と堤防の間も堤外地である。

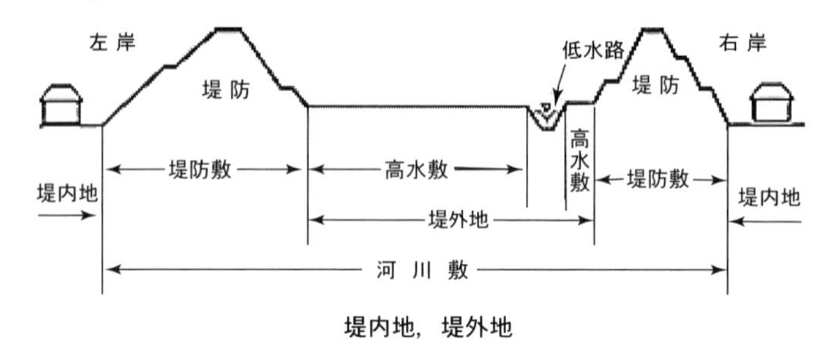

堤内地，堤外地

・堤防（ていぼう）

河川の流水が河川外に流出することを防止するために，土などで築造した最も重要な河川管理施設。堤防の斜面を法（のり）面といい，河川の流れる側を表のり，居住地や農地がある側を裏のりという。堤防の頂部のことを天端（てんば），あるいは馬踏（うまふみ）という。

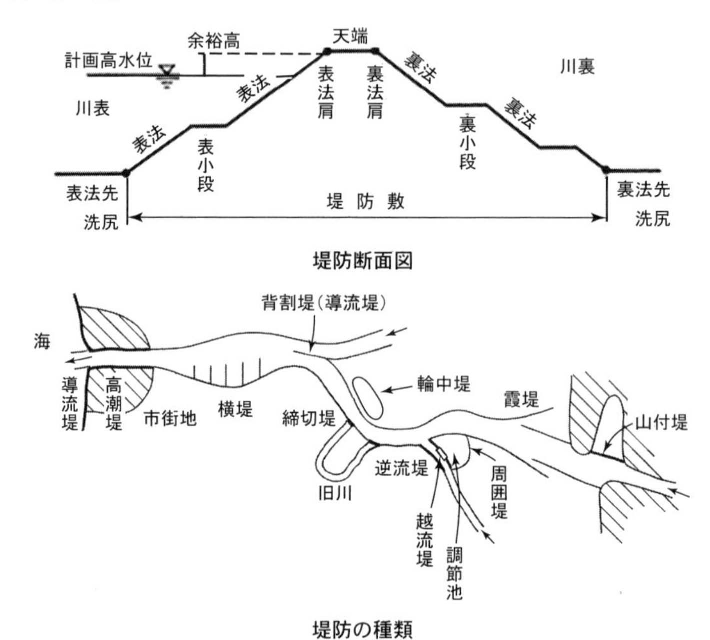

堤防断面図

堤防の種類

（両図とも出典は鮎川・大矢・石崎・荒井・山本・吉本『河川工学』鹿島出版会，1992）

・堤防計画

計画高水流量に基づいて必要な河道の大きさが求められ，計画高水位が決められる。

それに余裕高を加えて堤防高となる。天端幅・余裕高・のり勾配などは，計画高水流量の大きさによって定められる。

・堤防高

堤防の高さ。

・堤防添築

既存の堤防を拡幅すること。

・堤防余裕高

「堤防」を参照のこと。

・天井川

河床の高さが周囲の土地より高くなった河川。

・導水路

水を流す水路。

・同定

実際に生じた降雨・洪水に基づき，モデル式の係数を定めること。

・導流堤

スムーズに合流させるための堤防。背割堤とほぼ同意義。「堤防」を参照のこと。

・特定容量

本文の263頁を参照のこと。

・特定利水

貯水池築造等により新たに水資源を確保するにあたり，新たに開発する利水のことで、新規利水ともいう。

・突堤

「突出」を参照のこと。

・内水

その地域に降った雨による洪水のこと。内水被害とは，内水が湛水して発生しる被害のこと。その反対が外水。

・年超過確率1/50洪水

確率から評価し，50年に1回，その洪水以上の洪水が発生する可能性がある，つまり平均的にみて50年に1回，生じる洪水のこと。50年超過確率洪水ともいう。

・法（のり）勾配

堤防の斜面のことであり，その勾配（かたむき）が法（のり）勾配である。2割勾配とは，図のように，a対bの割合が2対1の割合の勾配のこと。

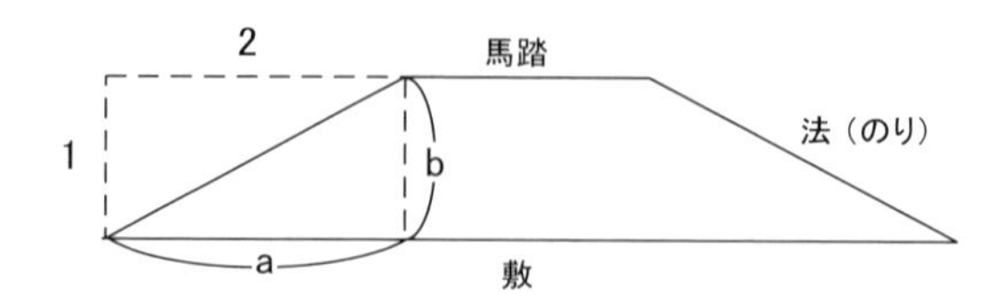

・廃川敷

河川として用いらなくなった河の敷地。

・ハイドログラフ（流量波形）

「洪水」を参照のこと。

・腹付け

堤防を強化するため，堤防の法面（斜面）に土などを盛り，堤防を広くすること。

・控堤

河道に沿ってではなく，堤内地にある堤防。二線堤ともいう。

・引堤

川幅を拡げるため，堤内地側に堤防を移動させること。

・樋門

排水，あるいは取水を行うための水門（ゲート）。

・漂砂

風による波を源にして発生する沿岸流(海岸線に沿っての流れ)によって運ばれる土砂。

・表面浮子

洪水の流速を求めるため浮子をある区間流し，その時間を測る。区間長を時間で割ったら流速が求まる。表面浮子とは，目視できるよう洪水の表面を流すものである。

・比流量

流域面積当たりの河川流量のこと。洪水は 1km^2 あたり，洪水以外の通常時は 100km^2 あたりの流量で表わすことが多い。

・伏越（ふせこ）（し）

用排水路が河川を横断するとき河床の下に通す施設。サイフォンともいう。

・不特定容量

本文の 263 頁を参照のこと。

・不特定利水

貯水池築造等により新たに水資源を確保するにあたり、既に取水されている既存用水のこと。

・平水

通常時の河川の水。厳密には平水流量とは1年を通じて185日はこれを下回らない流量。

・豊水

河道の流量が豊富なこと。厳密には，豊水流量とは1年を通じて95日はこれを下回らない流量。

・放水路

河川における洪水処理対策として，川から分派させる形で開削される水路のこと。分水路ともいう。

・飽和雨量

地下に浸透したり樹木に付着したりして，即座には河道に流出しない降雨量。

・飽和流出率

流域がすべて飽和した後の河道への流出率

・掘り上げ田

低湿地帯において周辺の土を盛ってつくった水田。その周辺は水辺となっており，水辺の中に水田が浮かぶような景観となっている。

・掘込み河道

河の中で洪水が流れる部分が，周囲の土地より低い河道，この逆が天井川河道である。

・掘割り河道

台地などの高所を人工的に掘り割ってつくった河道。

・埋没台地

地殻変動によって低くなるとともに河川から運ばれてきた土砂によって埋まり，地表面に姿をみせなくなった台地。

・澪筋

河道の中で水が流れているところ。

・水塚

洪水氾濫に備えて，土盛りした上に築かれた避難や食糧等貯蔵用の家屋。

・無堤地

洪水氾濫はあるが，堤防がない土地。

・遊水

下流に流れることなく滞留あるいは氾濫している洪水。

・遊水地

下流にすぐに洪水を流下させないため，下流の流量が減るまで一時的に洪水が貯留（貯留）され，氾濫している土地。

・用悪（排）水路

用水または排水あるいは両方の役割をもつ水路。

・用排水分離

用水と排水の両方の役割をもつ水路を用水路と排水路に分離すること。

・余裕高

堤防において計画高水位から天端までの間。「堤防」を参照のこと。

・利水安全度

河川流況は年ごとに変動するが，どれほどの渇水に対して被害を出さないか（安全）を表す指標。一般的には，何年に1回発生する渇水に安全かで評価する。

・流域

河川に降水が集まる区域(集水区域)。その区域内の面積が流域面積(集水面積)である。

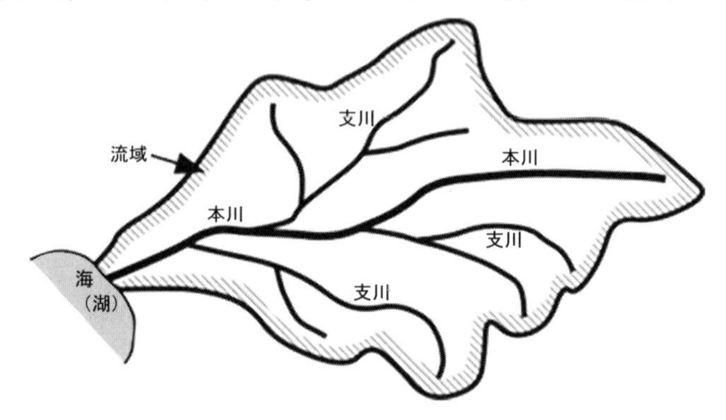

・流下能力

疎通能力と同意義。

・(河川) 流況

1年を通じての河川の流量変化を示す。その指標として以下のものがある。

豊水流量（1年を通じて95日はこれを下回らない流量，1年のうち95番目に大きい流量）

平水流量（1年を通じて185日はこれを下回らない流量）

低水流量（1年を通じて275日はこれを下回らない流量）

渇水流量（1年を通じで355日はこれを下回らない流量）

・流出モデル

降雨から流量を求める計算式。合理式，貯溜関数法，タンクモデルなどがある。

・流量配分図

基本高水流量はダム・調節地などにより調節されて計画高水流量となるが，さらに支川からの合流，派川での分流により河川各地点の計画高水流量は定まる。河川の主要地点の計画高水流量を模式的な河道図に示した図のこと。

・輪中堤

周囲を堤防で囲まれている区域が輪中であるが，その周囲の堤防をいう。「堤防」を参照のこと。輪中は本来，木曽三川下流地域で呼ばれていた地域固有の名称。

河川・施設名索引

〔カ　行〕

〔サ　行〕

〔タ　行〕

〔ヤ・ラ・ワ行〕

地 名 索 引

〔サ　行〕

〔タ　行〕

〔ナ　行〕

〔ハ　行〕

〔マ　行〕

〔ヤ・ワ行〕

事 項 索 引

〔カ　行〕

〔ハ　行〕

〔マ　行〕

〔ヤ　行〕

〔ラ　行〕

〔ワ　行〕

〔著者略歴〕
松浦茂樹（まつうら　しげき）
1948年生まれ，埼玉県出身。1973年，東京大学工学系大学院修士課程修了。博士（工学）。建設省技官（1973年），東洋大学国際地域学部教授（1999年）など経て，現在は建設産業史研究会代表，野外調査研究会会長を務める。
〔おもな著書〕
『国土の開発と河川－条里制からダム開発まで－』鹿島出版会（1989年）
『明治の国土開発史』鹿島出版会（1992年）
『国土づくりの礎－川が語る日本の歴史－』鹿島出版会（1997年）
『戦前の国土整備政策』日本経済評論社（2000年）
『埼玉平野の成立ち・風土』埼玉新聞社（2010年）
『足尾鉱毒事件と渡良瀬川』新公論社（2015年）など。

書　名	**利根川近現代史**
コード	ISBN978-4-7722-5293-5 C3051
発行日	2016（平成28）年8月1日　初版第1刷発行
著　者	**松浦茂樹**
	Copyright ©2016 Shigeki MATSUURA
発行者	株式会社 古今書院　橋本寿資
印刷所	株式会社　理想社
製本所	渡邉製本株式会社
発行所	**古今書院**
	〒101-0062　東京都千代田区神田駿河台2-10
電　話	03-3291-2757
FAX	03-3233-0303
振　替	00100-8-35340
ホームページ	http://www.kokon.co.jp/
	検印省略・Printed in Japan